FORSCHUNGSBERICHTE DES LANDES NORDRHEIN-WESTFALEN

Nr. 2303

Herausgegeben im Auftrage des Ministerpräsidenten Heinz Kühn
vom Minister für Wissenschaft und Forschung Johannes Rau

Prof. Dr.-Ing. Udo Ludwig
Dr. rer. nat. Gerhard Wolff
Dipl.-Ing. Dieter Hirche

Institut für Gesteinhüttenkunde
der Rhein.-Westf. Techn. Hochschule Aachen

Die Alkali-Kieselsäurereaktion

Westdeutscher Verlag 1974

Gesamtherstellung: Westdeutscher Verlag

ISBN-13: 978-3-531-02303-8 e-ISBN-13: 978-3-322-88257-8
DOI: 10.1007/978-3-322-88257-8

Inhaltsverzeichnis

Seite

1. Einleitung und Problemstellung 4

2. Literaturübersicht zur Alkali-Kieselsäurereaktion 5

2.1 Merkmale der Alkali-Kieselsäurereaktion 6

2.2 Mechanismus der Alkali-Kieselsäurereaktion 7

2.2.1 Bildung von Gelen 8

2.2.2 Treibmechanismus 10

2.3 Wesentliche Faktoren bei der Alkali-Kieselsäurereaktion 12

2.3.1 Der Zuschlag (Kieselsäure) 13

2.3.1.1 Textur des Zuschlags 13
2.3.1.2 Zuschlagsmenge 15
2.3.1.3 Korngrößen des Zuschlags 16

2.3.2 Die Alkalien 17

2.3.2.1 Alkaligehalt 17
2.3.2.2 Alkalibeweglichkeit 19
2.3.2.3 Alkalispender und Alkalilöslichkeit 20
2.3.2.4 Verschiedene Alkalien 21

2.3.3 Das Kalzium 21

2.3.4 Die OH-Ionenkonzentration 24

2.3.5 Die Gel-Sol-Umwandlung 25

2.3.6 Die Mörteleigenschaften 25

2.3.6.1 Wassergehalt 26
2.3.6.2 Porenraum 27
2.3.6.3 Mörtelqualität 28
2.3.6.4 Verfestigungszeitpunkt 28
2.3.6.5 Rissbildung 28

2.3.7 Einwirkungen von außen 29

2.3.7.1 Belastung 29
2.3.7.2 Temperatur 30
2.3.7.3 Klima 31

2.4 Vorbeugende Maßnahmen gegen die Alkali-Kieselsäurereaktion 32

2.4.1 Zuschlagskorrektur 32

2.4.1.1 Vermeidung reaktionsfähiger Kieselsäuren 32
2.4.1.2 Beimengung feinvermahlener reaktionsfähiger Kieselsäuren 32

2.4.2 Zementkorrektur 34

2.4.2.1 Alkaliarmer Zement 34
2.4.2.2 Hüttenzement 35

2.4.3 Behandlung von Mörtel oder Beton 35

	Seite
2.4.3.1 Beimengung von Chemikalien	35
2.4.3.2 Behandlung mit CO_2	36
2.4.3.3 Feuchtigkeitsregelung	37
2.4.3.4 Luftporengehalt	37
2.5 Testmethoden zur Alkali-Kieselsäurereaktion	38
2.5.1 Untersuchungen des Zuschlags	40
2.5.1.1 Petrographische Analyse	40
2.5.1.2 Chemisch-Physikalische Versuche	40
2.5.2 Untersuchungen an Probekörpern	43
2.5.2.1 Mörtelbalkentest	43
2.5.2.2 Betonprismenversuch	44
2.5.2.3 Festigkeitsversuche	44
2.5.3 Untersuchungen an Bauweeksbeton	44
2.6 Literaturverzeichnis	45
3. Modellvorstellungen zur Alkali-Kieselsäurereaktion	56
3.1 Kieselsäuremineralien	56
3.1.1 Unterschiedliche Strukturen	57
3.1.2 Gitterstörungen, Grenzflächen, Oberflächen	64
3.1.3 Silanolgruppengehalt, Wassergehalt	68
3.1.4 Stabilität von SiO_2 (Kristallauflösung)	72
3.2 Silikathydrate	77
3.3 Diffusion und Ionenaustausch	79
3.3.1 Diffusion im Zementstein	80
3.3.2 Diffusion in Kieselsäuremineralien	82
3.3.3 Ionenaustausch im SiO_2-Korn	83
3.3.4 Modell der Alkalikieselsäurereaktion unter Berücksichtigung von Diffusion und Ionenaustausch	85
3.4 Quellung	91
3.5 Rechenmodelle	96
3.5.1 Diffusion	99
3.5.2 Ionenaustausch	106
3.5.3 Quellung	107
3.5.4 Anwendung der Rechenmodelle auf die Natrium-Kieselsäurereaktion	108
3.6 Literaturverzeichnis	126

	Seite
4. Eigene Experimente zur Alkali-Kieselsäurereaktion	133
4.1 Vorausgehende Untersuchungen	135
4.1.1 Chemische Zusammensetzung, Dichte und Spezifische Oberfläche von Flint u.a.	135
4.1.2 Untersuchung von Flint (Westfriesland) auf Alkalireaktivität	139
4.1.3 Mikrosonden- und Debey-Scherrer-Untersuchungen an Flint (Westfriesland), Quarz und Borosilikatglas	141
4.2 Auflösungs- und Anlagerungsversuche	151
4.2.1 Auflösung von Si, Na, K und Ca aus Zementmörtelproben	151
4.2.2 Auflösung von Si, Na, K und Ca aus Flint (Westfriesland), Quarz und Borosilikatglas	224
4.2.3 Ionenaustausch von Na^{+}, K^{+} und Ca^{++} an Grenzflächen von Flint (Westfriesland), Quarz und Borosilikatglas	254
4.2.4 IR-Spektroskopie an Flint (Westfriesland), Quarz und Borosilikatglas	270
4.2.5 Mikrosondenuntersuchungen von Anlagerungszonen an Flint (Westfriesland), Quarz und Borosilikatglas	283
4.3 Thermogravimetrie an Flint (Westfriesland)	302
4.4 Literaturverzeichnis	307
5. Programmteil	308
6. Zusammenfassung	354

1. Einleitung und Problemstellung

Treiberscheinungen in Beton sind ein zentrales Problem beim Hochbau, Brücken- und Wasserbau, welches Festigkeit und Oberflächeneigenschaften des verwendeten Baustoffes entscheidend beeinflußt. In zunehmendem Maße spielt die Betontechnologie auch beim Bau von Kernkraftwerken eine wesentliche Rolle. Dies erstreckt sich sowohl auf den Sektor der konventionellen Leichtwasser- und Siedewasserreaktoren, wie auch auf Konversions- und Brutreaktoren. Hierbei sei darauf hingewiesen, daß z.B. bei der Kopplung von gasgekühlten Hochtemperaturreaktoren mit Heliumgasturbinen, sei es in Einkreis- oder Zweikreisbauweise und auch bei Hochtemperaturreaktoren zur Erzeugung von Prozeßwärme für chemische Verfahren, die Eigenschaften des verwendeten Betons wesentlich das Dauerstandsverhalten, die Verfügbarkeit und nicht zuletzt die Sicherheit solcher Anlagen beeinflussen.

In den Anfängen der Betontechnologie hielt man die als Zuschlag benutzten Gesteine für vollkommen unempfindlich gegenüber einem Alkaliangriff. Erstmalig berichtete STANTON (1940) in einer amerikanischen Veröffentlichung von Treiberscheinungen bei Verwendung von alkalireichen Zementen. Die beobachteten Effekte waren durch mechanische oder Temperatureinflüsse allein nicht erklärbar. Bei weiteren Untersuchungen fand man in Amerika, daß zwischen den Alkalien des Zementes und gewissen kieselsäurehaltigen Zuschlägen eine chemische Reaktion stattfindet, bei der sich quellende Gele bilden.

Infolge der Quellreaktion entstehen im Beton mechanische Spannungen, die die Zugfestigkeit der angegriffenen Zuschlagkörner oder des umgebenden Zementsteines übersteigen. Mikrobrüche führen zum Aufreißen von massiven Betonbauteilen. Der Treibvorgang ist zeitlich nicht begrenzt; noch nach 20 Jahren konnten in Betonkonstruktionen hierdurch verursachte Ausdehnungen gemessen werden.

Trotz der Vielzahl von Untersuchungen über Treiberscheinungen im Beton sind noch nicht alle Probleme vollständig geklärt. In dieser Arbeit wird insbesondere versucht, die Kinetik der Alkali-Kieselsäurereaktion durch eigene Experimente und Modellvorstellungen zu erfassen.

2. Literaturübersicht zur Alkali-Kieselsäurereaktion

Wie BREDSDORFF, IDORN, KJAER, PLUM und POULSEN (1962) in einem zusammenfassenden Symposiumsbericht aufzeigten, wurden Untersuchungen über die Alkali-Kieselsäurereaktion in vielen Ländern durchgeführt. Besonders eingehend befaßten sich amerikanische, dänische, englische und australische Autoren mit diesem Problem der Betontechnologie.

Soweit bekannt, ruhte bisher in Deutschland die Forschung auf dem Gebiet der Alkali-Kieselsäurereaktion. Gefährliche reaktive Zuschläge scheinen in Deutschland nur begrenzt vorzukommen. In deutschsprachigen Übersetzungen und Veröffentlichungen werden zur Beschreibung der Treibreaktion die Begriffe "Alkalitreiben, Alkalireaktion oder Alkalizuschlagsreaktion" benutzt. In dieser Arbeit soll als Hinweis auf den chemischen Zusammenhang stets der Begriff Alkali-Kieselsäurereaktion verwendet werden.

Bis heute wird in der Literatur der wichtige Gesamtgehalt an Zementalkalien entsprechend dem stöchiometrischen Verhältnis als Na_2O-Äquivalent angegeben:

$$x\%\ Na_2O + 0.658 \cdot y\%\ K_2O = z\%\ Na_2O_{\text{äquivalent}}.$$

Ein unterschiedliches Verhalten von Natrium und Kalium bei der Alkali-Kieselsäurereaktion wurde vernachlässigt, obwohl ein hoher Na_2O-Gehalt im Zement gefährlicher zu sein scheint.

2.1 Merkmale der Alkali-Kieselsäurereaktion

Abb. 1 Netzrisse eines Fundamentes bei Kopenhagen, Dänemark (aus PLUM, POULSEN und IDORN (1958))

PLUM, POULSEN und IDORN (1958) beschreiben zusammenfassend die kennzeichnenden Merkmale der Alkali-Kieselsäurereaktion, die an Oberflächen von Betonbauwerken in Dänemark gefunden wurden:

1. <u>Übermäßige Ausdehnung des Betons</u>

   Längungen bis 0.7 % konnten nach 15 Jahren an Betonbauwerken gemessen werden. Die Ausdehnungen traten vorrangig im Sommer auf.

2. <u>Netzrisse</u>

   An der Oberfläche des Betons bemerkt man ein unregelmäßiges Muster von Schalenrissen, die selten mehr als 10 cm tief sind. Die Breite der Risse beträgt bis zu 40 mm.

3. Risse infolge großer Spannungen

Die behinderte Ausdehnung einzelner Konstruktionsteile verursacht Spannungsrisse.

4. Ausplatzen von Teilen der Betonoberfläche

Reaktionsfähige Zuschlagskörner dicht unter der Oberfläche brechen durch ihr Treiben die äußere Betonschicht auf.

5. Ausschwitzungen von Alkali-Kieselsäuregelen

Gele wurden in verschiedener chemischer Zusammensetzung gefunden:

Kalzium-Alkali-Kieselsäuregel mit bis zu 20 % CaO
Alkali-Kieselsäuregel mit nahezu keinem CaO
Kieselsäuregel mit nur Spuren von CaO und Alkalien.

2.2 Mechanismus der Alkali-Kieselsäurereaktion

Wenn Kalzium, Alkalien und lösliche Kieselsäure in einer basischen Lösung zusammengebracht werden, entsteht ein weißer, unlöslicher, kolloidaler Niederschlag. Er besteht aus dem wenig quellenden Kalzium-Alkali-Kieselsäuregel. Nach Untersuchungen von KALOUSEK (1944) bilden sich die Gele im Verhältnis 0.003 Na_2O:2.0 CaO:SiO_2:x H_2O bei 0.02 g Na_2O/l in der Ausgangslösung und 0.25 Na_2O:CaO:SiO_2:y H_2O bei 20 g bis 101 g Na_2O/l in der Ausgangslösung.

Werden Alkalien und lösliche Kieselsäure allein in einer basischen Lösung zusammengebracht, entsteht ein kalziumfreies Alkali-Kieselsäuregel, daß durch Wasseraufnahme stark quellen und damit Druck auf eine umgebende Matrix ausüben kann.

POWERS und STEINOUR (1955) zeigten, daß die Vorgänge der Alkali-Kieselsäurereaktion im Beton entsprechend verlaufen. Bei der Hydratation des Zementes während des Betonanmachprozesses gehen Alkalien in Lösung. Im Zementstein sind sie in Gegenwart von Wasser relativ frei beweglich und können mit eingebetteten, reaktionsfähigen Kieselsäurezuschlägen reagieren.

2.2.1 Bildung von Gelen

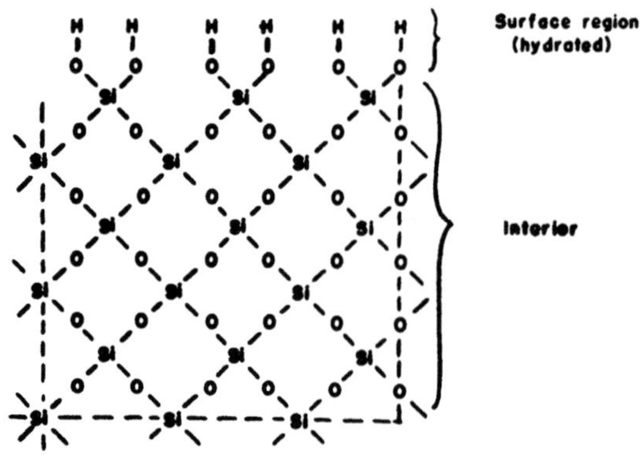

Abb. 2 Darstellung einer Kieselsäureoberfläche
(aus POWERS und STEINOUR (1955))

Alle Silikatzuschläge bauen sich aus SiO_4-Tetraedern auf. Innerhalb des Gitters sind die Bindungen von Si und O abgesättigt, an Grenzflächen jedoch bleiben freie Valenzen übrig. Bei der Berührung mit Wasser werden die freien Valenzen der Kieselsäureoberflächen mit OH-Gruppen belegt. Die Anzahl der so gebundenen OH-Gruppen ist proportional zu der Oberfläche und nicht zum Volumen der Kieselsäurekörner.

Entsprechend einer chemischen Neutralisation findet zwischen der schwach sauren Kieselsäureoberfläche und den Alkalihydroxiden eine chemische Reaktion statt. Auch PIKE, HUBBARD und INSLEY (1955) halten die Teilchenoberfläche für sehr reaktionsfähig gegenüber positiven Ionen wie Na^+, K^+ und Ca^{++}.

Das Entstehen eines reinen Alkali-Kieselsäurereaktionsproduktes ist im Beton bei Anwesenheit von genügend $Ca(OH)_2$ ungewöhnlich. Man erwartet eher die Bildung des nichtexpandierenden Kalzium-Alkali-Kieselsäurekomplexes.

POWERS und STEINOUR (1955) vermuten, daß in der Anfangsphase auch ein nichtquellendes Kalzium-Alkali-Kieselsäuregel in einer dünnen Schicht am Kornrand entsteht. Im weiteren Verlauf des Vorganges hängt die Zusammensetzung des Reaktionsproduktes von der Anwesenheit der einzelnen Ionen in der Reaktionszone ab. Gesteuert wird dieses Ionenverhältnis am Reaktionsort durch das unterschiedliche Diffusionsverhalten der Alkali- und Kalzium-Ionen (Alkalien schneller als Kalzium), die adsorbierte Ionenmenge in der Primärschicht und die Konzentration der Reaktionspartner außerhalb des Kornes. Wenn die Alkalikonzentration außen niedrig und die adsorbierte Kalziummenge in der Primärschicht groß ist, dringen mehr Kalziumionen zum Reaktionsort vor. Bei hohem Alkaligehalt außen wird die Reaktion mehr in Richtung auf eine Alkali-Kieselgelbildung ablaufen.

VERBECK und GRAMLICH (1955) haben bewiesen, daß die Bewegungs- und Löslichkeitseigenschaften von $Ca(OH)_2$ im Vergleich zu den Alkalien sehr gering sind. Die Autoren meinen, daß die Alkali-Kieselsäurereaktion allein durch die geringe Beweglichkeit von $Ca(OH)_2$ in wässriger Lösung und in Zementpasten erklärt werden kann. In einer Art Wettbewerbsreaktion zwischen den Alkalien und dem $Ca(OH)_2$ wird immer das alkalireiche, treibende Gel entstehen, außer dann, wenn die Kalziumionen in relativ großer Menge und sehr nahe am Reaktionsort vorhanden sind.

2.2.2 Treibmechanismus

Alkalikieselsäuregele haben die Eigenschaft Wasser aufzunehmen und dabei zu quellen; ihre Viskosität nimmt mit der Wasseraufnahme ab (Übergang vom festen zum flüssigen Zustand).

Ebenso verhalten sich die in den reaktionsfähigen Zuschlagskörnern gebildeten Gele. VIVIAN (1950) schreibt die Ausdehnung von Zementmörtel und Beton dem Quellen der noch festen Zuschlagskörner zu. Die Treibwirkung des später entstehenden Soles ist dagegen nach seiner Meinung gering. Wie VIVIAN (1950) weiter zeigen konnte, quillt ein noch fester Natrium-Silikat-Komplex durch Aufnahme von Wasser bereits um 130 %.

Nach PIKE, HUBBARD und INSLEY (1955) kann z. B. das Volumen von Opalkörnern bei der Umwandlungsreaktion bis zum Kieselgel-haltigen Endprodukt bis zu 300 % zunehmen. Bei Messungen mit einer Spezialdruckzelle, in der 4 g Opal in einer alkalireichen Zementpaste eingebettet waren, registrierte PIKE (1958) einen Druck von 142 kp/cm^2.

Über durch osmotischen Druck hervorgerufene Treiberscheinungen berichtet als erster HANSEN (1944). Er nimmt an, daß der das reaktive Zuschlagskorn umgebende, erhärtete Zementstein als semi-permeable Membran wirkt. Diese Membran erlaubt die Diffusion von Alkalilösung und Wasser in das Reaktionszentrum, verhindert aber das Herausdiffundieren des Alkali-Kieselsäuregeles. Es entwickeln sich Flüssigkeitsdrucke, die groß genug sind, Risse und Expansionen hervorzurufen.

McCONNELL, MIELENZ, HOLLAND und GREENE (1947) fanden in einer osmotischen Zelle mit Zementstein als semi-permeable Membran und mit Natrium-Silikatlösung gefüllt nach 4 Tagen bereits einen osmotischen Druck von über 39 kp/cm^2.

Abweichend von den bisherigen Autoren will HANSEN (1962) die Treiberscheinungen allein mit der Bildung von wasserfreien oder wasserhaltigen Natriumsilikaten im Zuschlagskorn erklären. Entsprechend dem folgenden Gleichungssystem ist die Reaktion nur vom Vorhandensein der Alkalihydroxide abhängig; z.B. sollen Na^+ und OH^--Ionen gleichzeitig in das Kieselsäuregitter eindringen:

$$Na^{+} + OH^{-} + SiO_2 = Na\,H\,SiO_3$$

$$Na^{+} + OH^{-} + Na\,H\,SiO_3 = Na_2SiO_3 \cdot x\,H_2O$$

Im weiteren Verlauf der Reaktion kann Wasser abgegeben oder weiteres Wasser von außen aufgenommen werden; für die folgende Reaktion mit SiO_2 werden immer neue Na^{+}-Ionen und OH^{-}-Ionen freigesetzt.

$$Na_2\,SiO_3 + \text{Wasser} = Na_2\,SiO_3 \cdot x\,H_2O$$

$$Na_2\,SiO_3 + n\,SiO_2 + \text{Wasser} = Na_2\,H_{2n}\,(SiO_3)_{n+1} \cdot x\,H_2O$$

Die Volumenzunahme beim Übergang der SiO_2 in die Silikatform verursacht das Quellen der Kieselsäurekörner.

WYATT und SCHUIT (1962) wiesen darauf hin, daß der Einbau von Wasser und (Erd-) Alkalien nach Art eines Ionenaustausches gegen den Wasserstoff der vorhandenen OH-Gruppen in amorphen Kieselsäuren das Quellen hervorruft. Thermodynamisch ist dieser Vorgang gleichbedeutend mit der Osmose. Die thermodynamische und die mechanische Deutung des Treibvorganges konkurrieren nicht miteinander; es sind 2 mögliche Betrachtungsweisen für ein und dasselbe Problem.

2.3 Wesentliche Faktoren bei der Alkali-Kieselsäurereaktion

In umfangreichen Versuchsreihen haben seit STANTON (1940) viele Autoren an Mörtel- und Betonproben die unterschiedlichsten Phänomene der Alkali-Kieselsäurereaktion durch das gemessene

Treiben studiert. Bei den meisten Versuchen wurden die Proben über längere Zeit in geschlossenen Behältern über Wasser gelagert und die Dehnung der Proben dann in Abhängigkeit vom Phänomen und von der Zeit ausgewertet (Vergleiche hierzu Kapitel 2.5.2).

2.3.1 Der Zuschlag (Kieselsäure)

Bereits MEISSNER (1941) und TREMPER (1941) beschreiben die alkalireaktionsfähigen Bestandteile der Zuschläge als amorphe, oder wenig kristalline Komponenten. Einen Überblick über die Gesteine, mit denen man Treiberscheinungen im Beton feststellt, gibt Tab. 1.

2.3.1.1 Textur des Zuschlags

Nach RESEARCH REPORT (1958) beeinflußt die innere T e x t u r und Struktur eines Zuschlagkornes doppelt den Grad der Alkali-Kieselsäurereaktion. Die chemische Reaktion nimmt zu, wenn die Absorption durch das Korn groß genug ist und Alkalien in sein Inneres eindringen können. Andererseits wird beim Vorliegen großer Porenräume der Osmotische- oder Quell-Druck schneller abgebaut.

Tab. 1 Kieselsäuremineralien und Gesteine
(aus BREDSDORFF, IDORN, KJAER, PLUM und POULSEN (1962))

Reaktive Substanz	Physikalische Struktur	Chemische Formel	Gesteinstyp	Gefährdung bei Gew. %
Opal	amorph	$SiO_2 \cdot nH_2O$	Einschlüsse im Basalt und anderer Lava, opalhaltiger Kalkstein, opalhaltiger Hornstein, opalhaltiger Schiefer, Überzug an verschiedenen Gesteinen	> 0,25 %
Kieselsäureglas	amorph	SiO_2	Rhyolit, Andesit und andere säurehaltige Lava und ihre Tuffe, die eine Glasmatrix enthalten	> 3 %
			Künstliches Glas (Pyrex)	> 0,8 %
Chalzedon	krypto-, mikrokristallin	SiO_2	Kieseliger Kalkstein, Flint, Hornstein, Sandstein mit Chalzedonmatrix	> 5 %
Christobalit Trydimit	kristallin	SiO_2	Schmelzen	> 1 %
Quarz (wenn deformiert, gerissen, verwittert usw.)	kristallin	SiO_2	Quarzit Sand, Sandstein, Vulkanische und metamorphe säurehaltige Gesteine	

2.3.1.2 Zuschlagsmenge

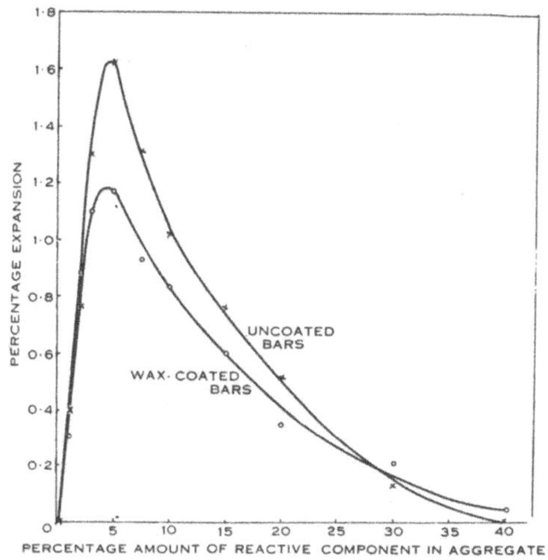

Abb. 3 Abhängigkeit der Treibreaktion von der Zuschlagsmenge
Zumischung von Opal zu Quarz, Korngröße 0.2 - 0,8 mm
(aus VIVIAN (1950))

Die vorhandene M e n g e von reaktionsfähigen Zuschlagskörnern im Beton ist ein entscheidender Faktor der Alkali-Kieselsäurereaktion. Einerseits kann eine kleine Menge von reaktiven Körnern die Alkalikonzentration nicht genügend vermindern; es kommt zur Bildung des quellenden, kalkfreien Geles. Andererseits muß die Zahl der reaktionsfähigen Körner ein gewisses Minimum überschreiten, bevor eine Treibwirkung erkennbar wird. Durch eine sehr große Menge reaktionsfähiger Kieselsäure wird die Alkalikonzentration aber so schnell reduziert, daß es vorrangig zur Bildung des nicht treibenden, kalziumreichen Geles kommt.

KELLY, SCHUMANN und HORNIBROOK (1949) fanden, daß das Maximum der Quellreaktion je nach Korngröße bei Opal zwischen 2 und 5 %, bei kieselsäurehaltigem Kalkstein um 20 % und bei Chalzedon um 15 % des Gesamtzuschlages liegt.

2.3.1.3 Korngröße des Zuschlags

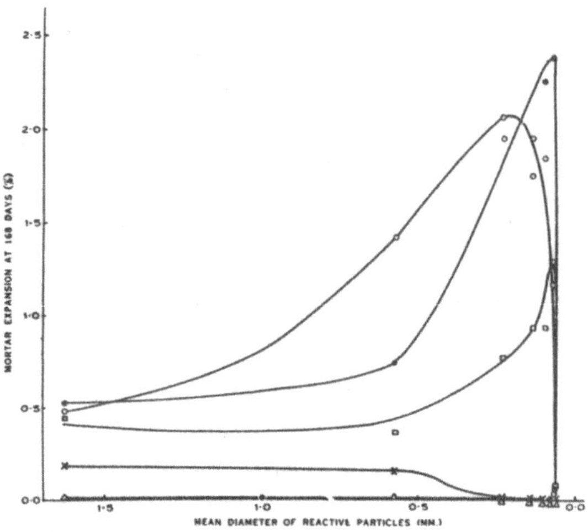

Abb. 4 Abhängigkeit der Treibreaktion von der Korngröße Prozent Opal im Quarzzuschlag: 1% (x), 5 % (o), 10 % (●), 20 % (□) und 40 % (△) (aus VIVIAN (1951))

Nach VIVIAN (1951) tritt bei einem mittleren Durchmesser von weniger als 0.06 mm kein Treiben im Mörtel auf. Die große Oberfläche der sehr kleinen Körner bewirkt eine rasche Abnahme der verfügbaren Alkalien. Es ist möglich, daß die anfängliche Kalk-Kieselsäurereaktion die feinen Körner vollkommen durchdrungen hat und dadurch kein quellendes Gel mehr entstehen kann. Auch kann die Volumenzunahme kleiner als das Volumen eines angrenzenden Porenraumes im hydratisierten Zement sein.

POWERS (1962) weist darauf hin, daß sich mit kleinerer Korngröße das Einsetzen der Treibreaktion verzögert.

Die an Mörtelproben (Zuschlag $<$ 3.5 mm) gewonnenen Erfahrungen lassen sich nicht immer auf Beton mit grobem Zuschlag übertragen. DAVIS (1957) hat bewiesen, daß Betonproben mit der gleichen Menge an groben, reaktionsfähigen Zuschlagskörnern gegenüber Mörtelproben eine höhere Alkalikonzentration zur Expansion benötigen. Bei einer Mischung von inaktiven, groben Zuschlagskörnern mit reaktionsfähigen Sanden tritt eine Rißbildung und Treibwirkung erst sehr viel später ein. Dieses Ergebnis bestätigen auch SCHOLER und GIBSON (1948), die bei Zugabe von 25 % und mehr groben Kalksteins oder 40 % und mehr Sandstein eine Reduktion des Treibens feststellten.

2.3.2 Die Alkalien

2.3.2.1 Alkaligehalt

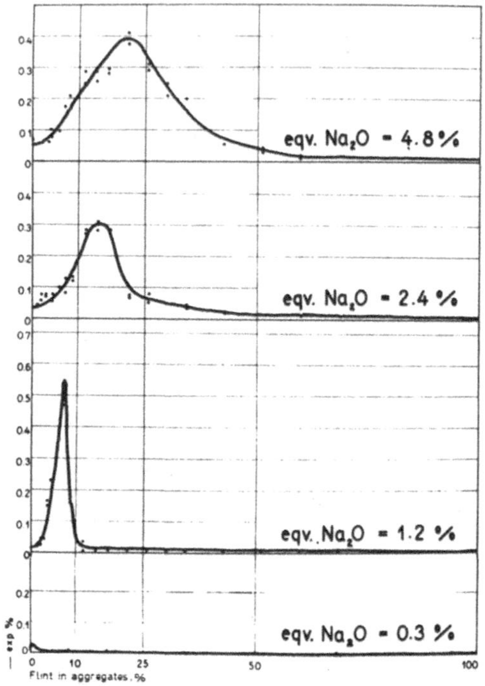

Abb. 5 Abhängigkeit der Treibreaktion vom Alkaligehalt und der Menge des reaktiven Zuschlags (aus PLUM, POULSEN und IDORN (1958))

Anhand einer umfangreichen Reihenuntersuchung durchgeführt von 11 Laboratorien zeigte das COMMITTEE C-1 (ASTM)(1946), daß gefährliche Treiberscheinungen erst bei Zementen mit einem Na_2O-Äquivalentgehalt von über 0.58 % entstehen. Mit zunehmendem Alkaligehalt steigt die Gefahr des Treibens.

Eine hohe Alkalikonzentration am reaktionsfähigen Kieselsäurekorn im Beton ist nach der Theorie von POWERS und STEINOUR (1955) verbunden mit der Bildung des treibenden, kalziumarmen Alkali-Kieselsäuregels. Abb. 5 zeigt, daß mit steigendem Alkaligehalt bei z.B. 20 % reaktiver Komponente auch das Treiben erheblich zunimmt. Vergleicht man damit die Quellreaktion bei einem Flintgehalt von 8 % im Gesamtzuschlag, so erkennt man, daß nach Durchlaufen eines Maximums bei 1,2 % $Na_2O_{äquivalent}$ die Treibwirkung mit zunehmenden Alkaligehalt wieder abnimmt. Die Alkalikonzentration im Beton ist also kein unabhängiger Faktor, der die Alkali-Kieselsäurereaktion allein kontrolliert. WOOLF (1952) nimmt deshalb auch an, daß tatsächlich das Verhältnis von vorhandenem Alkali zu reaktiver Kieselsäure den Quellvorgang steuert. War die Menge des reaktiven Zuschlags sehr klein, so wurden auch an Proben mit einem Alkaligehalt unter 0.6 % der Zementmenge erhebliche Dehnungen beobachtet.

2.3.2.2 Alkalibeweglichkeit

Alkalien bewegen sich in Gegenwart von Wasser frei im Zementstein. HALL und RHODES (1960) zeigten, daß sich Natrium homogen in der erhärteten Zementpaste verteilt. Eine sehr geringe Menge Natrium wird gebunden und so schwerbeweglich.

Die Bewegung von Alkalien erklärt VIVIAN (1947) als Diffusion durch ein System von flüssigkeitsgefüllten Kapillaren im erhärteten Zement. Bei zusammengesetzten Mörtelproben diffundierten die Alkalien aus Zonen mit hohem Alkaligehalt und ohne treibende Komponenten zum alkaliarmen Bereich mit reaktiven Kieselsäuren. Die Diffusion war jedoch so langsam, daß erst nach 150 Tagen eine meßbare Expansion begann.

2.3.2.3 Alkalispender und Alkalilöslichkeit

Die zur Bildung von treibenden Gelen im Beton notwendigen Alkalien liefert vorrangig der Zement. CONROW (1952) analysierte 60 amerikanische Zemente; die Na_2O-Äquivalentgehalte streuten von 0.2 bis 1.2 %. Nach BARTLEY und GILLILAND (1951) sind die Alkalien des Zementes sehr gut löslich. JONES (1952) berichtet von einem etwas rascheren in Lösung Gehen des Na_2O gegenüber K_2O (vollständige Lösung von Na_2O nach 28 Tagen). Bei der guten Löslichkeit von Alkalien ist anzunehmen, daß nahezu das gesamte Alkali des Zementes an der Kieselsäurereaktion teilnehmen kann.

STANTON, PORTER, MEDER und NICOL (1942) erwähnen eine mögliche Anreicherung von Alkalien im Beton in Gegenwart von wasserlöslichen Natrium- und Kaliumsalzen im umgebenden Erdreich, im Wasser oder in den Zuschlägen. BREDSDORFF, IDORN, KJAER, PLUM und POULSEN (1962) kalkulierten eine Alkalizunahme im Beton bei Verwendung von Seewasser zum Anmachen von 0.8 %. Bei salzigem Grundwasser kann die maximale Zunahme immer noch 0.15 % $Na_2O_{\text{äquivalent}}$ betragen.

Nach BREDSDORFF, IDORN, KJAER, PLUM und POULSEN (1962) können auch einige Mineralien wie Zeolith oder Montmorillonit Alkalien durch Kationenaustausch freigeben. HANSEN (1959) berichtet von einer Alkalilöslichkeit aus Sanden und Zusatzmitteln (wie Z.B. Flugasche), wenn der Alkaligehalt der flüssigen Zementphase selbst sehr gering war. Der Alkaligehalt im Zementmörtel kann auch durch eine große Zahl an reaktiven Zuschlagskörnern erniedrigt werden, daß es zur Nachlieferung von Alkalien aus den alkaliliefernden Mineralien kommt.

2.3.2.4 Verschiedene Alkalien

Bei Versuchen über das unterschiedliche Reaktionsverhalten von Natrium und Kalium stellen DAVIS (1957) fest, daß der Treibeffekt bei reaktionsfähigen Zuschlägen hauptsächlich vom Gesamtalkaligehalt des Zementes abhängt. Von geringerer Bedeutung ist, welches der beiden Alkalien vorherrscht; noch weniger beeinflußt ein rascheres Inlösunggehen der einzelnen Alkalien die Treibreaktion. Kalium verursacht eine schnellere Anfangsreaktion; gegenüber Natrium ist das Quellen im fortgeschrittenen Stadium und die gesamte Expansion geringer.

McCOY und CALDWELL (1951) erwähnen eine gegenläufige Reaktion des im Zement von Natur aus wenig vorhandenen Alkalis Lithium. Im Gegensatz zu NaOH und KOH ist Kieselsäure in hochkonzentriertem Lithiumhydroxid nahezu unlöslich. LAWRENCE und VIVIAN (1951) nehmen an, daß der sich bildende Lithiumhydroxid-Kieselsäurekomplex in verdünnten Solen viel stabiler vorliegt. Ist das Lithiumhydroxid-Kieselsäureverhältnis genügend groß, so kann das Lithiumsilikat nicht mehr dispergieren.

2.3.3 Das Kalzium

Hinsichtlich der Bedeutung des Kalziumhydroxids bei der Alkali-Kieselsäurereaktion vertreten die einzelnen Autoren stark unterschiedliche Meinungen.

POWERS und STEINOUR (1955) vermuten, daß die Anwesenheit von $Ca(OH)_2$ am Reaktionsort zu einer mehr oder weniger kalziumreichen und damit schwächer treibenden Alkali-Kalzium-Kieselsäurephase führt.

Diese Annahme bestätigten PIKE und HUBBARD (1950 und 1958) durch Interferenzmessungen an Opaloberflächen. Der Angriff von NaOH alleine auf Opal war 5 mal stärker als bei NaOH in gesättigter $Ca(OH)_2$-Lösung.

VERBECK und GRAMLICH (1955) weisen darauf hin, daß wegen der Unbeweglichkeit von Kalziumionen oder $Ca(OH)_2$ und der geringen Löslichkeit des Kalziumhydroxids in Gegenwart von Alkalien die Treibreaktion nur dann reduziert wird, wenn das $Ca(OH)_2$ nahe am Reaktionsort in hinreichender Konzentration vorliegt.

PARSON und INSLEY (1948) und KALOUSEK (1944+) beschreiben die Bildung einer dichten semipermeablen Membran aus Alkali-Kalzium-Silikat an den Wänden von Betonporen oder am Kieselsäurekorn. Erst die Entstehung einer solchen Membran verursacht einen osmotischen Druck, der zur Dehnung und Rissen im Beton führen kann.

VIVIAN (1957) bezweifelt das Vorhandensein von semipermeablen Membranen aus Kalzium-Alkali-Silikat. Bei der Schichtung von gesättigter $Ca(OH)_2$-Lösung auf viskoses Alkali-Kieselsäuregel bildet sich an der Grenzfläche ein milchig weißer Kalzium-

Kieselsäurekomplex, der in Richtung der $Ca(OH)_2$-Lösung wächst. Das viskose Alkali-Kieselsäuregel wird allmählich flüssig (Diffusion von Wasser nach unten); die Grenzfläche verändert ihre Lage nicht (keine Diffusion von Kalzium nach unten). Ein osmotischer Druck entsteht nicht, da die Grenzschicht an keiner Stelle aufreißt oder sich bewegt hat. VIVIAN (1957) meint weiter, daß eine kalziumreiche Oberflächenschicht an Alkali-Kieselsäuregelen die Kohäsion des Reaktionsproduktes verstärkt und sein schnelles Eindringen in die Poren des hydratisierten Zementes vermeidet.

HETHER und SMITH (1953) und (1958) wollen die Treiberscheinungen auch bei sehr geringen Alkaligehalten mit der folgenden Gleichung erklären:

$$Na_2SiO_3+Ca(OH)_2+H_2O = CaSiO_3+2\ NaOH+H_2O$$

Sie nehmen an, daß anfänglich gebildetes Natriumsilikat durch Reaktion mit Kalziumhydroxid zu einem Teil in Kalziumsilikat umgewandelt wird und daß Natriumionen zur weiteren Reaktion freigegeben werden.

Durch Versuche mit gealterten Zementen stellten ZOKOV und KONCEVEC (1971) fest, daß die Gesamtmenge von vorhandenem $Ca(OH)_2$ im Beton sehr entscheidend ist. Eine Abnahme des Kalziumhydroxidgehaltes durch Karbonatisation (Bildung von $CaCO_3$) verringerte die Expansion von Pyrexglas-Mörtelproben um maximal 40 %.

2.3.4 Die OH-Ionenkonzentration

HANSEN (1962) stellte fest, daß die verschiedenen Formen der Kieselsäure kaum durch Säuren und Lösungen von neutralen Salzen angegriffen werden; die Löslichkeit in alkalischen Lösungen ist dagegen sehr hoch. Dies bedeutet daß die OH-Ione eine der wesentlichen Ursachen für die Treibreaktion sind.

Wie BEAN und TREGONING (1944) berichten, verstärkt die Zugabe von Alkalikarbonat zu Alkalihydroxidlösungen (Erhöhung der Alkalimenge bei gleichem pH) die Reaktionsfreudigkeit von 12 Kieselsäurematerialien nicht.

Den Einfluß der Hydroxylionenkonzentration untersuchte VIVIAN (1951) mit Hilfe von Tetramethylammonium-hydroxid (stark alkalisch) und Trimethylamin (schwach alkalisch) als Opalmörtelbeimengung. Nach 196 Tagen zeigte der mit Tetramethylammonium-hydroxid behandelte Mörtel starke Rißbildung und Treiben, der mit Trimethylamin behandelte Mörtel jedoch keine Reaktion. Vergleicht man NaOH und die quarternäre Ammoniumbase bezogen auf die gleiche OH-Konzentration (nicht Aktivität!) so findet im mit Tetramethylammoniumhydroxid behandelten Mörtel eine sehr viel stärkere Treibreaktion allerdings zu einem späteren Zeitpunkt statt. Dieses Phänomen erklärt VIVIAN (1951) mit einer schnelleren Bewegung von NaOH durch die Zementpaste und einem langsameren Eindringen von Tetramethylammoniumhydroxid in das reaktionsfähige Kieselsäurekorn.

2.3.5 Die Gel-Sol-Umwandlung

VIVIAN (1950) mißt dem Übergang Feste-Kieselsäure→Gel→Sol→ Lösung bei der Alkali-Kieselsäurereaktion große Bedeutung bei. Aus Untersuchungen an Natrium-Kieselsäurekomplexen folgert er:

> Sowohl Gel als auch Sol können bei der Reaktion von Kieselsäure mit Natriumhydroxidlösung entstehen; ob das Reaktionsprodukt ein Gel oder ein Sol ist, hängt von dem Verhältnis Feststoff zu Flüssigkeit ab.
>
> Das Reaktionsprodukt absorbiert Wasser aus seiner Umgebung. Die Konzentration von Alkalien in der umgebenden Lösung, der Wassergehalt des Reaktionsproduktes und die Temperatur beeinflussen die Wasseraufnahme. Die Gewichtsänderung bei wasserhaltigen Natrium-Kieselsäuregelen ist umso größer, je niedriger der anfängliche Eigenwassergehalt und die Natriumhydroxidkonzentration in der umgebenden Lösung und je höher die Temperatur war.
>
> Proportional zur Wasseraufnahme im Natrium-Kieselsäurekomplex ändert sich das Volumen.
>
> Der Widerstand des Natriumsilikates gegen Deformation ist umgekehrt proportional zu seinem Wassergehalt. Das bedeutet, daß treibende Kieselsäurekörner den größeren Druck in der festen Phase, einen geringeren Druck während ihres plastischen Zustandes und keinen Druck als Flüssigkeit entwickeln.

2.3.6 Die Mörteleigenschaften

2.3.6.1 Wassergehalt

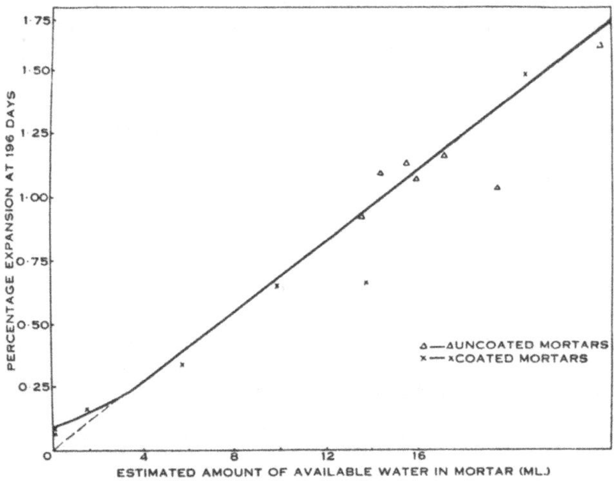

Abb. 6 Abhängigkeit der Treibreaktion vom verfügbaren Wasser
(aus VIVIAN (1950))

Treibschäden entstehen nur in Gegenwart von Feuchtigkeit. Erst durch Anlagerung von Wassermolekülen nimmt das Alkali-Kieselsäuregel erheblich an Volumen zu. STANTON (1951) beobachtete, daß bei einem höheren Prozentsatz von Anmachwasser in den Mörtelproben mit reaktiven Zuschlägen eine größere Expansion stattfand. Nach VIVIAN (1948) wird die Aufnahme von Wasser im Zementmörtel umso wichtiger für das Quellen, je mehr die Reaktion zwischen den Alkalien und den reaktiven Zuschlägen abnimmt.

BOSCHART (1958) erwähnt, daß bei Betonfertigbauteilen mit reaktivem Zuschlag, die vor Wasser oder Wasserdampf geschützt waren, kein Treiben auftrat. Brachte man die trocken gehaltenen Teile dann in ein feuchtes Medium, so bildeten sich rasch Risse. Die vorher entstandenen Alkali-Kieselsäuregele holten die Wasserabsorption nach und quollen heftig.

2.3.6.2 Porenraum

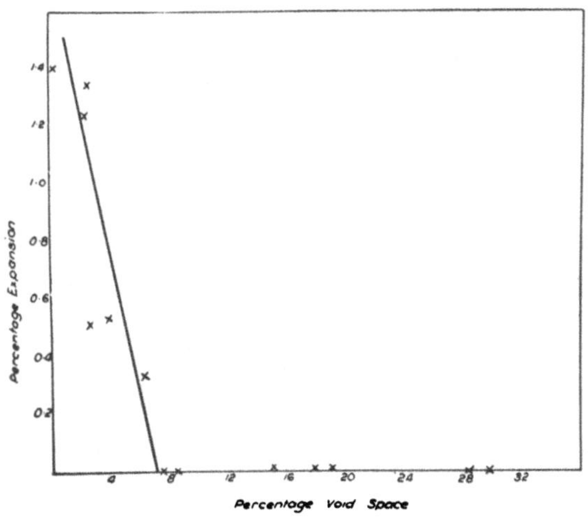

Abb. 7 Abhängigkeit der Treibreaktion vom Porenraum (aus VIVIAN (1947))

Treiberscheinungen und Rißbildung durch reaktionsfähige Zuschläge findet man nur in kompakten Mörteln, nicht aber in porenreichen Mörtelproben. Wie man aus Abb. 7 erkennt, expandiert der Mörtel ab 8 % Porenraum nicht mehr. Der mechanische Druck der entstandenen quellenden Gele wird abgebaut, da genug Porenraum zur Verfügung steht.

2.3.6.3 Mörtelqualität

Beim Vergleich von hochwertigen Mörteln (W:Z = 0.28) mit solchen schlechterer Qualität (W:Z = 0.44) stellte JONES (1952) und (1958) fest, daß die hochwertigen Mörtel mit reaktiven Zuschlag geringere Treiberscheinungen zeigten. VERBECK und GRAMLICH (1955) meinen, daß ein niedriger Wasser/Zement-Wert eine geringe Permeabilität der Zementpaste verursacht und daß damit die Bewegung des Wassers zum Reaktionsort behindert und die Expansion herabgesetzt wird.

2.3.6.4 Verfestigungszeitpunkt

Der Verfestigungszeitpunkt von aushärtendem Mörtel und Beton mit reaktionsfähigen Zuschlägen beeinflußt das Gesamtmaß des Treibens. Derjenige Teil der Quellreaktion, der bereits während des flüssigen und plastischen Zustandes vorweggenommen wurde, verringert die Gesamt-Treiberscheinung. HANSEN (1962) weist darauf hin, daß bei kleinen Körnern im Vergleich zu Großen vor dem Erhärtungszeitpunkt eine erheblich stärkere, prozentuale Volumenvergrößerung stattfand.

2.3.6.5 Rißbildung

Nach VIVIAN (1947) nimmt die Zugfestigkeit (Maß für die Rißbildung) von Mörtelproben mit reaktiven Kieselsäurekörnern bei zunehmender Expansion ab. VIVIAN (1950) nimmt an, daß schwellende Kieselsäurekörner bei der Alkali-Kieselsäurereaktion durch Aufweiten von Mikroporen das Hauptquellen hervorrufen. Die elastische Ausdehnung der Zementsteinmatrix vor einer eintretenden Rißbildung ist vernachlässigbar klein. Im Versuch war z.B. die Zugfestigkeit von Mörtelproben mit 0.10 % Opalzugabe kleiner als die Zugfestigkeit der reinen Mörtelprobe; trotz der offensichtlich entstandenen Mikrorisse kam es zu keiner meßbaren Expansion.

Die Annahme, daß die Entstehung und das Aufweiten von Rissen für die Expansion verantwortlich sind, bestätigten McGOWAN und VIVIAN (1952) durch Auszählung von Rissen und Rißweiten an gequollenen Mörteln. Sie fanden einen linearen Zusammenhang zwischen der gemessenen Expansion und einer aus Rißzahl und Rißweite kalkulierten Dehnung.

2.3.7 Einwirkung von außen

2.3.7.1 Belastung

BLANKS und MEISSNER (1945) berichten im Zusammenhang mit der Alkali-Kieselsäurereaktion über die Rißbildung an Dämmen, wobei die Risse bis zu 4 cm breit, aber nur relativ wenig in die Betonstruktur eingedrungen waren.
McGOWAN und VIVIAN (1955) erklären das Vorhandensein von Rissen in äußeren Schichten der Betonoberfläche und das Fehlen derselben im Inneren mit der großen Eigenmasse von Betonbauten. Wie Versuche unter Belastung an Mörtelproben zeigten, reduziert sich das Treiben bei der Alkali-Kieselsäurereaktion zum Teil bis um

die Hälfte. Eine Zunahme des äußeren Druckes vermindert die Wasserabsorption und die Volumenänderung der reaktionsfähigen Kieselsäurekörner. Die durch Belastung hervorgerufenen Gegenkräfte verhindern die Erweiterung und die Ausweitung von Rissen. Sie führen zur Entwicklung eines ungefährlichen, oberflächlichen Netzmusters an Stelle großer Risse.

2.3.7.2 Temperatur

KAMMER und CARLSON (1941) und CARLSON (1944) erwähnen eine beschleunigte Alkali-Kieselsäurereaktion bei erhöhten Temperaturen von 61°C und 84°C.

Nach VIVIAN (1951) beeinflußt die Temperatur sowohl die chemische Reaktion als auch die Wasserabsorption und auch das Reaktionsprodukt. Während erhöhte Temperaturen den Grad der Alkali-Reaktion und der Wasserabsorption verstärken, nimmt zurselben Zeit die Treibfähigkeit des Alkali-Kieselsäuregeles ab. Es zeigte sich, daß bei erhöhten Temperaturen die Anfangsdehnung eines Mörtels mit reaktiven Sanden zunimmt; die totale Dehnung verkleinert sich jedoch.

IDORN (1967) weist darauf hin, daß mit zunehmender Temperatur die Löslichkeit des Kalziumhydroxids zurückgeht und damit die relative Na^{+}/Ca^{++}-Konzentration in der Zementpaste erheblich ansteigen kann. Auch unter natürlichen Temperaturwechseln wird eine Beschleunigung der Alkali-Kieselsäurereaktion eintreten.

2.3.7.3 Klima

Entgegen der im Laboratoriumsversuch gefundenen Ergebnisse ist die Expansion von Beton mit reaktionsfähigen Zuschlägen unter natürlichen Klimabedingungen oft sehr viel höher. Temperaturwechsel, Gefrieren und Tauen sowie abwechselndes Durchfeuchten und Trocknen beschleunigen die Alkali-Kieselsäurereaktion.

SCHOLER (1949) und SCHOLER und SMITH (1954) berichten von größeren und früher beginnenden Treiberscheinungen bei Beanspruchung der Proben durch Feuchtigkeits- und Temperaturwechsel. Wie TREMPER (1944) zeigte, expandieren einige Mörtel mit hohem Alkali-Gehalt und reaktiven Kieselsäurekörnern erst unter Einwirkung von Frost- und Tauwechseln.

IDORN (1967) beschreibt den Klimaeinfluß auf Beton. Er nennt folgende Effekte:

1. Volumenänderungen in Zuschlagskörnern und in der Zementpaste.
2. Löslichkeitsänderungen von festen Komponenten besonders des Kalziumhydroxids.
3. Rißbildung durch Volumenänderungen im Beton oder seinen Komponenten und damit verbunden eine erleichterte Diffusion gelöster Anteile neben dem Eindringen von Wasser oder äußeren Lösung in den Beton.

2.4 Vorbeugende Maßnahmen gegen die Alkali-Kieselsäurereaktion

2.4.1 Zuschlagskorrektur

2.4.1.1 Vermeidung reaktionsfähiger Kieselsäuren

Die einfachste Methode zur Ausschaltung der Alkali-Kieselsäurereaktion ist die Verwendung nicht reaktionsfähiger Zuschlagstoffe. Nach FORUM (1965) wird man in der Praxis aus Kostengründen einen Zuschlagstoff wegen seiner potentiellen Reaktionsfähigkeit jedoch nur selten ablehnen, sondern eher versuchen, das gefährliche Treiben im Beton zu beherrschen.

2.4.1.2 Beimengung von feinvermahlenen reaktionsfähigen Kieselsäuren

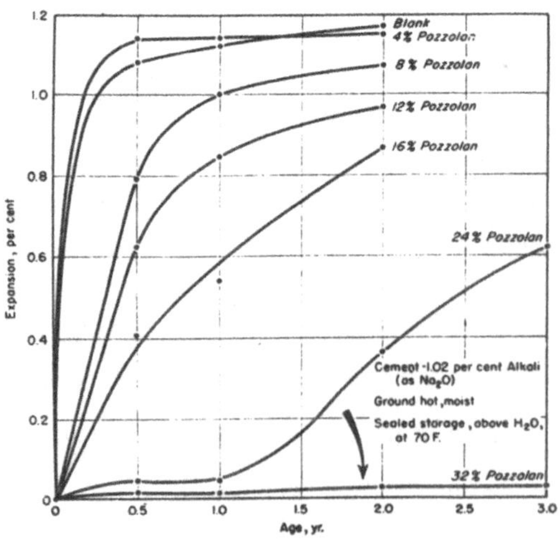

Abb. 8 Einfluß von Puzzolan auf die Treibreaktion
Puzzolanzugabe in Prozent von der Zementmenge
(aus HANNA (1947))

STANTON, PORTER, MEDER und NICOL (1942), HANNA (1947), BLANKS (1950), HETHER und SMITH (1958), ABDUN-NUR (1961) und andere betrachten alle Kieselsäuren mit puzzolanischer Wirkung als geeignet um das Quellen von Beton zu vermindern. Zu den wirksamen natürlichen und künstlichen Puzzolanen zählen die amorphen kieselhaltigen oder die kiesel- und tonerdehaltigen Stoffe, einschließlich opalhaltiger Schiefer und Tone, Diatomeenerde (Kieselgur) und Industrienebenprodukte wie Hochofenschlacke, Flugasche und gebrannte Tone. Puzzolanisches Material besitzt selbst keine oder nur wenige zementische Eigenschaften, kann aber mit Kalziumhydroxid in Gegenwart von Wasser schon bei gewöhnlichen Temperaturen Zementkomponenten bilden.

BENNET und VIVIAN (1955) zeigen, daß die Wirksamkeit der Puzzolane zunimmt, wenn sie sehr fein gekörnt und gleichzeitig gut verteilt im Mörtel und Beton vorliegen. Nach PEPPER und MATHER (1959) schwanken die notwendigen Puzzolan-Minimalmengen zwischen 10 Volumenprozent (künstliches Kieselglas) und 45 Volumenprozent (gewisse Schlacken und Flugasche) des Zementes.

POWERS und STEINOUR (1955) versuchen den günstigen Puzzolaneffekt auf das Treiben mit der sehr großen reaktionsfähigen Oberfläche dieser Materialien zu erklären. Eine hohe Alkalikonzentration wird durch die feinverteilten Puzzolane im Beton rasch herabgedrückt, so daß ungefährliche Kalzium-Alkali-Kieselsäureverbindungen entstehen bevor an größeren reaktionsfähigen Kieselsäurekörner eine erhebliche Treibreaktion stattfinden konnte.

Bei Versuchen mit Zementen aus 23 verschiedenen amerikanischen Zementwerken stellte CONROW (1952) eine gewisse Abhängigkeit der Alkali-Kieselsäurereaktion von der vorhandenen Menge an Kalziumhydroxid fest. Die frühverfestigenden Zemente, bei denen sehr viel Kalziumhydroxid freigegeben wird, zeigten ein außergewöhnlich hohes Treiben. Unter dieser Voraussetzung beruht der Puzzolaneffekt bei der Alkali-Kieselsäurereaktion lediglich auf der Herabsetzung des Gehalts an freiem $Ca(OH)_2$.

2.4.2 Zementkorrektur

2.4.2.1 Alkaliarmer Zement

Seit Beginn der Forschung auf dem Gebiet der Alkali-Kieselsäurereaktion hat man in Amerika gute Baustellenerfahrungen mit einer Begrenzung des Alkaligehaltes von Zementen gemacht. Bei Verwendung von alkaliarmen Zementen ($Na_2O_{äquivalent}$ kleiner 0.6 %) konnten die Treiberscheinungen stark eingeschränkt werden.

Nach WOOLF (1952) ist die Begrenzung des Alkaligehaltes der Zemente nicht immer ein unfehlbares Verfahren. Einen doppelten Schutz bringt die gleichzeitige Verwendung von alkaliarmen Zementen und puzzolanen Beimischungen. In Dänemark wurde deshalb von MEYER (1955) der sogenannte Seewasserzement, ein alkaliarmer Zement mit einem Gehalt an Diatomeenerde (Kieselgur) entwickelt.

2.4.2.2 Hüttenzement

BARONA (1951) und MATHER (1957) zeigten, daß bei Verwendung von Hüttenzement mit 20 - 60 % Schlackenzugabe das Treiben von Mörtel mit reaktionsfähigen Zuschlägen in sicheren Grenzen gehalten werden kann. Bei Variation der Schlackenzugabe von 25 % bis 50 % zu Portlandzement fanden COX, COLEMAN und WHITE (1950) mit ansteigendem Schlackengehalt im Hochofenzement eine stärkere Verminderung des Treibens. Der sehr hohe Eigengehalt an Alkalien in der Schlacke beeinflußt die Reaktion anscheinend nicht.

2.4.3 Behandlung von Mörtel oder Beton

2.4.3.1 Beimengung von Chemikalien

Einen Überblick über die Verwendung von Chemikalien bei der Alkali-Kieselsäurereaktion geben McCOY und CALDWELL (1951). Bereits 1 % und weniger Zugabe von gewissen Metallsalzen reduziert das Treiben von Pyrex-Glasmörteln um 75 %. Auch das Zumischen von einigen organischen Chemikalien und Proteinen (0,2 % und weniger) wirkt treibmindernd.

LAWRENCE und VIVIAN (1961) und HANSEN (1960) untersuchten die Abnahme der Alkali-Kieselsäurereaktion im Beton bei Zusatz von Lithium- und Bariumsalzen. Die beiden gut löslichen Salze bilden mit der Kieselsäure relativ schwerlösliche Silikate. Dadurch wird die zur Reaktion mit den Alkalien noch verfügbare Kieselsäuremenge stark vermindert.

2.4.3.2 Behandlung mit CO_2

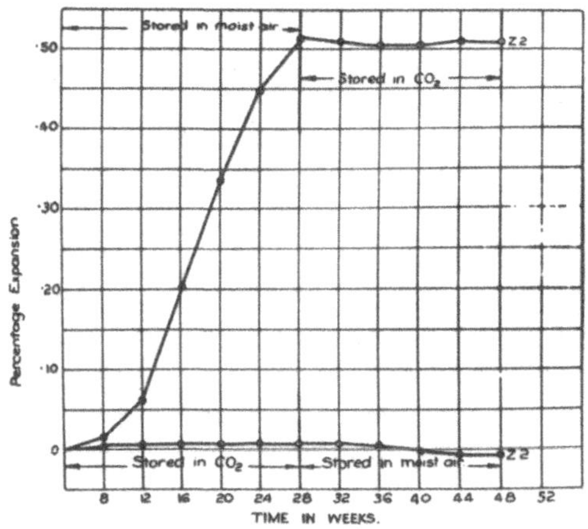

Abb. 9 Einfluß der Karbonatisation auf die Treibreaktion (aus GASKIN (1947))

GASKIN (1947) erkannte, daß die Alkali-Kieselsäurereaktion durch Behandlung des Betons mit CO_2 vermieden werden kann. Die bei der Hydrolyse des Zementes freigesetzten Alkalihydroxide werden in nichtaktive Karbonate umgewandelt. CONROW (1952) weist jedoch darauf hin, daß die Karbonatisation von Baukonstruktionen großtechnisch nicht praktizierbar ist.

2.4.3.3 Feuchtigkeitsregelung

Die Ausdehnung des Betons infolge der Alkali-Kieselsäurereaktion ist unmittelbar abhängig von der Wasseraufnahme der alkalischen Kieselsäuregele. Ein Mangel an Wasser vermindert also Reaktionsschäden. FORUM (1965) schlägt zur Regelung der anfallenden Feuchtigkeit bei trockenem Beton das Anbringen einer oberflächlichen Wassersperre vor. Ein anderes Mittel gegen eindringende Feuchtigkeit ist die Herstellung eines wasserdichten Betons.

2.4.3.4 Luftporengehalt

Da Porenräume im Zementstein entlastend auf den entstehenden Quelldruck wirken, befürworten BLANKS und KENNEDY (1955) die Anwendung von luftporenbildenden Zusätzen. Mc COY und CALDWELL (1951) haben im Laboratorium zwar bei Zugabe von Luftporenbildern eine Reduktion der Treibwirkung bis zu 60 % gemessen, sie weisen jedoch darauf hin, daß es trotz Anwendung von Luftporenbildner über längere Zeiträume und unter klimatischen Einflüssen zum Treiben kommen kann. Diese Annahme bestätigte PEYTON (1955) mit Untersuchungen an Straßendeckenbeton, bei dem eine Behandlung mit Luftporenbildnern das Treiben nicht verhindern konnte.

2.5 Testmethoden zur Alkali-Kieselsäurereaktion

BREDSDORFF, IDORN, KJAER, PLUM und POULSEN (1962) stellten fest, daß ein direkter Zusammenhang zwischen mechanischen Treibeffekten im Beton und dem möglichen grundlegenden Chemismus bei der Alkali-Kieselsäurereaktion bisher noch nicht gefunden werden konnte. Die starken Zerstörungen können durch eine chemische Reaktion zwischen dem Zement, dem Wasser und den Zuschlagkörnern alleine nicht erklärt werden. Zur Erkennung und Bewertung einer möglichen Alkali-Kieselsäurereaktion sind deshalb umfangreiche Untersuchungen über die Reaktionsfähigkeit der Zuschlagsstoffe, ihr Verhalten gegenüber den anderen Reaktionsteilnehmern und die mechanischen Eigenschaften von Mörtel und Beton mit reaktiven Kieselsäuren (vergleiche Tafel 2) erforderlich.

Tab. 2 Überblick der Untersuchungsmethoden zur Alkali-Kieselsäurereaktion
(aus BREDSDORFF, IDORN, KJAER, PLUM und POULSEN (1962))

Untersuchungsobjekt	Untersuchungsmethode
Zement	Untersuchung des Alkaligehaltes
Wasser	Untersuchung des Alkaligehaltes
Zuschlag	Beschreibung geologischer Eigenschaften Petrographische Analyse Trennverfahren schwere Flüssigkeiten Fluoreszenzuntersuchung Ätztest Gel-Pat-Test Chemischer Schnellversuch
Mörtel (=Zement+ feiner Zuschlag+ Wasser)	Mörtelbalkenversuch: Messung von Expansion Zugfestigkeit Elastizitätsmodul Beobachtung von Verwerfen Rißbildung Gelausscheidung Innere Zerstörung
Beton (=Zement+ feiner und grober Zuschlag+Wasser)	Betonprismenversuch: Messung von Expansion Zugfestigkeit Elastizitätsmodul Beobachtung von Verwerfen Rißbildung Ausplatzen Gelausscheidung Innere Zerstörung der Struktur Glasbehältertest
Betonbauten	Inspektion von Betonbauten Laboratoriumsuntersuch. an Bohrproben

2.5.1 Untersuchungen des Zuschlags

2.5.1.1 Petrographische Analyse

Die petrographische Analyse (Untersuchung mit dem Mikroskop) wird zur quantitativen und qualitativen Bestimmung des Gehaltes von alkaliempfindlichen Mineralien in den Zuschlagstoffen angewendet. Es wurden ausführliche petrographische Untersuchungsmethoden entwickelt, die zu Standardverfahren führten (ASTM-STANDARDS C 295 (1967)). Die große Anzahl der Veröffentlichungen von STANTON, PORTER, MEDER und NICOL (1942), SYMPOSIUM (1948), MATHER und MATHER (1950), MIELENZ (1954), BROWN (1955) MATHER (1957[+]) und IDORN (1967) zeigten die Bedeutung der petrographischen Untersuchung.

Wenn reaktive Bestandteile im Zuschlag gefunden werden, bedeutet das nicht immer, daß der Zuschlag eine zerstörende Treibreaktion im Beton verursachen wird. Über die Natur des Minerals und sein Absorptionsverhalten kann zwar meistens eine noch zulässige Minimumsmenge für jeden Zuschlagsstoff abgeschätzt werden, jedoch sind hierbei Fehldeutungen über das zu erwartende Quellmaß möglich.

2.5.1.2 Chemisch- Physikalische Untersuchungsmethoden

Aufbauend auf Löslichkeitsuntersuchungen an amerikanischen Sanden von MIELENZ, GREENE und BENTON (1948), SLATE (1949) und

SYMPOSIUM (1948) wurde zur Bewertung der Reaktionsfähigkeit von Zuschlagsstoffen der chemische Schnelltest ASTM-STANDARDS, C 289 (1966) entwickelt. In diesem Test wird das Löslichkeitsverhalten der einzelnen Zuschläge gegenüber Natriumhydroxidlösung unter definierten Laboratoriumsbedingungen untersucht. Durch den Vergleich von gelöster Kieselsäure mit der Verminderung des Alkaligehaltes in der Lösung können qualitative Rückschlüsse auf die zu erwartende Treibreaktion in Mörtel oder Beton gezogen werden.

Korngröße und Korngrößenverteilung beeinflußen Grad und Maß der Reaktionsfähigkeit beim chemischen Schnelltest. In der Praxis kann der Zuschlagstoff trotzdem anders reagieren als beim Laboratoriumsversuch. UPPAL und SINGH (1958) weisen darauf hin, daß durch das notwendige Brechen der Zuschlagkörner beim chemischen Schnelltest ein nicht repräsentatives Zuschlagsverhältnis entstehen kann. Die an großen Körnern zum Teil vorhandenen verwitterten Teile und reaktiven Umhüllungsschichten werden verändert. CHAIKEN und HALSTEAD (1959) schlagen als Ergänzung zum chemischen Schnelltest ein verbessertes Auswertediagramm vor.

STANTON (1940), COOMBS (1942) und JONES (1958) berichten von der Fluoreszenz opaler Kieselsäuregele unter ultraviolettem Licht. Mit diesem Verfahren können Gelzonen an Kieselsäuren im Zementbett analysiert und damit Rückschlüsse auf die Reaktionsfreudigkeit des einzelnen Zuschlagkornes gezogen werden. Auf Vorschlag von PFLUG und CRUMPTON (1963) können Natriumanreicherungszonen (Alkali-Kieselsäuregel) an Oberflächen auch nach Reaktion mit

Zinkuranylazetat unter ultraviolettem Licht sichtbar gemacht werden.

PARSON und INSLEY (1944) beschreiben einen Ätztest an polierten Oberflächen von dichten Zuschlagmaterialien. Aus dem Grad der Anätzung sind Rückschlüsse auf die zu erwartende Alkali-Kieselsäurereaktion möglich.

Die chemische Widerstandsfähigkeit von reaktionsfähigen und nichtreaktiven Zuschlägen gegenüber dem Angriff von Basen verschiedener Stärke untersuchten PIKE, HUBBARD und INSLEY (1955) an polierten Oberflächen mit Hilfe eines Interferometers. Interferenzen treten dann auf, wenn auf der Probe ein Schwellen oder ein Abtrag der Oberfläche stattfindet. STANTON (1943), RUNNER (1944) und JONES (1958) beschreiben einen "Gel-Pat-Test", bei dem oberflächenpolierte Kieselsäurekörner im Zementkuchen eingebettet und mit kalkgesättigter Kali- und Natronlauge überschichtet werden. Die Entwicklung von Gelen am Kornrand und auf dem Korn wird beobachtet.

PIKE und HUBBARD (1957) sehen in der Messung des elektrischen Oberflächenwiderstandes und der Wassersorption eine weitere Möglichkeit, um die Reaktionsfreudigkeit von Zuschlagsstoffen zu analysieren.

2.5.2 Untersuchungen an Probekörpern

2.5.2.1 Mörtelbalkentest

Seit STANTON (1940) wird der Mörtelbalkenversuch als ein geeignetes Verfahren zur Abschätzung einer möglichen Alkali-Kieselsäurereaktion im Beton angewendet. Aufbauend auf Untersuchungen von STANTON (1943), BLANKS und MEISSNER (1946), COMMITTEE C-1 (ASTM) (1946), SYMPOSIUM (1948) und anderen wurde in Amerika dieses Testverfahren als Standardversuch in den ASTM-STANDARDS, C 227 (1967) festgelegt. Treiben 2.5 x 2.5 x 25 cm große Mörtelproben bei vertikaler Lagerung über Wasser bei 37.8°C nach 3 Monaten um mehr als 0.05 und nach 6 Monaten um mehr als 0.10 %, so sind die getesteten Zuschläge als alkalikieselsäurereaktionsfähig anzusehen. Wie der chemische Schnellversuch und andere Tests bringt auch der Mörtelbalkenversuch keine absolute Aussage über die zu erwartenden Treibschäden im Beton. Zuviele Faktoren (vergleiche 2.3) beeinflussen das Ergebnis des Tests.

In besserer Übereinstimmung mit den tatsächlichen Klimaverhältnissen beschreiben SCHOLER und GIBSON (1948) und SCHOLER (1949) einen Befeuchtungs- und Trocknungstest bei gleichzeitiger Temperaturerhöhung. Dieses Verfahren automatisierten SCHOLER und SMITH (1954) mit Hilfe einer Besprühungsanlage. Die Mörtelproben werden dabei Sprühwasser mit kontinuierlichem Temperaturwechsel ausgesetzt.

2.5.2.2 Betonprismenversuch

Im Unterschied zum Mörtelbalkentest werden beim Betonprismenversuch keine zerkleinerten, sondern grobe Zuschläge im natürlichen Zustand getestet (Prüfkörper 10 x 10 x 50 cm). Die Treiberscheinungen beim Betonprismenversuch sind gegenüber dem Mörtelbalkentest oft geringer und treten später auf. Absolute Rückschlüsse auf das Verhalten der getesteten Zuschläge in Betonkonstruktionen sind auch hier nur begrenzt möglich.

2.5.2.3 Festigkeitsversuche

Hervorgerufen durch innere Rißbildung und Zerstörung ändern sich bei der Alkali-Kieselsäurereaktion die mechanischen Eigenschaften von Mörtel- und Betonproben. Neben der Dehnungsmessung an Probekörpern können auch aus Festigkeitsuntersuchungen (Biegezugfestigkeit, Elastizitätsmodul) geeignete Schlüsse auf zu erwartende Schäden in Betonkonstruktionen gezogen werden. KENNEDY (1943) berichtet von Elastizitätsmodulmessungen mit Hilfe der Ultraschallmethode an gequollenen Mörtelproben.

2.5.3 Untersuchungen an Bauwerksbeton

LERCH (1953) weist darauf hin, daß die regelmäßige Beobachtung von Betonbauwerken einen guten Überblick über die Reaktionsfreudigkeit bei den Zuschlagsstoffen bringt. Besonders wenn ein Zuschlag öfters und bei unterschiedlichen Bedingungen verarbeitet wurde, kann man Rückschlüsse auf sein Verhalten gegenüber der Alkali-Kieselsäurereaktion ziehen.

Aufgrund von umfangreichen dänischen Untersuchungen und Erfahrungsberichten gibt IDORN (1967) einen detaillierten Bericht über die Bauwerksbetonanalyse. Zur Erfassung der aufgetretenen Betonschäden wurden systematisch durchgeführt:
Oberflächeninspektionen von Betonbauwerken, detaillierte Untersuchungen an ausgewählten Betonkonstruktionen, und Dünnschliffuntersuchungen an Betonproben.
Aufgetretene Zerstörung und Rißbildung an Beton kann nicht nur der Alkali-Kieselsäurereaktion zugeschrieben werden. Besonders Frostangriff, Alterung, Schrumpfvorgänge und Sulfatangriff verstärken oder überlagern die Alkali-Kieselsäurereaktion.

2.6 Literaturverzeichnis

ABDUN-NUR, E.A., (1961) Fly Ash in Concrete
Highway Res. Board Bulletin 284 (1961), 30 NAC-NRC Publ. 854, Washington 1961

ALDERMAN, GASKIN, JONES, VIVIAN (1947) Studies in Cement-Aggregate Reaction, Part I-VI
Counc. for Scient. and Ind. Res., Australia, Bulletin 229 (1947)

ASTM-STANDARDS, C 289 (1966) Potential Reactivity of Aggregates

ASTM-STANDARDS, C 227 (1967) Potential Alkali Reactivity of Cement-Aggregate Combinations (Mortar Bar Method)

ASTM-STANDARDS, C 342 (1967) Potential Volume Change of Cement-Aggregate Combinations

ASTM-STANDARDS, C 295 (1967) Recommended Practice for Petrographic Examination of Aggregates for Concrete

BARONA, de la O, (1951) Alkali-Aggregate Expansion Corrected with Portland Slag Cement
Proc. Am. Con. Inst. 47 (1951), 545

BEAN, L., TREGONING, J.J., (1944) Reactivity of Aggregate Constituents in Alkaline Solutions
Proc. Am. Concrete Inst., 41 (1944), 37

BLANKS, R.F., MEISSNER, H.S., (1945) Detoration of Concrete Dams Due to Alkali-Aggregate Reaction
Proc. Am. Soc. Civil Eng., 71 (1945), 3

BLANKS, R.F., MEISSNER, H.S., (1946) The Expansion Test as a Measure of Alkali Aggregate Reaction
Proc. Am. Concrete Inst., 42 (1946), 517

BLANKS, R.F. (1950) The Use of Portland-Pozzolan Cement by the Bureau of Reclamation
Proc. Am. Con. Inst. 46 (1950), 89

BLANKS, R.F., KENNEDY, G.C. (1955) The Technology of Cement and Concrete
John Wiley and Jans, New York (1955), 318

BOSSCHART, R.A.J., (1958) Alkalireaktionen des Zuschlags im Beton
Zement, Kalk, Gips 11 (1958), 1oo

BREDSDORFF, P., IDORN, G.M., KJAER, A., PLUM, N.M., POULSEN, E., (1962) Chemical Reactions Involving Aggregate
Chemistry of Cement-Proceed. of the 4th Int. Symp.
Nat. Bur. of Stand. 2 (1962), 749

BROWN, L.S., (1955) Some Observations on the Mechanics of Alkali-Aggregate Reaction
ASTM Bulletin 205 (1955), 40

CARLSON, R.W., (1944) Accelerated Tests of Concrete Expansion Due to Alkali-Aggregate Reaction
Proc. Am. Concrete Inst., 40 (1944), 205

CHAIKEN, B., HALSTEAD, W.J., (1959) Correlat. between Chemical and Mortar Tests for Potential Alkali Reactivity of Concrete Aggregates
Public Roads 30 (1959), 177 and 199

COMMITTEE C-1 (ASTM), (1946) Effect of Alkalis in Portland Cement on the Durability of Concrete
ASTM Bulletin, 142 (1946), 28

CONROW, A.D., (1952) Studies of Abnormal Expansion of Portland Cement Concrete
Proc. Am. Soc. Test. Mat. 52 (1952), 1205

COOMBS, H.A., (1942) Expansion of Concrete Due to Reaction between Andesittic Aggregate and Cement
Am. Journ. of Science, 240 (1942), 288

COX, COLEMANN, (1950) Effect of Blast-Furnace Slag Cement in Alkali-Aggregate Reaction in Concrete
Pit and Quarry 45 (1950), 95

DAVIS, C.E.S., (1957) Studies in Cement-Aggregate Reaction XXV
Austr. Journ. Appl. Sci. 8 (1957), 222

DEPUY, G.W., (1966) Experiments with Alkali-Silica Reactive Constituents of Sand-Gravel Aggregate
Highway Res. Rec. 124 (1966), 41
NAS-NRC, Publ. 1367, Washington 1966

FORUM, C.S., (1965) Alkalireaktionen der Zuschlagstoffe im Beton
Beton und Stahlbetonbau 7 (1965), 163

GILLILAND, L.D , BARTLEY, T.R., (1951) Water-Solubility of Alkalies in Portland Cement
Proc. Am. Con. Inst. 47 (1951), 153

HALL, R.C., RHODES, J.M., (1960) Movement of Sodium with Water in Neat Portland Cement
ASTM Bulletin 245 (1960), 66

HANSEN, W.C., (1944) Studies Relating to the Mechanism by which the Alkali-Aggregate Reaction Produces Expansion in Concrete
Proc. Am. Concrete Inst., 40 (1944), 213

HANNA, W.C., (1947) Unfavorable Chemical Reactions of Aggregates in Concrete and a Suggested Corrective.
Proc. of ASTM, 47 (1947), 986

HANSEN, W.C., (1959) Expansion and Cracking, Studied in Relation to Aggregate and the Magnesia and Alkali Content of Cement
Proc. Am. Con. Inst. 55 (1959), 867

HANSEN, W.C., Inhibiting Alkali-Aggregate Reaction with Barium Salts
Proc. Am. Con. Inst. 56 (1960), 881

HANSEN, W.C. (1962) Discussion to Chemical Reactions Involving Aggregate
Chemistry of Cement-Proceeding of the 4th Int. Symp.
Nat. Bur. of Stand. 2 (1962), 784

HARDLEY, D.W. (1964) Alkali Reactivity of Dolomitic Carbonate Rocks Highway Res. Rec. 45 (1964), 1
NAS-NRC, Publ. 1167, Washington 1964

HETHER, SMITH, (1953) The Alkali-Aggregate Phase of Chemical Reactivity in Concrete, Part I
Proc. Highway Res. Board 32 (1953), 306

HETHER, SMITH, (1958) The Alkali-Aggregate Phase of Chemical Reactivity in Concrete, Part II
Spec. Techn. Public. ASTM 205 (1958), 74

IDORN, G.M., (1956) Disintegration of Field Concrete
DNIBR and DCAR, Copenhagen (1956), Progress Report N1

IDORN, G.M., (1961) Studies of Disintegrated Concrete I
DNIBR and DCAR, Copenhagen (1961), Progress Rep. N2

IDORN, G.M., (1961+) Studies of Disintegrated Concrete II
DNIBR and DCAR, Copenhagen (1961),
Progress Rep. N3

IDORN, G.M., (1964) Studies of Disintegrated Concrete III
DNIBR and DCAR, Copenhagen (1964),
Progress Rep. N4

IDORN, G.M., (1964+) Studies of Disintegrated Concrete IV
DNIBR and DCAR, Copenhagen (1964),
Progress Rep N5

IDORN, G.M., (1964++) Studies of Disintegrated Concrete V
DNIBR and DCAR, Copenhagen (1964),
Progress Rep. N6

IDORN, G.M., (1967) Durability of Concrete Structures in
Denmark
Danish Technical Press, Copenhagen (1967)

JONES, F.E., (1952) Reactions between Aggregates and Cement,
Part I - Part III
National Building Stud., London (1952), Res.
Paper 14, 15, 17

JONES, F.E., TARLETON, R.D., (1958) Reactions between Aggregates
and Cement, Part IV - VI
Nat. Build. Stud., London (1958), Res.
Pap. 25 and Res. Pap. 20

KALOUSEK, G.L., (1944) Studies of Portions of the Quaternary
System Soda-Lime-Silica-Water at 25°C
Journ. of Nat. Bur. of Standards, 32
(1944), 285

KALOUSEK, G.L., (1944+) Discussion on HANSEN (1944) Am. Concrete
Inst. 40 (1944), 228

KAMMER, H.A., CARLSON, R.W., (1941) Investigation of Causes of
Delayed Expansion on Concrete in Buck
Hydro-Electric Plants
Proc. Am. Concrete Inst., 37 (1941), 665

KENNEDY, R.L. (1943) Alkali-Aggregate Reactions on Concrete as
Measured by Dynamic Modulus
Pit and Quarry, July (1943), 64

KELLY, T.M., SCHUMAN, L., HORNIBROOK, F.B., (1949) Study of
Alkali-Aggregate Reactivity by Means of
Mortar Bar Expansions
Proc. Am. Concr. Inst. 45 (1949), 57

KÜHL, H., (1961) Zementchemie Bd. III
VEB Verlag Technik Berlin (1961), 373

LAWRENCE, M., VIVIAN, H.E., (1961) The Reaction of Various
Alkalis with Silica
Austr. Journ. Appl. Sci. 12 (1961), 96

LERCH, W., (1953) Significance of Tests for Chemical Reactions
of Aggregates in Concrete
Proc. ASTM 53 (1953), 978

MATHER, K., MATHER, B., (1950) Method of Petrographic Examination
of Aggregates for Concrete
Proc. ASTM 50 (1950), 1288

MATHER, B., (1952) Cracking of Concrete in the Tuscaloosa Lock
Proc. Highway Res. Board 31 (1952), 218

MATHER, B., (1957) Investigation of Portland-Blast-Furnace Slag
Cements
Proc. Am. Con. Inst. 54 (1957), 205

MATHER, B., (1957+) Petrographic Identification of Reactive
Constituents in Concrete Aggregate
Proc. Am. Con. Inst. 54 (1957), 1120

Mc CONNELL, D., MIELENZ, R.C., HOLLAND, W.Y., GREENE, K.T., (1947)
Cement-Aggregate Reaction in Concrete
Proc. Am. Concrete Inst., 43 (1947), 93

Mc COY, W.J., CALDWELL, A.G., (1951) New Approach to Inhibiting
Alkali-Aggregate Expansion
Journ. Am. Con. Inst. 22 (1951), 693

MEISSNER, H.S., (1941) Cracking in Concrete Due to Expansive
Reaction between Aggregate and High Alkali
Cement as Evidenced in Parker Dam
Proc. Am. Concrete Inst., 37 (1941) 549

MEYER, E.V., (1955) En Ny Alkaliresistent Cement
Beton Technik, Kopenhagen 1 (1955)

MIELENZ, R.C., GREENE, K.T., BENTON, E.J., (1948) Chemical Test for Reactivity of Aggregates with Cement Alkalies
Proc. Am. Con. Inst. 44 (1948), 193

MIELENZ, R.C., (1953) Potential Reactivity of Aggregate in Concrete and Mortar
ASTM Bulletin 193 (1953), 41

MIELENZ, R.C., (1954) Petrographic Examination of Concrete Aggregate
Proc. ASTM 54 (1954), 1188

OLESON, C.C., (1963) Abnormal Cracking in Highway Structures in Georgia and Alabama
Proc. Am. Con. Inst. 60 (1963), 329

PARSONS, W.H., INSLEY, H., (1944) Alkali Etching Tests on Concrete Aggregates
Proc. Am. Concrete Inst., 40 (1944), 229

PARSONS, W.H., INSLEY, H., (1948) Aggregate Reaction with Cement-Alkalies
Proc. Am. Concr. Inst. 44 (1948), 625

PEPPER, L., MATHER, B., (1959) Effectiveness of Mineral Admixtures in Preventing Excessive Expansion of Concrete Due to Alkali-Aggregate Reaction
Proc. ASTM 59 (1959), 1178

PEYTON, R.L., (1955) Effect of Pozzolans Added to Sand-Gravel Concrete Pavement
Proc. Highway Res. Board 34 (1955), 302

PFLUG, H.D., CRUMPTON, G.F., (1963) Analysis of Sodium in Concrete by Fluorescence Photometrie
Mater. Res. and Stand. 3 (1963), 556

PIKE, R.G., HUBBARD, D., INSLEY, H., (1955) Mechanism of Alkali-Aggregate Reaction
Journ. Am. Con. Inst. 27 (1955), 13

PIKE, R.G., HUBBARD, D., (1957) Physicochemical Studies of the Destructive Alkali-Aggregate Reaction in Concrete
Journ. Res. Nat. Bur. Stand. 59 (1957), 127

PIKE, R.G., (1958) Pressures Developped in Cement Pastes and Mortars by the Alkali-Aggregate Reaction
Highway Research Board, Bull. 171 (1958), 34

PIKE, R.G., HUBBARD, D., (1958) Miscellaneous Observations on the Alkali-Aggregate Reaction and the Ionic Charge on Hydrated Cement
Highway Research Board, Bull. 171 (1958), 16

PIKE, R.G., HUBBARD, D., NEWMAN, E.S., (1958) Binary Silicate Glasses in the Study of Alkali-Aggregate Reaction
Highway Resarch Board, Bull, 171 (1958), 39

PLUM, POULSEN, IDORN, (1958) Preliminary Survey of Alkali Reactions in Concrete
Ingenioren, Int. Edit. Copenh. (1958), 28

POWERS, T.C., STEINOUR, H.H., (1955) An Interpretation of Some Published Researches on the Alkali-Aggregate Reaction, Part I and II
Proc. Am. Con. Inst. 51 (1955), 497 und 785

POWERS, T.C. (1962) Discussion to Chemical Reactions Involving Aggregate
Chemistry of Cement-Proceeding of the 4th Int. Symp.
Nat. Bur. of Stand. 2 (1962), 788

RESEARCH REPORT (1958) The Alkali-Aggregate Reaction in Concrete
Highway Research Board, Research Report
18-C, Nat. Acad. Sci. Nat. Res. Counc.,
Pub. 616 Washington (1958)

RUNNER, D.G., (1944) A Study of the Pat Test for Determining
Alkali-Reactive Aggregate
Public Roads, 24 (1944), 47

SCHOLER, GIBSON (1948) Effects of Various Coarse Aggregates
upon the Cement-Aggregate Reaction
Proc. Am. Con. Inst. 44 (1948), 1009

SCHOLER, C.H. (1949) A Wedding and Drying Test for Predicting
Cement-Aggregate Reaction
Proc. Am. Soc. Test. Mat. 49 (1949), 942

SCHOLER, C.H., SMITH, G.M., (1954) A Rapid Accelerated Test for
Cement-Aggregate Reaction
Proc. ASTM 54 (1954), 1165

SLATE, F.O., (1949) Chemical Reactions of Indiana Aggregates in
Disintegration of Concrete
Proc. Am. Soc. Test. Mat. 49 (1949), 954

STANTON, T.E., (1940) Expansion of concrete through reaction
between cement and aggregate
Proc. Am. Soc. Civil Eng. 66 (1940), 1781

STANTON, T.E., PORTER, O.J., MEDER, L.C., NICOL, A., (1942)
California Experience with the Expansion
of Concrete through Reaction between
Cement and Aggregate
Proc. Am. Concrete Inst., 38, (1942) 209

STANTON, T.E., (1943) Studies to Develop an Accelerated Test
Procedure for Detection of Adversely
Reactive Cement- Aggregate Combinations
Proc. Am. Soc. Test. Mat. 43 (1943), 875

STANTON, T.E., (1951) Report on Further Studies to Develop an Accelerated Test Procedure for the Detection of Adversely Reactive Cement-Aggregate Combinations
Proc. ASTM 51 (1951), 1087

SWENSON, E.G., (1957) A Reactive Aggregate Undetected by ASTM Test
ASTM Bulletin 226 (1957), 48

SYMPOSIUM (1948) SYMPOSIUM ON METHODS AND PROCEDURES USED IN IDENTIFYING REACTIVE MATERIALS IN CONCRETE
Proc. of ASTM, 48 (1948), 1055

TREMPER, B., (1941) Evidence in Washington of Detoration of Concrete through Reactions between Aggregates and High-Alkali Cements
Proc. Am. Concrete Inst., 37 (1941) 673

TREMPER, B., (1944) The Effect of Alkalies in Portland Cement on Durability of Concrete
Proc. Am. Concrete Inst., 41 (1944), 89

TREMPER, B., BEARDSLEY, C.W., WAKEMAN, C.M., WRIGTH, P.S., GIBSON, W.E., WOOLF, D.O., (1958) Field Experience with Alkali-Aggregate Reaction in Concrete Highway Research Board, Res. Rep. 18-C

UPPAL, H., SINGH, M., (1958) Alkali Reactivity of an Aggregate from Punjab
Ind. Con. Journ. 32 (1958), 131

VERBECK, G., GRAMLICH, C., (1955) Osmotic Studies and Hypothesis Concerning Alkali-Aggregate Reaction
Proc. ASTM 55 (1955), 1110

VIVIAN, H.E., (1947) Studies in Cement-Aggregate Reaction, Part VII
Journ. Counc. for Scient. and Ind. Res., Australia 20 (1947)

VIVIAN, H.E., (1948) Studies in Cement-Aggregate Reaction,
Part VIII
Journ. Counc. for Scient. and Ind. Res., Australia, 21 (1948)

VIVIAN, H.E., (1950) Studies in Cement-Aggregate Reaction IX-XV
Counc. for Scient. and Ind. Res. Australia, Bull. 256 (1950)

VIVIAN, H.E., DAVIS, C.E.S., (1951) Studies in Cement-Aggregate Reaction XVI - XIX
Austr. Journ. Appl. Sci. 2 (1951), 108

VIVIAN, H.E., Mc GOWAN, J.K., (1952) Studies in Cement-Aggregate Reaction XX
Austr. Journ. Appl. Sci. 3 (1952), 228

VIVIAN, GASKIN, JONES, BENNET, Mc GOWAN, ROBERTS, (1955) Studies in Cement-Aggregate Reaction, Part XXI - XXIV
Austr. Journ. Appl. Sci. 6 (1955)

WALZ, K., (1964) Zusätze für Beton
Beton 5 (1964), 209

WYATT, R., SCHUIT, G.C.A., (1962) Discussion to Chemical Reactions Involving Aggregate
Chemistry of Cement-Proceeding of the 4th Int. Symp.
Nat. Bur. of Stand. 2 (1962), 802

WEIGEL, J.F., (1960) Investigation of the Fine and Coarse Aggregates of Northern Illinois for Alkali Reactivity
Proc. ASTM 60 (1960), 1036

WOOLF, D.O., (1952) Reaction of Aggregate with Low-Alkali-Cement
Public Roads 27 (1952), 50

ZOKOV, KONCEVIC, (1971) Reaktionsgeschwindigkeit der Zemente in Abhängigkeit von gelöstem Kieselsäure-Zuschlag
Cement (Leningrad), 37, H. 8 (1971), 11

3. Modellvorstellungen zur Alkali-Kieselsäurereaktion

In den folgenden Abschnitten 3.1. und 3.2. sollen die zum Verständnis des Modells der Alkali-Kieselsäurereaktion notwendigen mineralogischen, physikalisch-chemischen und chemischen Grundlagen kurz dargestellt werden. Die Auswahl der Literaturstellen erfolgte gezielt im Hinblick auf die Bedeutung für die Reaktion von Alkalien und Kalzium mit der Kieselsäure; sie ist nicht umfassend.

3.1 Kieselsäuremineralien

Die Elementarzelle in den Kieselsäuren ist stets das 4-wertige SiO_4-Ion. Auf Grund der Ionenradien (Sauerstoff 1,40 Å und Silizium 0,41 Å) ergibt sich, daß jeder Silizium-Gitterbaustein von 4 Sauerstoff-Gitterbausteinen umgeben ist. Aus den Elementarzellen können sich durch Verknüpfung über den Sauerstoff die verschiedenen polymorphen Kristallstrukturen der Kieselsäure aufbauen. Die einzelnen Strukturen haben ihre temperaturabhängigen Stabilitätsbereiche und wandeln sich reversibel oder irreversibel ineinander um.

In einem Kristall können Atome, Ionen oder Moleküle periodisch aneinandergereiht angeordnet sein. Man spricht dann von einer unendlichen Fernordnung (Quarz). Demgegenüber gibt es Kieselsäureverbindungen wie Glas, deren Ordnung nur kleine Bereiche umfaßt. Ist die Größe solcher Ordnungsbereiche kleiner als 20 Å, so bezeichnet man dies als Nahordnung.

In der Kieselsäure liegen keine reinen Ionenbindungen vor. Anhand von Untersuchungen über die Elektronendichteverteilung in Quarz berechnete BRILL (1953) einen Anteil von 50 % Ionenbindung und 50 % kovalenter Bindung. Die starke Beteiligung beider Bindungstypen scheint für die Bildung der stabilen Makromoleküle in Kieselsäurederivaten verantwortlich zu sein.

Die Kraftwirkung zwischen den einzelnen Gitterbausteinen findet auch ihren Ausdruck in der Gitterenergie. Diese ist definiert als die Arbeit die zur Trennung der Gitterbausteine und ihrer Entfernung ins Unendliche notwendig ist. Die Bezugstemperatur ist in der Regel 0° absolut. Die stabilste Kristallstruktur ist die mit der größten Gitterenergie, z.B. Quarz, während bei Auflockerung des Gitters die Bindungsenergie abnimmt. Daher sind Substanzen mit geringerer Gitterenergie reaktionsfreudiger, was sich z.B. durch ein größeres Kompressibilitäts- und Ausdehnungsvermögen ausdrückt.

RASCH (1965) weist darauf hin, daß eine unbegrenzte Feinmahlung von Kieselsäure-Feststoffen nicht möglich ist. Nach Überschreiten einer bestimmten Feinheitsgrenze findet eine erneute Kornbildung statt. Daraus ergibt sich, daß Kieselsäuren stets Makromoleküle mit mehr als 10^{5} Baugruppen sind.

3.1.1 Unterschiedliche Strukturen

DEER, HOWIE und ZUSSMAN (1966) und FLÖRKE (1967) geben einen zusammenfassenden kristallographischen Überblick der Kieselsäure-Mineralien.

Tabelle 3 Übersicht über die bisher bekannten SiO_2-Modifikationen
(aus FLÖRKE (1967))

1. Modifikationsname	2. Dichte [g/cm³]	3. Raumanspruch der Si^{4+}- u. O^{2-}-Ionen in d. Zelle in % des Zellvolumens	4. Brechungsindizes	5. Bauverband (nach LAVES, 1959[121])	6. Raumgruppe	7. Zelldimensionen [Å] a_0	b_0	c_0	8. Bemerkungen
Kieselglas	2,20	—	1,458	amorph	—	—			Regelloses Gerüst aus $SiO_{4/2}$-Tetraedern, über gemeinsame Ecken zu 5-, 6- und 7-Ringen zusammengeschlossen.
Faseriges SiO_2	ca. 1,97	38	?	Si 4 k 2 O ↓ ↓ 2 K 4+1 K	I cma Z = 4	4,7	5,2	8,4	∞ Ketten aus $SiO_{4/2}$-Tetraedern mit Kantenverknüpfung.
Melanophlogit	ca. 2,05	39	1,425	?	$P 4_2 32$ Z = 48	13,20			Gerüst aus $SiO_{4/2}$-Tetraedern mit Eckenverknüpfung.
Tridymit	2,27	45	nx 1,470 Tief nz 1,474	Si 4 g 2 O ↓ ↓ 4 G 6 G	Hoch C 6/mm c Z = 4 Tief C 2/c,Cc Z = 48	5,06 18,45 β = 105°39′	 4,99	8,25 23,83	Gerüst aus $SiO_{4/2}$-Tetraedern mit Eckenverknüpfung zu 6-Ringen zusammengeschlossen.
Cristobalit	2,33	46	no 1,484 Tief nε 1,487	Si 4 g 2 O ↓ ↓ 4 G 6 G	Hoch F d3m Z = 8 Tief $P 4_1 2_1$ Z = 4	7,12 4,97		 6,92	Gerüst aus $SiO_{4/2}$-Tetraedern mit Eckenverknüpfung zu 6-Ringen zusammengeschlossen.
Keatit	2,50		no = 1,522 nε = 1,513		$P 4_1 2_1 2$ Z = 12	7,46		8,60	Gerüst aus $SiO_{4/2}$-Tetraedern.
Quarz	2,65	51	no 1,553 Tief nε 1,544	Si 4 g 2 O ↓ ↓ 4 G 6 G	Hoch $P 6_2 2$ Z = 3 Tief $P 3_1 2$ Z = 3	4,999 4,913		5,457 5,405	Gerüst aus $SiO_{4/2}$-Tetraedern, mit Eckenverknüpfung zu tordierten 6-Ringen zusammengeschlossen, dadurch dichtere Packung als Tridymit und Cristobalit.
Coesit	2,91-3,01 (synth.) 2,87 (nat.)	56	nx = 1,594 nz = 1,599	Si 4 g 2 O ↓ ↓ 4 G 6 G	B 2/b Z = 16	7,17 γ = 120°	7,17	12,38	Gerüst aus $SiO_{4/2}$-Tetraedern mit Eckenverknüpfung zu 4-Ringen, dadurch dichtere Packung als Quarz.
Stishovit	4,35 (synth.) 4,03 (nat.)	84	no = 1,800 nε = 1,845	Si 6 g 3 O ↓ ↓ 2 K 11+1 G oder 12 G	P 4/m nm Z = 2	4,179		2,665	Deformierte hexagonal dichteste Sauerstoffpakkung, ½ der oktaedrischen Lücken mit Si besetzt.

Die 3 wesentlichen kristallinen Modifikationen des SiO_2, Quarz, Trydimit und Christobalit, haben unter Gleichgewichtsbedingungen einen definierten Stabilitätsbereich. Die Umwandlung von einer Modifikation in die andere verläuft träge, sodaß die Hochtemperaturformen wie Christobalit und Trydimit auch als metastabile Phasen unterhalb ihres thermischen Umwandlungspunktes existieren können. Quarz hat eine dichte Kristallstruktur und ist sehr beständig; Trydimit und Christobalit haben eine offene Struktur, die Aufnahme von Fremdionen erleichtert. Die offene Struktur von Trydimit und Christobalit wird bei hohen Temperaturen durch die thermische Bewegung und bei niedrigen Temperaturen wahrscheinlich durch den Einbau von stabilisierenden Fremdionen (Aluminium, Natrium) offen gehalten.
Die rein kristallinen Strukturen der Kieselsäure spielen bei der Alkali-Kieselsäurereaktion keine entscheidende Rolle. Im weiteren sollen die mineralogischen Aspekte der wichtigsten Kieselsäuren mit erhöhter Alkalireaktionsfähigkeit (Vergleiche 2.3.1) besonders behandelt werden.

Auf Grund der bisherigen Erfahrungen bei der Alkali-Kieselsäurereaktion verursachen die amorphen und mikrokristallinen Kieselsäuren der Zuschlagssande Quellvorgänge im Beton. Allen diesen Kieselsäuren (siehe auch Tab. 4) ist eine mehr oder weniger starke Gitterfehlordnung und ein hoher Prozentsatz an Silanolgruppen oder Wasser eigen.

Tab. 4 Mikrokristalline und amorphe SiO_2-Varietäten (aus FLÖRKE (1967))

Modifikation	Name	Kristallstruktur	Ausbildungsform und Regelung
Quarz	Chalzedon	Quarz, fehlgeordnet mit Si-OH	mikro- bis kryptokristallin, fasrig, Regelung: F = [110] und [100].
Quarz	Quarzin	Quarz, fehlgeordnet mit Si-OH	wie Chalzedon, Regelung: F = [001].
Quarz	Pseudoquarzin	Quarz, fehlgeordnet mit Si-OH	mikro- bis kryptokristallin, nicht nachweisbar fasrig. Regelung nach [001].
Cristobalit	Tieftemperatur-Cristobalit	Cristobalit, fehlgeordnet	mikro- bis kryptokristallin, ungeregelt.
Cristobalit	Lussatit	Cristobalit, fehlgeordnet mit Si-OH	mikro- bis kryptokristallin, fasrig, Regelung: F = [110] (tetr. flz.).
Cristobalit	Lussatin	Cristobalit, fehlgeordnet	wie Lussatit, F = [111](?).
Cristobalit	Pseudolusatin	Cristobalit fehlgeordnet	mikro- bis kryptokristallin, lamellar, Regelung: Lamellen // (111).
—	Opal	diskontinuierliches SiO_4-Tetraedergerüst, amorph, eingelagertes H_2O	natürlich, kugelige Teilchen (ø 0,15—0,35 μm) dicht gepackt.
—	Kieselgel	wie Opal	künstlich.
—	amorphes SiO_2	wie Kieselgel ohne H_2O	
—	Kieselglas	kontinuierliches SiO_4-Tetraedergerüst, amorph	

FLÖRKE (1961) und (1962) weist darauf hin, daß die Begriffe kristallin und amorph nicht eindeutig zu trennen sind. Bei kleinen Teilchendimensionen existiert ein allmählicher Übergang. Da mit abnehmender Kristallitgröße der Einfluß der stark gestörten Kristalloberflächen schnell zunimmt, kann man von sehr kleinen Kristalliten keine eindeutigen Kristalleigenschaften mehr erwarten. Amorphes SiO_2 kommt in der Natur nur selten vor. Es ist meist schon weitgehend in Tieftemperatur-Christobalit oder in feinkristallinen Quarz umgewandelt.

Zum besseren Verständnis des mikrokristallinen SiO_2 und der amorphen Kieselsäure werden als Beispiele Opal, Chalzedon, Flint und Kieselglas näher behandelt.

<u>Opal:</u> Nach FLÖRKE (1961) wird unter Opal amorphes SiO_2 mit wechselndem Wassergehalt (5% bis 10%) verstanden. In der Natur ist reiner Opal nur selten zu finden. Die meisten als Opal angesprochenen Vorkommen enthalten neben Opalresten bereits viel Tieftemperatur-Christobalit und auch teilweise mikrokristallinen Quarz.

a b c

Abb. 10 Rasterelektronenmikroskop-Aufnahmen von Opal
(a = Typ 1, b = Typ 2, c = Typ 3)
(aus SEGNIT, ANDERSON und JONES (1970))

SEGNIT, ANDERSON und JONES (1970) und (1964) klassifizieren die natürlichen Opale nach 3 Typen: nahezu amorpher Opal (Typ 1, z.B. opalisiertes Holz), Opal mit einer Struktur beruhend auf ungeordneten Einlagerungen von Christobalit und Trydimit (Typ 2, hauptsächlich in vulkanischer oder sedimentärer Umgebung) und Opal mit einer Struktur von Tieftemperatur-Christobalit (Typ 3 selten, nur in vulkanischer Umgebung). Typ 1 und 2 entstanden aus kolloidalen Kieselsäuresolen durch Ausscheidung. Typ 3 wurde ursprünglich ebenfalls aus Kieselsäuresolen abgeschieden; eine nachfolgende Wiedererhitzung durch Lavaflüsse verursachte jedoch eine Rekristallisation.

Chalzedon: Nach MIDGLEY (1951) besteht Chalzedon aus einem Netzwerk von Quarzkristalliten mit einer großen Anzahl von Mikroporen. Durch Adsorptionsmessungen an inneren Oberflächen und durch Röntgenbeugungsuntersuchungen wurde die bis dahin gültige Annahme, daß Chalzedon Opal enthält widerlegt. Nach MONROE (1964) ist die Textur von Chalzedon glasig-porös und nur selten körnig. Die Größe der Mikroporen variiert von 100 bis 1000 Å. Durchschnittlich sind jedoch mehr feine Poren vorhanden. Der Wassergehalt von Chalzedon liegt zwischen 0.8 und 1 %. PELTO (1956) nimmt an, daß die Hauptmenge des Wassers im Chalzedon in Form von SiOH gebunden ist und, daß nur wenig freies H_2O vorliegt. WHITE und CORWIN (1961) beschreiben Chalzedon als eine sekundäre, metastabile Übergangsphase. Die Bildung von Chalzedon erfolgt bei relativ niedrigen Temperaturen in sedimentären und hydrothermalen Umgebungen

Flint: Elektronenoptisch untersuchte Flinte zeigten bei MONROE

(1964) hauptsächlich körnige Textur. Die Korngrößen streuten, lagen jedoch hauptsächlich zwischen 1 µm und 10 µm Durchmesser. Nach Untersuchungen von MICHEELSEN (1966) an dunklem Flint aus Stevns (Dänemark) besteht der Flint aus 2 - 30 µm großen Quarzkörnern. Die Körner sind aufgebaut aus gestapelten Quarzplatten mit einer mittleren Dicke von 59 nm. Die Quarzplatten der Flintkörner bestehen wiederum aus Kristalliten, die durch Kleinwinkelgrenzen getrennt sind. Bei der Untersuchung von 42 dänischen Flinten und ähnlichen Kieselsäuremineralien fanden JENSEN, WOHLK, DRENK und ANDERSEN (1957) eine durchschnittliche Quarzkristallitgröße von 400 - 500 Å. Für die Entstehung der Flinte gibt es keine eindeutige Erklärung. MICHEELSEN (1966) vermutet, daß die Flintkörner durch einen epitaktischen Austauschprozess zwischen feinstkörnigen und kryptokristallinen Kieselsäuren entstanden sind.

<u>Kieselglas:</u> Kieselgläser sind Schmelzprodukte der Kieselsäure, die durch schnelle Abkühlung ohne Kristallisation entstanden sind. Die hohe Viskosität von SiO_2-Schmelzen hindert nach BRÜCKNER (1964) die bereits stark vernetzten Tetraeder, sich beim raschen Abkühlen in kristalliner Ordnung zu finden. Die Unordnung der Schmelze wird weitgehend eingefroren. Die Schmelze geht in einen glasig-amorphen Zustand über. Nach der Netzwerktheorie (Zachariasen und Warren) repräsentiert die Kieselglasstruktur eine ungeordnete Verteilung von $SiO_{4/2}$-Tetraedern die miteinander über gemeinsame Sauerstoffatome verknüpft sind. Der Einbau von großen Kationen führt zum Aufbrechen von Sauerstoffbrückenbindungen und damit zu Vernetzungsfehlern. Im Gegensatz zur Netzwerktheorie nimmt die Kristallittheorie (Lebedew) einen

höheren Ordnungsgrad im Glaszustand an. Danach besteht die Struktur des Glases in einer Anhäufung von Submikrokristallen der Größenordnung weniger Elementarzellen, die in eine amorphe Zwischenschicht eingebettet sind. Der Wassergehalt der künstlichen Kieselgläser ist < 0.06 %; vulkanische Gläser (Obsidian) können 0.3 - 0.4 % Wasser enthalten.

3.1.2 Gitterstörungen, Grenzflächen, Oberflächen

Entsprechend ihrer räumlichen Ausdehnung teilen KLEBER, MEYER und SCHOENBORN (1968) die strukturellen Fehlordnungen in Kristallgittern in Punkt-, Linien- und Flächendefekte (vergleiche Tabelle 5) ein.

Tabelle 5 Systematik der Gitterbaufehler (aus KLEBER, MEYER und SCHOENBORN (1968))

Punktdefekte	Liniendefekte	Flächendefekte
FRENKEL-Fehlordnng	Versetzungen	Kleinwinkelkorngrenze
SCHOTTKY-Fehlordnung		Großwinkelkorngrenze
Anti-FRENKEL-Fehlordnung		Stapelfehler
Anti-SCHOTTKY-Fehlordnung		Zwillingsgrenze

Punktdefekte sind eine atomare Fehlordnung, die im Gegensatz zu Linien- und Flächendefekten im thermischen Gleichgewicht ist. Einer bestimmten Temperatur kann ein definierter Fehlordnungsgrad zugeordnet werden. Versetzungen oder Versetzungslinien sind Grenzlinien, die einen ungestörten vom gestörten Kristallbereich trennen. Versetzungen können spezielle Anordnungen in einen Kristall bilden und Korngrenzen aufbauen. Durch eine Korngrenze werden Kristallgebiete getrennt, die Orientierungsunterschiede aufweisen.

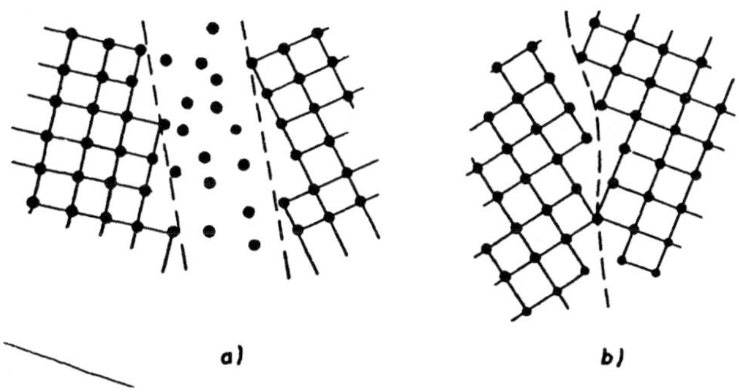

Abb. 11 Korngrenzenmodelle
(aus KLEBER, MEYER und SCHOENBORN (1968))

Bei der Großwinkelkorngrenze ist die Grenzschicht zwischen zwei Kristallen derart fehlgeordnet, daß man von einer Flüssigkeitsähnlichen Schicht, der Beilby-Schicht (a) sprechen kann, oder es wird eine Korngrenze von 1 - 2 Gitterabständen (b) angenommen. Kristalle mit Korngrenzen besitzen gegenüber einem Einkristall einen höheren Energieinhalt.

Störungen im Kristallwachstum oder auch mechanische Beanspruchungen können zu noch größeren Störungen im Aufbau der Kieselsäuremineralien führen. Es bilden sich Hohlräume, Mikroporen und Porenräume mit definierten Kieselsäureoberflächen. Definitionsgemäß soll im Folgenden unter Kieselsäureoberfläche die Phasengrenze zwischen kondensierter und nichtkondensierter Phase (fest - gasförmig) und unter Kieselsäuregrenzfläche die Phasengrenze zwischen zwei kondensierten Phasen (fest - flüssig, fest - fest) verstanden werden.

Gitterbausteine an Kristalloberflächen oder -grenzflächen besitzen eine erhöhte potentielle Energie gegenüber den Atomen oder Ionen im Kristallinnern. Bei der Erzeugung einer neuen Kristalloberfläche müssen die Bindungen der den Kristall aufbauenden Atome, Ionen oder Moleküle getrennt werden. Die so entstandene freie Oberflächen- bzw. Grenzflächenenergie kann durch Adsorption von Fremdmolekülen aus Gas- bzw. Flüssigkeitsphase verringert werden.

Von großer Bedeutung für die Alkali-Kieselsäurereaktion sind die Gitterstörungen, die beim Brechen der Zuschlagskörner durch mechanische Beanspruchung verursacht werden. ADAMTSCHIK (1952), RASCH (1963) und (1965) und MEYER (1968) zeigten, daß bei der Zerkleinerung von Mineralien chemische Bindungen getrennt und die Festkörper dadurch aktiviert werden (Mechanochemie). Die Aktivität kommt durch eine starke Oberflächenvergrößerung durch hohe Versetzungs- bzw. atomare Fehlstellenkonzentrationen und Gitterdeformationen zustande. Aktive Festkörper zeigen gegenüber wenig gestörten (normale Kristalle) in der Nähe der Grenzfläche eine erhöhte Enthalpie und eine Erhöhung der chemischen Reaktionsfähigkeit. Die Summe der Störerscheinungen im aktiven Zustand führt zu so extremen Abweichungen vom Idealkristall, daß sogar ein Unordnungsgrad wie er in amorphen Körpern vorliegt, erreicht werden kann. Bei aktivierten Mineralien muß man zwischen eingefrorenen Zuständen die lange Zeit metastabil erhalten bleiben (statische Aktivierung), und kurzzeitig beim mechanischen Eingriff in das Gefüge auftretenden Zuständen (dynamische Aktivierung) unterscheiden. Bei der dynamischen Aktivierung treten die höchsten Beträge an überschüssiger freier Enthalpie auf. Die Aktivierung eines Festkörpers kann nicht unabhängig von seiner Umgebung, z.B. der Gasatmosphäre, betrachtet werden. Bei Vorhandensein geeigneter Reaktionspartner erfolgen besonders während des hochaktiven Zustandes adsorptive und chemische Wechselwirkungen.

Die einzelnen Kieselsäuremineralien unterscheiden sich im Grad ihrer Gitterstörungen. Es ergibt sich mit zunehmenden Gitterstörungen die Reihung:

Tiefquarz (kristallin nahezu ungestört)	→	Flint	→	Chalzedon	→	Opal (amorph, stark ungeordnet)

FLÖRKE (1961) weist darauf hin, daß bei feinstkristallinem Quarz die strukturelle Oberflächenstörung relativ zum Gesamtkorn nicht mehr vernachlässigt werden kann. Bei mittleren Kristallitgrößen kleiner 1 µm treten durch den relativ großen Anteil an Fehlordnungen auch amorphe Effekte auf.

Mit der Zunahme der Gitterstörungen erhöht sich der Anteil an inneren Oberflächen in den Kieselsäuren. An Körnern (o.15 -

0.3 mm) mit vernachlässigbar kleiner äußerer Oberfläche fand MIDGLEY (1951) mit Hilfe der BET-Methode die entsprechende Reihenfolge:

Tiefquarz	⟶	Flint	⟶	Chalzedon	⟶	Opal
$0 m^2/g$		$0.22\ m^2/g$		$0.43\ m^2/g$		$40.0\ m^2/g$

Oberfläche.

3.1.3 Silanolgruppengehalt, Wassergehalt

Kristalle mit Gitterstörungen besitzen freie Energie gegenüber dem ungestörten Kristall. Alle Prozesse die diese freie Energie herabsetzen (Adsorption, chemische Wechselwirkung) und damit zu einem stabileren Zustand führen, werden im gestörten Kieselsäuresystem ablaufen. Mit Hilfe der ETH (Extended Hückel Theory) zeigten BENNET und ROTH (1971), daß es bei einer Sauerstofflücke im Kieselsäuregitter energetisch zur Bildung eines SiOH-SiOH-Zentrums kommen muß.

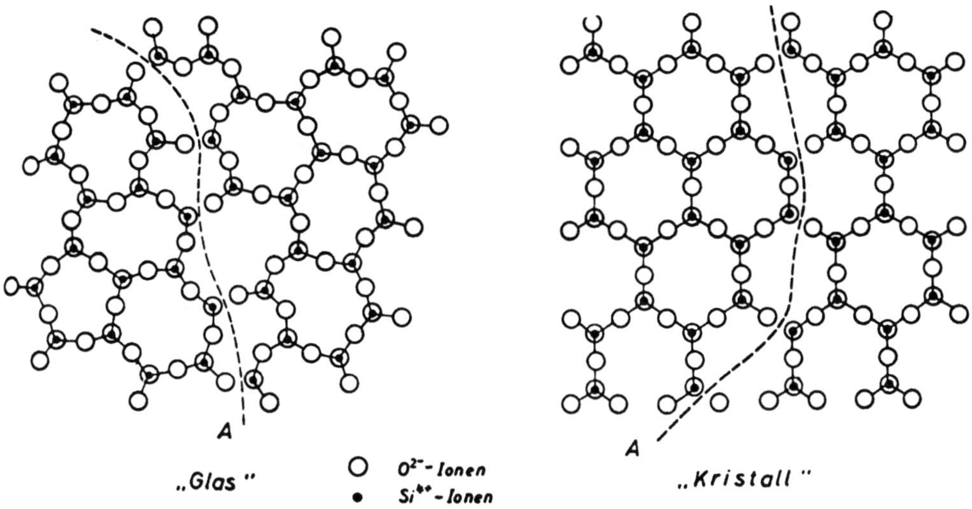

Abb. 12 Bruchlinien bei Zerstörung von SiO_2-Gittern (aus WEYL (1950))

WEYL (1950) stellte fest, daß sich beim Zerstören von Kieselsäuregittern neue Grenzflächen mit den Strukturelementen $Si(O/2)_3O^-$ und $Si(O/2)_3^+$ bilden. Zur Absättigung der freien Valenzen entstehen in Gegenwart von Wasser sofort Silanolgruppen $Si(O/2)_3OH$.

Kieselsäureoberflächen oder -grenzflächen sind also mit einer Monoschicht von Hydroxylgruppen, die chemisch an das Si in der Grenzfläche gebunden sind, belegt. Die OH-Anlagerung kann nach ILER (1955) und HOCKEY und PETHICA (1961) aus Einzel- oder Doppel-Gruppen bestehen:

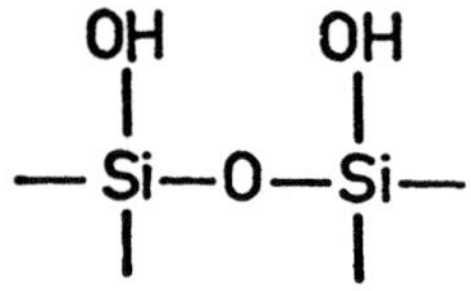

Einzelgruppe

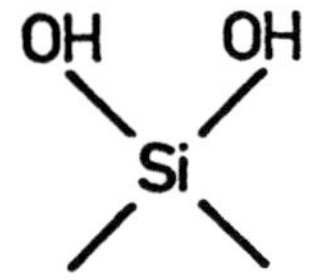

Doppelgruppe

Abb. 13 Hydroxylgruppen an SiO_2-Grenzflächen (aus HOCKEY und PETHICA (1961))

Beim Erhitzen unter Vakuum werden zuerst die OH-Doppelgruppen unter Bildung von reversiblen Sauerstoffbrücken und OH-Einzelgruppen zerlegt (bis 200°C). Danach erfolgt ein weiterer Abbau der OH-Einzelgruppen. Um 400°C wird das Kieselsäuregitter umgelagert. Die Si-O-Si-Brücke ist nun nicht mehr aufbrechbar. Eine geglühte und dann wieder hydratisierte Kieselsäure enthält an den Grenzflächen keine OH-Doppelgruppen, sondern nur noch eine Hydroxylgruppe an jedem Siliziumatom. An die Silanolschicht kann weiteres Wasser adsorptiv angelagert werden. LANGE (1965) beweist die Existenz von zwei Arten von molekularem, adsorbiertem Wasser bei Kieselsäuren. Er unterscheidet zwischen physikalisch adsorbiertem Wasser mit geringerer Aktivierungsenergie und den über den Wasserstoff an den SiOH-Gruppen adsorbierten Wassermolekülen mit einer höheren Aktivierungsenergie.

Die Kieselsäuremineralien enthalten entsprechend der Art und Menge ihrer Gitterstörungen entweder relativ mehr chemisch gebundenes Wasser (SiOH-Gruppen) oder molekulares Wasser. Für kristallinen Quarz nimmt STÖBER (1955) kein Wasser im Korninneren sondern nur Silanolgruppen und adsorptiv gebundenes, molekulares Wasser an der äußeren Oberfläche (gegebenenfalls auch in einer gestörten Randschicht) an.

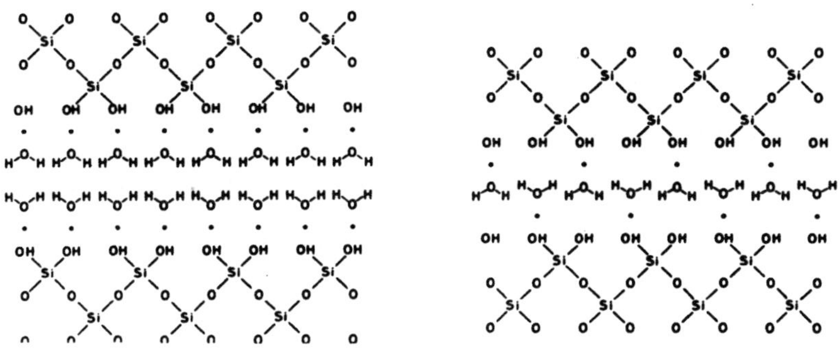

Abb. 14 Mögliches Strukturschema der OH-Gruppen und Wassermoleküle an den Quarzitgrenzen im Flint (aus MICHEELSEN (1966))

Für den Flint nimmt MICHEELSEN (1966) an, daß die Grenzflächen der Quarzplatten, die den Flint aufbauen, mit Monoschichten von SiOH-Gruppen bedeckt sind, und daß benachbarte Quarzplatten durch eine einzige Monoschicht von Wassermolekülen verbunden sind. An den Grenzflächen der Feinstkörner der Quarzplatten im Flint existieren freie SiOH-Gruppen und Si-O-Si-Brücken im Verhältnis 2:1. Insgesamt fand MICHEELSEN (1966) im Flint ein Verhältnis von molekularem Wasser zu SiOH-Gruppen von ungefähr 1:3.2. SCHOLZE (1960) gibt das Verhältnis von molekularem Wasser zu OH-Gruppen für den Chalzedon mit 1:3 an. SEGNIT, STEVENS und JONES (1965) unterscheiden bei untersuchten Opalen zwischen mehr kristallinen und mehr amorphen Strukturen. Der mehr kristalline Opal enthielt gegenüber den mehr amorphen Opalen (20 % Hydroxylgruppen-Wasser) nur 10 % und weniger chsmisch durch SiOH-Gruppen gebundenes Wasser.

Für Gläser zeigte SCHOLZE (1959), daß das Wasser bei hohen Temperaturen in Form von OH-Gruppen eingebaut wird. Auch in den erstarrten Glasschmelzen liegt das Wasser (0.02 - 0.06 %) dann noch in Form von freien und über Wasserstoffbrückenbindungen gebundenen OH-Gruppen im Glasnetzwerk vor. Dieses Ergebnis bestätigen LOW und RAMASUBRAMANIAN (1965), indem sie beweisen, daß alle im IR-Spektrum auftretenden Absorptionsbanden von den Hydroxylgruppen herrühren.

3.1.4 Stabilität von SiO_2 in Lösungen (Kristallauflösung)

Im Idealfall kann man sich die Auflösung eines Kristalls als Wachstumsprozess mit umgekehrtem Vorzeichen vorstellen. Nach MEYER (1968) wird die Auflösung zunächst an einer monomolekularen Stufe einer Kristalloberfläche beginnen. Diese wird nun so lange abgetragen bis die Kristalloberfläche atomar bzw. molekular glatt ist. Für die weitere Kristallauflösung muß es bei ausreichender Energie zur Lochkeimbildung und zur weiteren Ausbreitung dieser Störung an der Oberfläche kommen.

Vom chemischen Standpunkt beschreibt MOELYN-HUGHES (1947) den Übergang eines Feststoffes in die gelöste Phase wie folgt: gelöste Moleküle stoßen auf eine Feststoffoberfläche, wo eine chemische Reaktion stattfindet. Danach gehen die Reaktionsprodukte aus der Grenzfläche in Lösung. Die Kinetik des Gesamtprozesses wird durch den langsamsten Einzelschritt bestimmt.

Beim 1. und 3. Einzelschritt können Diffussionsvorgänge die Kinetik stark beeinflussen. Auch de MAINE (1963) nimmt über Energiebetrachtungen zuerst eine Reaktion zwischen Feststoff und Lösungsmittel an, bevor es zu einer Auflösung des Feststoffes kommt. Aus Beobachtungen an Hydrations- und Hydrolysereaktionen von verschiedenen Stoffen schließen WEYL und MARBOE (1962), daß die Hydrolyse durch einen der beiden folgenden Mechanismen eingeleitet wird:

1. Addition von OH-Ionen und danach die Wechselwirkung von Protonen mit dem Anion (diese Reaktion findet statt, wenn der Feststoff Kationen enthält, die ihre Koordination erhöhen können).
2. Wechselwirkung eines Protons mit einem Anion und anschließender Addition von OH-Ionen (diese Reaktion verlangt, daß der Feststoff polarisierbare Ionen enthält).

GLASSTONE und LEWIS (1960) sehen einerseits darin, daß Energie gegen die einen Kristall zusammenhaltenden elektrostatischen oder anderen Bindekräfte aufgebracht werden muß, und andererseits sich Ionen mit den Wassermolekülen zur Bildung von hydratisierten Ionen vereinigen können, die beiden entscheidenden Vorgänge beim Lösen von Feststoffen.

Die Stabilität der einzelnen Kieselsäure-Mineralien ist stark unterschiedlich. Die stabilste Form ist der kristalline Quarz; am instabilsten sind die amorphen Kieselsäuren und Kieselgläser. Bei Messungen an Quarzplatten fand KENNEDY (1950), daß die Löslichkeit der kristallinen Kieselsäure von der Temperatur, der Orientierung der Quarzplatten und unterschiedlichen Störbereichen im Quarz abhängt. Eine Zunahme der Kieselsäurelöslichkeit bei hydrothermalen Bedingungen stellten auch FREDERICKSON und COX (1954) und KRAUSKOPF (1956) fest. Mit dem Elektronenmikroskop beobachteten FREDERICKSON und COX (1945) eine stärkere Löslichkeit an den Grenzflächen als in einheitlichen Kristallbereichen des Quarzes.

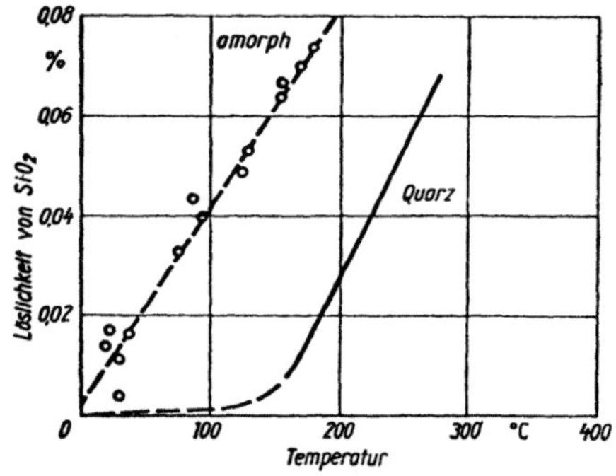

Abb. 15 Löslichkeit von Quarz und amorpher Kieselsäure in Wasser
(aus MCEDLOV-PETROSJAN (1968))

Die Löslichkeit der Kieselsäure ist stark abhängig vom pH-Wert. In Gegenwart von Laugen nimmt beginnend mit pH 10.7 die Löslichkeit der Kieselsäure zu, was offensichtlich auf einer Depolymerisation der Kieselsäure unter Bildung von Silikationen zurückzuführen ist (ILER (1955)).

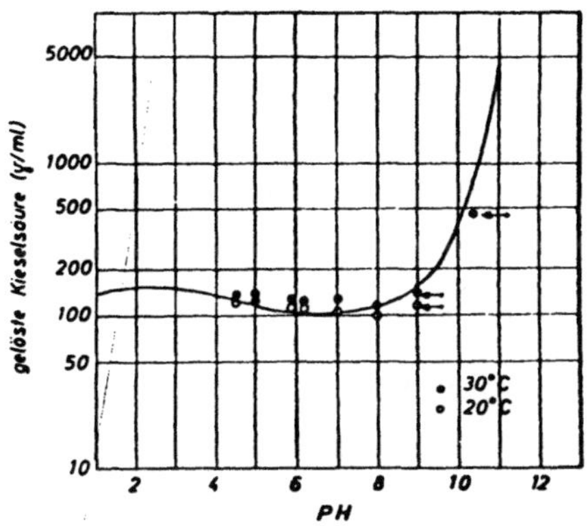

Abb. 16 Löslichkeit von SiO_2 in Abhängigkeit vom pH-Wert (aus ALEXANDER, HESTON und ILER (1958)).

FRIEDMANN (1949), KRAUSKOPF (1956) und GREENBERG und PRICE (1957) und andere zeigten die starke Abhängigkeit der Löslichkeit von kristallinen, amorphen und kolloidalen Kieselsäuren vom Elektrolytgehalt und der Alkalität. GREENBERG (1957) fand eine Zunahme der Löslichkeit proportional zur spezifischen Oberfläche von amorphen Kieselsäuren. Diese Löslichkeit wird jedoch beeinflußt von der Menge der vorhandenen SiOH-Gruppen in der inneren Struktur und durch Metallverunreinigungen.

Nach dem Abklingen einer erhöhten Anfangslöslichkeit löst sich Kieselsäure im weiteren Verlauf der Reaktion sehr viel langsamer auf. STÖBER und ARNOLD (1961) erklärten diesen Effekt durch das Vorhandensein von kleinsten adhärierenden Teilchen und Rauhigkeiten an Kieselsäureoberflächen, die aufgrund der Gibbs-Thompson-Gleichung rascher in Lösung gehen als der übrige Kristall. STÖBER (1956) berichtet von einer Randschicht mit stärkerer Fehlordnung als der schwerer lösliche Rest von kristallinen SiO_2-Pulvern. Die stark gestörte Randschicht konnte durch Messung der Dichteerhöhung nach dem Ätzen der Kieselsäurepulver nachgewiesen werden. Auch O'CONNOR und GREENBERG (1958) führten die erhöhte Anfangslöslichkeit auf eine "amorphe" Randschicht an den Kieselsäurepulvern zurück. HOLT und KING (1955) glauben, daß die Anfangsphase erhöhter Löslichkeit durch eine Schicht adsorbierter Kieselsäure an der Oberfläche des kristallinen Quarzes hervorgerufen wird. In einem ersten Schritt wird zuerst die adsorbierte Kieselsäure in Lösung gehen, bevor Wasser das intakte Kieselsäurekristallgitter angreift.

Der Lösungsprozess von SiO_2 beruht nach ALEXANDER, HESTON und ILER (1958) auf der Einstellung eines Gleichgewichtes zwischen der festen Phase und einer monomeren Form der Kieselsäure in der Lösung. Untersuchungen von JANDER und HEUKESHOVEN (1931) über die Änderung der Diffusionsgeschwindigkeiten zeigten, daß bei einem pH-Wert über 13.6 das Metasilikation beständig ist. Zwischen pH 13.6 und 10.9 liegt in der Lösung hauptsächlich das Disilikation vor. MCEDLOV-PETROSJAN vermutet, daß die Kieselsäure in Lösung bei pH 8 als undissozierte H_2SiO_3, bei pH 8-13 als $HSiO_3^-$-Ion und bei pH 13 als SiO_3^{--}-Ion vorliegt. Da die Metakieselsäure durch eine ungesättigte Doppelbindung Si=O relativ unbeständig ist, kommt es zur Polymerisation unter Bildung größerer SiO_2-Assoziate (Bänder, Schichten, Netze). STÖBER (1966) und (1967) weist darauf hin, daß eine wahre Löslichkeit von Kieselsäuren, im Sinne der Einstellung einer Sättigungskonzentration der Kieselsäure im dynamischen Gleichgewicht mit feinverteilter Kieselsäure in Lösung nicht nachgewiesen werden konnte. Die generell sehr niedrige Auflösungsgeschwindigkeit wird durch Rückadsorption von gelöster Kieselsäure an die SiO_2-Oberflächen mit steigender Konzentration in der Lösung noch weiter vermindert. Die gemessenen Unterschiede der Auflösungsgeschwindigkeiten bei den einzelnen Kieselsäuremodifikationen werden jedoch hauptsächlich durch die verschiedenartigen Strukturen (erhöhter Grad an Gitterstörungen → mehr freie Energie → erhöhte Instabilität) hervorgerufen.

3.2 Silikathydrate

In Gegenwart von Na_2O, K_2O, CaO, SiO_2 und H_2O kann es zur Bildung von Kieselsäuregelen mit unterschiedlicher Zusammensetzung kommen (vergl. Kapitel 2.1 und 2.2). Unterschiede im Chemismus der einzelnen Silikathydrate sollen in diesem Abschnitt kurz behandelt werden.
Sämtliche Kalziumsilikathydrate sind im Gegensatz zu den Natrium- und Kaliumsilikathydraten sehr schwer löslich. JOSEPH und OAKLY (1925) zeigten, daß bei der Reaktion von Kieselsäure mit Basen feste Silikate entstehen, die jedoch teilweise wieder löslich sind. Die Menge von gebildeten, stabilen Alkalisilikathydraten war sehr gering (um 5%), während bei der Reaktion von SiO_2 mit Kalziumhydroxyd nahezu 100% stabile Silikate entstanden. Alkalisilikathydrate können durch Wasseraufnahme ihre Viskosität verändern (sie werden flüssig), Kalziumsilikathydrate kaum .

Nach KÜHL (1961) haben die Kalziumsilikathydrate eine starke Neigung zur Bildung kolloider Gelmassen. Im Beton findet man kaum gut ausgebildete Kristalle. Zusammenfassend beschreibt

MCEDLOV-PETROSJAN (1966) den Aufbau der Kalziumhydrosilikate aus unendlichen Radikalen des Typs

$$(Si_6O_{17})^{10-},\ (Si_{12}O_{31})^{14-},\ (Si_6O_{15})^{6-}.$$

Tabelle 6: Kristallchemische Formeln der Kalziumhydrosilikate nach BELOV und MAMEDOW (aus MCEDLOV-PETROSJAN (1966))

Bezeichnung der Kalziumhydrosilikate	Kristallchemische Formel	Stöchiometrische Formel
Hillebrandit	$Ca_{12}[Si_6O_{17}]_2(OH)_4 \cdot 12\ Ca(OH)_2$	$2\ CaO \cdot SiO_2 \cdot 1{,}17\ H_2O$
Afwillit	$Ca_3[SiO_3(OH)]_2 \cdot 2\ H_2O$	$3\ CaO \cdot 2\ SiO_2 \cdot 3\ H_2O$
Foshagit	$Ca_8[Si_6O_{17}](OH)_6$	$4\ CaO \cdot 3\ SiO_2 \cdot 1{,}5\ H_2O$
Xonotlit	$Ca_6[Si_6O_{17}](OH)_2$	$6\ CaO \cdot 6\ SiO_2 \cdot H_2O$
Riversideit	$2\{Ca_{10}[Si_{12}O_{31}](OH)_6 \cdot 3\ H_2O\}$	$5\ CaO \cdot 6\ SiO_2 \cdot 3\ H_2O$
Tobermorit	$Ca_{10}[Si_{12}O_{31}](OH)_6 \cdot 8\ H_2O$	$5\ CaO \cdot 6\ SiO_2 \cdot 5{,}5\ H_2O$
Plombierit	$Ca_{10}[Si_{12}O_{31}](OH)_6 \cdot 18\ H_2O$	$5\ CaO \cdot 6\ SiO_2 \cdot 10{,}5\ H_2O$
Gyrolit	$Ca_4[Si_6O_{15}](OH)_2 \cdot 4\ H_2O$	$2\ CaO \cdot 3\ SiO_2 \cdot 2{,}5\ H_2O$
Okenit	$3\{Ca_3[Si_6O_{15}]\ 2\ H_2O \cdot 4\ H_2O\}$	$CaO \cdot 2\ SiO_2 \cdot 2\ H_2O$
Truscottit	$4\{Ca_3[Si_6O_{15}]\ 2\ H_2O\}$	$CaO \cdot 2\ SiO_2 \cdot 0{,}67\ H_2O$
Nekoit	$Ca_3[Si_6O_{15}]\ 2\ H_2O \cdot 4\ H_2O$	$CaO \cdot 2\ SiO_2 \cdot 2\ H_2O$

Nach neueren Untersuchungen und Annahmen von BERTRAUT (1962), SCHOLZE und GLIEMROTH (1966) und HANSEN (1967) existieren die Natrium-Silikathydrate in der Form

$$Na_2Si(OH)_6 \cdot x\ H_2O\ (x = 6,5,3 \text{ oder } 2).$$

Das relativ instabile Metasilikat mit der Koordinationszahl 6 für Silizium geht durch Wasseraufnahme vom festen kristallgebundenem Zustand in das immer noch feste $Na_2Si(OH)_6 \cdot 6\ H_2O$ über. Erst eine weitere Wasseraufnahme verursacht ein in Lösung gehen und Wegdiffundieren vom Reaktionsort.

Nach VAIL (1952) und HANSEN (1967) wurden als einzige stöchiometrische Kaliumsilikathydrate bei höheren Temperaturen das

Mono- und Hemihydrat gefunden. Analog zur 6er-Koordination nimmt HANSEN (1967) das Entstehen eines $K_2Si(OH)_6$-Moleküls an. Die Anlagerung von Wasser verursacht in diesem Falle aber ein sofortiges in Lösung gehen; weitere Hydrate werden nicht gebildet. Unterschiede in den Wirkungen der Alkalisilikate werden damit auf die Unterschiede in den Hydratationsenergien zurückgeführt.

3.3 Diffusion und Ionenaustausch

Die Diffusion kann als ein Sonderfall von Transportphänomenen betrachtet werden. Konzentrationsunterschiede verursachen Ausgleichsvorgänge, die so lange ablaufen, bis sich die chemischen Potentiale ausgeglichen haben. Nach den Gesetzen der Thermodynamik sind Diffusionsprozesse möglich, wenn dadurch die freie Energie des Systems erniedrigt bzw. die Entropie erhöht wird. Da Diffusionsprozesse mit einer Entropieerhöhung verbunden sind, sind sie irreversibel. Der bei der Diffusion auftretende Stofftransport wird durch die Fick'schen Gesetze beschrieben. Das erste Fick'sche Gesetz beschreibt den Zusammenhang zwischen der Zahl der Atome bzw. Moleküle (n), die pro Zeiteinheit durch den Querschnitt (q) senkrecht zur Diffusionsrichtung wandern.

$$dn = - D \cdot q \cdot dt \cdot \frac{dc}{dx}$$

D = Diffusionskoeffizient

t = Zeit

$\frac{dc}{dx}$ = Konzentrationsgefälle

In nicht stationären Systemen, in denen das Konzentrationsgefälle von der Zeit abhängt werden die Diffusionsprozesse durch das zweite Fick'sche Gesetz beschrieben:

$$\left(\frac{\partial c}{\partial t}\right)_x = \frac{\partial (D\frac{\partial c}{\partial x})_t}{\partial x}$$

HELLFERICH (1959) beschreibt den Ionenaustausch in einem durch Gitterkräfte zusammengehaltenen Gerüst mit elektr. Überschußladung als Diffusion von positiven oder negativen Ionen in diesem Gerüst. Gegenionen, die in den Gitterhohlräumen sitzen und die Gitterüberschußladung kompensieren, wandern bei Anwesenheit von Fremdionen außerhalb des Gitters auf Grund des Konzentrationsunterschiedes aus dem Gitter heraus. Die Fremdionen in der Lösung wandern in das Gittergerüst, der Austausch erfolgt stöchiometrisch und ist reversibel. Allerdings gehorcht die Diffusion der Ionen im Austauscher nur in Ausnahmefällen den einfachen Fick'schen Gesetzen, denn neben den Konzentrationsgradienten treten elektrische Kräfte auf, die die Ionenflüsse beeinflussen.

3.3.1 Diffusion im Zementstein

Im Zementstein müssen die bei der Hydratation des Zementes freiwerdenden Na-, K- und Ca-Ionen durch vorhandene Porenräume zum Reaktionsort im Kieselsäurekorn diffundieren.

VERBECK (1956) unterscheidet zwischen drei Porentypen im Zementstein:

Gelporen	$2.5 \cdot 10^{-8}$ cm
Kapillarporen	$1\text{-}10 \cdot 10^{-4}$ cm
Luftporen	$1\text{-}20 \cdot 10^{-2}$ cm

KEIL (1971) betrachtet die erhärtete Zementpaste als Gelkörper, in dem in Abhängigkeit vom Wasserzementwert Gelporen und Kapillarporen entstehen konnten.

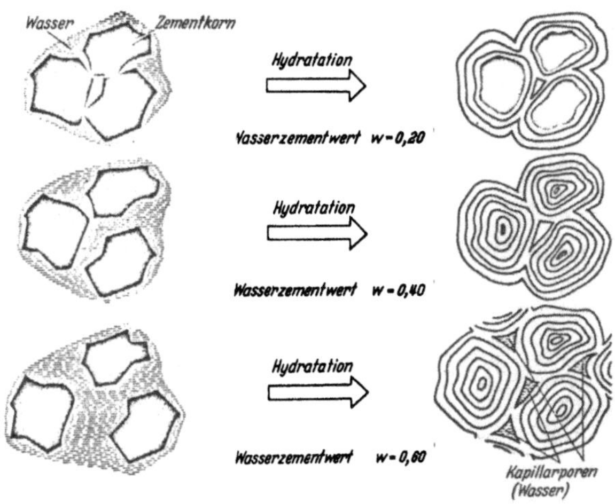

Abb. 18 Hydratation von Zement mit verschiedenen Wasserzementwert
(aus KEIL (1971))

Bei einem zu hohen Wasserzementwert entsteht eine größere Menge Kapillarporen. Die Kapillarporen werden von dem mit Gelporen durchsetztem Zementgel (bestehend aus faserigen und platten Gelteilchen oder röhrenförmig aufgewickelten Folien von Kristallen bzw. Makromolekülen) umschlossen.

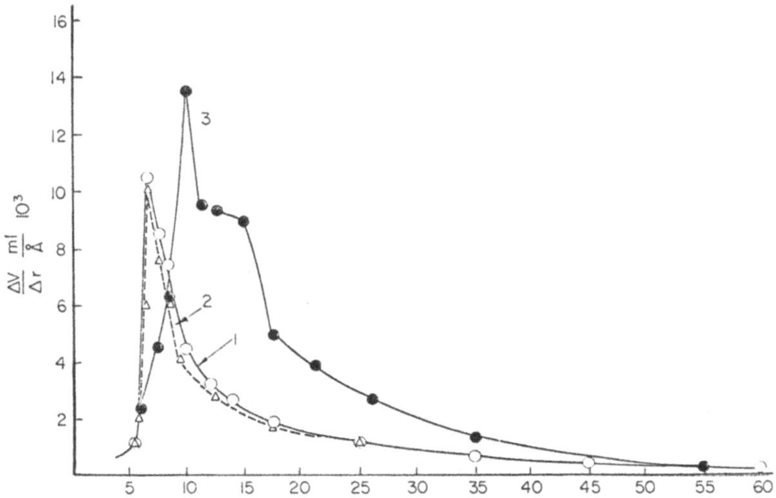

Abb.19 Porenvolumenverteilung in Portlandzementstein (W/Z = 0.5) (aus BRUNAUER, MIKHAIL und BODOR (1967))

Zur Erfassung des Porenvolumens im Zementstein schlugen BRUNAUER, MIKHAIL und BODOR (1967) und (1968) eine verbesserte Methode nach de BOER vor.

3.3.2 Diffusion in Kieselsäuremineralien

Entsprechend der vorhandenen Struktur kann die Diffusion von Alkali- und Kalziumionen in Kieselsäuremineralien in vorhandenen Hohlräumen, an Oberflächen, Grenzflächen und im Gitter selber stattfinden.

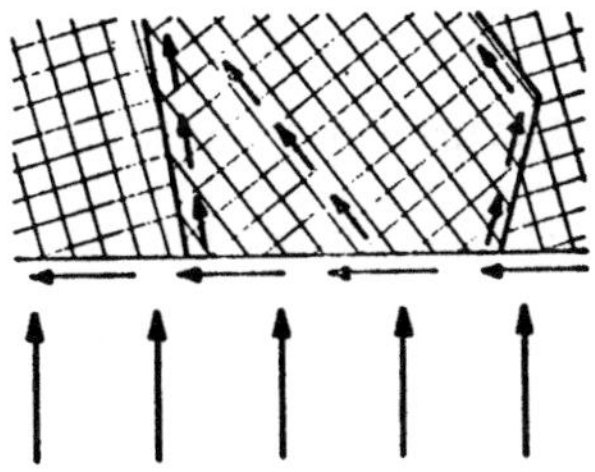

Abb. 20 Schematische Darstellung von Kristalldiffusion (aus MEYER (1969))

Besonders in Kristallen ist die Gleichgewichtseinstellung jedoch dadurch erschwert, daß bei der Diffusion die sterische Behinderung durch die Gitterbausteine überwunden werden muß; gleichsinnig wirken sich Potentialbarrieren aus. Die Diffusion im Hohlraum geht am schnellsten, die Diffusion im Kristallgitter durch Leerstellendiffusion, Ringgitterdiffusion, Zwischengitterdiffusion oder direkten Platztausch ist die Langsamste. Für die scheinbaren Diffusionskoeffizienten D ergibt sich die Reihung:

$D_{\text{(Hohlraum)}} > D_{\text{(Oberfläche)}} > D_{\text{(Korngrenze)}} > D_{\text{(Gitter)}}$

3.3.3 Ionenaustausch im Kieselsäuregitter

Die im Kieselsäurekorn durch Gitterstörungen vorhandenen H^+-Ionen können gegen Na^+, K^+, und Ca^{++}-Ionen des Zementsteines austauschen. K^+- und Na^+-Ionen sind durch das rasche in Lösung Gehen während der Hydratation des Zementes im Zementstein homogen verteilt. Die Bildung von Ca^{++}-Ionen hängt stark vom örtlichem pH-Wert und der Temperatur in der Zementpaste ab, (Zunahme des pH-Wertes und der Temperatur bringt eine Abnahme der Ca^{++}-Ionen in Lösung). Wie BACHE, IDORN, NEPPER-CHRISTENSEN und NIELSEN (1966) fanden, liegen Kalziumionen auch in großer Zahl latent in auskristallisiertem $Ca(OH)_2$ besonders an Oberflächen von Zuschlagskörnern und in Luftblasen der erhärteten Zementpaste vor.

Ein Ionenaustauscher verhält sich gegenüber den austauschenden Gegenionen verschieden. Nach HELLFERICH (1959) wird zunächst auf Grund elektrostatischer Wechselwirkungen das Gegenion mit der höheren Wertigkeit bevorzugt (Ca^{++} mehr als Na^{+}, K^{+}). Das im solvatisiertem Zustand kleinere Gegenion verursacht in der Regel eine geringere Dehnung der Matrix und wird deshalb bevorzugt (K^{+} mehr als Na^{+}). Gleichzeitig ist durch die Maschenweite der Matrix bzw. des kristallinen Gerüsts die Größe der Gegenionen begrenzt, die der Austauscher aufnehmen kann. Der Austauscher bevorzugt außerdem das Gegenion, das von der Matrix stärker gebunden wird. Bei einem mehr starren Gerüst wie bei SiO_2 sind noch die spezifisch sterischen Kräfte von starker Bedeutung. Aus diesen Überlegungen ergibt sich, daß im Kieselsäuregerüst bevorzugt Kalziumionen gegenüber Kaliumionen und diese besser als Natriumionen eingebaut und festgehalten werden.

Ionenaustauschuntersuchungen mit Kalium, Natrium und Kalzium an Kieselsäuren wurden bisher in der Hauptsache an Silikagel (große Anzahl von Silanolgruppen) und Kieselsäuresolen durchgeführt. TI TIEN (1965), MAATMAN (1965), DUGGEN, STANTON, IRBY,

Mc CONNELL, CUMMINGS und MAATMAN (1964), GREENBERG (1956), ILER (1964) und DEPASSE und WATILLON (1970) ALLEN und MATIJEVIC (1969) bestätigen hierbei die obigen theoretischen Annahmen.

3.3.4 Modell der Alkalikieselsäurereaktion unter Berücksichtigung von Diffusion und Ionenaustausch

Die Alkalikieselsäurereaktion und die dadurch verursachten Treiberscheinungen im Beton sind hinsichtlich der sie verursachenden chemischen Elementarschritte äußerst komplizierte Vorgänge. Wenn man den Versuch einer Deutung unternehmen will, sollte der Vorgang zunächst grob in zwei Phasen, einmal in die Phase der Ionendiffusion, des Ionenaustausches und der Ionenreaktionen und zum anderen in die Phase der Wasseraufnahme und das Quellen des Kornes unterteilt werden. Die Einteilung ist willkürlich und die Einzelreaktionen überlappen sich stark.

Aufgrund der bisher bekannten Details, basierend auf eigenen und den Untersuchungen anderer Autoren, ist eine exakte Berechung der Diffusion und des Ionenaustausches von Alkalien und Erdalkalien in und an Kieselsäurekörnern nicht möglich. Ausgangspunkt der weiteren Überlegungen soll daher ein stark vereinfachtes Modell sein, anhand dessen zunächst die Diffusion und der Ionenaustausch untersucht wird und das auch bei den späteren Betrachtungen über die Quellung verwendet wird. Das Modell wurde unter folgenden Voraussetzungen aufgestellt:

1. Die Diffusionsgeschwindigkeiten der solvatisierten Alkali- und Kalziumionen sind unterschiedlich. Wegen des Unterschieds

in den Ionenradien

($Na^{+}_{solv.}$ = 2.17 Å, $K^{+}_{solv.}$ = 1.75 Å, $Ca^{++}_{solv.}$ = 2.72 Å)

ist anzunehmen, daß das hydratisierte Kalziumion langsamer wandert als die Alkaliionen. Hinzu kommt, daß wegen der

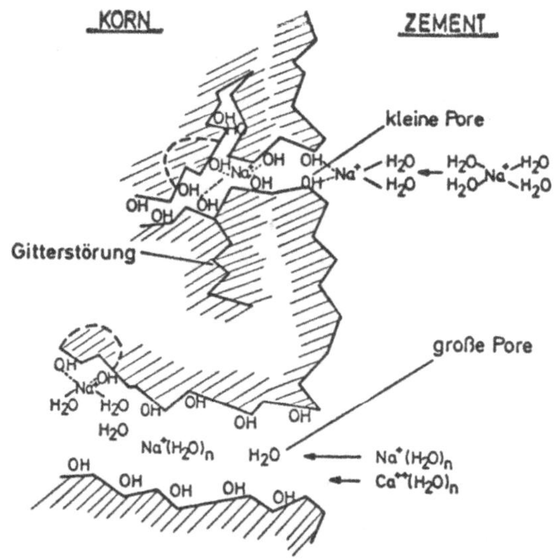

Abb. 21 Schematische Darstellung eines Kieselsäurekornes mit Poren und Gitterstörungen im Stadium der Diffusion und des Ionenaustausches.

stärkeren elektrostatischen Wechselwirkung des doppelt geladenen Ca^{++}-Ions mit den Gitteratomen eine weitere Diffusionshemmung der Kalziumionen auftritt.

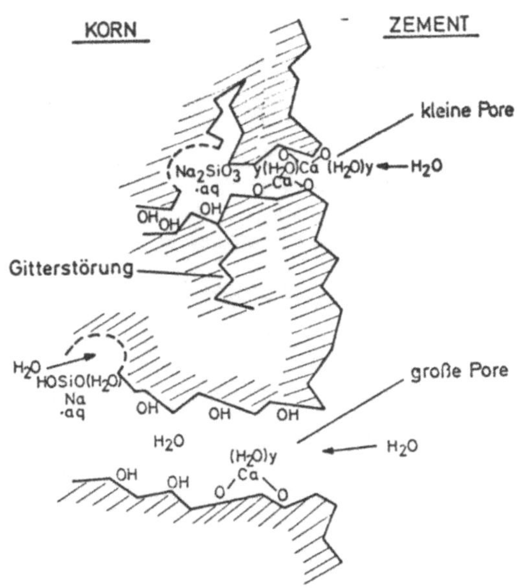

Abb. 22 Schematische Darstellung eines Kieselsäurekornes wie in Abb. 21 zu Beginn des Quellvorganges.

2. Das Kalziumhydrosilikat ist im Gegensatz zu den entsprechenden Alkaliverbindungen stabil. Es dissoziiert nur wenig in Wasser. Hydratisierte Kalziumsilikate bilden stabile Zementphasen.

3. Der Zementstein ist durchlässig für die verschiedenen Ionensorten (Na^{+}_{solv}, K^{+}_{solv}, Ca^{++}_{solv}, OH^{-}_{solv}) und Wasser.

4. Je nach verwendetem Material (vgl. 3.1) sind unterschiedliche Porenräume im Kieselsäurekorn vorhanden, und es ist mit einem unterschiedlichen Anteil an Gitterstörungen zu rechnen.

In der Abb.21 ist die Randzone eines Kieselsäurekornes schematisch dargestellt. In statistischer Verteilung werden bei einem realen Korn große Poren, kleine Poren und Gitterstörungen auftreten. Der Transport von Ionen in das Korn wird nach zwei grundsätzlich verschiedenen Mechanismen ablaufen. In große bis mittlere Poren können solvatisierte Ionen einschließlich ihrer Hydrathülle eintreten und aufgrund der Unterschiede in den chemischen Potentialen in das Poreninnere wandern. In kleinen Poren oder entlang von Gitterstörungen können Ionen nur unter zumindest teilweisem Verlust ihrer Hydrathülle wandern, wobei unter Berücksichtigung der Belegung der Gittergrenzflächen mit Wasser oder Hydroxylionen ein Mechanismus denkbar ist, der ähnlich dem Leitungsmechanismus von Protonen in Wasser verläuft. In der Abb.21 ist das durch punktierte Bindungen angedeutet.

Entsprechend der ersten Voraussetzung gelangen Alkalien leichter in das Korn und schneller an den Reaktionsort als Kalziumionen, so daß im Korninnern und an inneren Grenzflächen immer ein Alkaliüberschuß vorhanden sein sollte. Selbstverständlich wandern sowohl Alkali- als auch Kalziumionen nicht ohne Gegenladung in das gestörte Gitter, weil sonst die Elektroneutralitätsbedingung verletzt würde. Die Gegenladungen sind vorwiegend an Hydroxylionen lokalisiert, wobei die positiven Ionen von diesen in einer Art Ionenwolke umgeben werden (vgl. Debye-Hückel-Theorie der starken Elektrolyte).

Im Anschluß an die Diffusion treten die im gestörten Gitter oder in den Poren vorhandenen Ionen in Austausch mit positiven Gitterionen, z.B. den Protonen der OH-Gruppen an einer SiO_2-Grenzfläche. Hierbei besteht ein wesentlicher Unterschied zwischen der Reaktion der Alkali- und der Kalziumionen. Dieser Unterschied läßt sich vereinfacht formulieren: Alkaliionen werden reversibel ausgetauscht, Kalziumionen hingegen irreversibel. Der Grund hierfür ist die stabile Verbindung zwischen Kieselsäure, Kalzium und Wasser, das schwerlösliche Kalziumhydrosilikat (Voraussetzung 2).
Kalziumhydrosilikat wird sich vorwiegend an äußeren Grenzflächen bilden, wobei das im Anfang der Reaktion an den äußeren Grenzflächen einmal gebildete Kalziumhydrosilikat eine Diffusionsbarriere für die nachfolgenden Kalziumionen bildet (Aufwachsen von Kalziumhydrosilikat an den Porenrändern). Für Alkaliionen tritt durch das aufwachsende Kalziumhydrosilikat solange keine erhebliche Diffusionshemmung auf, wie der Transportmechanismus dieser Ionen nicht gestört wird - d.h. die OH- und H_2O-Belegung der Kalziumhydrosilikatoberfläche ausreichend ist - oder aus räumlichen Gründen eine Wanderung unmöglich wird. Für

Wasser dürfte das Kalziumhydrosilikat genauso gut durchlässig sein wie der Zementstein, ein Umstand, der für die spätere Betrachtung des Quellvorganges wesentlich ist.

Im Korninneren liegen Kalziumionen in wesentlich geringerer Konzentration vor als die Alkaliionen, weil die Hauptmenge der Ca-Ionen an äußeren Grenzflächen zur Kalziumhydrosilikatbildung verbraucht wurde und damit gleichzeitig der weitere Transport in das Poreninnere unterbunden wurde. Die Reaktion der Alkaliionen besteht zunächst in dem schon vorher erwähnten Austausch gegen positive Ionen der Gittergrenzfläche. Sodann erfolgt ein Aufbrechen des Silikatgerüstes selbst unter Bildung von löslichen Alkalisilikaten. An der dabei freiwerdenden neuen Grenzfläche setzt sich die Reaktion fort, falls hinreichend viele Alkaliionen nachgeliefert werden. Maßgebend für die Zerstörung des Silikatgerüstes sind jedoch nicht die Alkaliionen selbst - sie bedingen nur den Anlaufvorgang -, sondern die Hydroxylionen, die zusammen mit den Alkaliionen in das Korninnere eingetreten sind. Durch diese Annahme wird unter anderem verständlich, daß der pH-Wert der Zementphase einen wesentlichen Einfluß auf das Treiben hat. Einmal gebildetes Alkalisilikat wird in Gegenwart von Wasser hydrolysieren, wobei wiederum Alkaliionen frei werden, die an anderen Stellen des Gitters angreifen und den Vorgang weiter fortschreiten lassen können.

3.4 Quellung

Systeme mit polaren, hydrophilen Gruppen (beim Ionenaustauscher Festionen und Gegenionen) können in Wasser quellen. Die Poren eines solchen Systems enthalten Ionen in hoher Konzentration, die bestrebt sind, sich zu solvatisieren. Das Poreninnere kann als konzentrierter Elektrolyt aufgefaßt werden, der sich verdünnen möchte. Ein weiterer Effekt, der eine Ausdehnung begünstigt, ist die elektrostatische Abstossung der Festionen untereinander. Nach HELFERICH (1959) wirken auf eine starke Quellung hin: Geringe Bindekräfte der Matrix und hohe Kapazität des Austauschersystems, Beladung mit einwertigen, im hydatisierten Zustand großen Gegenionen, vollständige Dissoziation im Austauscher und geringe Konzentration der Lösung.

An Kieselsäuremineralien ist die Quellung aufgrund eines Ionenaustausches bisher noch wenig untersucht worden. Da in einem kristallinen intakten Kieselsäuregitter eine Quellung kaum stattfinden kann, muß man annehmen, daß Quellvorgänge nur in den Zonen der Gitterstörungen stattfinden können. NEPPER-CHRISTENSEN (1965) konnte an Flint und zwei Basalten ein Quellen beim Befeuchten feststellen, das durch Wasserabsorption hervorgerufen wurde.

In Analogie zu diesen Vorstellungen über das Quellen eines Ionenaustauschers ist der Quellvorgang bei der Alkalikieselsäurereaktion zu verstehen. Durch die Reaktion der mit Alkaliionen, beispielsweise Natrium,beladenen,gestörten Gittergrenzflächen mit den Hydroxylionen bilden sich Natriumhydrosilikate, die als Komplex in Lösung gehen. Der Vorgang läßt sich etwa mit der folgenden Gleichung beschreiben:

$$\left[Na(H_2O)x(SiO_2)y\right]^+_{fest} + OH^- \rightleftharpoons \left[Na\ OH(H_2O)x(SiO_2)y\right]_{gelöst}.$$

In der Gleichung ist unter dem Index x das Hydratwasser der Alkaliionen zu verstehen, während der Index y den Polymerisationsgrad der Kieselsäure angeben soll.

Wie die im experimentellen Teil dieser Arbeit angestellten Versuche zeigen, stellt sich das Gleichgewicht der Reaktion erst nach sehr langer Zeit ein und wird außerdem von allen weiteren Folgereaktionen beeinflußt. Jedoch werden auch im Anlaufvorgang zum Gleichgewicht die gelösten Alkalihydrosilikate schon weiterreagieren.

Der nächste Reaktionsschritt ist die Aufnahme von Wasser, wobei die Hydrosilikate quellen. Dieser Vorgang läßt sich nur ungenau formelmäßig beschreiben, weil der Summeneffekt darin besteht, daß der Index x in der obengenannten Gleichung vergrößert wird. Allerdings tritt gleichzeitig eine Hydrolyse der Silikatkomplexe ein, wobei Natriumionen wieder freigesetzt werden.

$$Na\ OH(H_2O)x{+}n(SiO_2)y + H_2O \rightleftharpoons (H_2O)x{+}n{+}1(SiO_2)y + Na^+ + OH^-;$$

Wichtig für den Quellvorgang ist, daß das dafür erforderliche Wasser zunächst am Reaktionsort nicht zur Verfügung steht, sondern erst durch die Zementphase an die Korngrenzflächen gelangt. Die Wanderung wird durch den Unterschied im chemischen Potential des Wassers ausgelöst, denn die Bildung der Alkalihydrosilikate führt zu einer Erniedrigung des chemischen Potentials des freien Wassers am Reaktionsort.

Durch eine molekulare Betrachtung läßt sich der Vorgang anschaulich beschreiben:
Man kann davon ausgehen, daß ein Wassermolekül, welches an der Grenzfläche des Silikatgitters sitzt, zunächst in die Hydrathülle eines Natriumions eintritt. Dadurch wird die Grenzfläche frei für den Angriff der OH-Ionen. Das Gitter bricht auf und es werden neue Bindungen frei, die nun weitere Wassermoleküle in das Korninnere ziehen. Das ist der eigentliche Quellvorgang. Im gelösten Hydrosilikat, welches ja Natriumionen enthält, können nun wieder Wassermoleküle in die Hydrathülle des Natriumions eintreten, was zu einem erneuten Wassertransport von außen nach innen führt. Der Vorgang wiederholt sich solange, bis das Natriumion vom Hydrosilikatkomplex abdissoziiert. Damit kann dann aber wieder der Ionenaustausch von Na^+ gegen H^+ in der Grenzfläche beginnen und der Gesamtvorgang wiederholt sich.

Das an inneren und äußeren Kornoberflächen sich bildende Kalziumhydrosilikat reagiert im Prinzip ähnlich. Im zeitlichen Verlauf wird zuerst Wasser allein aufgrund der oben beschriebenen Alkalireaktion ins Korn eindringen. Bedingt durch die kleinere Diffusionsgeschwindigkeit des Kalziumions setzt die Kalziumhydrosilikatbildung später ein.

Die Wasseraufnahme führt hierbei zu einem stabilen Endzustand. Im Korn vorhandenes Wasser wird fest eingebaut und damit der Alkalireaktion entzogen. Das zur Gleichgewichtseinstellung an der Alkaliphase benötigte Wasser muß von außen zugeführt werden.

Wie schon unter 3.3 angeführt, bildet das Kalziumhydrosilikat

eine Barriere für andere Kalziumionen. Die Folge ist, daß die Kalziumhydrosilikatreaktion auf die innere und äußeren Kornoberflächen beschränkt bleibt.
Das Alkalihydrosilikat, welches sich an äußeren und inneren Korngrenzflächen gebildet hat, geht durch die Wasseraufnahme in den Gelzustand über. Das im Verhältnis zum wasserarmen Hydrosilikat voluminöse Gel übt einen steigenden mechanischen Druck auf seine Umgebung aus. Nur bei sehr kleinem und feinverteiltem Zuschlagkorn kann der mechanische Druck quasi homogen auf den Zementstein übertragen werden, weil man nur in diesem Fall auch von einer quasihomogenen Gelverteilung ausgehen kann. In allen anderen Fällen bilden sich am Ort der Gelproduktion Druckspitzen, die kontinuierlich mit der Gelproduktion wachsen. Die Druckspitzen bewirken sowohl ein Aufbrechen der Zuschlagkörner wie auch ein Reißen des Zementsteines. Es werden erneut Gitterstörungen erzeugt und die Reaktion schreitet wie unter 3.3 beschrieben fort. In den Fällen, wo der Zementstein eine stark poröse Struktur besitzt, kann natürlich der mechanische Druck auch auf die Zementporen übertragen werden, ohne daß es zu einer Rißbildung kommt.
Eine Verfeinerung der Betrachtung ist bei solchen Zuschlagkörnern angebracht, die neben mikroskopischen Poren reich an natürlichen Gitterstörungen sind (z.B. Opal). An den mikroskopischen Poren kann der Gelaustritt zuweilen beobachtet werden. Trotzdem hierbei auch der mechanische Druck abgebaut werden sollte, kommt es auch in diesen Fällen zu Treiberscheinungen. Die Vermutung liegt nahe, daß dafür der hohe Anteil an Gitterstörungen (innere Grenzflächen) maßgebend ist. In Übereinstimmung mit den vorher beschriebenen Effekten verläuft an den

inneren Korngrenzflächen vorwiegend die Alkalireaktion, nur daß in diesem Fall das gebildete Gel durch die an den äußeren Korngrenzen entstandenen geschlossenen Kalziumsilikatphasen nicht aus dem Korn austreten kann. Beim Druckaufbau muß zwangsläufig das Korn aufbrechen. Ähnliche Annahmen gelten auch für den Fall, daß Poren so klein sind, daß sie von einer Art Pfropfen von Kalziumsilikat gegen den Zementstein hin abgeschlossen werden.

Zu diskutieren ist noch der Fall, daß bei großem Zuschlagkorn keine Treibeffekte beobachtet werden. Hierfür sind gleich mehrere Umstände verantwortlich.

1. Wegen der langen Diffusionswege gelangen nur relativ wenig Ionen in das Korninnere.

2. Bedingt durch 1. beschränkt sich die Alkalikieselsäurereaktion auf die Randzone solcher Körner.

3. Der bei der Quellung entstehende Druck ist gleichmäßig auf die Kornrandzone verteilt und kann so besser vom Zementstein aufgenommen werden.

4. Bei sehr langen Zeiten gleichen sich die Unterschiede in der Diffusion und im Ionenaustauschverhalten von Alkali- und Kalziumionen weitgehend aus.

3.5 Rechenmodelle

Die Vorgänge bei der Alkali-Kieselsäurereaktion sind so komplex, daß eine geschlossene mathematische Lösung des Problems nicht angegeben werden kann. Im folgenden Abschnitt soll versucht werden, durch die Behandlung der Teilprobleme

Diffusion	(3.5.1)
Ionenaustausch	(3.5.2)
Quellung	(3.5.3)

das Verhalten der Reaktionsteilnehmer im Zementstein und Kieselsäurekorn aufzuzeigen. Da die in den Rechenmodellen verwendeten Konstanten, wie zum Beispiel Diffusionskonstanten D, Wassersättigungswert C_o des Kornes nach der Alkalireaktion, Elastizitätswerte der Zementsteinmatrix praktisch noch nicht gemessen wurden oder nur für ganz spezielle Fälle vorliegen, können die Vorgänge nur relativ dargestellt werden. Die praktische Bestimmung der unbekannten Rechenkonstanten ist die Voraussetzung für die Anwendung der Rechenmodelle.

Die Rechenmodelle werden an einem kubischen Zementsteinkörper mit einer entsprechend der Volumenkonzentration und Korngröße gleichverteilten Anzahl von reaktionsfähigen Kieselsäurekörner aufgestellt.

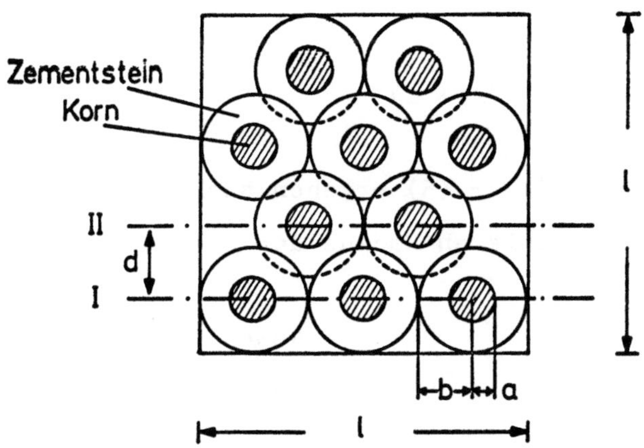

Abb. 23 Modell der Zementsteinmatrix mit eingebetteten Kieselsäurekörnern

Der Zementstein soll dichtestgepackt aufgebaut sein aus Kugeln (Außenradius = b) mit eingebetteten kugeligen Kieselsäurekörnern (Außenradius = a).

Daraus ergibt sich:

(1) $d = \sqrt{\frac{8}{3}}\, b;$ d = Schichtabstand (cm)

b = äußerer Radius der Zementsteinsphäre (cm)

(2) $N_I = (\frac{l}{2b})^2;$ $N_{I,II}$ = Anzahl der Kugeln in Schicht I bzw. Schicht II

l = Zementsteinkubuslänge (cm)

(3) $N_{II} = (\frac{1}{2b} - 1)^2$;

(4) $A = \frac{1 - (2b+d)}{2d}$ A = Anzahl der Doppelschichten (I + II)

(5) $N = (N_I + N_{II})\ (A + 1)$;

Aus den Gleichungen (1) - (5) ergeben sich als Bestimmungsgleichungen für den äußeren Radius der Zementsteinsphäre:

(6) $b = \frac{1}{2z}$; z = Anzahl der Kugeln entlang der Kante 1

(7) $0 = 2\,z^3 - (2+2\,K_2)\,z^2 + (1+K_2)\,z - (K_3+K_2)$;

mit $K_1 = \sqrt{\frac{8}{3}}$;

$K_2 = 1 - \frac{1}{2}K_1$;

$K_3 = K_1 \cdot N$

Die in K_3 vorhandene Größe N ist auch durch die folgende Gleichung bestimmt:

(8) $N = \frac{3 \cdot V\ Korn}{4 \cdot a^3}$; N = Anzahl der Kieselsäurekörner

V_{Korn} = Volumenanteil der Kieselsäurekörner (cm^3)

Die Auflösung der Gleichungen (7) mit (8) bringt als Ergebnis den Zusammenhang zwischen Kieselsäurekorn und zugehöriger Zementsteinhülle (siehe Abb. 24)

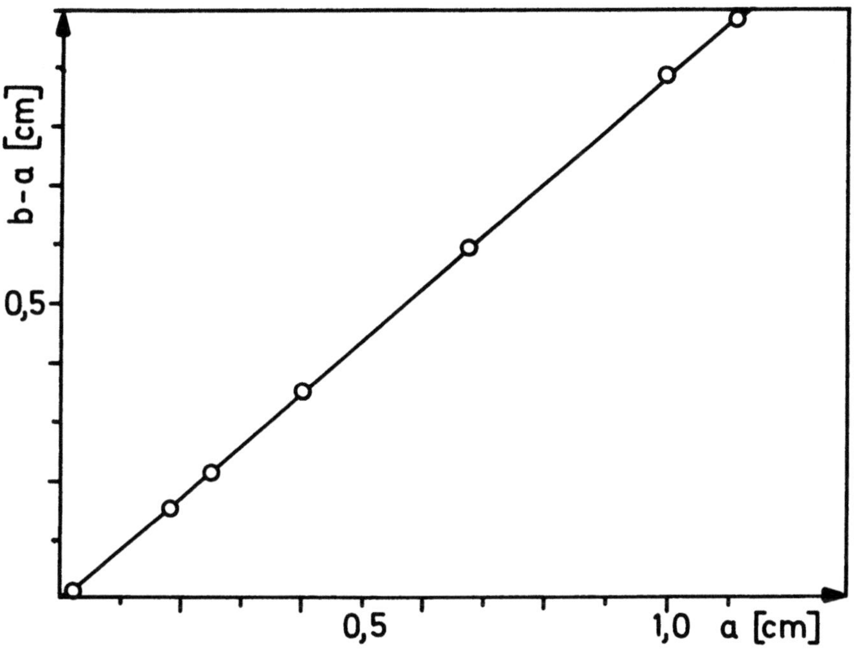

Abb. 24 Dicke der Zementsteinhülle (b-a) in Abhängigkeit vom Kornradius a

3.5.1 Diffusion

Beim Diffusionsmodell wird vorausgesetzt, daß in 1. Näherung nur die Ionen aus der Zementsteinhülle am Diffusionsvorgang in das Korninnere teilnehmen. Die Ionenmengen in den übrigbleibenden Zementsteinzwickeln werden vernachlässigt.
Damit ergibt sich das allgemeine Diffusionsproblem für Kugelgeometrie:

Diffusion aus einer Kugelschale (Zone "1") in die innere Kugel (Zone "0"), wobei am äußeren Rand der Kugelschale (r = b) keine Diffusion nach außen erfolgen darf. Alle Ionen der Zementsteinhülle sollen in Richtung Kieselsäurekorn diffundieren.

Zu lösen ist die Diffusionsgleichung:

(9) $$\frac{\partial C_i}{\partial t} = \frac{D_i}{r^2} \frac{\partial}{\partial r} \left[r^2 \frac{\partial C_i}{\partial r} \right];$$

i = 0,1 Gebiet Innenkugel bzw. Außenschale

C_i = Konzentration des diffundierenden Ions

t = Zeit (s)

D_i = Diffusionskoeffizient (cm^2/s)

r = Ortskoordinate (cm)

Durch die Transformation

(10) $U_i = C_i \cdot r$ wird aus (9)

(11) $$\frac{\partial U_i}{\partial t} = D_i \frac{\partial^2 U_i}{\partial r^2};$$

Anfangs- und Randbedingungen:

$C_0 = O_i$; für $t = 0$, $0 \leq r \leq a$

$C_1 = C_{11}$; für $t = 0$, $a \leq r \leq b$

$C_0 = C_1$; für $t > 0$, $r = a$ (Anschlußbedingung)

$D_0 \frac{\partial C_0}{\partial r} = D_1 \frac{\partial C_1}{\partial r}$; für $t > 0$, $r = a$ (Kontinuitätsbedingung)

$\frac{\partial C_1}{\partial r} = 0$ für $r = b$ (kein Abfluß nach außen)

Aufgrund der Transformationsbedingung (10) erhält man:

(12) $U_0 = 0_i$ für $t = 0,\ 0 \leq r \leq a$

(13) $U_1 = C_{11} \cdot r$; für $t = 0,\ a \leq r \leq b$

(14) $U_0 = U_1$; für $t > 0,\ r = a$

(15) $D_0\left[r\frac{\partial U_0}{\partial r} - U_0\right] = D_1\left[r\frac{\partial U_1}{\partial r} - U_1\right]$; für $t > 0,\ r = a$

(16) $r\frac{\partial U_1}{\partial r} - U_1 = 0$; für $r = b$

Aus den Anfangsbedingungen (12) und (13) erhält man aus (11) mit Hilfe der Laplace-Transformation die Gleichung:

(17) $\frac{\partial^2 \bar{U}_0}{\partial r^2} - \bar{U}_0 \cdot \frac{P}{D_0} = 0;$

(18) $\frac{\partial^2 \bar{U}_1}{\partial r^2} - \bar{U}_1 \cdot \frac{P}{D_1} = - r \cdot \frac{C_{11}}{D_1};$ C_{11} = Anfangskonzentration in der Zementsteinhülle

Die entsprechenden allgemeinen Lösungsansätze hierzu lauten:

$\bar{U}_0 = A_0 \cdot sh\ (q_0 \cdot r);$

$\bar{U}_0 = A_0 \cdot sh\ (q_0 \cdot r);\ \bar{U}_1 = A_1 sh(q_1(r-a)) + B_1 ch(q_1(r-a)) + \frac{C_{11r}}{p};$

mit $q_0 = \sqrt{\frac{P}{D_0}}$; $q_1 = \sqrt{\frac{P}{D_1}}$; P = Laplace-Parameter (ursprünglich Zeit t)

Die Konstanten A_0, A_1 und B_1 errechnen sich aus den Bedingungen (14) - (16). Im Laplace-Bereich ergeben sich dann folgende Lösungen:

$$(19)\quad \frac{\overline{U}_0}{r} = \overline{C}_0(r,p) = \frac{C_{11}}{p}\cdot\frac{a}{r}\cdot\frac{D_1\left[\psi_1 - q_1 a\psi_2\right]\cdot sh(q_0\cdot r)}{D_1\ \psi_1 - q_1 a\psi_2\ \cdot sh(q_0 a) + D_0\cdot\psi_1\cdot\phi_1}$$

$$(20)\quad \frac{\overline{U}_1}{r} = \overline{C}_1(r,p) = \frac{C_{11}}{p} - \frac{C_{11}a}{pr}\cdot\frac{D_0\cdot\phi_1\left[-sh(q_1(b-r)) + b\cdot q_1(ch\, q_1(b-r)\right]}{D_1\left[\psi_1 - q_1 - q_1 a\psi_2\right]\cdot sh(q_0 a) + D_0\psi_1\phi_1}$$

mit $\phi_1 = a\cdot q_0\cdot ch(q_0\ a) - sh(q_0\ a);$

$\psi_1 = b\cdot q_1\cdot ch(q_1\ R) - sh(q_1\ R);$

$\psi_2 = ch(q_1\ R) - b\cdot q_1\cdot sh(q_1\ R);$

$R = b - a;$

Rücktransformation von (19) und (20) erfolgt nach CARSLAW und JAEGER (1967).

$$(21)\quad C_0(r,t) = C_{11}\left[1 - \frac{a^3}{b^3}\right] + 2C_{11}\frac{a}{r}\sum_{n=1}^{\infty}\frac{P_0(\alpha_n)}{Q(\alpha_n)}\sin(\alpha_n r)\cdot e^{-\alpha_n^2 D_0 t};$$

$$(22)\quad C_1(r,t) = C_{11}\left[1 - \frac{a^3}{b^3}\right] + 2C_{11}\frac{a}{r}k^2\sum_{n=1}^{\infty}\frac{P_n(\alpha_n)}{Q(\alpha_n)}\left[\sin(\alpha_n k(b-r)) - kb\alpha_n\cdot\cos(\alpha_n k(b-r))\right]\cdot e^{-\alpha_n^2 D_0 t}$$

mit $P_0(\alpha_n) = \left[R\alpha_n k\cos(\alpha_n kR) - (1+\alpha_n^2 k^2 ab)\sin(\alpha_n kR)\right]\sin(\alpha_n a)\sin(\alpha_n kR);$

$P_1(\alpha_n) = \left[\alpha_n a\cos(\alpha_n a) - \sin(\alpha_n a)\right]\cdot\sin(\alpha_n a)\sin(\alpha_n kR);$

$$Q(\alpha_n) = \Big\{\left[\sin^2(\alpha_n a) - 0{,}5\cdot a\alpha_n\sin(2\alpha_n a)\right]\left[\alpha_n kR - 0{,}5\sin(2\alpha_n kR)\right]k^3\alpha_n b - \left[2ab\sin^2(\alpha_n kR) + R^2 - a^2\right]k^2\alpha_n^2\sin(\alpha_n a) + \left[1 - \alpha_n^2 k^2 ab\right]\sin^2(\alpha_n a)\sin^2(\alpha_n kR)\Big\};$$

$K = \sqrt{\frac{D_0}{D_1}};\ R = b - a;$

Bestimmungsgleichung zum Auffinden aller α_n:

(23) $\alpha_n kR \cdot ctg(\alpha_n kR) - (\alpha_n^2 abk^2+1) = k^2 \left[\alpha_n kb\ ctg(\alpha_n kR)-1\right]\left[1-a\alpha_n \cdot \cdot ctg(\alpha_n a)\right];$

Die Menge m (t), die sich nach einer Zeit t in der Innenkugel $\frac{4}{3}\pi a^3$ befindet, errechnet sich über

$$m(t) = 4\pi \int_0^a r^2\, C(r,t)\,dr$$ zu:

(24) $$m(t) = \frac{4\pi}{3} C_{11}\left[1-\frac{a^3}{b^3}\right]\left[b^3-a^3\right] + 8\pi C_{11} a \sum_{n=1}^{\infty} \frac{P_0(\alpha_n)}{Q(\alpha_n)} \left\{\frac{\sin\alpha_n a - a\alpha_n \cos\alpha_n a}{\alpha_n^2} \cdot e^{-\alpha_n^2 D_0 t}\right\};$$

Die exakte Lösung erfordert besonders beim Aufsuchen der Nullstellen der transzendenten Bestimmungsgleichung aller α_n einen sehr großen mathematischen Aufwand. Deswegen soll in dieser Arbeit nur der Fall Anlaufphase ausgewertet werden. Mit hinreichender Genauigkeit gelten die Ergebnisse dieser 1. und 2. Näherung des physikalischen Problems (Gleichung (27), (28) und (29)) für alle Zeiten $t \ll \infty$.

1. Näherung des physikalischen Problems:

In der zeitlichen Anlaufphase wird die Konzentration im Gebiet $0 \leq r \leq a$ sehr klein gegenüber derjenigen im Gebiet $a \leq r \leq b$ sein, so daß man annehmen kann, daß die Konzentration bei r = a annähernd Null ist, und diejenige bei r = b annähernd konstant bleibt.

Zu lösen ist Gleichung (18) mit den Bedingungen

$\underline{\bar{U}}_1 = 0;$ für $r = a$

$\bar{U}_1 = b \cdot C_{11};$ für $r = b$

Dann erhält man:

(25) $\bar{C}_1(r,p) = C_{11} \left[\frac{1}{p} - \frac{a}{r} \frac{\phi_1(r)}{p\phi_1(a)} \right]$

mit $\phi_1(r) = sh(q_1(b-r)) - bq_1 \cdot ch(q_1(b-r))$

Rücktransformation ergibt:

(26) $C_1(r,t) = 2C_{11} \frac{a}{r} \sum_{n=1}^{\infty} \frac{\sin[\alpha_n(b-r)] - b\alpha_n \cos[\alpha_n(b-r)]}{\alpha_n [a - b^2 R \alpha_n^2] \cos[\alpha_n R]} \cdot e^{-\alpha_n^2 D_1 t}$;

mit $R = b-a$

und der transzendenten Gleichung zur Bestimmung aller α_n:

(27) $tg\,(\alpha_n R) = b\alpha_n$;

Die Menge m (t) die sich nach einer Zeit in der Innenkugel $\frac{4}{3}\pi a^3$ befindet, errechnet sich über

$$m(t) = -4\pi a^2 D_1 \int_0^t \frac{\partial C_1}{\partial r}\bigg|_{r=a} dt\,;$$

zu:

(28) $m(t) = 8\pi a^2 C11 \sum_{n=1}^{\infty} \frac{1}{\alpha_n^2 \left[a - \frac{\alpha_n^2 b^3}{1+\alpha_n^2 b^2}\right]} \left\{1 - e^{-\alpha_n^2 D_1 t}\right\}$;

2. Näherung des physikalischen Problems:

Diffusion mit

$C_1 = C_{11}$; für $a \leq r \leq b$, $t = 0$

$C_0 = 0$; für $0 \leq r \leq a$, $t = 0$

$C_1 = 0$; für $r = a$, $t > 0$

$\frac{\partial C_1}{\partial r} = 0$; für $r = b$

Entsprechend dem Rechengang bei der 1. Näherung d. physikalischen Problems folgt:

$$(29) \quad m\,(t) = \frac{4}{3}\pi C_{11}(b^3 - a^3) - 8\pi C_{11}\, a R^2 \sum_{n=1}^{\infty} \frac{\left\{\frac{b}{R}\,\frac{a}{R}\beta_n^2 + 1 - \frac{R}{b}\right\} e^{-D_1 t \beta_n^2 / R^2}}{\beta_n^2 \left\{\beta_n^2 \frac{b}{R} - \frac{a}{b}\right\}}$$

mit $R = b - a$;

$$(30) \quad \beta_n \cdot \mathrm{ctg}(\beta_n) + (a/b - 1) = 0;$$

(siehe CARSLAW und JAEGER (1967), S. 492)

Die Ionenanfangskonzentration C_{11} war in allen vorhandenen Zementsteinhüllen gleich. Die Gesamtmenge an Ionen, die sich nach einer gewissen Zeit in den Kieselsäurekörnern befindet, ist, je nach Anzahl der Körner im Zementsteinkörper (vergleiche (8)):

$$(31) \quad m\,(t)_{ges} = N \cdot m\,(t);$$

3.5.2 Ionenaustausch

Der in 3.5.1 beschriebene Diffusionsfall behandelt das reine Eindiffundieren von Ionen in das Korninnere entsprechend dem 2. Fickschen Gesetz ohne Störungen, nur in Abhängigkeit vom Konzentrationsgradienten und dem Diffusionskoeffizienten als bestimmende Größen. Nach HELFERICH (1959) wird neben dem Konzentrationsgradienten beim Ionenaustausch noch ein elektrisches Feld als Zusatzgradient wirksam. Das elektrische Feld entsteht durch die unterschiedliche Beweglichkeit der austauschenden Ionen im Austauscherkorn. Für praktische Zwecke geben HELFERICH und PLESSET (1958) und PLESSET, HELFERICH und FRANKLIN (1958) die folgende Näherung an:

(32) $U = (1-\exp(\pi^2(f_1 \cdot \tau + f_2 \cdot \tau^2 + f_3 \cdot \tau^3)))^{\frac{1}{2}}$;

mit $\tau = \frac{D_A \cdot t}{a^2}$; D_A = Diffusionskoeffizient der Gegenionen im Austauscherkorn (cm^2/s)

$U = \frac{m_t}{m_\infty}$; t = Zeit (s)

a = äußerer Radius d. Austauscherkornes (cm)

U = Umsatzbruchteil

m_t = ausgetauschte Ionenmenge zur Zeit t = t (μg)

m_∞ = ausgetauschte Ionenmenge zur Zeit t = ∞ (μg)

Bei austauschenden Ionen gleicher Wertigkeit ergibt sich:

$$\frac{1}{f_1} = -0{,}570 - 0{,}430 \cdot \alpha^{0{,}775};$$

$$\frac{1}{f_2} = 0{,}260 + 7{,}82 \cdot \alpha;$$

$$\frac{1}{f_3} = -0{,}165 - 0{,}177\alpha;$$

mit $\alpha = \frac{D_A}{D_B}$;

D_A = Diffusionskoeffizient der Gegenionen im Korn (cm^2/s)

D_B = Diffusionskoeffizient der Gegenionen in der Lösung (cm^2/s)

Beim Austausch von 2-wertigen Gegenionen in Lösung gegen 1-wertige Gegenionen im Korn ergibt sich:

$$\frac{1}{f_1} = -0{,}64 - 0{,}36 \cdot \alpha^{0{,}668};$$

$$\frac{1}{f_2} = -0{,}96 + 2{,}0 \cdot \alpha^{0{,}4635};$$

$$\frac{1}{f_3} = -0{,}27 - 0{,}09 \cdot \alpha^{1{,}140};$$

mit $\alpha = \frac{D_A}{D_B}$;

Die Berechnung des Ionenaustauschproblems setzt konstante Diffusionskoeffizienten und gleichbleibende Konzentration der Gegenionen in der Lösung am Kornrand während des Diffusionsvorganges voraus.

3.5.3 Quellung

Für das Quellen von kugeligen Austauscherkörnern beim Austausch von nur einer Substanz fanden KHRAMTSOV und NIKOLAEV (1968) den folgenden Zusammenhang für längere Diffusionszeiten:

$$(33)\quad Y = \varphi_0 \left[\frac{1}{3} - \frac{2}{\pi^2} \sum_1^{\infty} \frac{1}{K^2} \cdot e^{-\pi^2 K^2 \tau}\right];$$

$$\text{mit } \varphi_0 = \frac{\rho_2 \cdot C_0}{\rho_1 \cdot (1-C_0)}\ ;\quad \tau = \frac{D \cdot t}{R_0^2}\ ;\quad Y = \frac{r - R_0}{R_0}\ ;$$

t = Diffusionszeit (s)

r = Kornradius zur Zeit t (cm)

Ro = Kornradius des trockenen Kornes (cm)

D = Diffusionskoeffizient von Wasser ($\frac{cm^2}{s}$)

Co = Gewichtskonzentration von Wasser im Korn nach t = ∞ (Gleichgewichtseinstellung)

ρ_1 = Dichte von Wasser ($\frac{g}{cm^3}$)

ρ_2 = Dichte des trockenen Kornes ($\frac{g}{cm^3}$)

Die Berechnungen von KHRAMTSOV und NIKOLAEV (1968) beruhen auf der Annahme, daß das Quellen beim Ionenaustausch durch gleichzeitige Wasseraufnahme und eine dadurch hervorgerufene Matrixdehnung entsteht.

3.5.4 Anwendung der Rechenmodelle auf die Natrium-Kieselsäurereaktion

Für den Fall der Reaktion von Natriumionen mit Flintkörnern sollen die in den Kapiteln 3.5.1 bis 3.5.3 aufgezeigten Berechnungsmöglichkeiten unter gewissen Voraussetzungen und Annahmen angewendet werden.

Kugelige Flintkörner mit variierendem Durchmesser und unterschiedlicher Zugabe (V_{Korn} = 100, 200, 300, 400, 500 cm^3) sind in einem Zementsteinkörper (V_{ges} = 1000 cm^3) gleichverteilt eingebettet. In den Zementsteinhüllen um die Körner sind zu Anfang der Reaktion Natriumionen gleicher Konzentration C_{11} entsprechend einem Na_2O-Gehalt von 1,5% des Zementgewichtes vorhanden. Alle Ionen sind in Lösung und stehen zur Reaktion zur Verfügung.

Diffusion:

Der mit Programm I unter Verwendung der Gleichung (1) bis (8) und (29) bis (31) berechnete Diffusionsfall (3.5.1) für Natriumdiffusion in der Zementsteinhülle und im Flintkorn zeigt die Abhängigkeit der Gesamtreaktion von den verfügbaren Natriumionen am Reaktionsort in den Flintkörnern. Vernachlässigt wird hierbei, wieviel Ionen der Flint per Austausch insgesamt aufnehmen kann. Alle vorhandenen Ionen sollen in das Korn eindiffundieren. Diese Annahme ist beim Flint vielleicht nur für geringe Natriummengen im Zementstein (C_{11}) richtig; sie gilt aber auch bei hohen Natriumkonzentrationen z.B. beim amorphen Opal mit einer großen Anzahl von Gitterstörungen und demzufolge OH-Gruppen.
D_{Na} im Zementstein wird mit 10^{-6} (cm^2/s) angenommen.

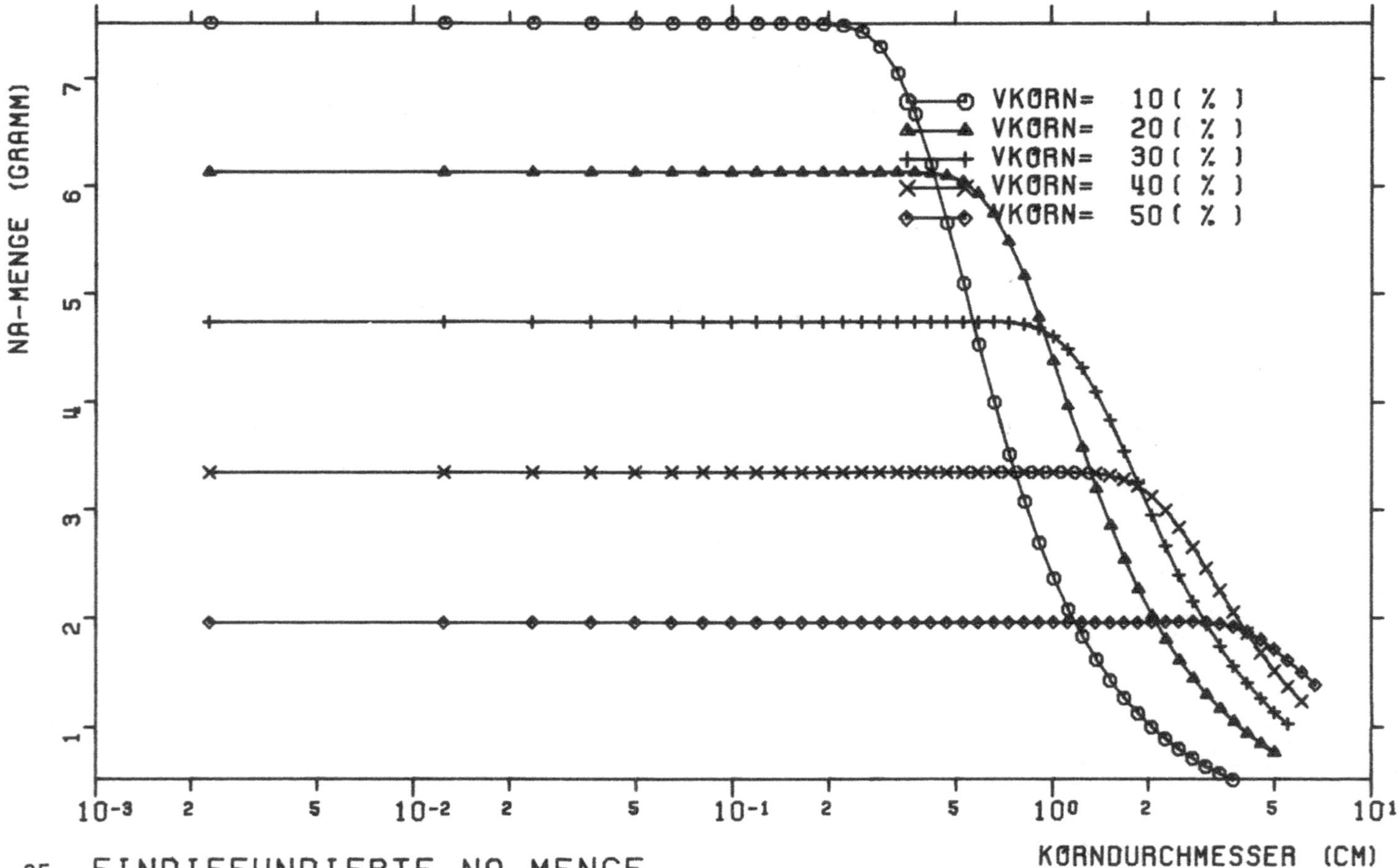

Abb. 25 EINDIFFUNDIERTE NA-MENGE
(NACH 1 STUNDEN)

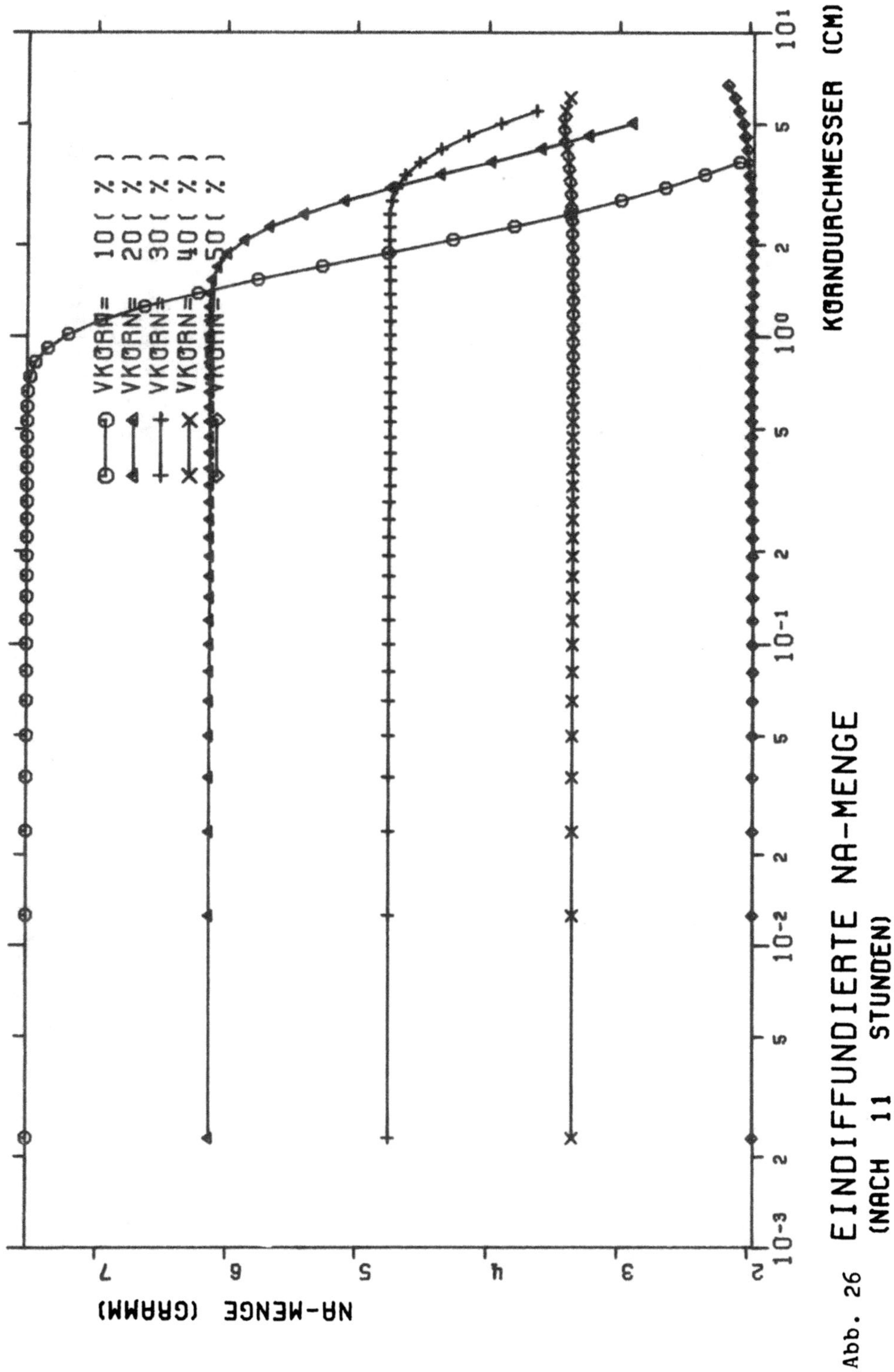
VKORN= 10 (%)
VKORN= 20 (%)
VKORN= 30 (%)
VKORN= 40 (%)
VKORN= 50 (%)
NA-MENGE (GRAMM)
KORNDURCHMESSER (CM)
EINDIFFUNDIERTE NA-MENGE
(NACH 11 STUNDEN)

Abb. 26

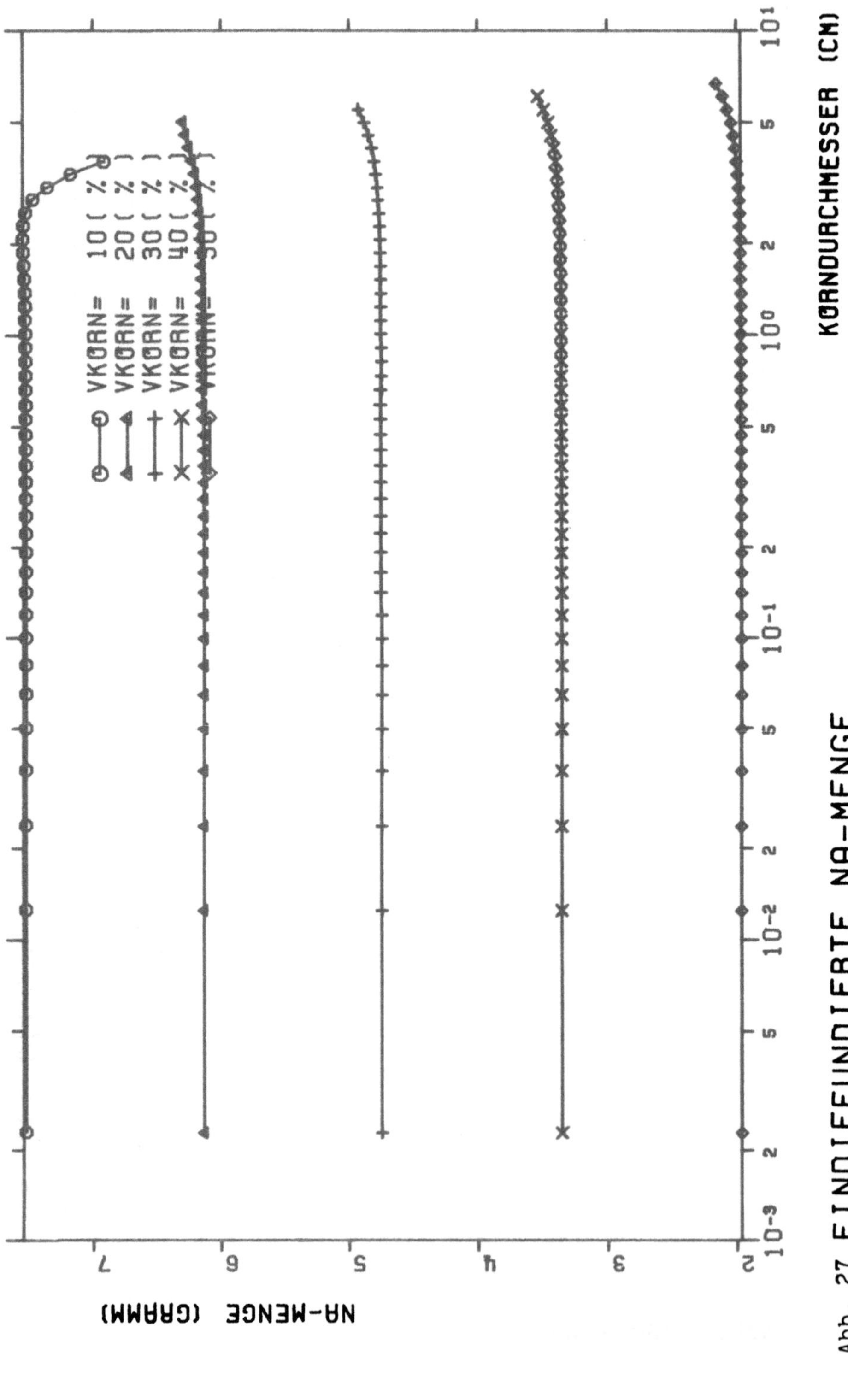

Abb. 27 EINDIFFUNDIERTE NA-MENGE
(NACH 111 STUNDEN)

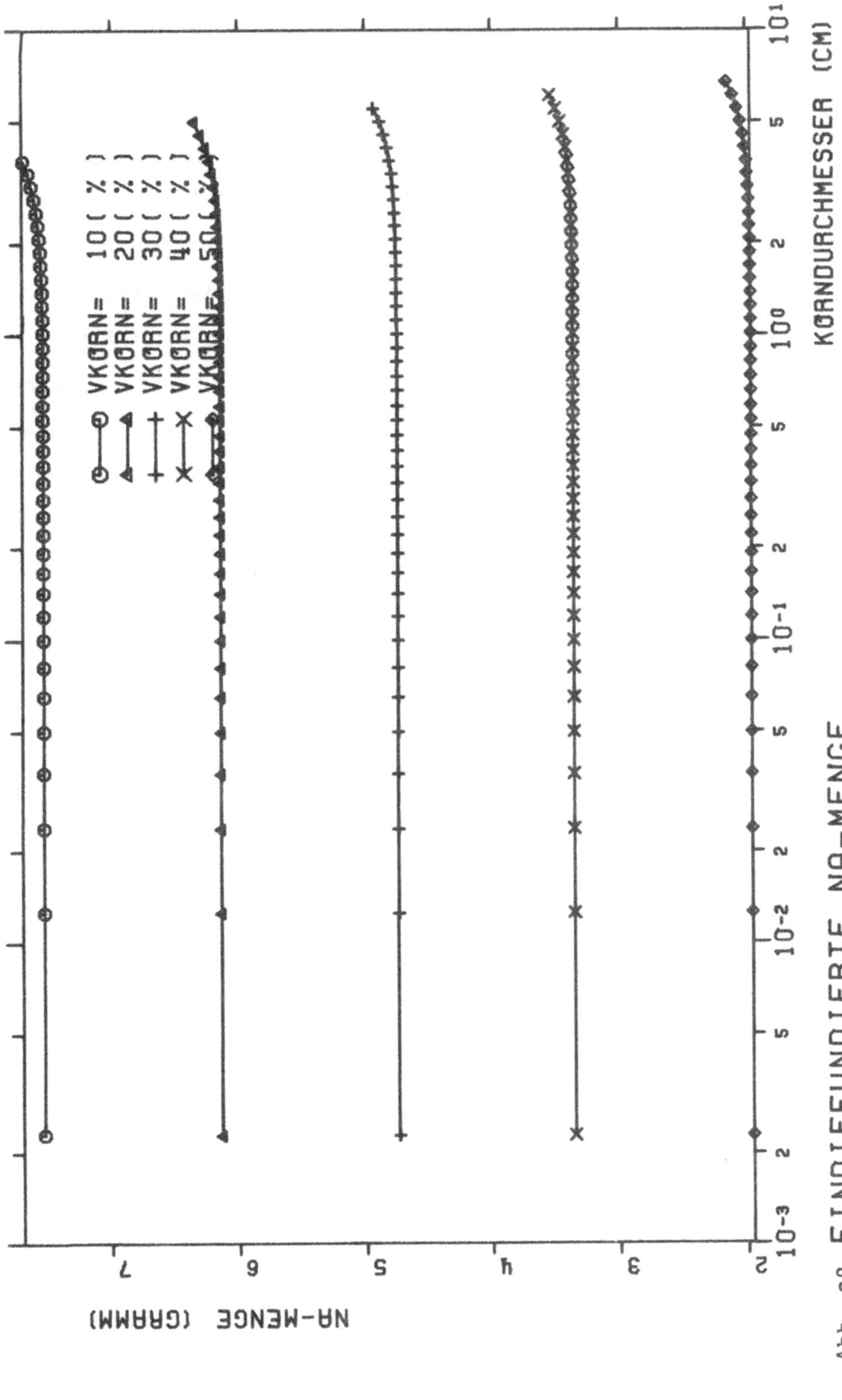

EINDIFFUNDIERTE NA-MENGE
(NACH 1111 STUNDEN)

Abb. 28

Ionenaustausch:

Mit Hilfe von Programm II wird über die Gleichung (1) bis (8) und (32) unter der Annahme einer gleichbleibenden mittleren Na-Konzentration am Flintkornrand und dem Wert $\alpha = 10$ der Ionenaustauschfall für Na^+ gegen H^+ im Flintkorn berechnet.
Da die gesamte aufnehmbare Menge an austauschenden Na-Ionen zur Zeit $t = \infty$ für Flintkörner nicht bestimmt wurde, kann dieser Wert nur ungefähr aus der Versuchsreihe 4.2.6 kalkuliert werden. Besonders bei den großen Körnern könnte ein Gleichgewichtszustand der ausgetauschten Na-Ionen nach der relativ kurzen Meßzeit von einigen Tagen noch nicht erreicht sein.
Es werden angenommen für $D_{Na^+} = D_B = 10^{-7} cm^2/s$ und für $D_{H^+} = D_A = 10^{-6} cm^2/s$

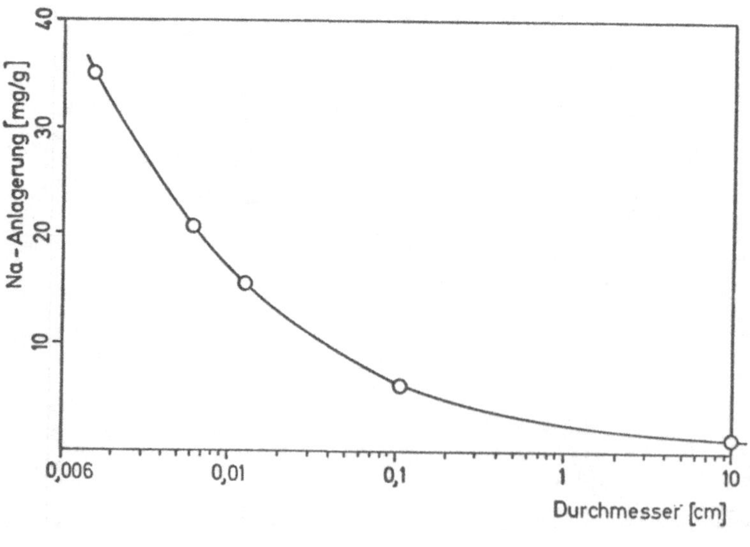

Abb. 29 Natriumanlagerung an Flint in Abhängigkeit vom Korndurchmesser

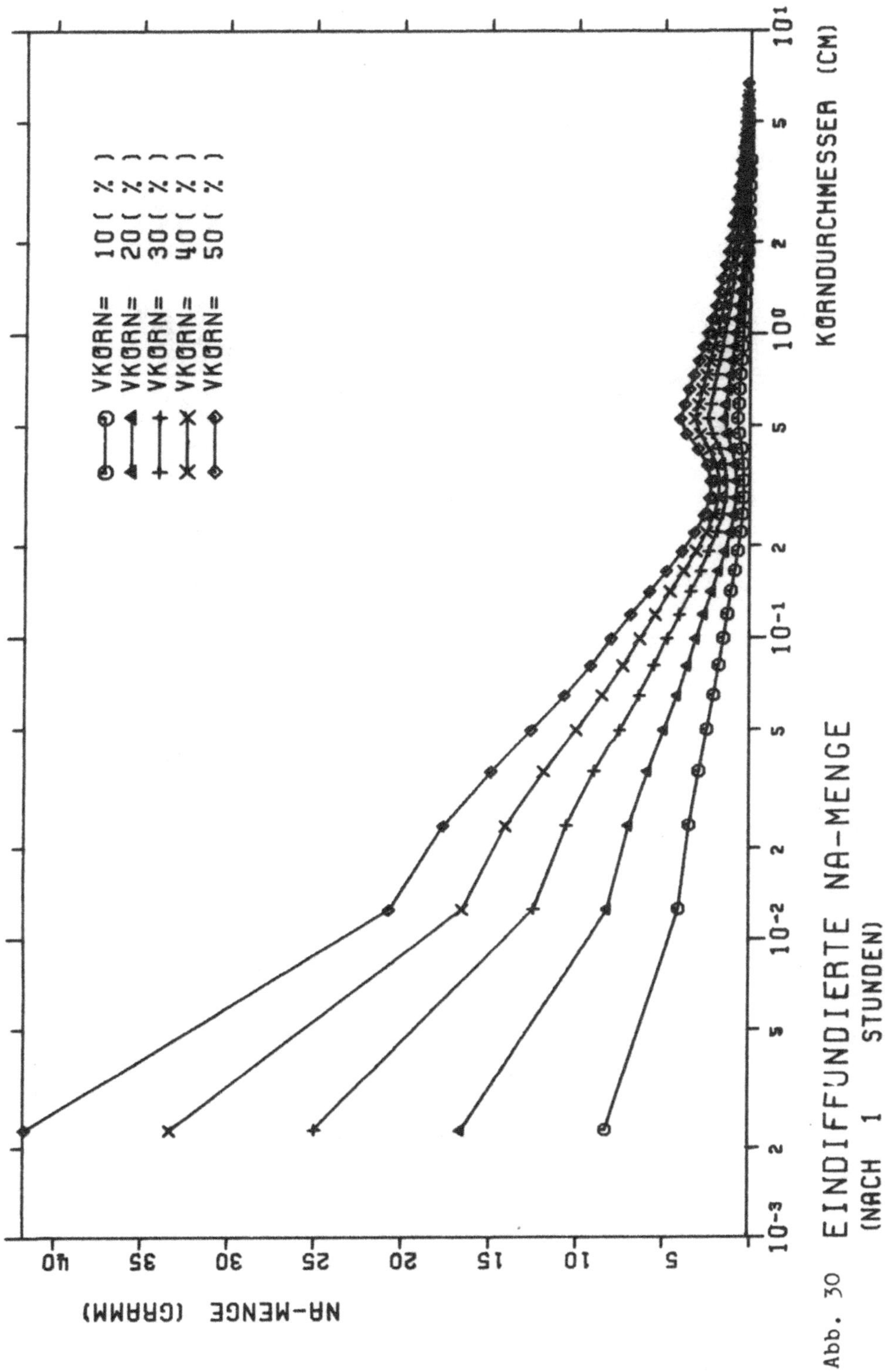
VKORN= 10 (%)
VKORN= 20 (%)
VKORN= 30 (%)
VKORN= 40 (%)
VKORN= 50 (%)
KORNDURCHMESSER (CM)
NA-MENGE (GRAMM)
EINDIFFUNDIERTE NA-MENGE
(NACH 1 STUNDEN)

Abb. 30

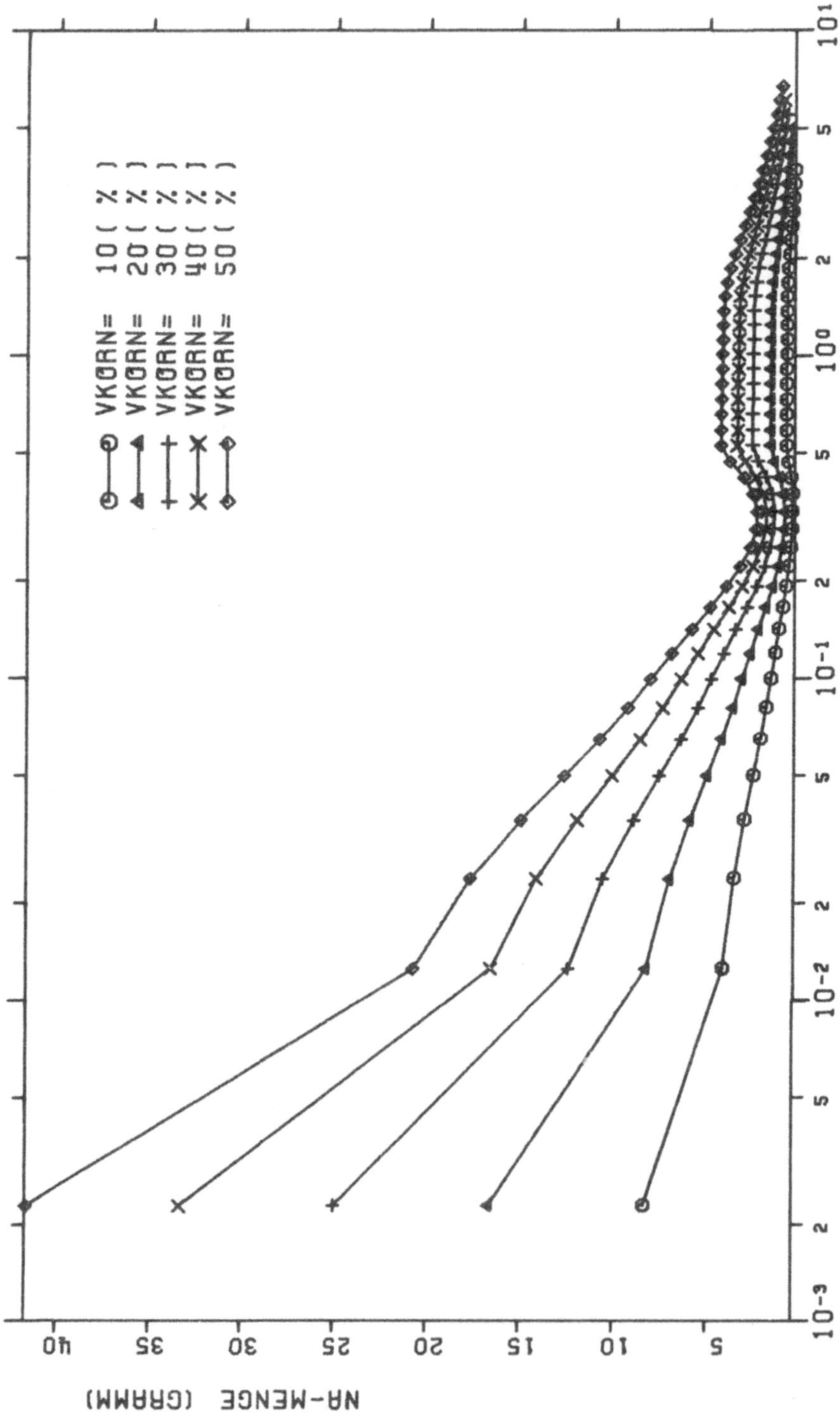

Abb. 31 EINDIFFUNDIERTE NA-MENGE
(NACH 11 STUNDEN)

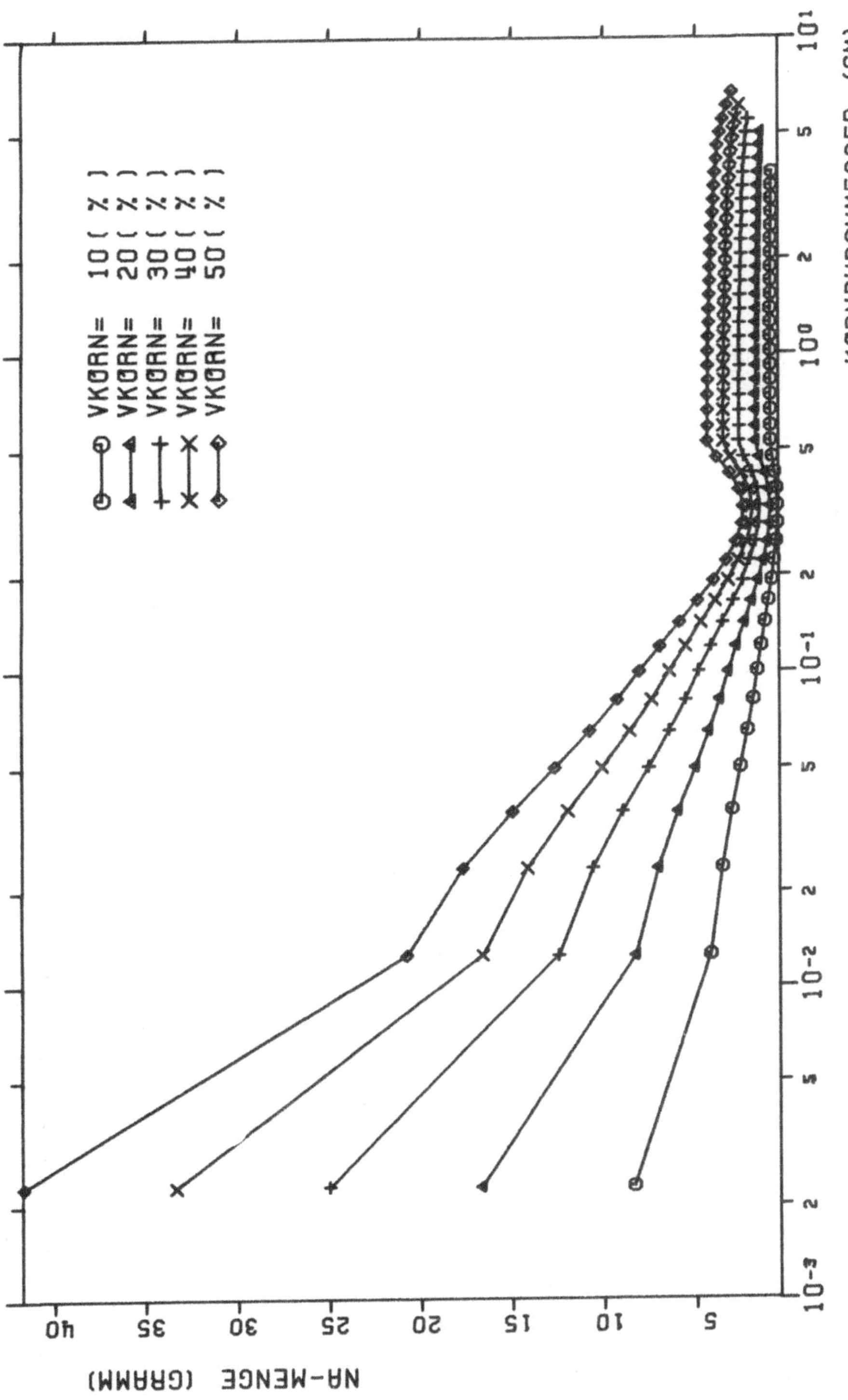

Abb. 32 EINDIFFUNDIERTE NA-MENGE
(NACH 111 STUNDEN)

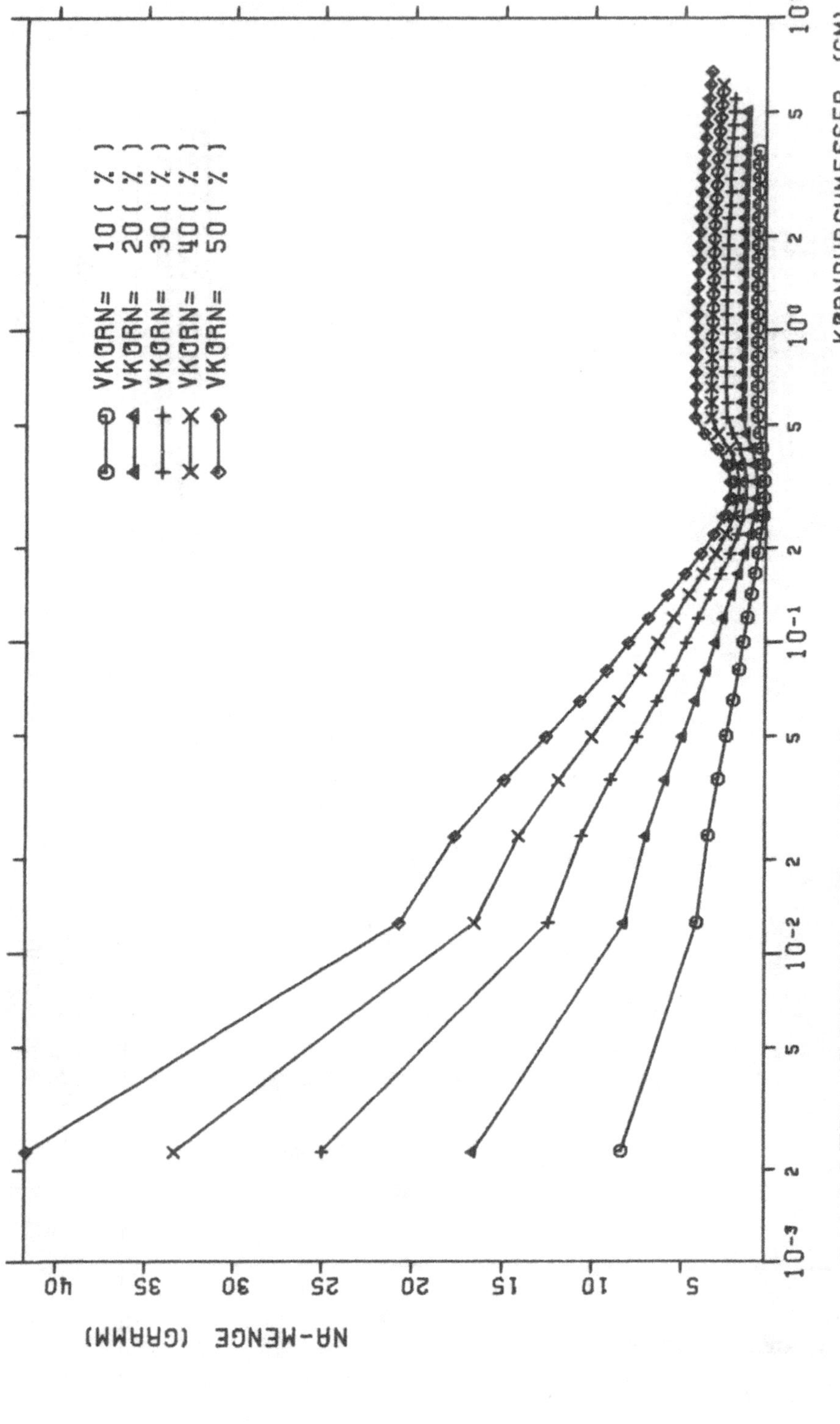
VKORN= 10 (%)
VKORN= 20 (%)
VKORN= 30 (%)
VKORN= 40 (%)
VKORN= 50 (%)
NA-MENGE (GRAMM)
KORNDURCHMESSER (CM)
EINDIFFUNDIERTE NA-MENGE
(NACH 11111STUNDEN)

Abb. 33

Quellung:

Nach VIVIAN und MCGOWAN (1952) kommt es bei der Alkali-Kieselsäurereaktion sehr bald zu Mikrorissen im Zementstein, der das reaktionsfähige Kieselsäurekorn umgibt. Die Mikrorisse weiten sich bei fortgesetzter Alkali-Kieselsäurereaktion auf.

Im folgenden Rechenbeispiel wird mit Hilfe von Programm III und über die Gleichungen (1) bis (8) und (33) der Zeitpunkt des Auftretens der ersten Mikrorisse in Abhängigkeit von den vorhandenen Kieselsäurekorngrößen bestimmt. Die ersten Mikrorisse treten dann auf, wenn die Volumenvergrößerung des Kieselsäurekorns die elastischen Eigenschaften der umgebenden Zementsteinhülle überfordert, das heißt, wenn zu einem gewissen Zeitpunkt die Korndehnung größer wird als die zulässige Dehnung der Zementsteinhülle.

Für die radiale Verrückung einer Kugelhülle an ihrem inneren oder äußeren Rand gibt POWERS (1962) die folgenden Formeln an:

(34) $$\Delta a = \frac{p \cdot a \cdot A}{E} \left(\frac{1+2 \cdot MA}{1-MA} + \mu\right);$$

(35) $$\Delta b = \frac{3 \cdot p \cdot b \cdot A \cdot MA}{E \cdot (1-MA)};$$

$$\text{mit } A = \frac{1-\mu}{2};$$

$$MA = \left(\frac{a}{b}\right)^3;$$

Δa = radiale Verrückung am inneren Rand der Kugelhülle (cm)

Δb = radiale Verrückung am äußeren Rand der Kugelhülle (cm)

p = Innendruck (kp/cm^2)

E = Elastizitätsmodul (kp/cm^2)

μ = Querdehnungszahl

a = Innenradius der Kugelhülle

b = Außenradius der Kugelhülle

Nach HÜTTE (1955) sind die größten Biegezugspannungen an einer Kugelhülle unter konstantem Innendruck entweder

(36) $\sigma_{BZ} = \frac{p \cdot a}{2 \cdot (b-a)}$; (für (b-a) = klein)

oder

(37) $\sigma_{BZ} = p \cdot \frac{(\frac{1}{2}(\frac{b}{a})^3 + 1)}{((\frac{b}{a})^3 - 1)}$ (für (b-a) = groß)

σ_{BZ} = Biegezugspannung (kp/cm^2)

p = Innendruck (kp/cm^2)

a = Innenradius der Kugelhülle (cm)

b = Außenradius der Kugelhülle (cm)

Durch Einsetzen der maximalen Bruchspannung erhält man aus (36) und (37) ein p_{zul} und dann aus (34) ein Δa_{zul} für jeden Zeitpunkt der erhärtenden Zementsteinmatrix. Wenn die radiale Verrückung des gequollenen Kieselsäurekorns (nach Gleichung (33)) die mögliche Verschiebung Δa_{zul} der umgebenden Zementsteinhülle übersteigt, kommt es zu Rissen im Zementstein.

Unter der Annahme, daß im noch nicht erhärteten Zementstein Kornquellungen ohne Wirkung verpuffen, werden alle Dehnungen innerhalb einer Stunde nach dem Anmachen vernachlässigt und von der Korngesamtdehnung abgezogen. Risse können sich also nur im erhärteten Zementstein bilden.

Es werden angenommen für $D = 10^{-8}, 10^{-10} (cm^2/s), \rho_1 = 1.0 (\frac{g}{cm}), \rho_2 = 2,55 (\frac{g}{cm})$. Co soll die Werte 0.005 - 0.02 durchlaufen.

Nach SASSE (1969) und HÄRIG (1964) sind in einer durchschnittlichen Zementsteinmatrix die Zusammenhänge von Abb.34 und Abb. 35 gegeben.

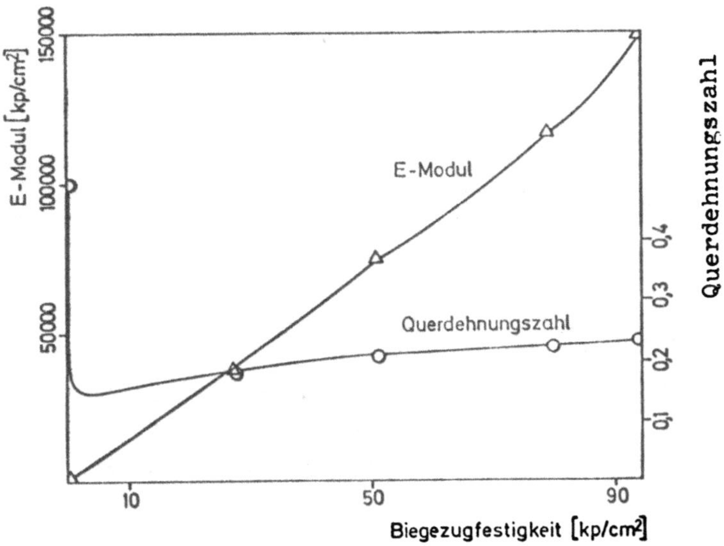

Abb.34 Zusammenhang zwischen Biegzugfestigkeit und statischem E-Modul und Querdehnungszahl der Zementsteinmatrix (aus SASSE (1969))

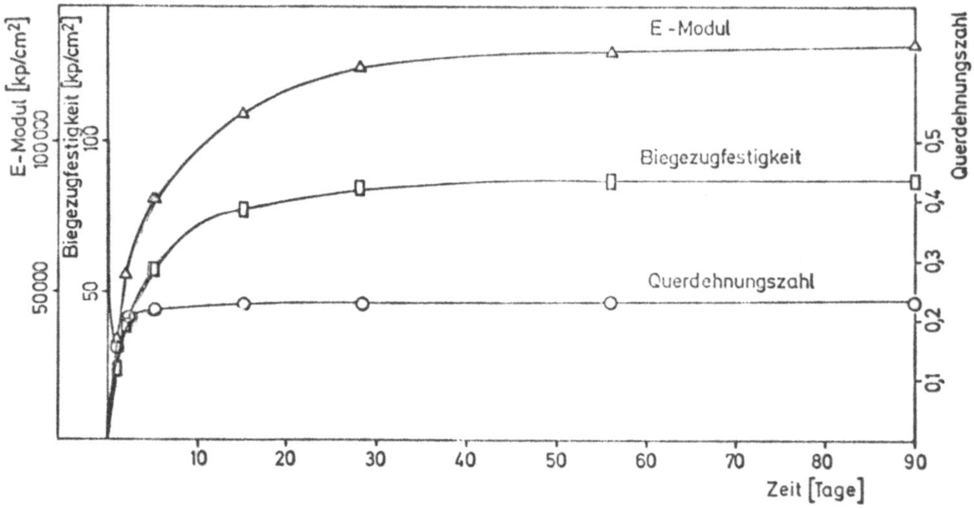

Abb. 35 Verlauf von Biegezugfestigkeit, E-Modul und Querdehnungszahl der Zementsteinmatrix in Abhängigkeit von der Zeit nach dem Anmachen.

Tabelle 7a: Bildung von Mikrorissen im Beton nach T (Std)
$D = 10^{-8}$ (cm^2/s)

c_o	0.005	0.01	0.015	0.02
V_{Korn}	10 %	10 %	10 %	10 %
a (cm)	T (Std)	T (Std)	T (Std)	T (Std)
0.0011	1000000.00	1000000.00	1000000.00	1000000.00
0.0063	1000000.00	1000000.00	1000000.00	1000000.00
0.0119	1000000.00	1000000.00	1000000.00	1000000.00
0.0181	1000000.00	1000000.00	1000000.00	1000000.00
0.0249	1000000.00	1000000.00	1000000.00	1000000.00
0.0324	1000000.00	1000000.00	1000000.00	1000000.00
0.0406	1000000.00	1000000.00	1000000.00	2.00
0.0497	1000000.00	3.00	2.00	2.00
0.0596	662.00	2.00	2.00	2.00
0.0706	3.00	2.00	2.00	2.00
0.0827	3.00	2.00	2.00	2.00
0.0959	3.00	2.00	2.00	2.00
0.1105	3.00	2.00	2.00	2.00
0.1266	3.00	2.00	2.00	2.00
0.1442	4.00	2.00	2.00	2.00
0.1637	4.00	2.00	2.00	2.00
0.1850	4.00	3.00	2.00	2.00
0.2085	4.00	3.00	2.00	2.00
0.2344	5.00	3.00	2.00	2.00
0.2628	5.00	3.00	2.00	2.00
0.2941	6.00	3.00	2.00	2.00
0.3285	6.00	3.00	3.00	2.00
0.3664	7.00	4.00	3.00	2.00
0.4080	8.00	4.00	3.00	2.00
0.4538	9.00	4.00	3.00	3.00
0.5042	10.00	4.00	3.00	3.00
0.5596	12.00	5.00	3.00	3.00
0.6206	13.00	5.00	4.00	3.00
0.6876	15.00	6.00	4.00	3.00
0.7614	19.00	7.00	4.00	3.00
0.8425	21.00	7.00	5.00	4.00
0.9318	24.00	8.00	5.00	4.00
1.0300	28.00	9.00	6.00	4.00
1.1380	32.00	11.00	6.00	5.00
1.2568	38.00	12.00	7.00	5.00
1.3874	44.00	14.00	8.00	6.00
1.5312	52.00	16.00	9.00	6.00
1.6893	61.00	19.00	10.00	7.00
1.8632	73.00	22.00	12.00	8.00

Tabelle 7b: Bildung von Mikrorissen im Beton nach T (Std)
$D = 10^{-10} (cm^2/s)$

c_o / V_{Korn}	0.005 / 10 %	0.01 / 10 %	0.015 / 10 %	0.02 / 10 %
a (cm)	T (Std)	T (Std)	T (Std)	T (Std)
0.0011	1000000.00	1000000.00	1000000.00	1000000.00
0.0063	4.00	2.00	2.00	2.00
0.0119	3.00	2.00	2.00	2.00
0.0181	4.00	2.00	2.00	2.00
0.0249	5.00	3.00	2.00	2.00
0.0324	6.00	3.00	3.00	2.00
0.0406	8.00	4.00	3.00	2.00
0.0497	10.00	4.00	3.00	3.00
0.0596	13.00	5.00	4.00	3.00
0.0706	16.00	6.00	4.00	3.00
0.0827	20.00	7.00	5.00	4.00
0.0959	25.00	9.00	5.00	4.00
0.1105	31.00	10.00	6.00	5.00
0.1266	38.00	12.00	7.00	5.00
0.1442	47.00	15.00	8.00	6.00
0.1637	57.00	18.00	10.00	7.00
0.1850	71.00	21.00	11.00	8.00
0.2085	82.00	26.00	13.00	9.00
0.2344	108.00	31.00	16.00	10.00
0.2628	133.00	37.00	19.00	12.00
0.2941	164.00	44.00	22.00	14.00
0.3285	200.00	53.00	27.00	17.00
0.3664	244.00	64.00	32.00	20.00
0.4080	296.00	77.00	37.00	23.00
0.4538	356.00	93.00	44.00	28.00
0.5042	430.00	113.00	53.00	33.00
0.5596	513.00	137.00	63.00	38.00
0.6206	616.00	165.00	76.00	45.00
0.6876	725.00	199.00	92.00	54.00
0.7614	869.00	240.00	110.00	64.00
0.8425	1052.00	289.00	133.00	77.00
0.9318	1288.00	346.00	160.00	92.00
1.0300	1576.00	413.00	193.00	111.00
1.1380	1911.00	491.00	231.00	134.00
1.2568	2296.00	581.00	278.00	160.00
1.3874	2769.25	688.00	332.00	193.00
1.5312	3366.75	819.00	397.00	231.00
1.6893	4095.25	985.00	472.00	278.00
1.8632	4988.25	1200.00	559.00	333.00

Das Ergebnis des Rechenteiles "Quellen" konnte in dieser Arbeit nur beispielhaft gebracht werden. Die Variationen des Programmes III wurden vollständig durchgerechnet. Alle Resultate zeigen jedoch ähnliche Tendenzen (vergleiche Tabelle 7), so daß auf eine detaillierte Darstellung verzichtet werden kann.
Aus den Rechenteilen "Diffusion" und "Ionenaustausch" erkennt man, daß die kleineren Korngrößen besonders bei hohem Flintkornanteil in der Volumeneinheit mehr Ionen auffangen als größere Körner. Sieht man diese Aussage unabhängig vom Rechenteil "Quellen" würde dies bedeuten, daß viele kleine Körner im Beton gefährlicher wären (mehr Alkalireaktion wäre möglich, deshalb auch mehr Treiben). Tatsächlich hängt das Treiben aber von der Menge miteindiffundierten Wassers ab (vergleiche Programm III). Bei kleineren Korngrößen nimmt zwar mit den mehr eindiffundierten Alkaliionen über die Alkalisilikathydratreaktion der Gesamtwassergehalt erheblich zu, nach dem Rechenteil "Quellen" kommt es auch bei hohen Endwassergehalten Co (zum Beispiel 2 %) aber trotzdem nicht zur Bildung von Mikrorissen.
Zusammenfassend kann aus dem Rechenteil geschlossen werden, daß es bei kleinsten Korngrößen und bei großen Flintkörnern nicht zum Reissen der Zementmatrix kommen wird. Bei den kleinsten Korngrößen ist nach den Ergebnissen von Programm III eine Zerstörung des Betons unwahrscheinlich, bei den großen Körnern diffundieren (nach Programm II und I) relativ zu wenige Ionen in das Korninnere um einen erheblichen Effekt zu bewirken.

3.6 Literaturverzeichnis

ADAMTSCHIK, K.A., (1952) Die Aktivierung von Mineralien bei mechanischer Zerstörung ihrer Struktur
Silikattechnik 3 (1952), 557

ALEXANDER, G.B., HESTON, W.M., ILER, R.K., (1954) The Solubility of Amorphous Silica in Water
Journ. Phys. Chem. 58 (1954), 453

ALLEN, L.H., MATIJEVIC, E., (1969) Stability of Colloidal Silica
Journ. Colloid. Interf. Sci. 31 (1969) 287
33 (1970), 420

BACHE, H.H., IDORN, G.M., NEPPER-CHRISTENSEN, P., NIELSEN, J., (1966) Morphology of Calcium Hydroxyde in Cement Paste
Highway Res. Board, Spec. Rep. 90 (1966), 154

BENNET, A.J., ROTH, L.M., (1971) Electronic Structure of Defect Centres in SiO_2
Journ. Phys. Chem. Sol. 32 (1971), 1251

BERTRAUT, E.F., (1962) Compatibility of Hydrated Sodium Metasilicate Glasses with Inorganic and Organic Compounds
Journ. Am. Ceram. Soc. 45 (1962), 56

BRILL, R.W., (1953) Experimental Determination of Electron Distribution and Bond Type in Quartz and Related Compounds
Ceramic Age 61 (1953), 31

BRÜCKNER, R., (1964) Charakteristische physikalische Eigenschaften oxydischen Hauptglasbildner, I
Glastechn. Ber. 37 (1964), 413

BRUNAUER, S., MIKHAIL, R.S., BODOR E.E., (1967) Pore Structure Analysis without a Pore Shape Model
Journ. of Colloid. and Interface Sci. 24 (1967), 451

CARSLAW, H.S., JAEGER, J.G., (1967) Conduction of Heat in Solids
Clarendon Press, Oxford (1967)

DEER, W.A., HOWIE, H.A., ZUSSMANN, J., (1966) An Introduction to the Rock-Forming Minerals
Longmans, London (1966), 340

DEPASSE, J., WATILLON, A., (1970) The Stability of Amorphous Colloidal Silica.
Journ. Colloid. Interf. Sci. 33 (1970), 430

DUGGEN, L.D., STANTON, J.H., IRBY, B.N., MCCONNELL, B.L., CUMMINGS, W.W., MAATMANN, R.W., (1964) The Exchange of Twenty Metal Ions with the Weakly Acidic Silanol Group of Silica Gel
Journ. Phys. Chem. 68 (1964), 757

FLÖRKE, O.W., (1961) Untersuchungen an feinstkristallinem Quarz
Schweiz. Min. u. Petr. Mitt. 41 (1961), 311

FLÖRKE, O.W., (1962) Untersuchungen an amorphem und mikrokristallinem SiO_2 Chemie u. Erde (1962), 91

FLÖRKE, O.W., (1967) Die Modifikationen von SiO_2
Fortschr. Min. 44 (1967), 181

FREDERICKSON, A.F., COX, J.F., (1954) Mechanism of "Solution" of Quartz in Pure Water at Elevated Temperatures and Pressures
Am. Min. 39 (1954), 886

FRIEDMANN, I.I. (1949) The Laboratory Growth of Quartz
Am. Mineral. 34 (1949), 583

GLASSTONE, D., LEWIS, D., (1960) Elements of Physical Chemistry
van Nostrand Co., New York (1960), 398

GREENBERG, S.A., (1956) The Chemisorption of Calcium Hydroxide by Silica
Journ. Phys. Chem. 60 (1956), 60

GREENBERG, S.A., (1957) Chemical Reactions of Calcium Hydroxide, Silica and Water Mixtures at 82°
Journ. Phys. Chem. 61 (1957), 373

GREENBERG, S.A., PRICE, E.W., (1957) Solubility of Silica in Solutions of Electrolytes
Journ. Phys. Chem. 61 (1957), 1539

HANSEN, W.C., (1967) Basic Chemistry of Reactions of Aggregates in Portland-Cement Concrete
Journ. of Mat. 2 (1967), 408

HÄRIG, S., (1964) Die Beeinflussung des E-Moduls von Beton durch Zemente mit unterschiedlichem mineralischen Aufbau und durch natürliche und künstliche Zuschlagstoffe
Dissertation der TH Stuttgart (1964)

HELFERICH, F., PLESSET, M.S., (1958) Ion Exchange Kinetics
Journ. of Chem. Phys. 28 (1958), 418

HELFERICH, F., (1959) Ionenaustauscher
Verlag Chemie, Weinheim (1959)

HOCKEY, J.A., PETHICA, B.A., (1961) Surface Hydration of Silicas
Trans. Farad. Soc. 57 (1961), 2247

HOLT, P.F., KING, D.T., (1955) The Chemistry of Silica Surfaces
Journ. Chem. Soc. (1955), 773

HÜTTE, (1955) Des Ingenieurs Taschenbuch, I
Verlag Wilhelm Ernst, Berlin (1955)

ILER, R.K., (1955) The Colloid Chemistry of Silica and Silicates
Cornell University Press, New York (1955)

ILER, R.K., (1964) Ion Exchange Properties of a Crystalline Hydrated Silica
Journ. Colloid. Sci. 19 (1964), 648

JANDER, G., HEUKESHOVEN, W., (1931) Über Kieselsäuren und gelöstes Siliciumdioxydhydrat in alkalischen und sauren Lösungen
Z. anorg. u. allg. Chemie 201 (1931), 361

JENSEN, A.T., WOHLK, C.J., DRENK, K., ANDERSEN, E.K., (1957)
A Classification of Danish Flint etc.
DNIBR and DCAR Copenhagen (1957)
Progress Rep. D 1

JOSEPH, A.F., OAKLY, H.B., (1925) The Action of Silica on
Electrolytes, II
Journ. of the Chem. Soc. 127 (1925), 2813

KEIL, F., (1971) Zement
Springer-Verlag Berlin, Heidelberg, New York (1971)

KENNEDY, G.C., (1950) A Portion of the System Silica-Water
Econ. Geol. 45 (1950), 629

KHRAMTSOV, Y.I., NIKOLAEV, N.I., (1968) Diffusion in an Ion Exchange with Volume Change
Russ. Journ. of Phys. Chem. 42 (1968), 1159

KLEBER, W., MEYER, K., SCHOENBORN, W., (1968) Einführung in die Kristallphysik
Akad. Verlag, Berlin (1968)

KRAUSKOPF, K.B., (1956) Dissolution and Precipitation of Silica at Low Temperatures
Geochim. and Cosmochim. Acta 10 (1956), 1

KÜHL, H., (1961) Zementchemie Bd. III
VEB Verlag Technik Berlin (1961), 373

LANGE, K.R., (1965) The Characterization of Molekular Water on Silica Surfaces
Journ. Colloid. Sci. 20 (1965), 231

LOW, M.J.D., RAMASUBRAMANIAN, N., (1966) Infrared Study of the Nature of the Hydroxyl Groups on the Surface of Porous Glass
Journ. Phys. Chem. 70 (1966), 2740

MAATMANN, R.W., (1965) The Behavior of Alkali Metal Cations in the Pores of Silica Gel
Journ. Phys. Chem. 69 (1965), 3196

de MAINE, P.A.D., (1963) A General Theory of Solution Processes
Journ. Miss. Acad. of Sci. 9 (1963), 150

MCEDLOV-PETROSJAN, O.P., (1966) Thermodynamik der Silikate
VEB Verlag Bauwesen Berlin (1966)

MEYER, K., (1968) Phys.-Chem. Kristallographie
VEB f. Grundstoffindustrie, Leipzig (1968)

MIDGLEY, H.G., (1951) Calcedony and Flint
Geolog. Mag. (1951), 179

MICHEELSEN, H., (1966) The Structure of Dark Flint from Stevns
Dansk Geolog. Forening, Kopenhagen, Bd. 16 (1966)

MOELYN-HUGHES, E.A., (1947) The Kinetics of Reactions in Solutions Clarendon Press Oxford (1947)

MONROE, E.A., (1964) Electron-Optical Observations of Fine-Grained Silica Minerals
Am. Miner. 49 (1964), 339

NEPPER-CHRISTENSEN, P., (1965) Shrinkage and Swelling of Rocks due to Moisture Movements
Medd. fra Dansk Geolog. Forening 15 (1965), 548

O'CONNOR, T.L., GREENBERG, S.A., (1958) The Kinetics for the Solution of Silica in Aqueous Solutions
Journ. Phys. Chem. 62 (1958), 1086

PELTO, C.R., (1956) A Study of Chalcedony
Am. Journ. Sci. 32 (1956), 254

PLESSET, M.S., HELLFERICH, F., FRANKLIN, J.N., (1958) Ion Exchange Kinetics
Journ. of Chem. Phys. 29 (1958), 1064

POWERS, T.C., (1962) Discussion to Chemical Reactions Involving Aggregate
Chemistry of Cement-Proceeding of the 4th Int. Symp.
Nat. Bur. of Stand. 2 (1962), 788

RASCH, R., (1963) Mechanochemische Reaktionen bei der Zerkleinerung
Ber. DKG 40 (1963), 635

RASCH, R., (1965) Sekundärreaktionen bei der Umwandlung von Kieselsäure
Glas-Email-Keramo-Technik 16 (1965), 165

SASSE, R., (1969) Zum Problem des Bruchverhaltens betonähnlicher Zweistoffsysteme
Dissertation der TH Aachen (1969)

SEGNIT, E.R., SANDERS, J.V., JONES, J.B., (1964) Structure of Opal
Nature 204 (1964), 990

SEGNIT, E.R., STEVENS, T.J., JONES, J.B., (1965) The Role of Water in Opal
Journ. geolog. Soc. Austr. 12 (1965), 211

SEGNIT, E.R., ANDERSON, C.A., JONES, J.B., (1970) A Scanning Microscope Study of the Morphology of Opal
Search, 1 (1970), 349

SCHOLZE, H., (1959) Der Einbau des Wassers in Gläsern, II
Glastechn. Ber. 32 (1959), 142

SCHOLZE, H., (1960) Über die quantitative UR-spektroskopische Wasserbestimmung in Silikaten
Fortschr. Miner. 38 (1960), 120

SCHOLZE, H., GLIEMROTH, G., (1966) Untersuchungen von Gläsern und Schmelzen im System $Na_2 SiO_3 - H_2O$
Glastechn. Ber. 39 (1966), 279

STÖBER, W., (1956) Adsorptionseigenschaften und Oberflächenstruktur von Quarzpulvern
Kolloid-Z. 145 (1956), 17
147 (1956), 131
149 (1956), 39

STÖBER, W., ARNOLD, M., (1961) Anomalien bei der Ablösung von Kieselsäure von der Oberfläche feinkörniger SiO_2-Pulver
Kolloid-Z. 174 (1961), 20

STÖBER, W., (1966) Silikotische Wirksamkeit und Phys.-chem. Eigenschaften verschiedener Siliziumdioxid-Modifikation
Beitr. Silikose-Forsch. 89 (1966), 1

STÖBER, W., (1967) Formation of Silicic Acid in Aqueous Suspension of Different Silica Modifications
Journ. Am. Chem. Soc. 67 (1967), 161

TI TIEN, H., (1965) Interaction of Alkali Metal Cations in the Pores of Silica Gel
Journ. Phys. Chem. 69 (1965), 165

VAIL, J.G., (1952) Solubel Silicates
Reinhold Publ. Corp. (1952)

VERBECK, E.J., (1956) Port. Chem. Assoc. Bull. 73 (1956)

VIVIAN, H.E., MCGOWAN, J.K. (1952) Studies in Cement-Aggregate Reaction XX
Austr. Journ. Appl. Sci. 3 (1952), 228

WEYL, W.A.,(1950) Christal Chemical Considerations of the Surface Chemistry of Silica
Research 3 (1950), 230

WEYL, W.A., Marboe, E.C., (1962) The Constitutions of Glasses, a Dynymic Interpretation
John Wiley Inc., New York (1962)

WHITE, J.F., CORWIN, J.F., (1961) Synthesis and Origin of Chalcedony
Am. Min. 46 (1961), 112

4. Eigene Experimente zur Alkali-Kieselsäurereaktion

Im experimentellen Teil dieser Arbeit werden besonders einige Grundlagenprobleme (Kinetik) der Alkali-Kieselsäurereaktion untersucht.

Vorausgehend (vergleiche 4.1.1) wurde die chemische Zusammensetzung, die Dichte und spezifische Oberfläche von Flint (Westfriesland) und anderen bei den folgenden Untersuchungen benutzten Materialien bestimmt.
Dehnungsmessungen an Zementmörtelproben mit Flint (Westfriesland) sollen zeigen, ob der bei allen Versuchen verwendete dunkle Flint tatsächlich alkalireaktiv ist, das heißt, daß es bei Verwendung dieses Flints als Zuschlag zu Treiberscheinungen im Beton kommen kann (vergleiche 4.1.2). Die Dehnungsmessungen wurden - wie auch die folgenden Messungen dieser Art - mit einer Dehnungsmeßuhr (1/100 mm-Anzeige) durchgeführt.
Unterschiede in der Struktur von Flint, Borosilikatglas und Quarz konnten durch Debye-Scherrer-Aufnahmen an diesen Materialien und durch Mikrosonden-Rasteraufnahmen an ihren Oberflächen festgestellt werden (vergleiche 4.1.3).

Über die Menge von gelöstem Alaklisilikat aus Zementmörtelproben, die in Wasser, NaCl/KCl-, NaOH/KOH-und $CaCl_2$-Lösungen lagerten, sollen Grad und Tendenzen der Alkali-Kieselsäurereaktion bei unterschiedlichen äußeren Bedingungen aufgezeigt werden (vergleiche 4.2.1). Die Messung der Ionen in Lösung erfolgte mit Hilfe der Atomabsorptions-Spektrophotometrie.

Mit Hilfe der Atomabsorptions-Spektrophotometrie wurde auch die Auflösung (Anlagerung) von Natrium, Kalium, Kalzium und Silizium aus Flint, Borosilikatglas und Quarz gemessen (vergleiche 4.2.2). Mit dieser Versuchsreihe konnte besonders der Einfluß des pH und die Anwesenheit von Alkalien oder Kalzium für das Auflösen von SiO_2 gezeigt werden.

Na^+, K^+ und Ca^{++} tauschen bei den SiO_2-Modifikationen gegen vorhandene H^+ aus. Durch die Messung der Anlagerung von radioaktivem Na_{22} und Ca_{45} soll mit der relativ genauen Isotopenmeßmethode die Menge der angelagerten Ionen und die zeitliche Abhängigkeit des Austausches bestimmt werden (vergleiche 4.2.3).

Unter der Voraussetzung, daß Kationen gegen den Wasserstoff an vorhandenen Silanolgruppen in Kieselsäuremodifikationen austauschen, muß die Gesamtmenge der Silanolgruppe in den Kieselsäuren bei Behandlung mit kationenhaltigen Lösungen abnehmen. Der Austausch von Alkalien und Kalzium gegen H^+ wurde mit der Messung der OH-Absorptionsbanden von Flint, Borosilikatglas und Quarz durch IR-Spektroskopie festgestellt (vergleiche 4.2.4).

Mit Mikrosondenuntersuchungen wurde versucht Natrium-, Kalium- und Calciumanlagerungszone an Oberflächen von Flint, Borosilikatglas und Quarz nachzuweisen (vergleiche 4.2.5).

Für das Quellen von Flint ist Voraussetzung, daß der Flint Wasser aufnimmt (siehe 3.4). Durch thermogravimetrische Untersuchungen an Flint, der in Wasser, alkalihaltigen oder kalziumhaltigen Lösungen lagerte, sollen Unterschiede in der Menge und

Art des gebundenen Wassers aufgezeigt werden, (vergleiche 4.3).

4.1 Vorausgehende Untersuchungen

4.1.1 Chemische Zusammensetzung, Dichte und Spezifische Oberfläche von Flint u.a.

Die chemische Zusammensetzung von Flint (Westfriesland), Borosilikatglas, Quarz und des bei den Versuchen mit Zementmörtelproben verwendeten Portlandzementes PZ 275 wurde nach KLINKMANN (1969) im Labor des Instituts für Chemische Analyse der Kernforschungsanlage Jülich naßchemisch bestimmt.

Tabelle 8: Chemische Zusammensetzung von Flint (Westfriesland)

SiO_2	96.80	Gew. %
Al_2O_3	0.66	"
TiO_2	0.02	"
Fe_2O_3	0.30	"
CaO	0.45	"
MgO	--	"
Na_2O	--	"
K_2O	0.04	"
SO_3	--	"
GV	1.50	"
Summe	99.77	Gew. %

Tabelle 9: Chemische Zusammensetzung von Borosilikatglas (Sovirel)

SiO_2	80.00	Gew. %
Al_2O_3	2.25	"
TiO_2	--	"
Fe_2O_3	0.05	"
CaO	--	"
MgO	--	"
Na_2O	3.50	"
K_2O	1.15	"
SO_3	--	"
B_2O_3	13.00	"
GV	--	"
Summe	99.95	Gew. %

Tabelle 10: Chemische Zusammensetzung von Quarzsand

SiO_2	95.60	Gew. %
Al_2O_3	2.18	"
TiO_2	0.07	"
Fe_2O_3	0.30	"
CaO	0.17	"
MgO	--	"
Na_2O	--	"
K_2O	--	"
SO_3	--	"
GV	0.60	"
Summe	98.82	Gew. %

Tabelle 11: Chemische Zusammensetzung
PZ 275

SiO_2	20.69	Gew. %
Al_2O_3	4.56	"
TiO_2	--	"
Fe_2O_3	2.66	"
CaO	64.40	"
MgO	2.30	"
Na_2O	0.26	"
K_2O	0.88	"
SO_3	2.58	"
GV	1.84	"
Summe	100.17	Gew. %

Die Dichte-Bestimmung wurde mit dem Pyknometer für verschiedene Korngrößen von Flint, Borosilikatglas und Quarz durchgeführt.

Tabelle 12: Dichte von Flint, Borosilikatglas und Quarz

Flint	(Körnung 0.075-0.12 mm)	2.60 g/cm^3
	(Körnung 0.40-0.60 mm)	2.59 g/cm^3
	(Körnung 1.5-2.0 mm)	2.55 g/cm^3
Glas	(Körnung 0.075-0.12 mm)	2.19 g/cm^3
	(Körnung 0.40-0.60 mm)	2.15 g/cm^3
	(Körnung 1.5-2.0 mm)	2.15 g/cm^3
Quarz	(Körnung 0.075-0.12 mm)	2.62 g/cm^3
	(Körnung 0.40-0.60 mm)	2.63 g/cm^3
	(Körnung 1.5-2.0 mm)	2.61 g/cm^3

Zur Bestimmung der spezifischen Oberfläche kam ein Areameter zur Verwendung

Probenvorbereitung: Aufheizen der Proben auf 200 °C
Anschließend in Zeitabständen von 15 Minuten abwechselnd Evakuieren und Fluten mit N_2

Tabelle 13: spezifische Oberfläche von Flint unterschiedlicher Körnung

Flint	spez. Oberfläche
0.75-1.0 mm	0.79 m^2/g
0.60-0.75 mm	0.73 m^2/g
0.40-0.60 mm	0.83 m^2/g
0.25-0.40 mm	0.70 m^2/g
0.12-0.25 mm	0.54 m^2/g
0.033-0.075 mm	0.42 m^2/g

Bemerkung: Dieses Ergebnis ist etwas unerwartet, da man bei kleinerer Korngröße eine größere spez. Oberfläche annimmt.

Zur Ermittlung der tatsächlichen spezifischen Oberfläche ist dieses Verfahren nicht geeignet. Nach Aufheizen der Proben mit 200 °C herrscht an den Flintoberflächen und Grenzflächen wahrscheinlich noch ein undefinierter Ausgangszustand. Wie Versuchsreihe 4.3 zeigen wird, sind die Grenzflächen bei dieser Temperatur noch unterschiedlich stark mit Wasser belastet, unterschiedlich besonders auch bei den verschiedenen Korngrößen.

4.1.2 Untersuchung von Flint (Westfriesland) auf Alkalireaktivität

Dehnungsmessungen an Zementmörtelprismen (mit Flint) gelagert in wasserdampfgesättigter Atmosphäre

Durchführung

Probenherstellung:
Wasser:Zement:Sand (Normen-)=0.6:1:2 Gew. Teile in 4x4x16 cm - Formen (10 % des Normensandes (Rilem CEM) werden durch Flint ersetzt)
Portlandzement 275; äquiv. Na_2O=0.86 Gew.% (vom Zement)
Verdichten (Rilem CEM) - Proben 26 Stunden im Feuchtraum - Ausformen - 1 Stunde Trocknen der Proben zum Anbringen (Kleben) von Distanzmarken für die Längenmessung - Anbringen der Distanzmarken - 20 Minuten Wasserlagerung

Probenlagerung:
Proben werden bei 25 °C und 96 % rel. Feuchtigkeit im Klimaschrank aufbewahrt.

Längenmessung:
mit Dehnungsmeßuhr (1/100 mm - Anzeige)

Ergebnis:
Nach 6 Monaten Lagerung zeigte die Probe mit dem hohen Alkaligehalt starke Rißbildung und eine Längung von 0.60 %. Die Probe mit geringem Alkaligehalt und die Probe mit Puzzolanzugabe (Puzzolano della Zona aus Italien) zeigten nahezu keine Dehnung.

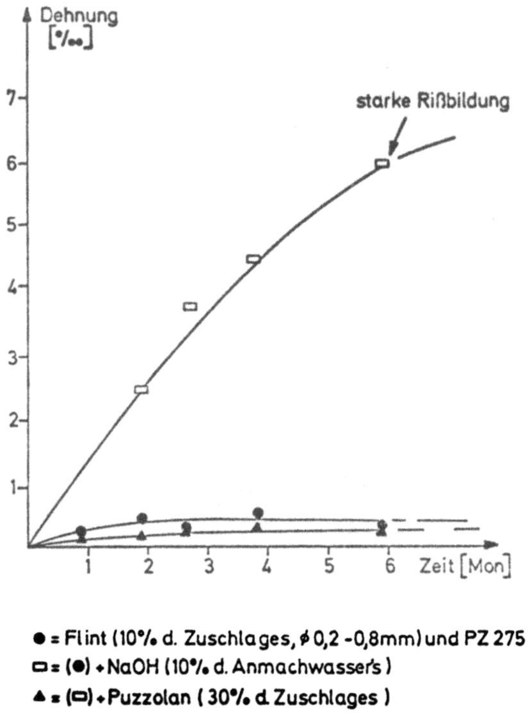

Abb. 36 Dehnungsmessungen an Flint-Zementmörtelprismen (● = 0.86 äquiv. Na_2O-Gew. %, ▭ = 1,38 äquiv. Na_2O-Gew. %, ▲ = 1.38 äquiv. Na_2O-Gew. %)

Bemerkung:
Während der Lagerung kondensierte an den Probenkörpern Wasser. Herausdiffundieren der Alkalien und Abtropfen kann zu einer Verminderung des Alkaligehaltes der Proben geführt haben.

4.1.3 Mikrosonden- und Debye-Scherrer-Untersuchungen an Flint (Westfriesland), Quarz und Borosilikatglas

Elektronen-Mikrosonden-Aufnahmen von Flint-, Bobosilikat- und Quarz-Oberflächen

Durchführung

Probenherstellung:
Flint, Borosilikatglas und Quarz mit Epoxyharz eingegossen, danach angeschliffen und poliert, anschließend mit Kohle bedampft.

Versuch:
Mit der Elektronen-Mikrosonde ARL EMX-SM werden positive Elektronenbilder der Probenoberfläche gemacht.

Strahlspannung:	25 kV
Probenstrom:	2.8 nA

Ergebnis:
In allen Vergrößerungen zeigt der Flint eine zerrissene, unregelmäßige und Quarz eine kristallin-dichte Oberfläche. Beim Flint sind in der Vergrößerung 10 000 x Kristallite mit einer Größe < 1000 Å gut erkennbar. Im Vergleich zur Quarzaufnahme (vergleiche Abb. 41) kann es sich dabei nicht um Anschliffriffeln handeln. Die Glasoberfläche ist stark zerklüftet.

Bemerkung:
Durch zu hohe Strahlspannung ist die Glasoberfläche partiell angeschmolzen. Zur Begutachtung der Glasoberfläche dürfen nicht die anscheinend vorhandenen Schmelzstellen betrachtet werden.

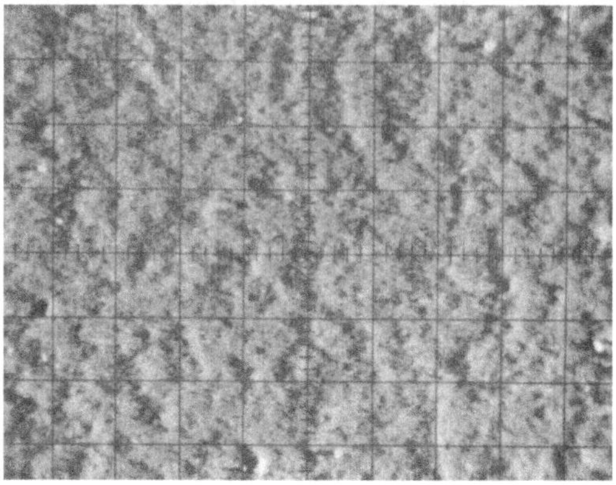

FLINT (Anschliff)

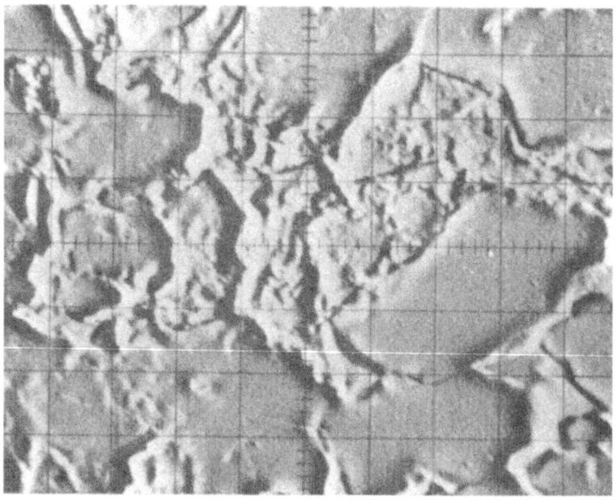

BOROSILIKATGLAS (Anschliff)

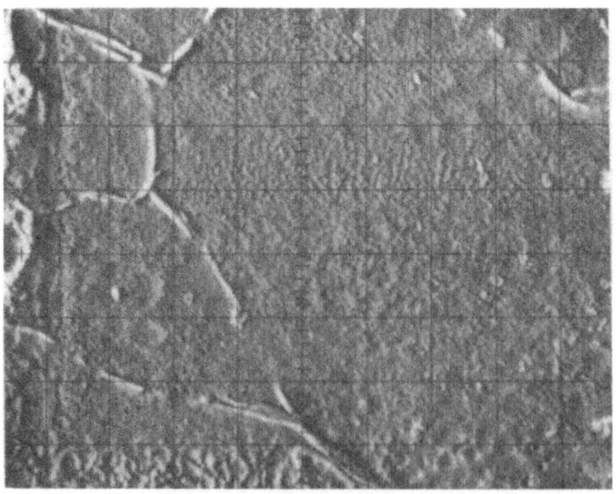

QUARZ (Anschliff)

Abb. 37 Mikrosondenaufnahmen von Flint-, Borosilikatglas- und Quarz-Oberflächen (Vergrößerung 500x)

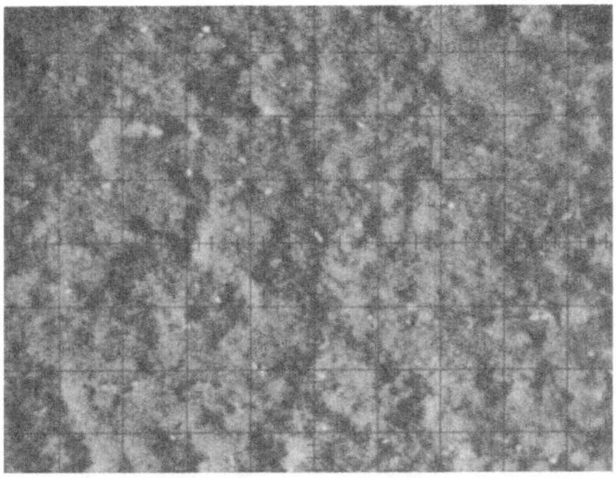

FLINT (Anschliff)

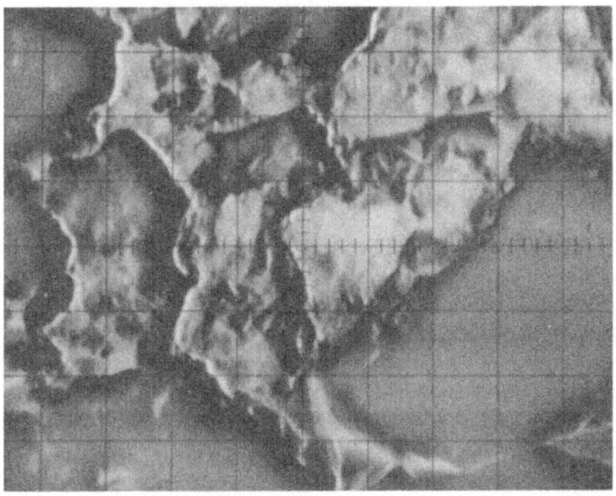

BOROSILIKATGLAS (Anschliff)

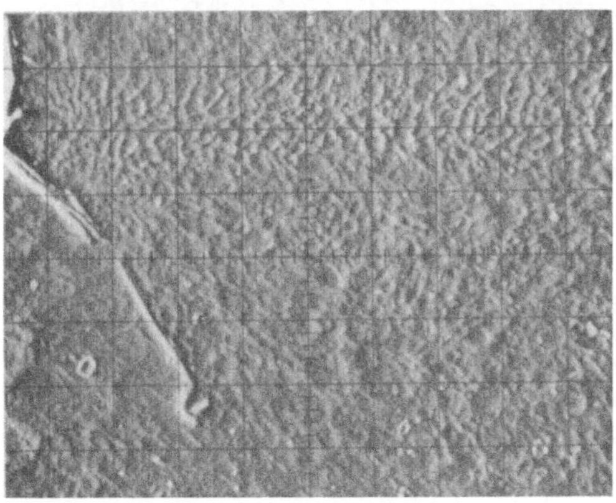

QUARZ (Anschliff)

Abb. 38 Mikrosondenaufnahmen von Flint-, Borosilikatglas- und Quarz-Oberflächen (Vergrößerung 1000x)

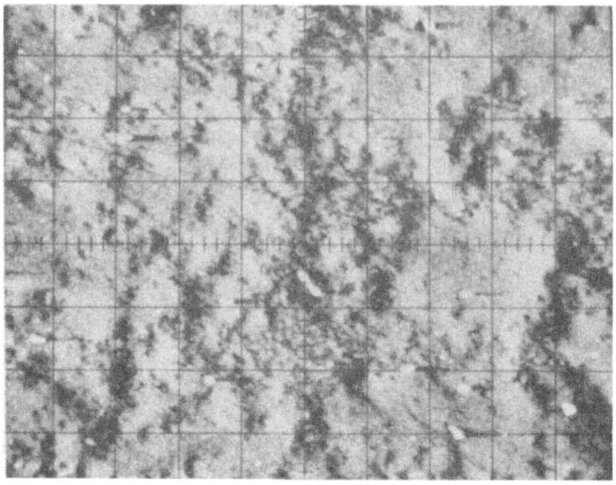

FLINT (Anschliff)

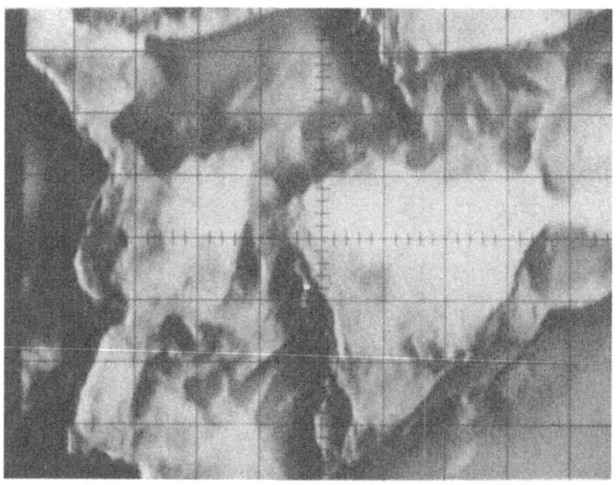

BOROSILIKATGLAS (Anschliff)

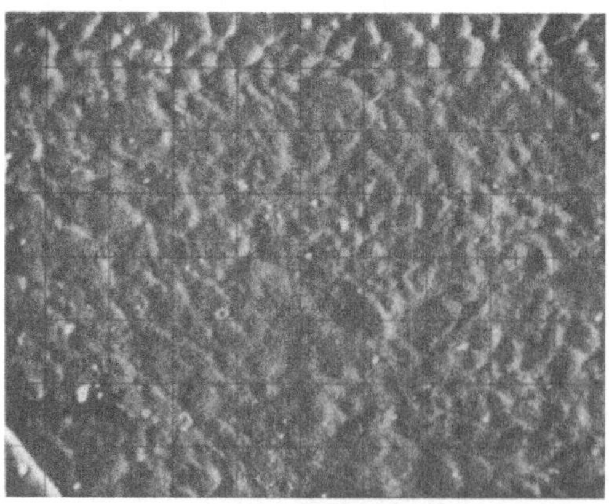

QUARZ (Anschliff)

Abb. 39 Mikrosondenaufnahmen von Flint-, Borosilikatglas- und Quarz-Oberflächen (Vergrößerung 2000x)

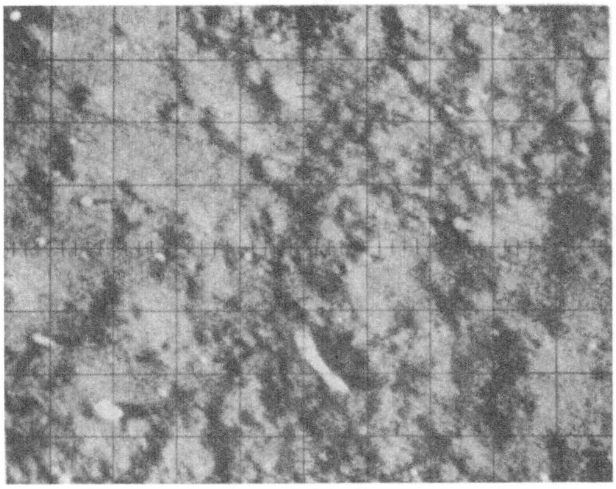

FLINT (Anschliff)

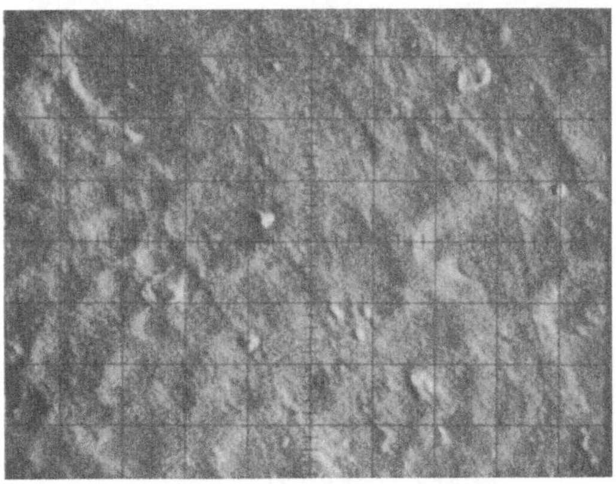

QUARZ (Anschliff)

Abb. 40 Mikrosondenaufnahmen von Flint- und Quarz-Oberflächen (Vergrößerung 5000x)

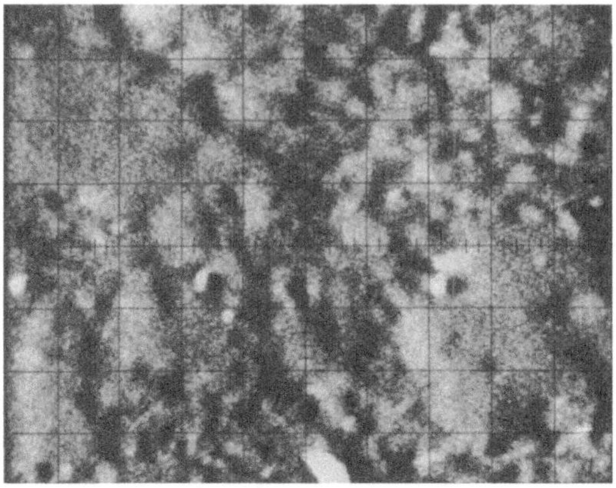

FLINT (Anschliff)

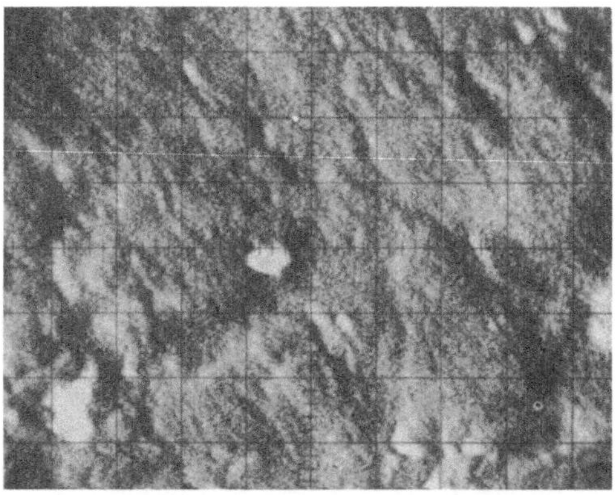

QUARZ (Anschliff)

Abb. 41 Mikrosondenaufnahmen von Flint- und Quarz-Oberflächen (Vergrößerung 10 000x)

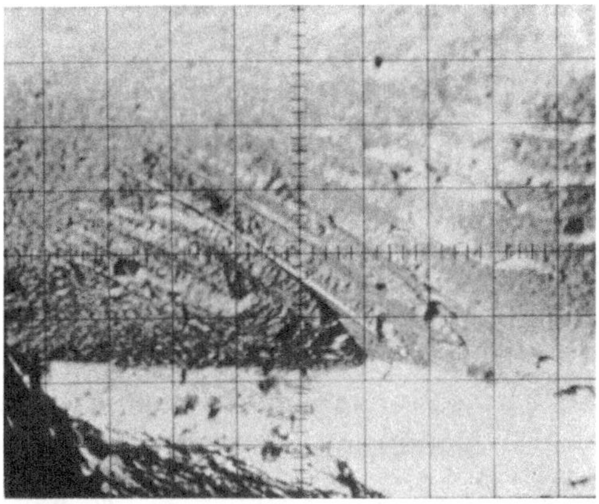

200 x

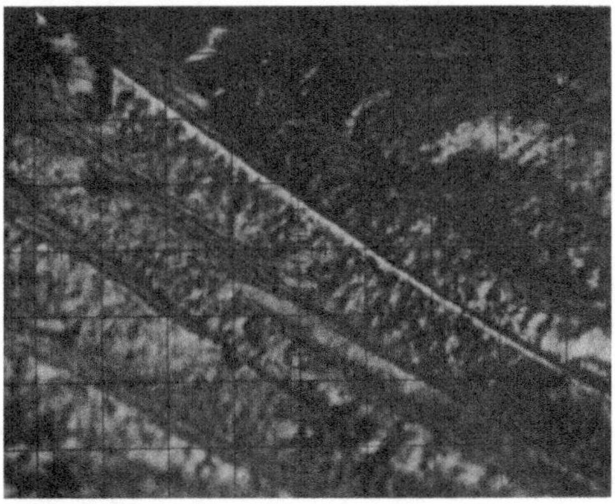

500 x

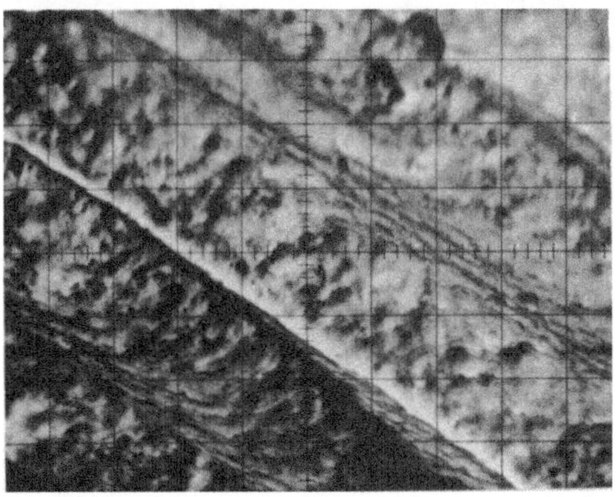

1000 x

Abb. 42 Mikrosondenaufnahmen von einer Flintbruchfläche

Debye-Scherrer-Aufnahmen von Flint, Borosilikatglas und Quarz

Durchführung

Proben:
Flint, Quarz (nat.), Quarz (reinst von Merck) und Borosilikatglas der Körnung 0.050-0.100 mm

Versuch:
Die Proben werden einmal unbehandelt und einmal HCl-behandelt (HCl-Behandlung: 2 h Schütteln in 5 n HCl und anschließend Waschen mit tridest. H_2O) mit einer 0.7 mm Kapillare in das Röntgenbeugungsgerät eingegeben.

Messung:
mit Röntgenbeugungskamera nach Debye-Scherrer

Ergebnis:
Die Ausführungen von Kapitel 3.1.1 werden bestätigt. Im Kristallaufbau von Flint und Quarz sind keine Unterschiede erkennbar. Es handelt sich in beiden Fällen um α-Quarz. Im Gegensatz zu den Quarzbeugungsringen (große zusammenhängende Kristallbereiche) sind Ringe des Flints verbreitert und unscharf. Flint (Westfriesland) muß aus Kristalliten $< 1\,\mu$ aufgebaut sein. Die Glasprobe ist stark amorph.
HCl-Behandlung bringt keine erkennbaren Änderungen in der Struktur
Al-, Fe- und andere -Verunreinigungen sind in Flint und Quarz kaum enthalten (Fe $<$ 1%, Al $<$ 5 %).

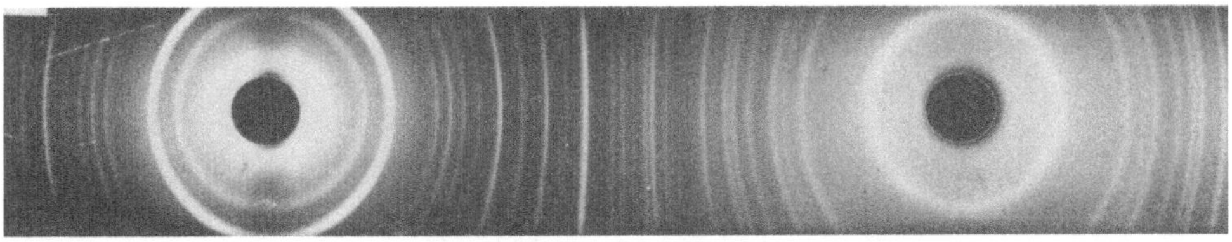

unbehandelt

HCl-behandelt

Abb. 43 Debye-Scherrer-Aufnahmen von FLINT
(KÖRNUNG 0.050-0.100 mm)

unbehandelt

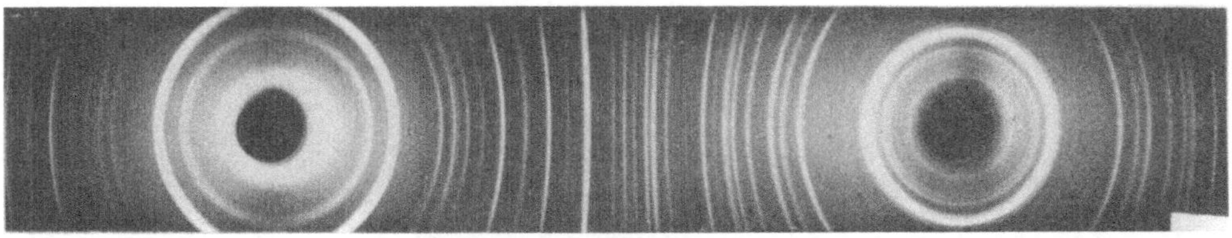

HCl-behandelt

Abb. 44 Debye-Scherrer-Aufnahmen von QUARZ (REINST)
(KÖRNUNG 0.050-0.100 mm)

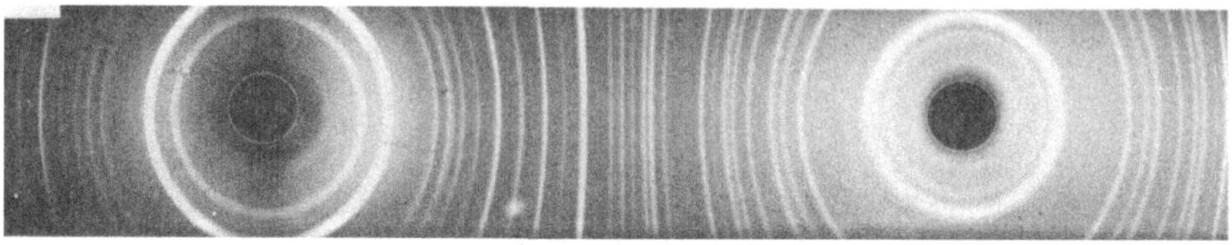

unbehandelt

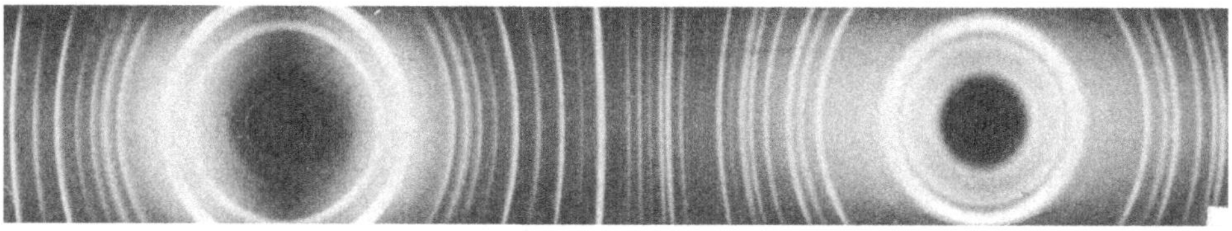

HCl-behandelt

Abb. 45 Debye-Scherrer-Aufnahmen von QUARZ (NAT.)
(KÖRNUNG 0.050-0.100 mm)

unbehandelt

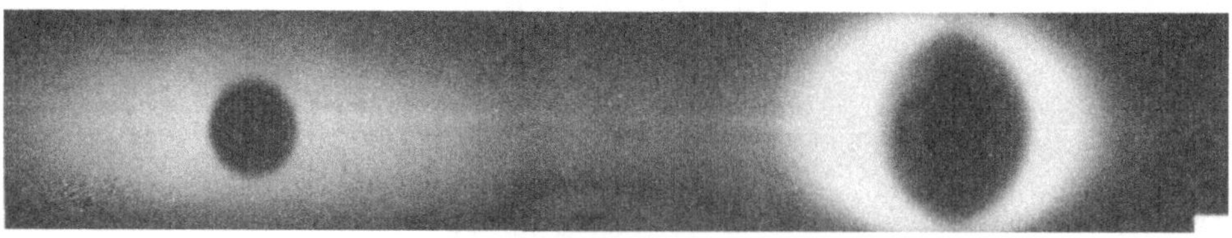

HCl-behandelt

Abb. 46 Debye-Scherrer-Aufnahmen von BOROSILIKATGLAS
(KÖRNUNG 0.050-0.100 mm)

4.2 Auflösungs- und Anlagerungsversuche

4.2.1 Auflösung von Si, Na, K und Ca aus Zementmörtelproben (Zuschlag ist Flint, Quarz und Borosilikatglas)

Durchführung

Probenherstellung: (für Versuch A+B)
Wasser:Zement:reaktiver Zuschlag=1:2:0.85 Gew. Teile (reaktiver Zuschlag ist entweder Flint oder Borosilikatglas oder Quarz)
Dichteverhältnis Flint:Quarz:Glas=2.58:2.63:2.23 g/cm^3 (da Volumengleichheit der Zuschläge in allen drei Mischungen angestrebt wird, ändert sich bei Glas das Verhältnis H_2O:Zement: reakt. Zuschlag=1:2:0.72 Gew. Teile)
Portlandzement 275
Alkaligehalt: 3.14 Na_2O äquiv. Gew. % vom Zement (durch NaOH/ KOH-Zugabe)
Von jedem Zuschlag (Flint, Quarz, Glas) werden jeweils Probekörper (1x4x7 cm) der folgenden Körnungen hergestellt:

(a) 0.075-0.12 mm
(b) 0.40-0.60 mm
(c) 1.50-2.00 mm

Verdichten (Rilem CEM) - Proben 24 Stunden im Feuchtraum - Ausformen - Abschleifen der Zementschlämpe (ungefähr 0.5 mm rundherum, 30 - 40 µ-Schleifscheibe) - Proben 1 Tag bei 40°C getrocknet - Prüfen auf Gewichtskonstanz der Proben

Versuch A:
Die einzelnen Probekörper werden in 400 ml H_2O, 0.025 n und 0.125 n und 0.25 n NaCl/KCl-Lösung und 0.25 n $CaCl_2$-Lösung gebracht.
B: Nach 7 Monaten Lagerung in wasserdampfgesättigter Atmosphäre werden die wie oben hergestellten Mörtelproben in H_2O, 0.025 n und 0.125 n und 0.25 n und 3 n NaOH/KOH-Lösung (400 ml) gebracht.

Die Parameter in der Versuchsreihe A+B sind damit: Zuschlagart (Flint, Quarz, Borosilikatglas), Korngröße (0.075-0.12, 0.40-0.60, 1.5-2.0 mm) und Konzentration der Lösung.

Probenherstellung: (für Versuch C)
Wasser:Zement:NSI:NSII:NSIII=0.5:1:1:1:1 Gew. Teile. Es werden jeweils 15 % des gesamten Sandes durch reaktiven Zuschlag (= Flint (F) oder Borosilikatglas (P)) ersetzt.
Volumengleichheit des reaktiven Zuschlags (wie bei A+B)
Portlandzement 275
Alkaligehalt: 4.66 äquiv. Na_2O Gew. % (vom Zement) ((1), (2) und (3))
0.86 äquiv. Na_2O Gew. % ((4))

Kein Abschleifen der Zementschlämpe - sonst Weiterbehandlung der Proben wie bei Versuchsreihe A+B.

Der reaktive Zuschlag wird den einzelnen Proben (1x4x7 cm) in verschiedener Körnung zugegeben:

(a)	0.075 mm
(b)	0.12-0.25 mm
(c)	0.60-0.75 mm
(d)	1.0-1.5 mm

Der reaktive Zuschlag ist einmal mit HCl behandelt (2 h in 5 n HCl geschüttelt) und einmal unbehandelt. Die Zugabe der Alkalien erfolgt durch NaOH-KOH oder NaCl-KCl-Lösung.

Es ergeben sich also Proben mit:
(1) Alkaligehalt 4.66 % äquiv. Na_2O durch NaOH-KOH-Zugabe
(2) Alkaligehalt 4.66 % äquiv. Na_2O durch NaOH-KOH-Zugabe, reaktive Zuschläge mit HCl behandelt
(3) 4.66 äquiv. Na_2O Alkaligehalt durch NaCl-KCl-Zugabe reakt. Zuschläge mit HCl behandelt
(4) Alkaligehalt 0.86 % äquiv. Na_2O (= nur Zementalkalien) reakt. Zuschläge mit HCl behandelt

Versuch C: Die einzelnen Probekörper werden in 400 ml H_2O, 0.25 NaCl- KCl-, 1 n NaCl- KCl-, 0.25 n NaOH- KOH- und 1 n NaOH- KOH-Lösung gebracht.
Zeitabhängig wird Si-Ionenkonzentration (bei (1), (2), (3) und (4)) und die Na- und K-Ionenkonzentration gemessen.

Messung der Ionenkonzentration: mit Atomabsorptions-Spektrometer Jarrell-Ash mit Varian-Brenner

Auswertung: mit Programm IV

Messung der Mörtelprobendehnung: mit Dehnungsmeßuhr (1/100 mm Anzeige)

Nach Abschluß der Versuchsreihe A bis C wurde der pH der Lösung und der Ca-Gehalt des aufgetretenen weißkristallinen Niederschlags jeweils nach 450 Tagen in den Lösungen untersucht. Der Niederschlag ging bei Zugabe von HCl in Lösung, so daß die Ca-Menge des Niederschlags die Differenz aus der Messung vor HCl-Zugabe und der nach HCl-Zugabe ist. Jeweils nach 450 Tagen wurde auch die Längung der Zementmörtelproben bestimmt (vergleiche Tabellen 19, 20, 26, 27, 28, 37 - 42).

Ergebnis:
Die umfangreiche Versuchsreihe 4.2.1 bestätigt die Erkenntnisse über die Alkali-Kieselsäurereaktion, die hauptsächlich bereits im Teil 2. dieser Arbeit aufgezeigt wurden.

Zu Versuch A+B:
Aus der Rißbildung der Proben Fc, Pc und Qc (vergleiche Abb. 47 bis 52) wird erkennbar, daß die Alkali-Kieselsäurereaktion je nach Alkaliangebot ein Maximum durchläuft.
Entscheidend ist weiter, ob die Basizität hoch ist oder nicht.
In NaCl-KCl-Lösung zeigt der Flintmörtel keine auffälligen Treiberscheinungen und der Borosilikatglasmörtel nur in einem Fall (in 0.25 n NaCl-KCl-Lösung) Risse.
Alle Quarzproben zeigen keine Zerstörung.
Dieselben Aussagen findet man über die Dehnungsmessung an den Mörtelproben.

Aus der Auflösung von Na und K lassen sich keine Tendenzen herleiten. Die Unterschiede besonders auch zu den Quarzproben sind zu gering.
Auffallend ist jedoch, daß bei allen Proben K (auch bei molarer Betrachtung) relativ mehr und sehr viel rascher als Na in Lösung gegangen ist (stärkere Diffusion und geringere Reaktionsneigung von K).

Die Si-Ionen in Lösung nehmen mit höherem Alakliangebot nicht immer zu - im Gegenteil.

Die Flint- und Glas-Proben zeigen im Durchschnitt höhere Si-Löslichkeit als die Quarz-Proben (dh. stärkere Reaktion und Bildung von mehr Alkalisilikat).
Nahezu immer nimmt bei den Flintproben (F) und den Glasproben (P) die Auflösung vom feinen zum groben Korn hin ab (Ausnahme= Proben in höherer NaOH-KOH-Konzentration).

Beim Vergleich der Si-Löslichkeit in Versr. A und B fällt auf, daß bei den Quarzproben mehr Si bei Lagerung in NaCl-KCl-Lösung als in NaOH-KOH-Lösung austritt (Unterschied durch 7 Monate Luftlagerung der Proben für Versr. B erklärbar ?).
Ein höherer Si-Austritt aus Flint- und Borosilikatglas-Mörteln bei Lagerung in NaOH-KOH (B) gegenüber NaCl-Lös. (A) ist generell nicht erkennbar (nur in einigen Fällen bei höherer Alkalikonzentration zB. Fc).

Zu Versuch C:
Die Na- und K-Ionenkonzentration wurde nur bei Aufbewahrung in H_2O bestimmt und in allen anderen Fällen nicht. Nur bei Probe Pa weichen die Na- und K-Gehalte deutlich ab von der Blindprobe (= Quarzmörtel ohne Zugabe von Flint oder Borosilikatglas).
Wie bei Versr. A+B zeigt sich auch hier eine relativ viel stärkere und viel raschere K-Löslichkeit.

Die Si-Löslichkeit aus den Mörtelproben nimmt in der Reihe Lagerung in Wasser, in 0.25 n NaCl-KCl-, in 1 n NaCl-KCl-, in 0.25 n NaOH-KOH- und in 1 n NaOH-KOH-Lösung zu.
In dieser Reihe nimmt im Durchschnitt auch die auf Quarz bezogene Si-Löslichkeit der Flint- und Borosilikatproben zu.

Bei der Betrachtung der Si-Ionenzunahme in einer Zuschlaggruppe in Abhängigkeit von der Körnung sind Maxima und Minima erkennbar, die jedoch von Probentyp zu Probentyp ((1)-(4)) unterschiedlich auftreten; innerhalb einer Zuschlagsgruppe zeigt die Probe mit der feinen Körnung (a) meist den größten Si-Austritt.

Die unterschiedliche Herstellung der Proben (1) - (4)) bringt nicht die erwarteten großen Unterschiede in der Si-Löslichkeit. Auch bei geringeren Alkaligehalten (4) in den Proben tritt nahezu gleichviel Si aus.

Bemerkung:

a) Nahezu in allen Lösungen bildete sich nach einigen Monaten Probenlagerung ein weiß-kristalliner Niederschlag am Boden der Gefäße. Der Niederschlag ist in HCl löslich und enthält nahezu kein Si. Mit größter Wahrscheinlichkeit handelt es sich um ausgefallenes $Ca(OH)_2$.

b) Auf die Darstellung der Na- und K-Löslichkeit bei höheren Alkaligehalten wurde verzichtet. Unterschiede zur Na- und K-Löslichkeit in H_2O sind kaum festzustellen. Mit hohem Alkaligehalt in der Lösung wird die Meßmethode ungenau.

c) Die Gewichtskonstanz der angeschliffenen Proben gleichen Zuschlags und gleicher Körnung schwankte 1 % um den Mittelwert.

d) Alle Proben wurden bei 21 °C (klimatisierter Raum) gelagert.

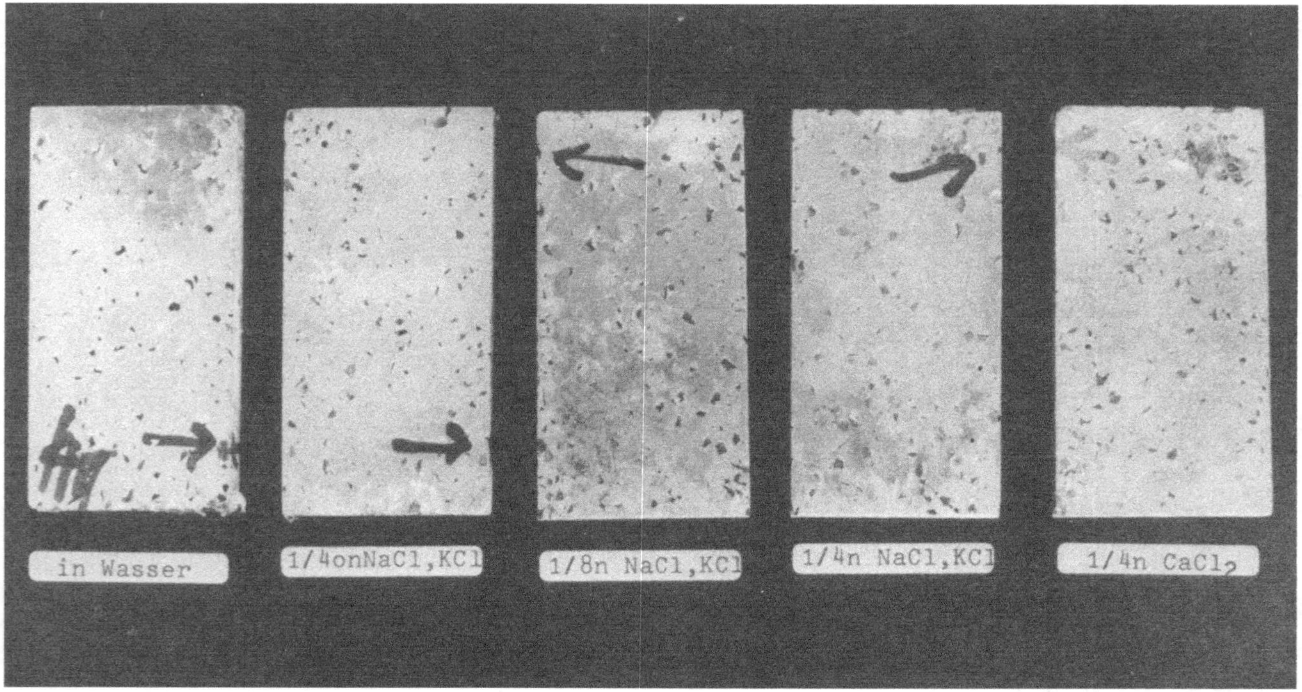

Abb. 47 FLINTMÖRTEL Fc nach 16 Monaten Lagerung in den obigen Lösungen (Maßstab ungefähr 1:1)

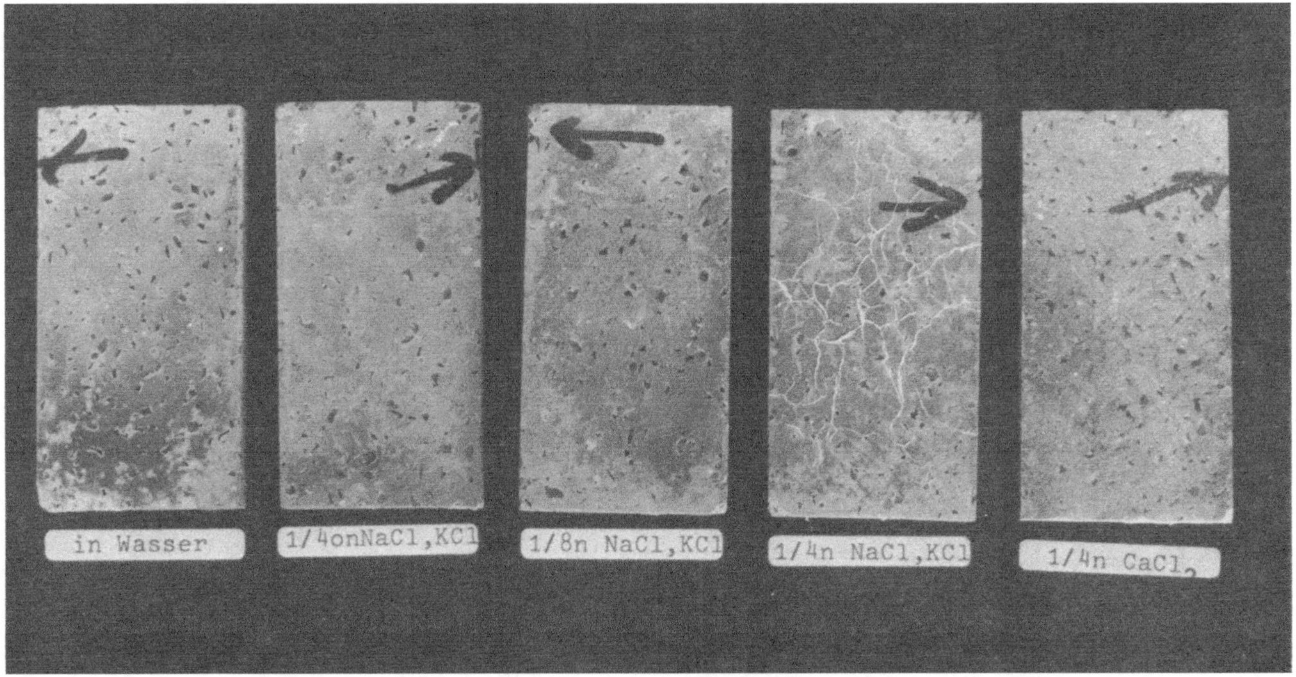

Abb. 48 BOROSILIKATGLASMÖRTEL Pc nach 16 Monaten Lagerung in den obigen Lösungen (Maßstab ungefähr 1:1)

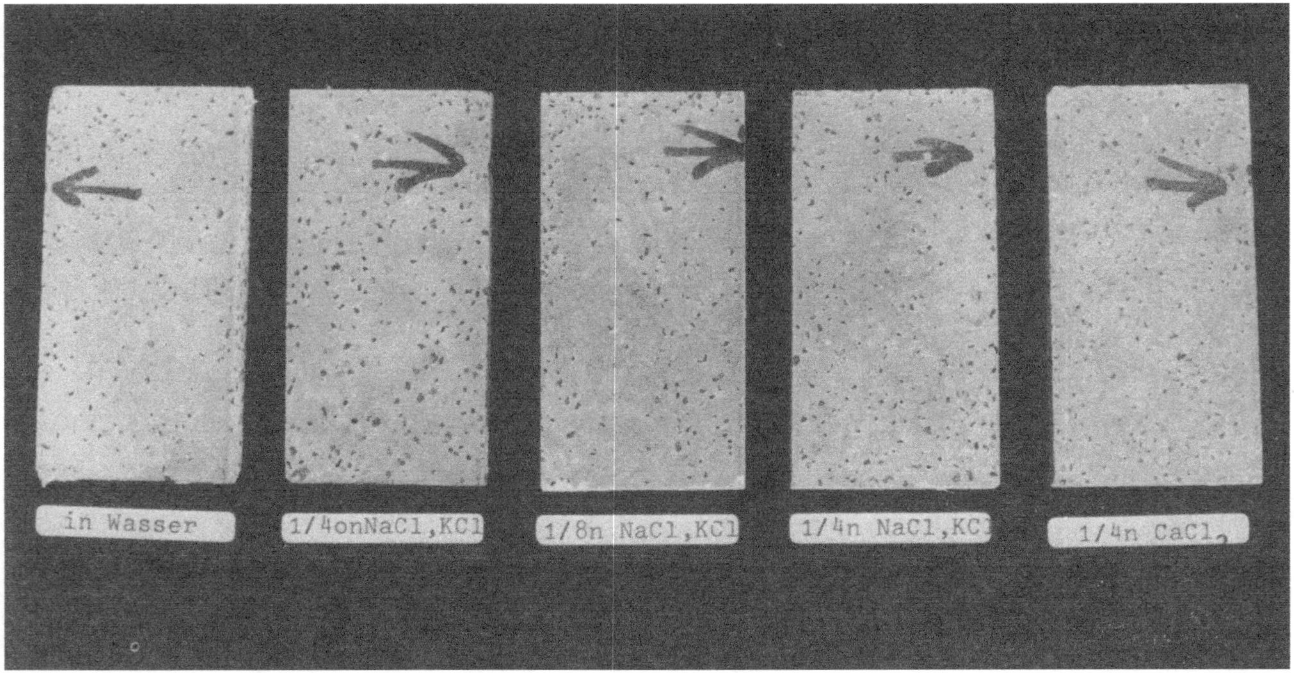

Abb. 49 QUARZMÖRTEL Qc nach 16 Monaten Lagerung in den obigen Lösungen (Maßstab ungefähr 1:1)

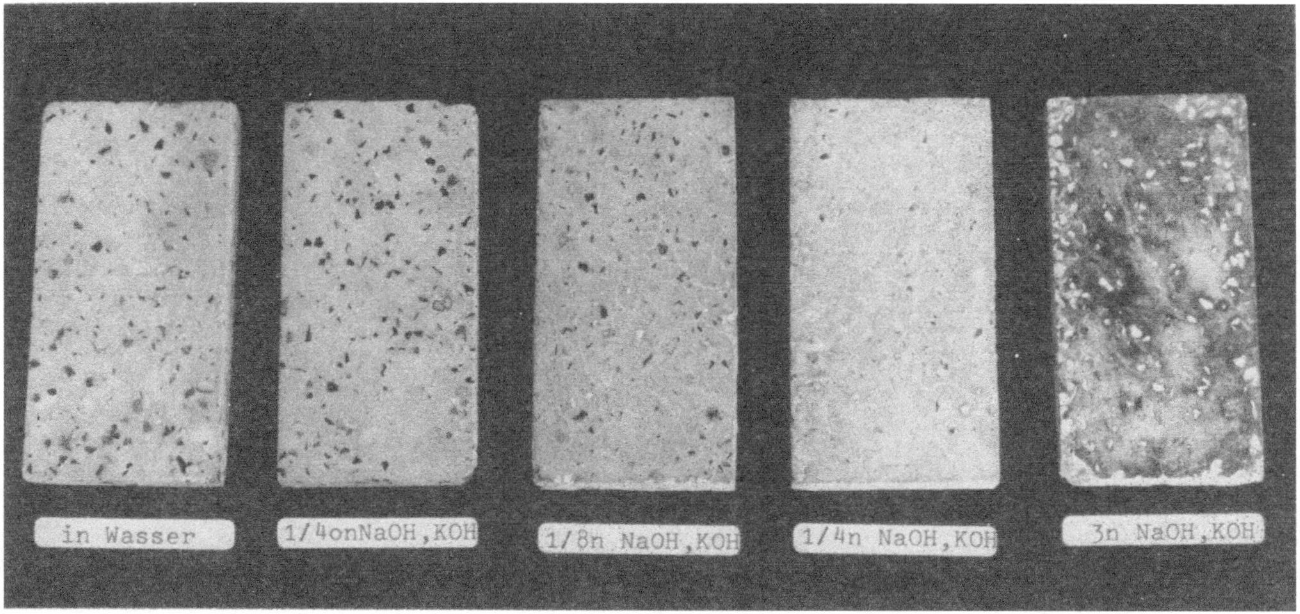

Abb. 50 **FLINTMÖRTEL Fc nach 16 Monaten Lagerung in den obigen Lösungen (Maßstab ungefähr 1:1)**

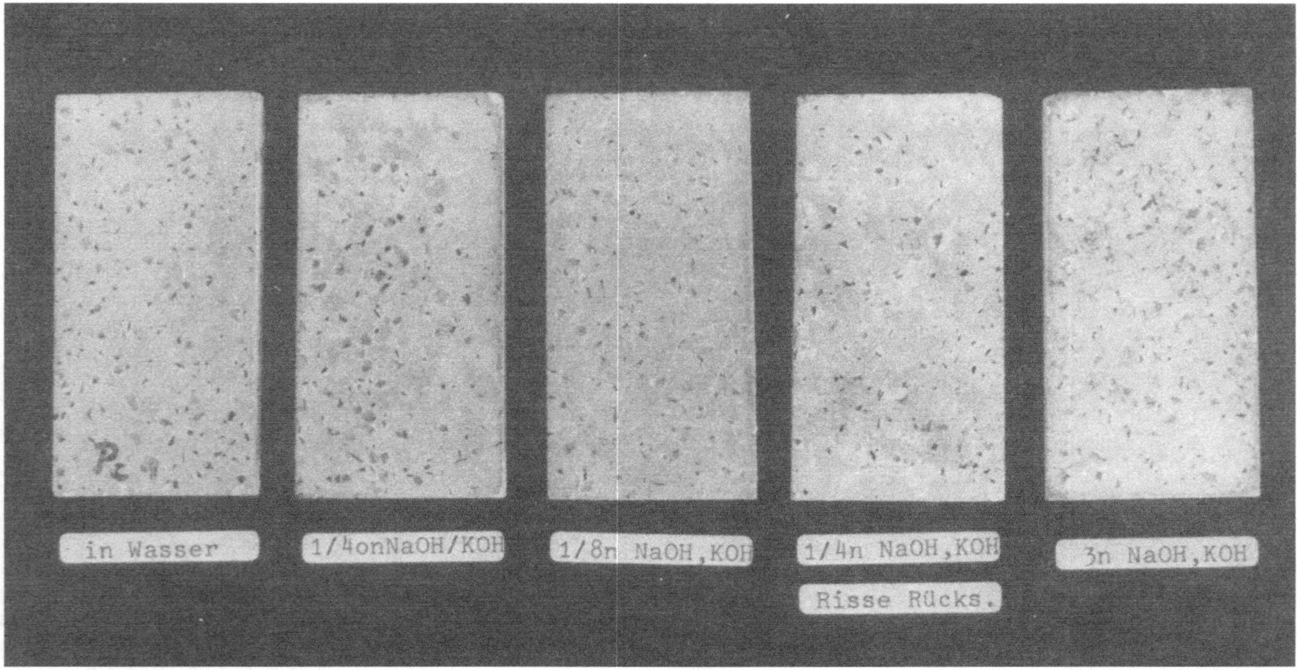

Abb. 51 BOROSILIKATGLASMÖRTEL Pc nach 16 Monaten Lagerung in den obigen Lösungen (Maßstab ungefähr 1:1)

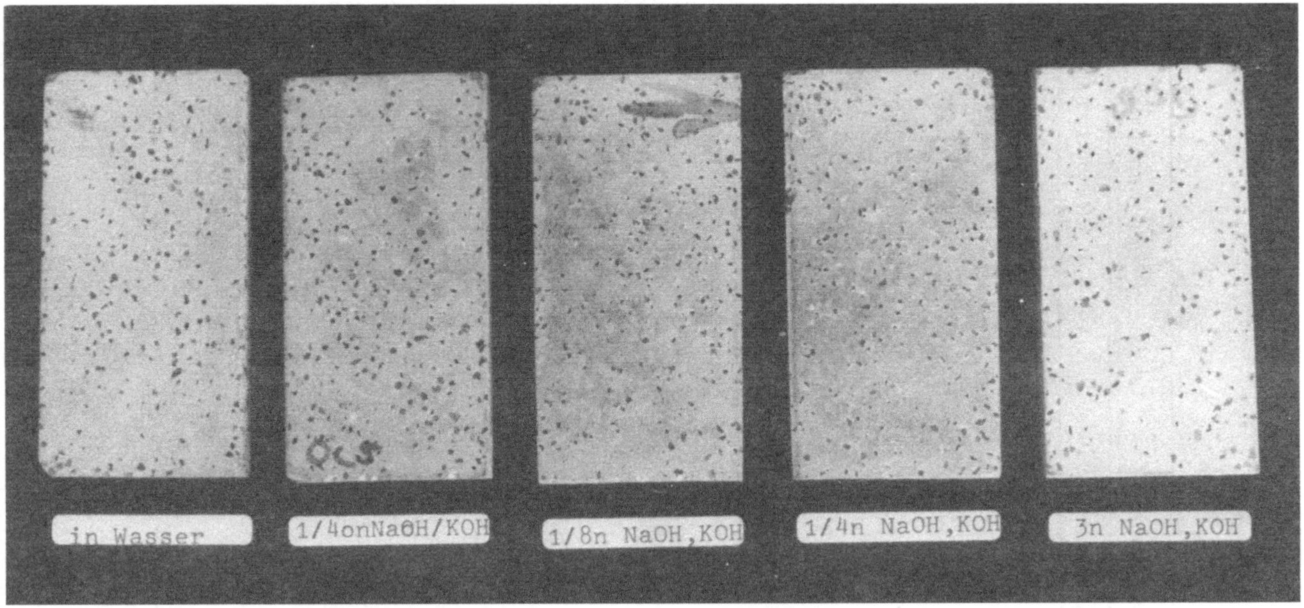

Abb. 52 QUARZMÖRTEL Qc nach 16 Monaten Lagerung in den obigen Lösungen (Maßstab ungefähr 1:1)

VERSUCHSREIHE: **A**

Tabelle 14:
Ausgangslösung: H_2O

gem. Ion	Probe	Ionenzunahme (ppm)					
Zeit (Tage)		14	34	76	111	196	283
Na	Fa	348	402	590	625	644	594
	Fb	370	420	485	570	631	594
	Fc	340	405	520	560	612	570
	Pa	340	400	575	600	631	617
	Pb	375	390	550	590	621	591
	Pc	394	415	548	560	615	546
	Qa	392	430	570	602	644	612
	Qb	371	406	560	591	631	598
	Qc	380	392	500	510	585	558
K	Fa	1025	1100	1350	1550	1320	1234
	Fb	1000	1150	1275	1450	1275	1191
	Fc	940	1050	1200	1250	1155	1159
	Pa	990	1150	1375	1400	1310	1265
	Pb	1025	1100	1250	1400	1327	1255
	Pc	1000	1075	1225	1260	1206	1227
	Qa	1175	1225	1400	1500	1396	1265
	Qb	1025	1150	1250	1400	1327	1112
	Qc	1000	1050	1150	1250	1241	1170
Si	Fa	7	16	32	53	76	87
	Fb	7	15	28	50	66	81
	Fc	3	8	21	41	63	72
	Pa	9	18	29	52	84	108
	Pb	5	16	25	50	78	90
	Pc	4	10	22	48	56	69
	Qa	4	11	27	40	54	67
	Qb	7	14	26	43	56	70
	Qc	5	12	25	48	63	81

VERSUCHSREIHE: A

Tabelle 15:

Ausgangslösung: 0.025 n NaCl/KCl-Lösung

gem. Ion	Probe	Ionenzunahme (ppm)					
Zeit (Tage)		14	34	76	111	196	283
Na	Fa	325	450	625	550	602	460
	Fb	398	550	575	500	280	635
	Fc	396	500	600	500	497	655
	Pa	265	450	550	175	-	675
	Pb	313	450	575	550	280	635
	Pc	390	450	570	525	600	616
	Qa	375	500	600	575	444	655
	Qb	408	450	560	550	214	659
	Qc	388	525	535	550	477	596
K	Fa	1100	1100	1200	1450	1177	1118
	Fb	1100	1100	1150	1450	1284	1468
	Fc	1125	1100	1250	1375	1392	1387
	Pa	1100	1100	1150	1475	1392	1495
	Pb	1100	1250	1250	1750	1500	1473
	Pc	1150	1100	1100	1400	1284	1387
	Qa	1200	1200	1000	1500	1220	1548
	Qb	950	950	1050	1450	1284	1540
	Qc	1100	1000	1050	1375	1177	1414
Si	Fa	2	19	31	52	70	70
	Fb	6	16	30	50	56	78
	Fc	3	5	24	43	54	66
	Pa	3	12	34	53	72	97
	Pb	6	16	32	51	75	104
	Pc	3	6	21	41	49	66
	Qa	4	8	27	44	51	56
	Qb	4	8	25	45	56	56
	Qc	4	8	26	45	56	62

VERSUCHSREIHE: **A**

Tabelle 16:

Ausgangslösung: 0.125 n NaCl/KCl-Lösung

gem. Ion	Probe	Ionenzunahme (ppm)					
Zeit (Tage)		14	34	76	111	196	283
Na	Fa	410	425	550	575	546	696
	Fb	463	475	475	500	861	716
	Fc	260	345	-	-	-	746
	Pa	325	400	500	475	730	755
	Pb	400	395	425	480	809	765
	Pc	403	450	505	496	282	775
	Qa	275	401	501	505	546	785
	Qb	288	398	498	525	551	770
	Qc	286	399	550	501	677	746
K	Fa	1000	1005	1400	1350	1663	1630
	Fb	950	1020	1300	1600	1749	1625
	Fc	1010	1000	1200	1250	1318	1456
	Pa	800	920	1000	1450	1663	1630
	Pb	750	910	970	1360	1577	1563
	Pc	745	900	900	1400	1318	1388
	Qa	805	965	1100	1440	1749	1671
	Qb	795	960	960	1400	1491	1630
	Qc	775	950	1150	1410	1577	1563
Si	Fa	4	10	28	50	56	60
	Fb	4	11	27	49	49	56
	Fc	2	5	20	42	41	51
	Pa	7	11	31	46	67	98
	Pb	4	10	28	48	58	65
	Pc	1	9	20	40	42	54
	Qa	4	10	26	43	53	59
	Qb	7	9	25	41	49	54
	Qc	4	10	26	47	51	66

VERSUCHSREIHE: **A**

Tabelle 17:

Ausgangslösung: 0.25 n NaCl/KCl-Lösung

gem. Ion	Probe	Ionenzunahme (ppm)					
Zeit (Tage)		14	34	76	111	196	283
Na	Fa	400	625	550	535	570	698
	Fb	525	500	500	525	550	630
	Fc	490	503	502	530	565	686
	Pa	290	450	400	550	580	649
	Pb	600	455	550	510	570	650
	Pc	360	400	410	500	540	593
	Qa	400	445	420	545	600	679
	Qb	375	453	450	560	670	686
	Qc	490	450	525	505	580	630
K	Fa	1200	1000	1100	1200	1380	1410
	Fb	900	1010	1150	1250	1450	1380
	Fc	875	1000	1075	1200	1390	1340
	Pa	1000	999	1000	1300	1490	1530
	Pb	975	990	1400	1500	1600	1500
	Pc	1050	985	1300	1350	1510	1490
	Qa	995	1015	1050	1310	1470	1480
	Qb	950	1030	1150	1290	1500	1480
	Qc	1045	1000	1400	1390	1620	1460
Si	Fa	4	11	26	40	47	58
	Fb	4	10	27	38	40	54
	Fc	4	4	20	30	37	47
	Pa	5	8	30	42	56	69
	Pb	4	7	29	45	58	65
	Pc	3	7	21	40	39	50
	Qa	4	6	25	39	41	51
	Qb	5	6	28	44	50	53
	Qc	4	6	26	34	38	46

VERSUCHSREIHE: **A**

Tabelle 18 :

Ausgangslösung: 0.25 n $Ca(Cl)_2$-Lösung

gem. Ion	Probe	Ionenzunahme (ppm)					
Zeit (Tage)		14	34	76	111	196	283
Na	Fa	330	490	500	580	598	567
	Fb	315	430	460	490	554	537
	Fc	345	425	440	520	530	522
	Pa	290	400	443	485	549	552
	Pb	265	402	475	505	560	559
	Pc	290	445	469	492	540	522
	Qa	310	420	485	485	531	552
	Qb	325	443	500	515	529	537
	Qc	350	435	475	500	540	536
K	Fa	815	1125	1300	1100	1175	1130
	Fb	800	1025	1250	1000	1100	1069
	Fc	795	975	1200	950	1000	1017
	Pa	780	1050	1150	1050	1125	1128
	Pb	740	1045	1160	1035	1137	1113
	Pc	720	950	1105	1000	987	1043
	Qa	790	1050	1250	1100	1087	1141
	Qb	775	1075	1200	1150	1112	1063
	Qc	800	1025	1160	1000	1025	1054
Si	Fa						9
	Fb						27
	Fc						35
	Pa	verrauschtes Signal bei					44
	Pb	Atomabs.-Messung					26
	Pc						57
	Qa						33
	Qb						48
	Qc						38

VERSUCHSREIHE: A

Tabelle 19:

Ausgangslösungen: H_2O (a) - 0.025 n NaCl/KCl-Lösung (b)
0.125 n NaCl/KCl-Lösung (c)
0.25 n NaCl/KCl-Lösung (d)

		Längenänderung (%)	Ca in Lösung (ppm) ohne HCl	Ca in Lösung (ppm) mit HCl	PH
(a)	Fa	0.23	7	129	12.7
	Fb	0.15	6	37	12.7
	Fc	0.07	5	141	12.7
	Pa	0.15	7	41	12.7
	Pb	0.22	5	76	12.7
	Pc	0.11	5	167	12.7
	Qa	0.00	6	108	12.7
	Qb	0.03	6	863	12.7
	Qc	0.07	5	94	12.7
(b)	Fa	0.05	10	68	12.8
	Fb	0.09	4	66	12.8
	Fc	0.05	6	157	12.8
	Pa	0.16	8	89	12.8
	Pb	0.13	5	88	12.8
	Pc	0.00	7	102	12.8
	Qa	0.09	6	96	12.8
	Qb	0.11	6	78	12.8
	Qc	0.19	7	112	12.8
(c)	Fa	0.15	14	52	12.9
	Fb	0.17	13	48	12.9
	Fc	0.13	16	80	12.9
	Pa	0.40	11	56	12.9
	Pb	0.05	13	63	12.9
	Pc	0.17	13	85	12.9
	Qa	0.05	12	69	12.9
	Qb	0.07	12	58	12.9
	Qc	0.08	10	87	12.9
(d)	Fa	0.07	48	112	12.8
	Fb	0.07	25	75	12.8
	Fc	0.07	19	166	12.8
	Pa	0.00	20	45	12.8
	Pb	0.12	20	55	12.8
	Pc	0.65	19	119	12.8
	Qa	0.08	16	62	12.8
	Qb	0.07	16	65	12.8
	Qc	0.08	22	119	12.8

VERSUCHSREIHE: A

Tabelle 20:

Ausgangslösung: 0.25 n $Ca(Cl)_2$-Lösung (e)

		Längenänderung (%)	Ca in Lösung (ppm) ohne HCl	mit HCl	PH
(e)	Fa	0.25			12.4
	Fb	0.11			12.4
	Fc	0.19			12.4
	Pa	0.11			12.4
	Pb	0.05			12.4
	Pc	0.04			12.4
	Qa	0.20			12.4
	Qb	0.16			12.4
	Qc	0.01			12.4

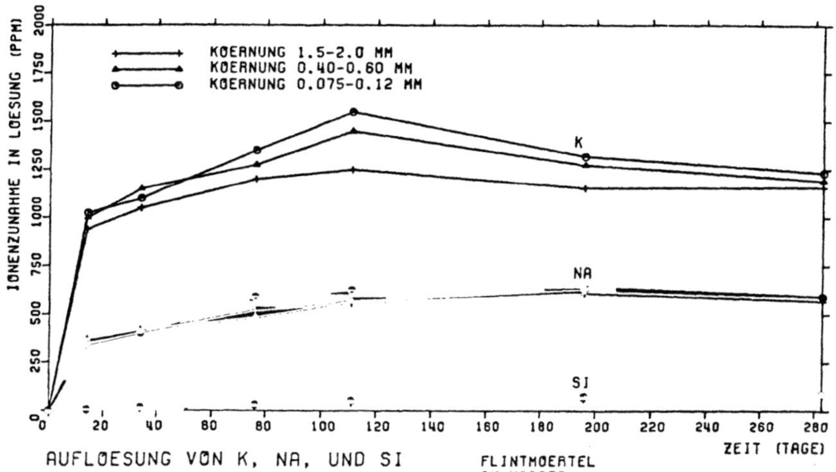

Abb. 53 AUFLOESUNG VON K, NA, UND SI FLINTMOERTEL IN WASSER

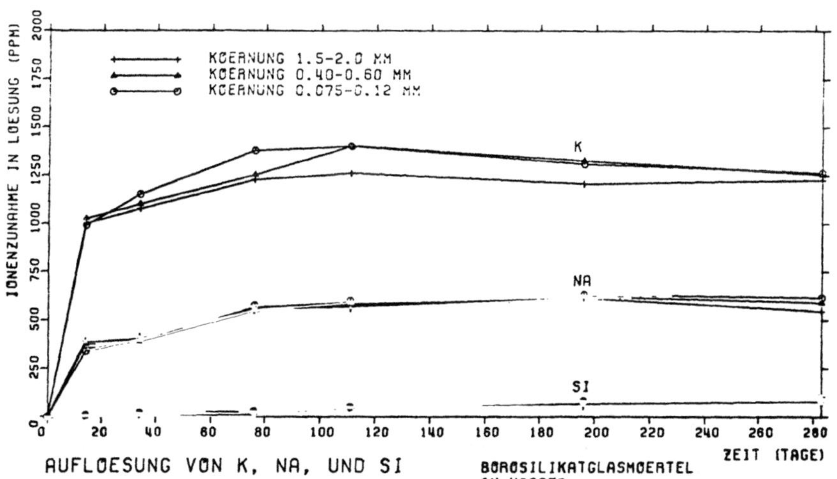

Abb. 54 AUFLOESUNG VON K, NA, UND SI BOROSILIKATGLASMOERTEL IN WASSER

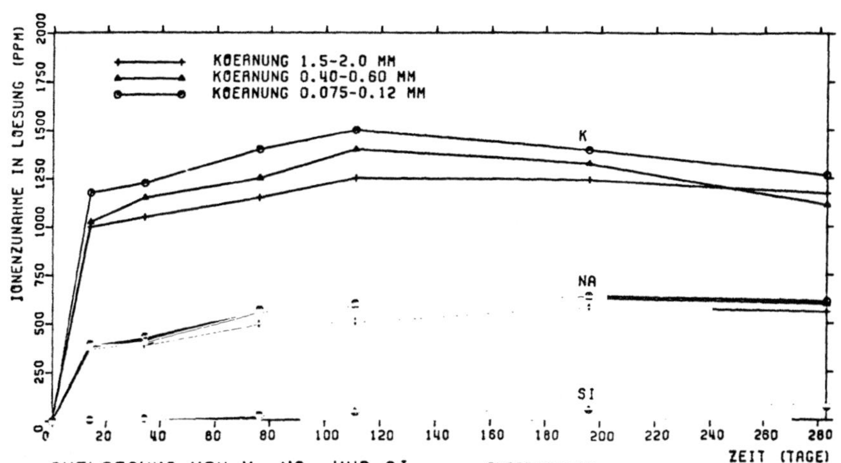

Abb. 55 AUFLOESUNG VON K, NA, UND SI QUARZMOERTEL IN WASSER

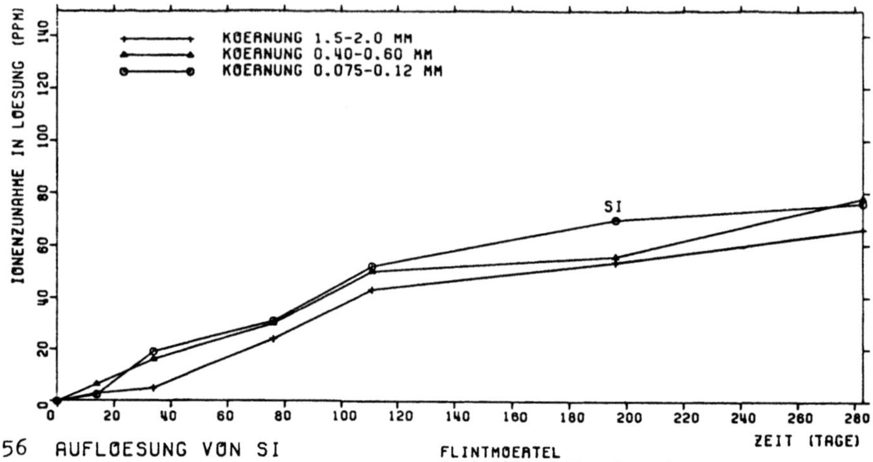

Abb. 56 AUFLOESUNG VON SI FLINTMOERTEL IN 0.025 N NACL-KCL-LOESUNG

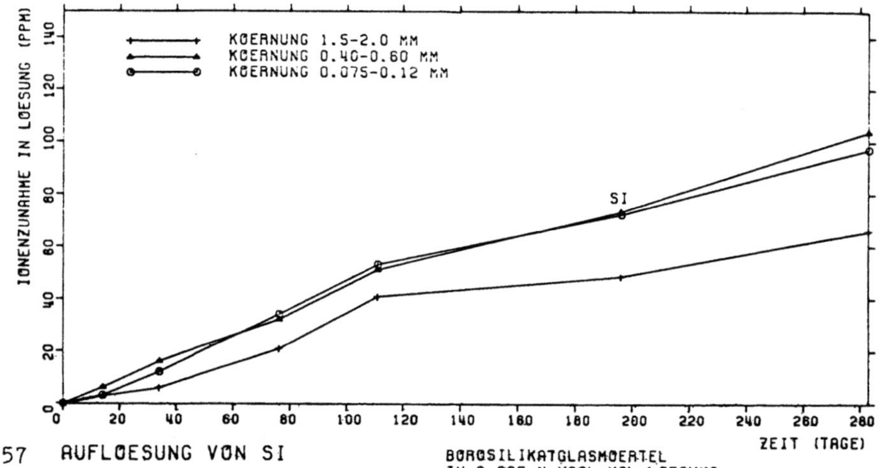

Abb. 57 AUFLOESUNG VON SI BOROSILIKATGLASMOERTEL IN 0.025 N NACL-KCL-LOESUNG

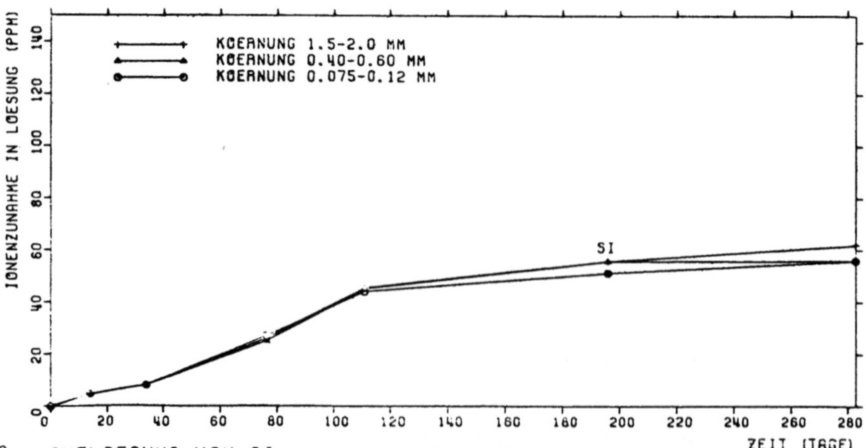

Abb. 58 AUFLOESUNG VON SI QUARZMOERTEL IN 0.025 N NACL-KCL-LOESUNG

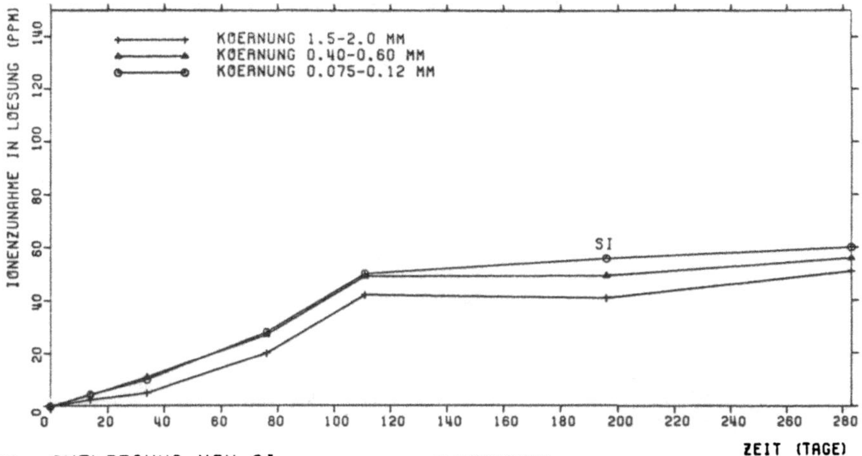

Abb. 59 AUFLOESUNG VON SI
FLINTMOERTEL
IN 0.125 N NACL-KCL-LOESUNG

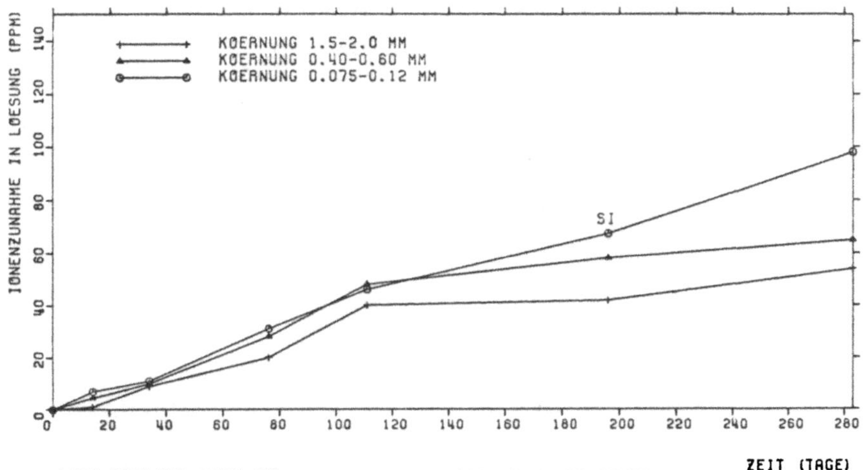

Abb. 60 AUFLOESUNG VON SI
BOROSILIKATGLASMOERTEL
IN 0.125 N NACL-KCL-LOESUNG

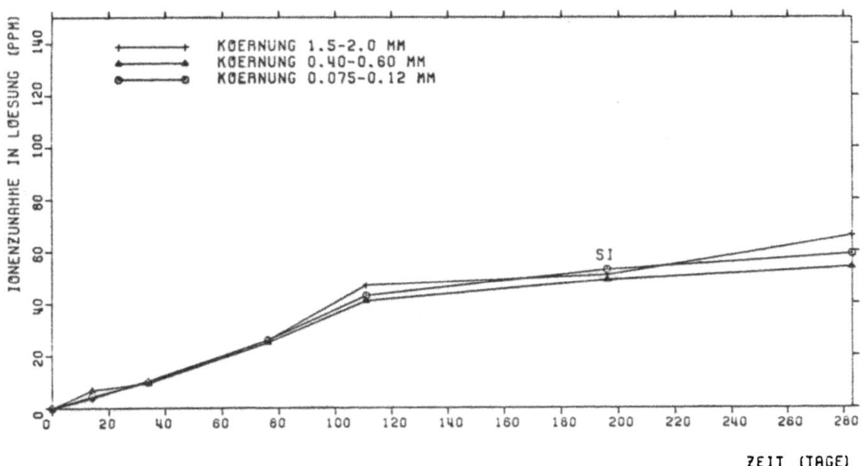

Abb. 61 AUFLOESUNG VON SI
QUARZMOERTEL
IN 0.125 N NACL-KCL-LOESUNG

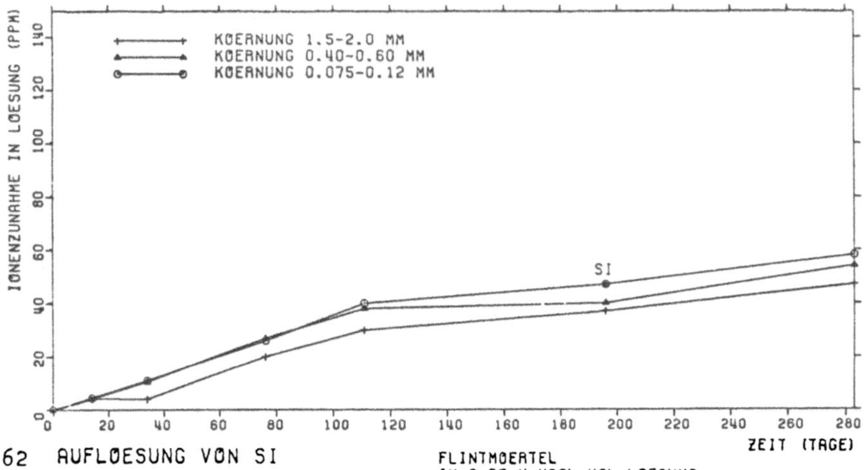

Abb. 62 AUFLOESUNG VON SI

FLINTMOERTEL
IN 0.25 N NACL-KCL-LOESUNG

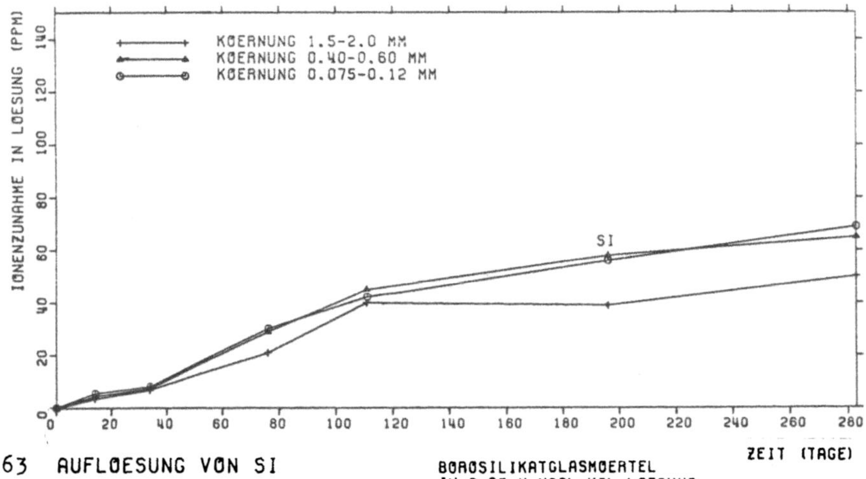

Abb. 63 AUFLOESUNG VON SI

BOROSILIKATGLASMOERTEL
IN 0.25 N NACL-KCL-LOESUNG

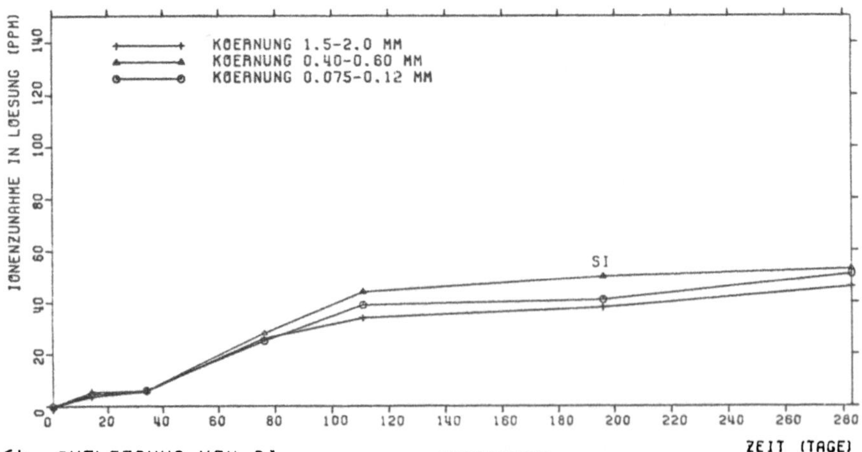

Abb. 64 AUFLOESUNG VON SI

QUARZMOERTEL
IN 0.25 N NACL-KCL-LOESUNG

VERSUCHSREIHE: B

Tabelle 21:

Ausgangslösung: H_2O

gem. Ion	Probe	Ionenzunahme (ppm)					
Zeit (Tage)		14	35	65	114	201	309
Na	Fa	269	311	371	449	520	771
	Fb	251	320	427	455	480	703
	Fc	293	324	419	433	476	671
	Pa	306	277	338	438	480	748
	Pb	263	326	411	422	525	767
	Pc	300	341	435	477	500	705
	Qa	363	341	411	472	510	735
	Qb	318	332	419	476	520	839
	Qc	281	302	387	431	450	739
K	Fa	657	919	974	1154	1332	1446
	Fb	636	891	914	1087	1206	1265
	Fc	614	877	885	1045	1130	1204
	Pa	541	786	828	1054	1204	1337
	Pb	607	894	1014	1158	1330	1373
	Pc	660	891	928	1061	1153	1175
	Qa	641	938	1000	1163	1326	1349
	Qb	686	928	1028	1154	1312	1313
	Qc	700	824	871	1009	1081	1084
Si	Fa	1	5	4	6	8	7
	Fb	3	2	4	4	5	3
	Fc	9	8	4	8	8	6
	Pa	6	12	7	15	22	30
	Pb	5	6	4	7	9	11
	Pc	1	2	4	2	2	2
	Qa	1	2	3	2	3	3
	Qb	1	3	4	3	4	4
	Qc	2	1	4	1	2	2

VERSUCHSREIHE: B

Tabelle 22:

Ausgangslösung: 0.025 n NaOH/KOH-Lösung

gem. Ion	Probe	Ionenzunahme (ppm)					
Zeit (Tage)		14	35	65	114	201	309
Na	Fa	197	341	463	532	530	559
	Fb	205	393	425	495	530	611
	Fc	175	372	463	500	422	546
	Pa	136	300	425	483	410	559
	Pb	182	445	617	534	675	714
	Pc	175	400	559	532	458	584
	Qa	152	362	475	544	578	584
	Qb	236	400	444	551	554	584
	Qc	205	362	490	502	482	507
K	Fa	570	966	986	1226	1322	1299
	Fb	570	946	1022	1153	1182	1123
	Fc	541	958	950	1044	1082	1087
	Pa	509	898	879	1067	1127	1188
	Pb	573	1006	950	1203	1272	1248
	Pc	460	938	936	1112	1082	1046
	Qa	476	1145	1129	1249	1312	1249
	Qb	470	1014	1057	1258	1312	1299
	Qc	460	897	1014	1058	1042	1092
Si	Fa	5	8	9	10	15	14
	Fb	6	7	9	7	10	8
	Fc	8	9	11	15	8	10
	Pa	4	10	9	21	33	40
	Pb	2	5	5	12	17	22
	Pc	2	6	3	7	6	7
	Qa	3	3	2	6	5	5
	Qb	1	3	5	7	7	6
	Qc	1	3	2	2	4	4

VERSUCHSREIHE: B

Tabelle 23:

Ausgangslösung: 0.125 n NaOH/KOH-Lösung

gem. Ion	Probe	Ionenzunahme (ppm)					
Zeit (Tage)		14	35	65	114	201	309
Na	Fa	202	542	615	633	610	711
	Fb	170	525	596	623	592	573
	Fc	158	525	643	617	556	583
	Pa	118	495	522	611	538	604
	Pb	145	536	643	629	586	599
	Pc	172	554	501	611	550	557
	Qa	180	572	531	647	610	560
	Qb	149	554	550	665	550	535
	Qc	116	495	382	559	580	573
K	Fa	533	816	1219	937	1212	1312
	Fb	505	830	1076	915	1137	1058
	Fc	546	858	1272	837	962	742
	Pa	405	329	1004	882	1112	932
	Pb	499	872	1219	971	1124	970
	Pc	446	604	1094	893	999	895
	Qa	480	745	1094	1213	1094	1072
	Qb	411	703	826	1105	1137	1046
	Qc	419	604	826	960	1049	850
Si	Fa	2	8	8	12	16	20
	Fb	2	6	6	8	14	14
	Fc	8	3	5	21	35	73
	Pa	4	10	3	13	14	39
	Pb	4	8	3	12	8	19
	Pc	2	3	3	9	7	19
	Qa	1	3	2	8	6	13
	Qb	3	5	2	7	5	11
	Qc	1	6	2	7	5	10

VERSUCHSREIHE: B

Tabelle 24:

Ausgangslösung 0.25 n NaOH/KOH-Lösung

gem. Ion	Probe	Ionenzunahme (ppm)					
Zeit (Tage)		14	35	65	114	201	309
Na	Fa	261	513	526	614	588	675
	Fb	251	453	526	553	600	690
	Fc	193	530	431	504	687	701
	Pa	204	530	431	553	512	572
	Pb	228	513	471	626	537	591
	Pc	209	450	582	565	475	601
	Qa	225	450	555	577	675	720
	Qb	238	475	582	651	550	720
	Qc	241	488	435	500	550	690
K	Fa	548	897	939	1036	1175	1070
	Fb	518	813	939	982	1025	1080
	Fc	471	533	1035	926	875	1020
	Pa	400	617	760	1036	975	800
	Pb	380	589	1096	1189	925	749
	Pc	367	505	867	1124	850	960
	Qa	405	645	1260	1180	1250	1330
	Qb	430	673	1367	1189	1175	1123
	Qb	395	617	1296	970	900	1149
Si	Fa	5	10	8	12	18	19
	Fb	8	9	9	13	21	36
	Fc	8	15	25	75	211	409
	Pa	8	10	9	18	27	30
	Pb	6	9	5	13	17	20
	Pc	1	6	5	12	18	34
	Qa	3	3	4	9	12	13
	Qb	3	5	4	8	14	14
	Qc	3	3	4	6	12	13

VERSUCHSREIHE: B

Tabelle 25:

Ausgangslösung: 3 n NaOH/KOH-Lösung

gem. Ion	Probe	Ionenzunahme (ppm)					
Zeit (Tage)		14	35	65	114	201	309
Na	Fa	nicht gemessen, zu hohe Ionenkonzentration					
	Fb						
	Fc						
	Pa						
	Pb						
	Pc						
	Qa						
	Qb						
	Qc						
K	Fa	nicht gemessen, zu hohe Ionenkonzentration					
	Fb						
	Fc						
	Pa						
	Pb						
	Pc						
	Qa						
	Qb						
	Qc						
Si	Fa	33	37	22	42	60	62
	Fb	39	43	30	51	107	334
	Fc	45	57	34	158	577	660
	Pa	39	45	22	40	63	73
	Pb	42	43	26	40	64	111
	Pc	51	47	34	45	72	106
	Qa	33	40	24	40	54	49
	Qb	30	40	23	41	57	50
	Qc	36	41	25	40	66	49

VERSUCHSREIHE: B

Tabelle 26:

Ausgangslösungen: H_2O (a), 0.025 n NaOH/KOH-Lösung (b)
0.125 n NaOH/KOH-Lösung (c)
0.25 n NaOH/KOH-Lösung (d)

		Längenänderung (%)	Ca in Lösung (ppm) ohne HCl	mit HCl	PH
(a)	Fa	0.17	7	51	13.0
	Fb	0.19	9	97	13.0
	Fc	0.27	32	146	13.0
	Pa	0.17	7	24	13.0
	Pb	0.15	16	57	13.0
	Pc	0.23	80	187	13.0
	Qa	0.12	67	139	13.0
	Qb	0.07	49	106	13.0
	Qc	0.34	199	862	13.0
(b)	Fa	0.16	7	15	13.2
	Fb	0.22	21	48	13.2
	Fc	0.16	20	133	13.2
	Pa	0.22	7	6	13.2
	Pb	0.41	11	33	13.2
	Pc	0.36	26	44	13.2
	Qa	0.01	36	53	13.2
	Qb	0.07	29	43	13.2
	Qc	0.20	53	108	13.2
(c)	Fa	0.07	7	6	13.6
	Fb	0.32	11	10	13.6
	Fc	0.67	3	58	13.6
	Pa	0.09	5	5	13.6
	Pb	0.79	10	8	13.6
	Pc	0.69	9	14	13.6
	Qa	0.05	12	13	13.6
	Qb	0.15	14	11	13.6
	Qc	0.08	16	15	13.6
(d)	Fa	0.17	11	8	13.7
	Fb	1.26	3	10	13.7
	Fc	0.95	1	34	13.7
	Pa	0.24	10	10	13.7
	Pb	1.03	13	13	13.7
	Pc	0.50	4	26	13.7
	Qa	0.04	16	16	13.7
	Qb	0.05	15	14	13.7
	Qc	0.19	19	20	13.7

VERSUCHSREIHE: B

Tabelle 27:

Ausgangslösung: 3 n NaOH/KOH-Lösung (c)

		Längenänderung (%)	Ca in Lösung (ppm) ohne HCl	mit HCl	PH
(c)	Fa	0.17		27	13.2
	Fb	0.61		26	13.2
	Fc	0.23		10	13.2
	Pa	0.33		42	13.2
	Pb	0.48		30	13.2
	Pc	0.28		41	13.2
	Qa	0.07		70	13.2
	Qb	0.16		54	13.2
	Qc	0.19		25	13.2

VERSUCHSREIHE: A + B

Tabelle 28:

Probenlagerung in wasserdampfgesättigter Atmosphäre

	Längenänderung (%)
Fa	0.01
Fb	0.00
Fc	0.80
Pa	0.07
Pb	0.89
Pc	0.57
Qa	0.08
Qb	0.07
Qc	0.04

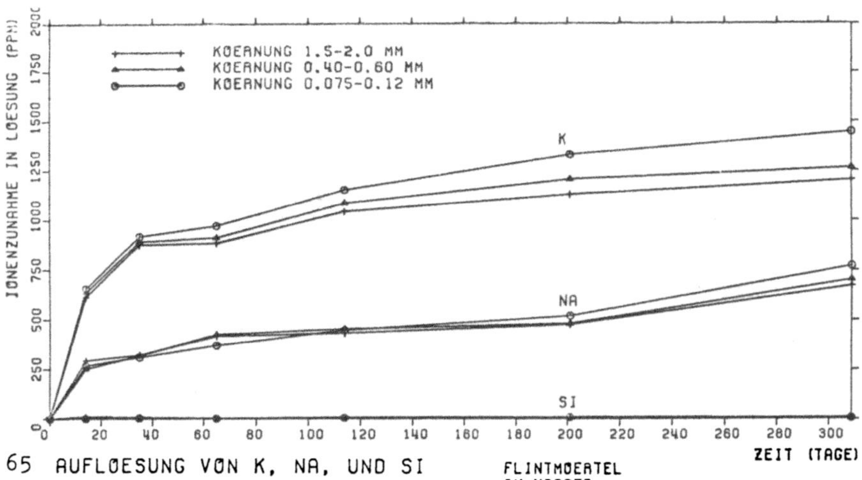

Abb. 65 AUFLOESUNG VON K, NA, UND SI FLINTMOERTEL IN WASSER

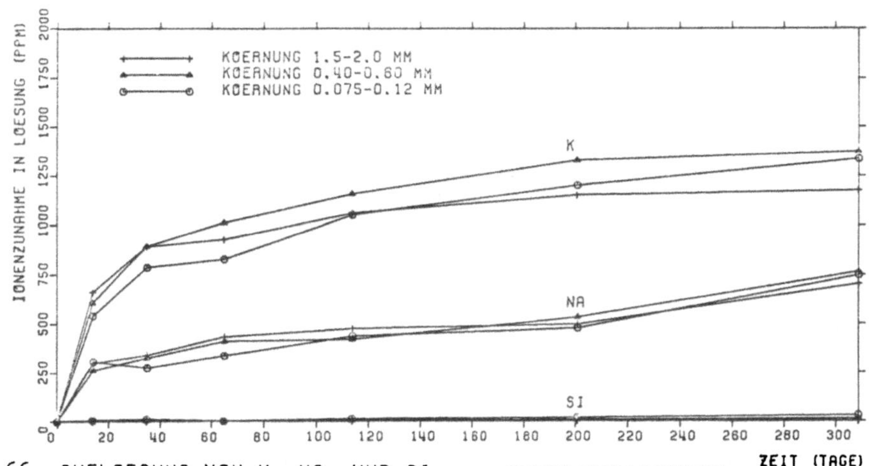

Abb. 66 AUFLOESUNG VON K, NA, UND SI BOROSILIKATGLASMOERTEL IN WASSER

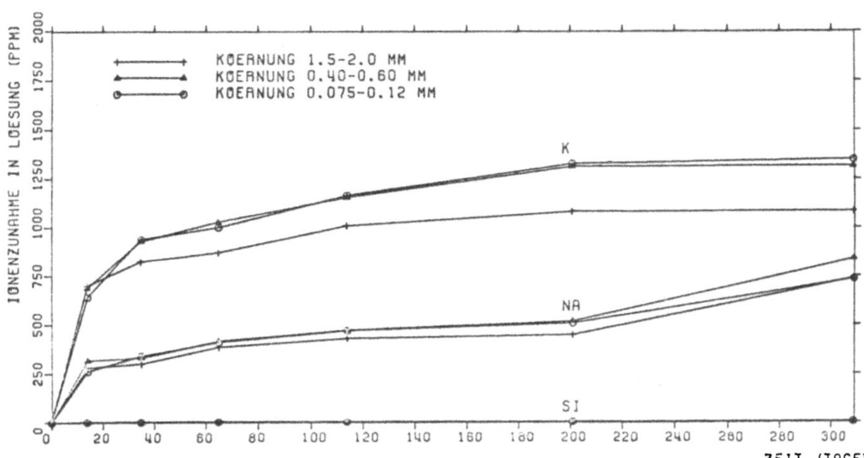

Abb. 67 AUFLOESUNG VON K, NA, UND SI QUARZMOERTEL IN WASSER

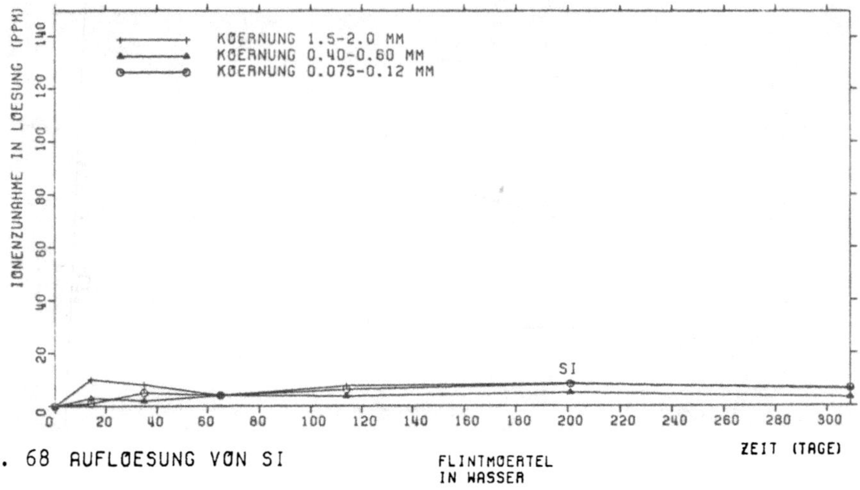

Abb. 68 AUFLOESUNG VON SI

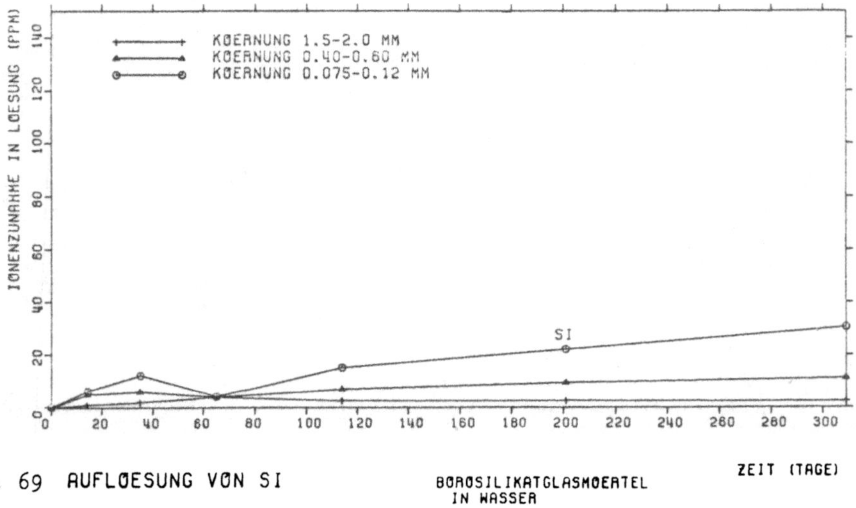

Abb. 69 AUFLOESUNG VON SI

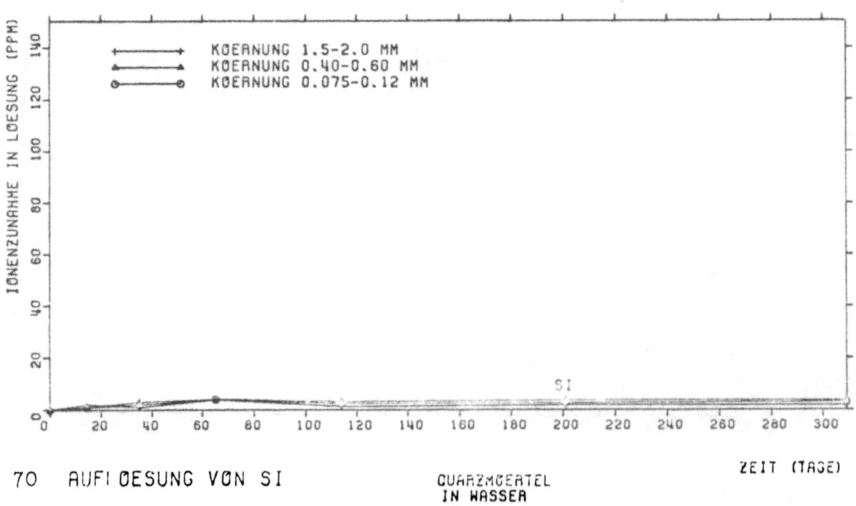

Abb. 70 AUFLOESUNG VON SI

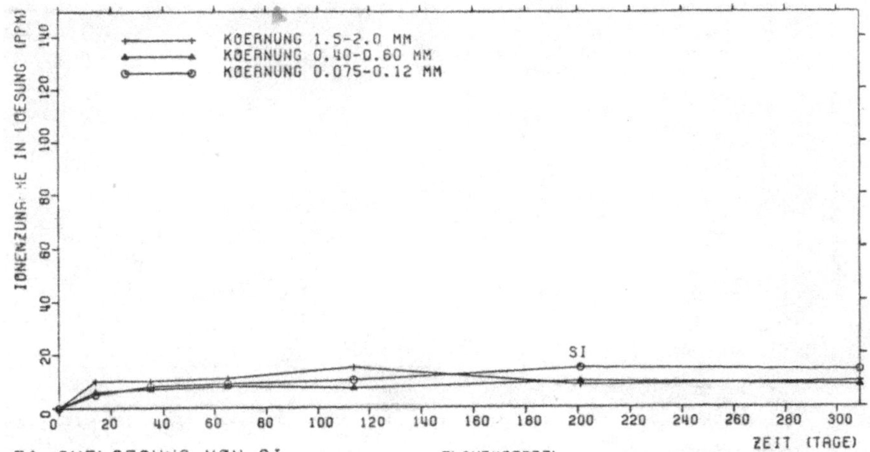

Abb. 71 AUFLOESUNG VON SI FLINTMOERTEL IN 0.025 N NAOH-KOH-LOESUNG

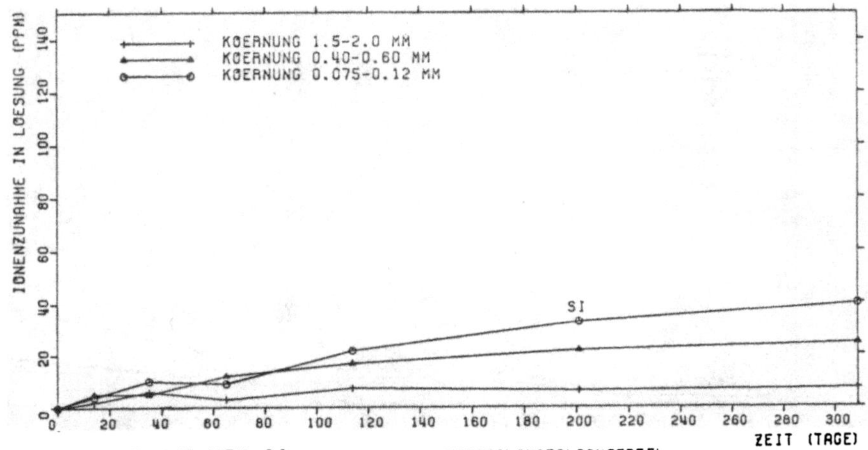

Abb. 72 AUFLOESUNG VON SI BOROSILIKATGLASMOERTEL IN 0.025 N NAOH-KOH-LOESUNG

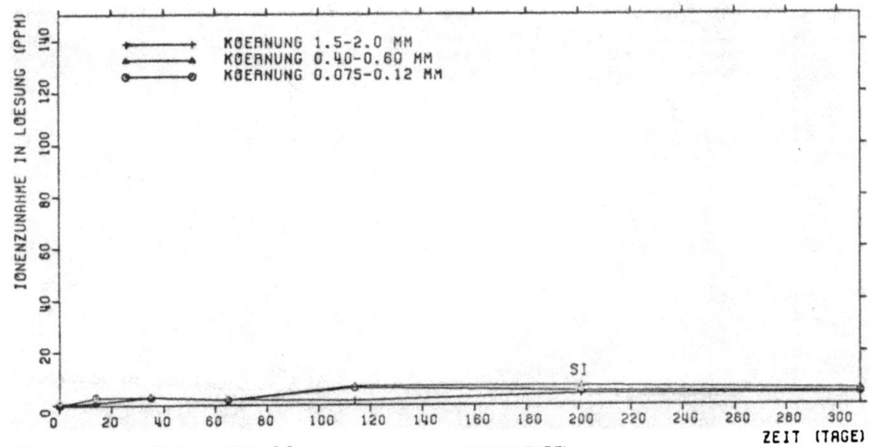

Abb. 73 AUFLOESUNG VON SI QUARZMOERTEL IN 0.025 N NAOH-KOH-LOESUNG

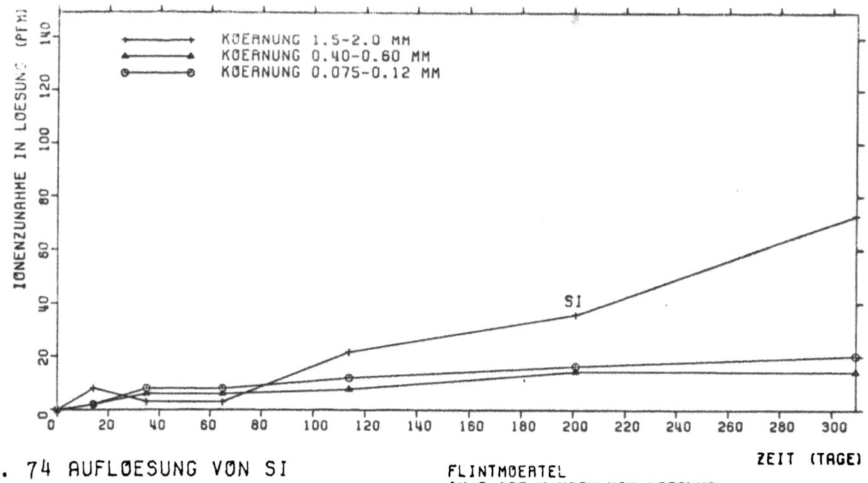

Abb. 74 AUFLØESUNG VØN SI

FLINTMOERTEL
IN 0.125 N NAOH-KOH-LOESUNG

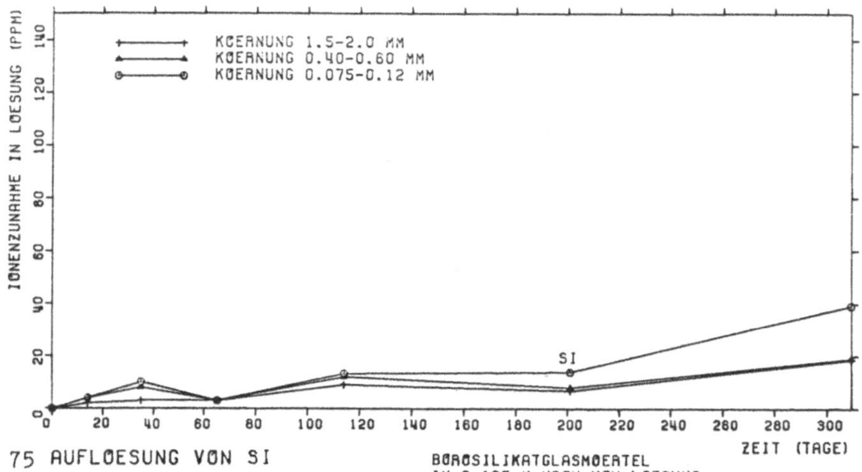

Abb. 75 AUFLØESUNG VØN SI

BOROSILIKATGLASMOERTEL
IN 0.125 N NAOH-KOH-LOESUNG

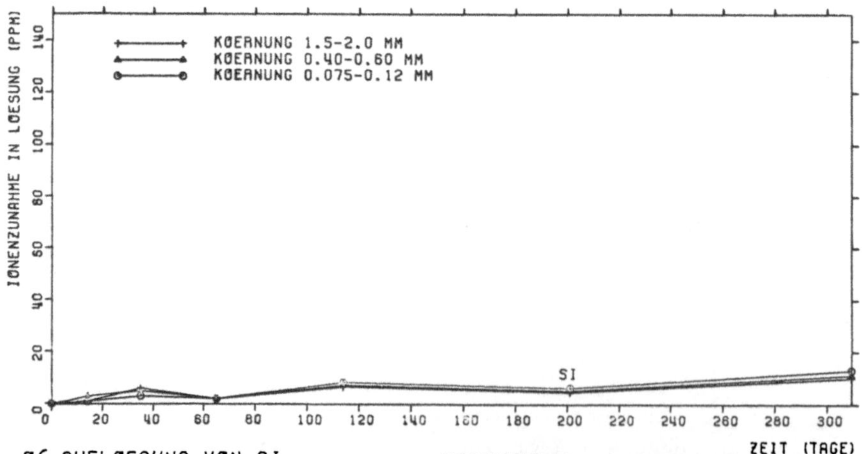

Abb. 76 AUFLØESUNG VØN SI

QUARZMOERTEL
IN 0.125 N NAOH-KOH-LOESUNG

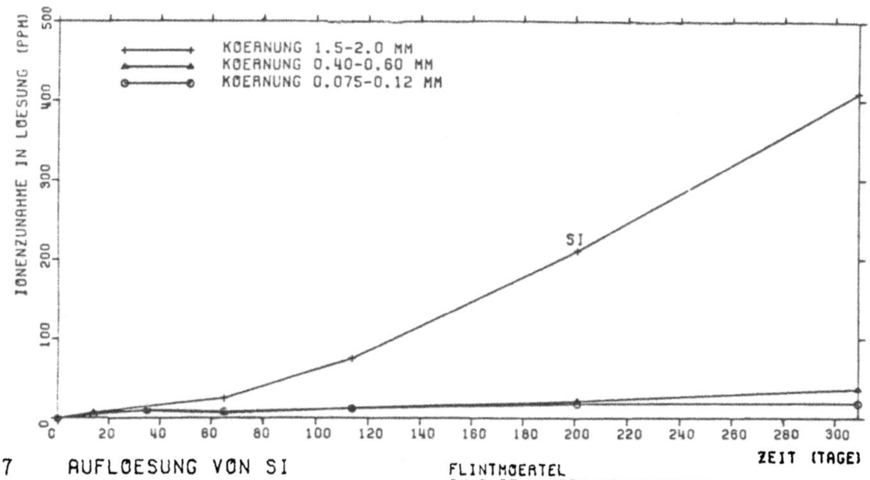

Abb. 77 AUFLOESUNG VON SI
FLINTMOERTEL
IN 0.25 N NAOH-KOH-LOESUNG

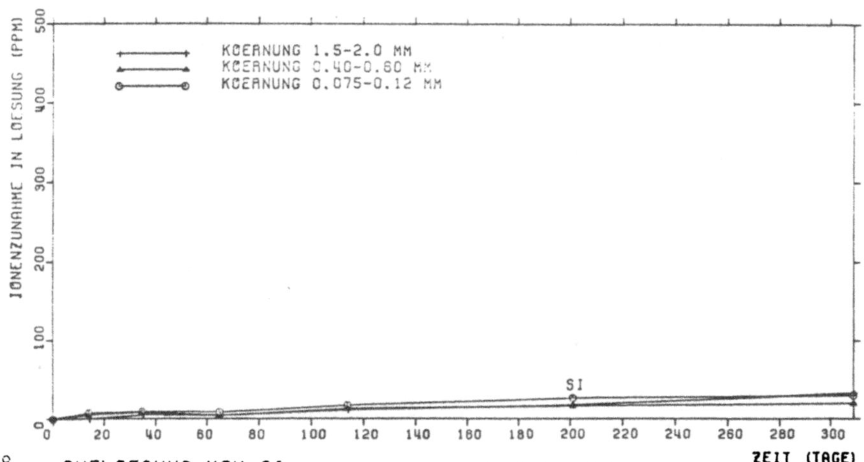

Abb. 78 AUFLOESUNG VON SI
BOROSILIKATGLASMOERTEL
IN 0.25 N NAOH-KOH-LOESUNG

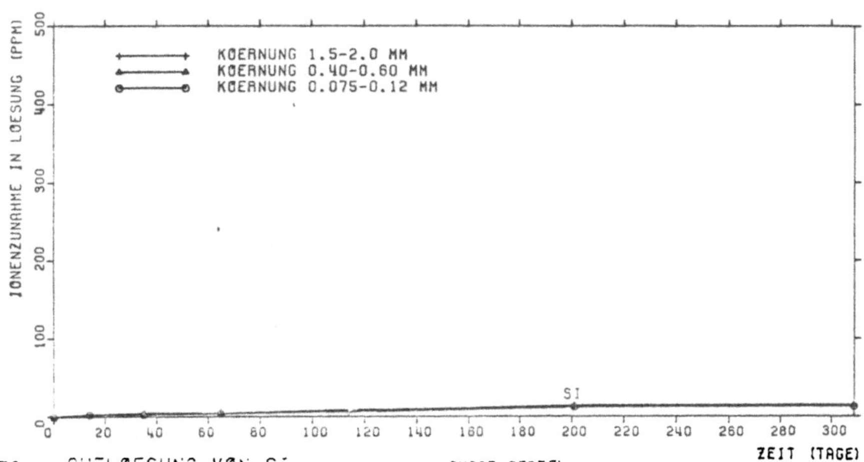

Abb. 79 AUFLOESUNG VON SI
QUARZMOERTEL
IN 0.25 N NAOH-KOH-LOESUNG

VERSUCHSREIHE: C

Tabelle 29:

Ausgangslösung: H_2O (1)

gem. Ion	Probe	Ionenzunahme (ppm)				
Zeit (Tage)		21	62	135	247	450
Na	Fa	240	340	472	419	260
	Fb	241	390	505	418	241
	Fc	244	412	500	419	243
	Fd	236	392	495	419	242
	Pa	168	235	264	349	180
	Pb	244	390	481	416	251
	Pc	272	456	528	433	250
	Pd	248	427	495	433	238
	Q	264	411	495	439	253
K	Fa	696	960	1102	1111	1101
	Fb	689	932	1061	1069	1087
	Fc	687	964	1055	1028	1072
	Fd	651	945	1034	944	1028
	Pa	419	543	561	647	764
	Pb	678	938	1041	936	1025
	Pc	755	1026	1081	912	1068
	Pd	687	971	1014	809	990
	Q	723	982	1069	867	1035
Si	Fa	0	0	1	1	1
	Fb	0	0	1	1	2
	Fc	0	0	1	1.5	2
	Fd	0	0	0.5	2	2
	Pa	0	0	2	1.5	2
	Pb	0	0	1	1	1.5
	Pc	0	0	1	1.5	1
	Pd	0	0	1.5	2	2
	Q	0	0	1	2	1

VERSUCHSREIHE: C

Tabelle 30:

Ausgangslösung: H_2O (2)

gem. Ion	Probe	Ionenzunahme (ppm)				
Zeit (Tage)		21	62	135	247	450
Na	Fa	262	355	415	426	241
	Fb	254	387	471	419	242
	Fc	256	410	483	426	242
	Fd	264	391	452	406	232
	Pa	184	226	250	368	179
	Pb	248	378	483	426	247
	Pc	288	441	518	425	252
	Pd	252	450	509	426	246
	Q	292	440	495	425	252
K	Fa	691	916	1010	1055	1058
	Fb	672	964	1037	1000	1040
	Fc	701	971	1020	925	1035
	Fd	698	960	991	842	1000
	Pa	445	570	573	592	760
	Pb	676	947	1048	851	1032
	Pc	727	1026	1067	796	1049
	Pd	718	1008	1057	796	1007
	Q	727	1004	1110	833	1077
Si	Fa	0	0	1	1	1
	Fb	0	0	1.5	1	1
	Fc	0	0	1	1	2
	Fd	0	0	1	1	1
	Pa	0	0	2.5	2	2
	Pb	0	0	1	1	1.5
	Pc	0	0	1	1	1
	Pd	0	0	1	1	1
	Q	0	0	1.5	1	2

VERSUCHSREIHE: C

Tabelle 31:

Ausgangslösung: H_2O (3)

gem. Ion	Probe	Ionenzunahme (ppm)				
Zeit (Tage)		21	62	135	247	450
Na	Fa	406	439	501	438	247
	Fb	401	424	461	427	235
	Fc	410	416	466	427	229
	Fd	413	454	483	432	238
	Pa	312	350	378	406	218
	Pb	410	440	500	432	248
	Pc	450	440	500	438	239
	Pd	428	435	493	432	239
	Q	429	430	483	427	239
K	Fa	984	1037	1163	1158	1115
	Fb	951	984	1061	1094	1021
	Fc	942	989	1053	1079	1007
	Fd	990	1026	1122	1042	1030
	Pa	759	850	877	860	957
	Pb	932	1048	1071	1100	1077
	Pc	961	1032	1092	1000	1047
	Pd	980	1004	1097	947	1037
	Q	957	1015	1091	789	995
Si	Fa	0	0	1	1	1
	Fb	0	0	1	1	1.5
	Fc	0	0	1	1	1
	Fd	0	0	1	1	1.5
	Pa	0	0	1	1	1.5
	Pb	0	0	1	1	1
	Pc	0	0	1	1	1
	Pd	0	0	1	1	2
	Q	0	0	1.5	1	1

VERSUCHSREIHE: C

Tabelle 32:

Ausgangslösung H_2O (4)

gem. Ion	Probe	Ionenzunahme (ppm)				
Zeit (Tage)		21	62	135	247	450
Na	Fa	34	52	47	94	26
	Fb	38	52	49	89	28
	Fc	44	57	52	78	27
	Fd	41	53	44	88	27
	Pa	38	66	68	125	46
	Pb	40	63	54	98	38
	Pc	41	60	57	98	26
	Pd	42	54	62	94	37
	Q	48	59	52	89	29
K	Fa	203	213	259	258	249
	Fb	228	275	273	359	258
	Fc	223	246	240	252	240
	Fd	226	220	251	234	235
	Pa	201	208	226	223	230
	Pb	232	225	275	262	282
	Pc	248	241	273	248	268
	Pd	232	258	289	269	275
	Q	239	266	289	262	277
Si	Fa	0	0	1	1	1
	Fb	0	0	1	1	1
	Fc	0	0	1	1	2
	Fd	0	0	1	1	1
	Pa	0	0	1	1	1
	Pb	0	0	1	1	1
	Pc	0	0	1	1	1
	Pd	0	0	1	1	1
	Q	0	0	1.5	0.5	1

VERSUCHSREIHE: C

Tabelle 33:

Ausgangslösung: 0.25 n NaCl/KCl-Lösung (1), (2), (3), (4)

gem. Ion	Probe	Ionenzunahme (ppm)				
Zeit (Tage)		62	135	247	450	
Si	Fa	7.0	3.5	3.0	1.4	(1)
	Fb	6.0	4.0	3.0	1.0	
	Fc	7.0	3.5	3.0	0.8	
	Fd	8.0	4.0	3.0	1.2	
	Pa	6.0	5.0	4.0	2.5	
	Pb	5.0	4.5	3.0	1.2	
	Pc	5.0	4.5	3.0	1.3	
	Pd	5.0	3.0	3.0	1.4	
	Q	4.5	3.5	3.0	1.4	
Si	Fa	4.5	4.0	3.0	1.5	(2)
	Fb	4.5	3.5	3.0	1.0	
	Fc	5.0	3.0	3.0	1.7	
	Fd	5.0	3.5	3.0	1.8	
	Pa	8.0	5.5	4.0	3.1	
	Pb	7.0	3.5	3.0	2.3	
	Pc	5.0	4.0	2.5	1.3	
	Pd	5.0	3.5	2.5	2.6	
	Q	5.0	3.5	2.5	2.4	
Si	Fa	5.0	3.5	3.5	1.8	(3)
	Fb	5.0	3.5	3.5	1.6	
	Fc	5.0	4.0	3.0	1.8	
	Fd	5.0	4.5	3.0	1.5	
	Pa	5.0	5.0	4.0	2.5	
	Pb	5.0	4.5	2.5	1.5	
	Pc	5.0	3.0	3.0	2.0	
	Pd	5.0	3.0	3.0	1.5	
	Q	5.0	3.5	3.0	2.0	
Si	Fa	5.0	3.7	3.5	2.0	(4)
	Fb	5.0	2.8	3.5	1.5	
	Fc	5.0	2.5	3.0	1.3	
	Fd	5.0	2.3	3.0	2.0	
	Pa	5.0	4.1	4.5	2.7	
	Pb	5.0	2.9	3.0	2.0	
	Pc	5.0	3.0	3.0	1.5	
	Pd	5.0	2.2	3.0	1.5	
	Q	5.0	2.4	3.0	1.5	

VERSUCHSREIHE: C

Tabelle 34:

Ausgangslösung: 1 n NaCl/KCl-Lösung (1), (2), (3), (4)

gem. Ion	Probe	Ionenzunahme (ppm)				
Zeit (Tage)		62	135	247	450	
	Fa	11.0	4.5	8.0	5.0	
	Fb	8.0	5.5	6.5	4.0	
	Fc	9.0	5.0	7.5	4.0	
	Fd	9.0	6.5	7.0	4.5	
Si	Pa	10.0	7.5	7.5	4.5	(1)
	Pb	9.0	6.0	6.5	4.1	
	Pc	8.0	6.0	6.5	4.3	
	Pd	9.0	5.5	7.0	4.5	
	Q	8.0	5.5	6.5	4.0	
	Fa	9.0	8.5	7.5	4.5	
	Fb	7.0	7.5	6.5	4.0	
	Fc	9.0	8.0	6.5	4.4	
	Fd	7.0	7.5	6.5	4.6	
Si	Pa	10.0	10.5	7.5	5.8	(2)
	Pb	8.0	8.5	6.0	4.0	
	Pc	9.0	8.5	5.0	3.7	
	Pd	9.0	9.0	5.5	3.8	
	Q	7.0	9.5	6.0	4.5	
	Fa	8.0	9.0	5.5	4.0	
	Fb	7.0	8.5	6.5	3.7	
	Fc	7.0	8.5	6.5	3.5	
	Fd	6.0	9.0	7.0	3.7	
Si	Pa	9.0	10.5	7.0	4.8	(3)
	Pb	7.5	10.0	6.0	4.0	
	Pc	6.0	9.0	6.0	3.6	
	Pd	6.0	8.5	6.0	3.4	
	Q	6.0	8.5	6.0	3.8	
	Fa	7.0	11.0	6.5	4.5	
	Fb	8.0	10.0	6.5	4.2	
	Fc	10.0	10.0	6.0	5.0	
	Fd	11.0	9.5	6.5	4.6	
Si	Pa	12.0	11.0	7.0	5.0	(4)
	Pb	9.0	10.0	6.5	4.5	
	Pc	7.0	10.5	6.5	4.3	
	Pd	5.0	9.0	5.0	4.0	
	Q	5.0	9.0	5.5	4	

<u>VERSUCHSREIHE:</u> C

Tabelle 35:

Ausgangslösung: 0.25 n NaOH/KOH-Lösung (1), (2), (3), (4)

gem. Ion	Probe	Ionenzunahme (ppm)					
Zeit (Tage)		21	62	135	247	450	
	Fa		8.7	8.6	8.7	8.3	
	Fb		8.0	7.2	5.8	5.2	
	Fc		8.0	6.6	6.0	4.9	
	Fd		8.0	6.4	6.1	5.4	
Si	Pa		11.9	14.1	15.2	12.9	(1)
	Pb		7.7	7.9	6.7	4.9	
	Pc		7.3	7.8	5.5	3.1	
	Pd		7.2	6.5	6.0	4.3	
	Q		7.3	7.8	7.8	5.3	
	Fa		7.3	8.8	8.6	8.6	
	Fb		5.5	7.0	5.3	3.5	
	Fc		4.7	8.7	6.3	5.8	
	Fd		6.2	7.1	7.5	9.9	
Si	Pa		10.9	17.1	18.2	17.4	(2)
	Pb		7.7	9.1	7.5	6.1	
	Pc		7.7	8.6	7.5	5.4	
	Pd		7.7	8.6	7.5	4.8	
	Q		7.7	8.6	8.1	5.9	
	Fa		6.7	9.5	8.1	7.8	
	Fb		6.0	7.1	4.6	3.0	
	Fc		5.6	7.4	5.4	3.7	
	Fd		6.2	5.9	5.7	4.5	
Si	Pa		12.9	13.5	15.0	13.1	(3)
	Pb		5.6	7.6	6.9	5.3	
	Pc		6.7	7.4	6.9	4.9	
	Pd		5.6	7.5	6.9	4.4	
	Q		5.6	7.5	6.9	5.0	
	Fa		6.0	5.7	4.6	3.4	
	Fb		6.4	7.6	9.2	8.3	
	Fc		5.3	6.7	4.6	4.2	
	Fd		5.3	6.7	5.2	3.1	
Si	Pa		11.1	13.9	14.4	12.9	(4)
	Pb		5.3	6.3	5.8	4.7	
	Pc		4.8	6.8	5.4	4.0	
	Pd		4.8	6.3	4.8	3.7	
	Q		4.8	7.9	5.8	4.2	

VERSUCHSREIHE: C

Tabelle 36:

Ausgangslösung: 1 n NaOH/KOH-Lösung (1), (2), (3), (4)

gem. Ion	Probe	Ionenzunahme (ppm)				
Zeit (Tage)		62	135	247	450	
Si	Fa	31.3	36.1	32.1	35.5	(1)
	Fb	29.2	31.4	29.8	29.3	
	Fc	31.3	32.2	38.7	78.5	
	Fd	30.0	34.2	44.7	288.3	
	Pa	45.6	54.0	52.4	49.3	
	Pb	30.5	33.1	32.7	34.1	
	Pc	33.4	33.9	33.1	35.6	
	Pd	33.9	32.2	32.7	36.9	
	Q	29.7	32.2	30.0	24.3	
Si	Fa	30.9	33.1	35.4	39.5	(2)
	Fb	28.7	29.1	31.2	32.2	
	Fc	30.9	32.5	41.6	135.6	
	Fd	29.8	33.7	57.3	357.5	
	Pa	45.8	49.8	52.1	45.8	
	Pb	30.4	32.8	32.2	32.5	
	Pc	29.8	30.6	30.2	36.9	
	Pd	29.1	30.6	30.2	41.5	
	Q	29.1	30.0	28.1	24.6	
Si	Fa	31.3	33.5	47.3	41.6	(3)
	Fb	30.0	29.7	36.5	30.2	
	Fc	29.2	30.6	42.6	63.6	
	Fd	29.2	32.5	52.0	154.0	
	Pa	49.0	61.2	64.9	53.6	
	Pb	30.5	33.9	36.5	39.8	
	Pc	29.2	30.3	29.7	39.2	
	Pd	30.0	31.0	29.7	55.4	
	Q	30.0	29.3	23.6	24.6	
Si	Fa	31.3	29.1	30.2	26.9	(4)
	Fb	28.7	33.7	39.6	45.8	
	Fc	30.5	30.5	44.3	249.1	
	Fd	29.7	31.8	37.7	79.7	
	Pa	50.8	60.5	56.6	49.2	
	Pb	30.7	34.1	37.7	39.0	
	Pc	30.0	31.2	33.9	55.9	
	Pd	28.7	30.7	40.0	47.4	
	Q	28.8	30.8	26.4	23.4	

<u>VERSUCHSREIHE:</u> C

Tabelle 37:

Ausgangslösung: H_2O (1), (2), (3), (4)

		Längenänderung (%)	Ca in Lösung (ppm) ohne HCl	Ca in Lösung (ppm) mit HCl	PH
(1)	Fa	0.19	94	354	12.9
	Fb	0.21	298	488	12.9
	Fc	0.27	302	478	12.9
	Fd	0.20	370	520	12.9
	Pa	0.07	13	172	12.7
	Pb	0.05	179	383	12.9
	Pc	0.40	357	478	12.9
	Pd	0.17	264	469	12.9
	Q	0.14	187	344	12.9
(2)	Fa	0.23	169	326	12.8
	Fb	0.15	300	613	12.8
	Fc	0.13	357	691	12.8
	Fd	0.03	348	657	12.8
	Pa	0.08	43	190	12.7
	Pb	0.23	241	348	12.8
	Pc	0.50	243	447	12.8
	Pd	0.37	286	569	12.8
	Q	0.17	163	563	12.8
(3)	Fa	0.12	367	591	12.8
	Fb	0.09	612	780	12.8
	Fc	0.05	561	830	12.8
	Fd	0.00	575	829	12.8
	Pa	0.09	112	270	12.4
	Pb	0.05	381	610	12.8
	Pc	0.10	581	781	12.8
	Pd	0.14	571	859	12.8
	Q	0.04	510	730	12.8
(4)	Fa	0.03	620	880	12.7
	Fb	0.09	461	681	12.7
	Fc	0.08	688	1105	12.7
	Fd	0.08	631	1132	12.7
	Pa	0.12	159	294	12.4
	Pb	0.01	512	750	12.7
	Pc	0.08	569	1029	12.7
	Pd	0.11	564	881	12.7
	Q	0.06	520	733	12.7

VERSUCHSREIHE: C

Tabelle 38:

Ausgangslösung: 0.25 n NaCl-Lösung (1), (2), (3), (4)

		Längenänderung (%)	Ca in Lösung (ppm) ohne HCl	Ca in Lösung (ppm) mit HCl	PH
(1)	Fa	0.00	384	517	13.1
	Fb	0.06	597	846	13.1
	Fc	0.20	640	912	13.1
	Fd	0.17	626	905	13.1
	Pa	0.08	159	301	12.9
	Pb	0.11	512	700	13.1
	Pc	0.64	623	1009	13.1
	Pd	0.49	631	960	13.1
	Q	0.24	509	667	13.1
(2)	Fa	0.17	401	504	13.0
	Fb	0.10	568	798	13.0
	Fc	0.21	596	912	13.0
	Fd	0.13	604	952	13.0
	Pa	0.12	178	293	12.8
	Pb	0.17	522	765	13.0
	Pc	0.56	618	895	13.0
	Pd	0.73	634	1009	13.0
	Q	0.22	445	642	13.0
(3)	Fa	0.10	628	727	13.0
	Fb	0.24	717	1146	13.0
	Fc	0.10	793	1158	13.0
	Fd	0.04	771	1220	13.0
	Pa	0.03	243	406	12.8
	Pb	0.13	668	922	13.0
	Pc	0.21	798	1084	13.0
	Pd	0.28	858	1195	13.0
	Q	0.06	758	948	13.0
(4)	Fa	0.12	826	1183	13.0
	Fb	0.52	606	764	13.0
	Fc	0.24	787	1257	13.0
	Fd	0.01	805	1158	13.0
	Pa	0.32	227	419	12.7
	Pb	0.18	658	924	13.0
	Pc	0.15	758	1109	13.0
	Pd	0.01	632	1047	13.0
	Q	0.18	645	875	13.0

VERSUCHSREIHE: C

Tabelle 39:
Ausgangslösung: 1 n NaCl/KCl-Lösung (1), (2), (3), (4)

		Längenänderung (%)	Ca in Lösung (ppm) ohne HCl	Ca in Lösung (ppm) mit HCl	PH
(1)	Fa	0.01	424	404	13.0
	Fb	0.03	566	1230	13.0
	Fc	0.09	598	417	13.0
	Fd	0.10	666	699	13.0
	Pa	0.00	218	205	12.8
	Pb	0.16	468	531	13.0
	Pc	1.53	475	778	13.0
	Pd	1.19	691	722	13.0
	Q	0.17	463	484	13.0
(2)	Fa	0.04	446	460	13.0
	Fb	0.11	616	651	13.0
	Fc	0.22	608	754	13.0
	Fd	0.27	688	706	13.0
	Pa	0.04	216	221	12.8
	Pb	0.11	552	627	13.0
	Pc	1.51	680	1065	13.0
	Pd	1.01	701	874	13.0
	Q	0.14	476	460	13.0
(3)	Fa	0.08	644	682	12.9
	Fb	0.25	852	1089	12.9
	Fc	0.00	848	1124	12.9
	Fd	0.21	839	1391	12.9
	Pa	0.14	291	359	12.7
	Pb	0.15	669	794	12.9
	Pc	1.26	823	1363	12.9
	Pd	1.32	873	1347	12.9
	Q	0.06	810	874	12.9
(4)	Fa	0.13	934	1184	12.9
	Fb	0.12	669	598	12.9
	Fc	0.10	993	1073	12.9
	Fd	0.05	997	1089	12.9
	Pa	0.06	370	452	12.7
	Pb	0.18	817	866	12.9
	Pc	1.03	1168	1379	12.9
	Pd	1.44	1043	1432	12.9
	Q	0.12	778	730	12.9

VERSUCHSREIHE: C

Tabelle 40:

Ausgangslösung: 0.25 n NaOH/KOH-Lösung (1), (2), (3), (4)

		Längenänderung (%)	Ca in Lösung (ppm) ohne HCl	Ca in Lösung (ppm) mit HCl	PH
(1)	Fa	0.01	27	28	13.6
	Fb	0.08	59	52	13.6
	Fc	0.21	52	53	13.6
	Fd	0.36	58	52	13.6
	Pa	0.04	19	17	13.6
	Pb	0.43	54	43	13.6
	Pc	0.94	73	72	13.6
	Pd	0.76	68	60	13.6
	Q	0.05	46	55	13.6
(2)	Fa	0.03	27	29	13.6
	Fb	0.06	98	94	13.6
	Fc	0.01	48	58	13.6
	Fd	0.53	47	46	13.6
	Pa	0.00	15	17	13.6
	Pb	0.45	40	43	13.6
	Pc	0.84	30	43	13.6
	Pd	0.52	71	87	13.6
	Q	0.08	35	41	13.6
(3)	Fa	0.08	30	21	13.6
	Fb	0.06	62	54	13.6
	Fc	0.18	63	49	13.6
	Fd	0.07	62	29	13.6
	Pa	0.14	20	19	13.6
	Pb	0.22	42	57	13.6
	Pc	0.96	49	44	13.6
	Pd	0.69	47	47	13.6
	Q	0.22	57	34	13.6
(4)	Fa	0.08	72	12	13.6
	Fb	0.10	26	24	13.6
	Fc	0.10	62	68	13.6
	Fd	0.09	71	78	13.6
	Pa	0.05	14	46	13.6
	Pb	0.17	50	15	13.6
	Pc	0.67	58	57	13.6
	Pd	0.63	62	67	13.6
	Q	0.04	57	46	13.6

VERSUCHSREIHE: C

Tabelle 41:

Ausgangslösung: 1 n NaOH/KOH-Lösung (1), (2), (3), (4)

		Längenänderung (%)	Ca in Lösung (ppm) ohne HCl	Ca in Lösung (ppm) mit HCl	PH
(1)	Fa	0.00	22	37	13.8
	Fb	0.15	29	63	13.8
	Fc	0.17	5	62	13.8
	Fd	0.33	1	68	13.8
	Pa	0.10	13	40	13.8
	Pb	0.14	24	34	13.8
	Pc	0.28	24	36	13.8
	Pd	0.22	21	38	13.8
	Q	0.13	35	57	13.8
(2)	Fa	0.06	16	35	13.8
	Fb	0.27	24	47	13.8
	Fc	0.30	3	62	13.8
	Fd	0.30	2	65	13.8
	Pa	0.18	11	45	13.8
	Pb	0.22	18	38	13.8
	Pc	0.24	18	40	13.8
	Pd	0.27	17	43	13.8
	Q	0.16	30	47	13.8
(3)	Fa	0.14	12	45	13.8
	Fb	0.24	27	63	13.8
	Fc	0.26	9	82	13.8
	Fd	0.15	1	55	13.8
	Pa	0.08	6	57	13.8
	Pb	0.44	12	26	13.8
	Pc	0.30	19	34	13.8
	Pd	0.39	14	45	13.8
	Q	0.13	32	74	13.8
(4)	Fa	0.19	26	47	13.8
	Fb	0.19	9	36	13.8
	Fc	1.80	1	59	13.8
	Fd	0.36	7	36	13.8
	Pa	0.08	10	41	13.8
	Pb	0.39	12	33	13.8
	Pc	0.28	10	30	13.8
	Pd	0.19	15	30	13.8
	Q	0.18	29	54	13.8

VERSUCHSREIHE: C

Tabelle 42:

Probenlagerung in wasserdampfgesättigter Atmosphäre

	Längenänderung (%)
Fa	0.01
Fb	0.17
Fc	0.57
Fd	0.56
Pa	0.14
Pb	0.70
Pc	0.76
Pd	0.32
Q	0.06
Fa	0.05
Fb	0.61
Fc	0.91
Fd	1.18
Pa	0.00
Pb	0.27
Pc	0.46
Pd	0.31
Q	0.08
Fa	0.10
Fb	0.01
Fc	0.08
Fd	0.53
Pa	0.20
Pb	0.37
Pc	0.98
Pd	0.72
Q	0.05
Fa	0.08
Fb	0.08
Fc	0.11
Fd	0.03
Pa	0.08
Pb	0.24
Pc	0.42
Pd	0.36
Q	0.04

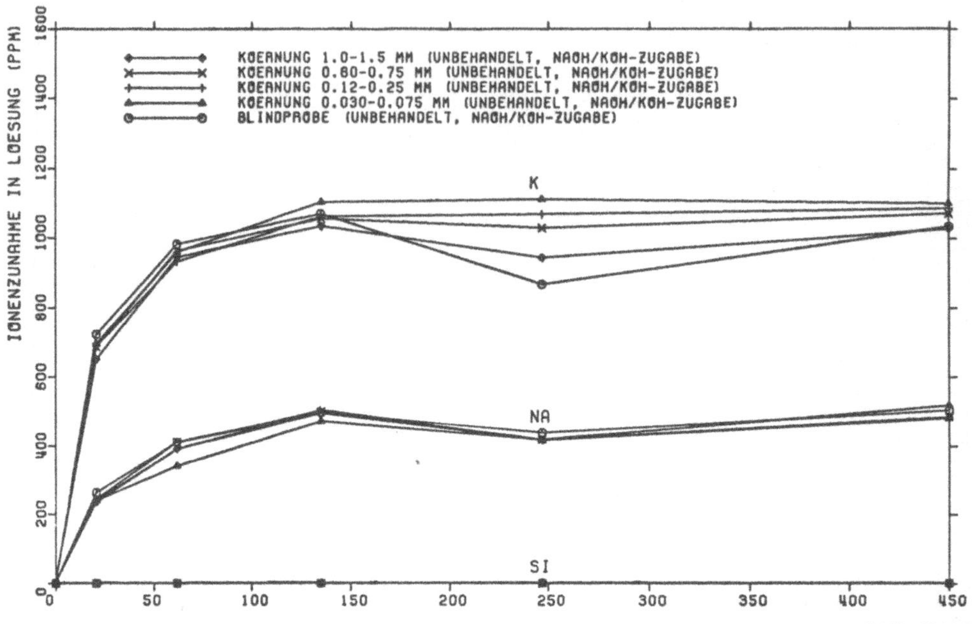

Abb. 80 AUFLOESUNG VON K, NA, UND SI FLINTMOERTEL IN WASSER

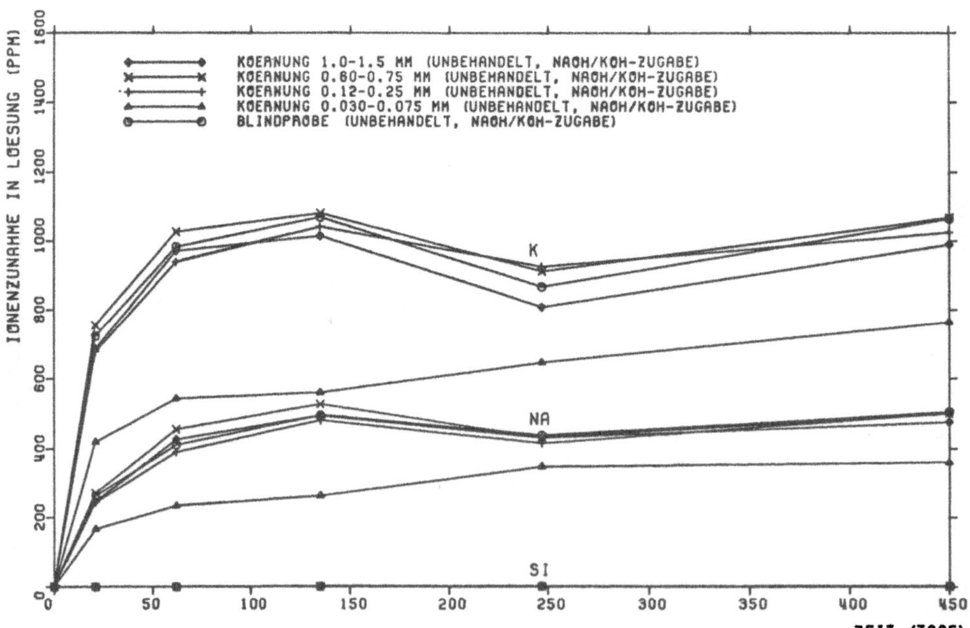

Abb. 81 AUFLOESUNG VON K, NA, UND SI BOROSILIKATGLASMOERTEL IN WASSER

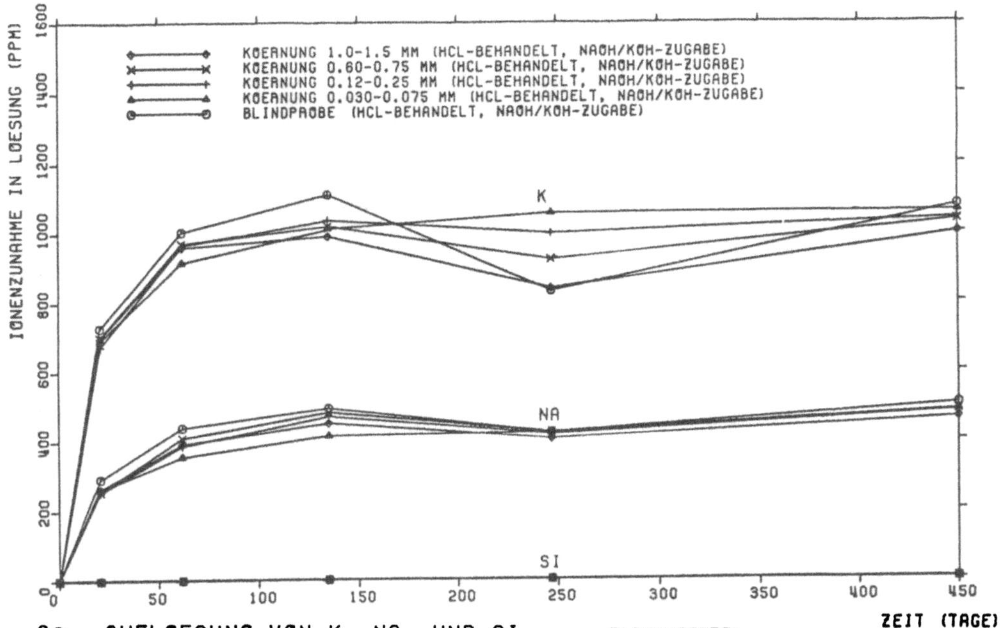

Abb. 82 AUFLOESUNG VON K, NA, UND SI FLINTMOERTEL IN WASSER

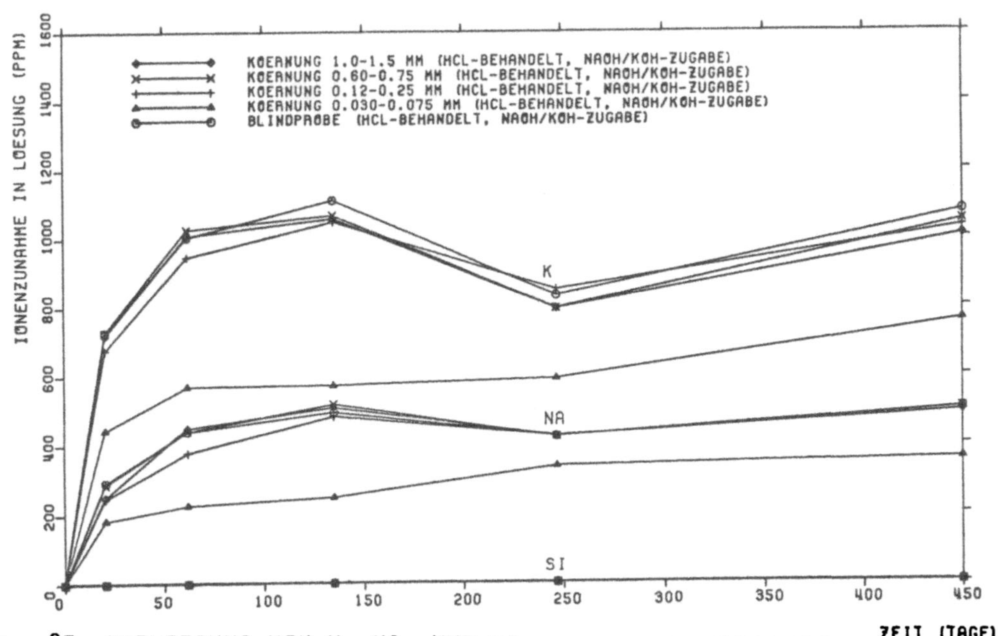

Abb. 83 AUFLOESUNG VON K, NA, UND SI BOROSILIKATGLASMOERTEL IN WASSER

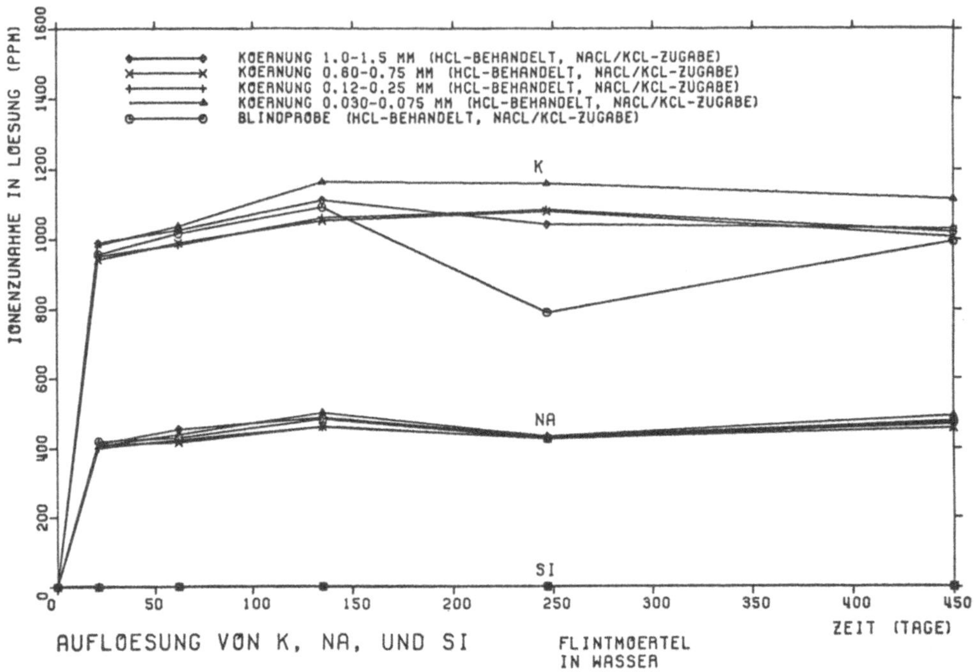
KOERNUNG 1.0-1.5 MM (HCL-BEHANDELT, NACL/KCL-ZUGABE)
KOERNUNG 0.60-0.75 MM (HCL-BEHANDELT, NACL/KCL-ZUGABE)
KOERNUNG 0.12-0.25 MM (HCL-BEHANDELT, NACL/KCL-ZUGABE)
KOERNUNG 0.030-0.075 MM (HCL-BEHANDELT, NACL/KCL-ZUGABE)
BLINDPROBE (HCL-BEHANDELT, NACL/KCL-ZUGABE)
IONENZUNAHME IN LOESUNG (PPM)
K
NA
SI
ZEIT (TAGE)
AUFLOESUNG VON K, NA, UND SI
FLINTMOERTEL IN WASSER

Abb. 84

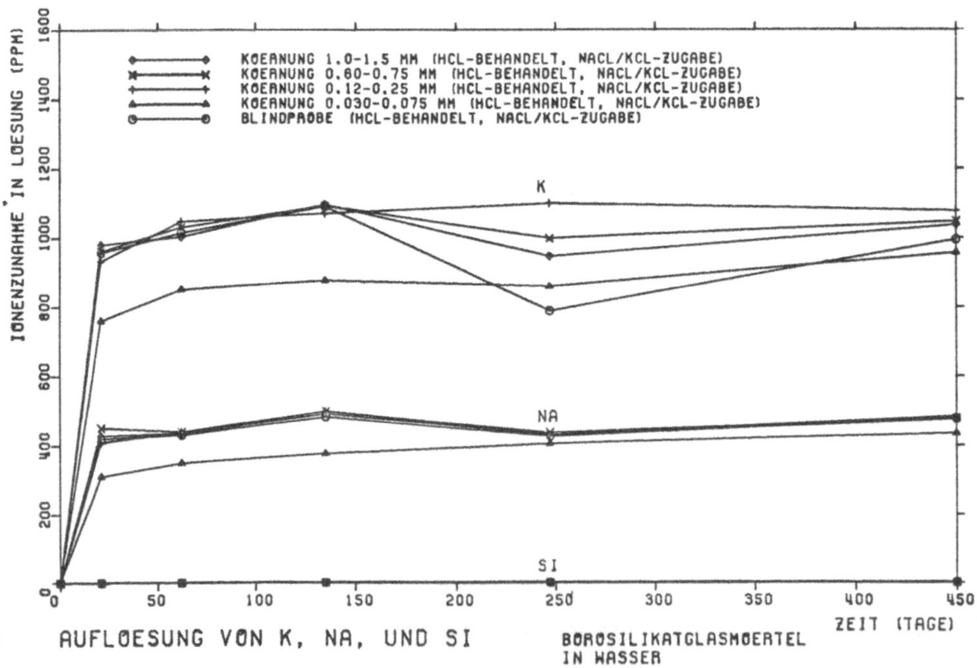
KOERNUNG 1.0-1.5 MM (HCL-BEHANDELT, NACL/KCL-ZUGABE)
KOERNUNG 0.60-0.75 MM (HCL-BEHANDELT, NACL/KCL-ZUGABE)
KOERNUNG 0.12-0.25 MM (HCL-BEHANDELT, NACL/KCL-ZUGABE)
KOERNUNG 0.030-0.075 MM (HCL-BEHANDELT, NACL/KCL-ZUGABE)
BLINDPROBE (HCL-BEHANDELT, NACL/KCL-ZUGABE)
IONENZUNAHME IN LOESUNG (PPM)
K
NA
SI
ZEIT (TAGE)
AUFLOESUNG VON K, NA, UND SI
BOROSILIKATGLASMOERTEL IN WASSER

Abb. 85

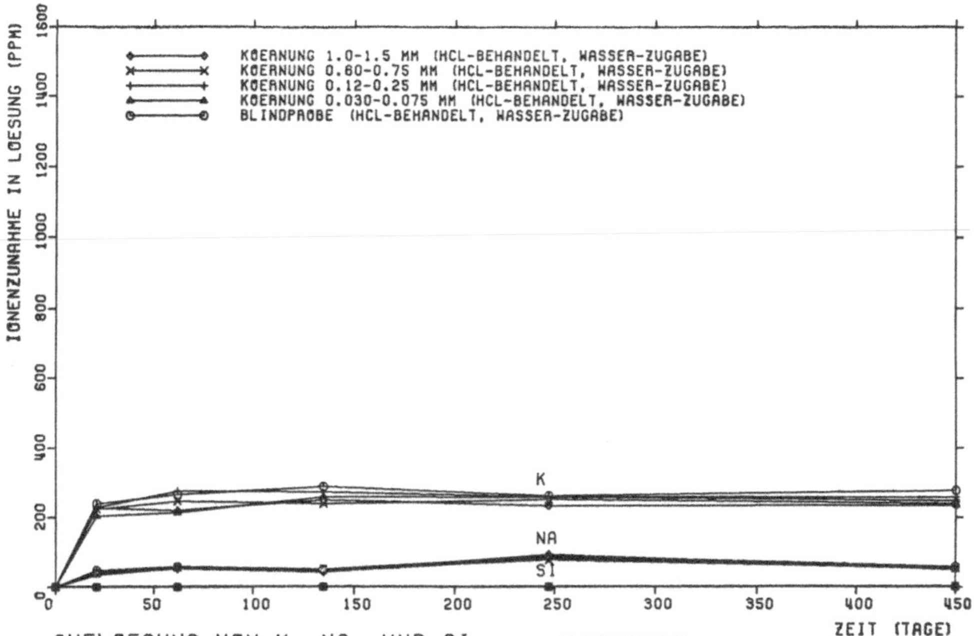

Abb. 86 AUFLOESUNG VON K, NA, UND SI FLINTMOERTEL IN WASSER

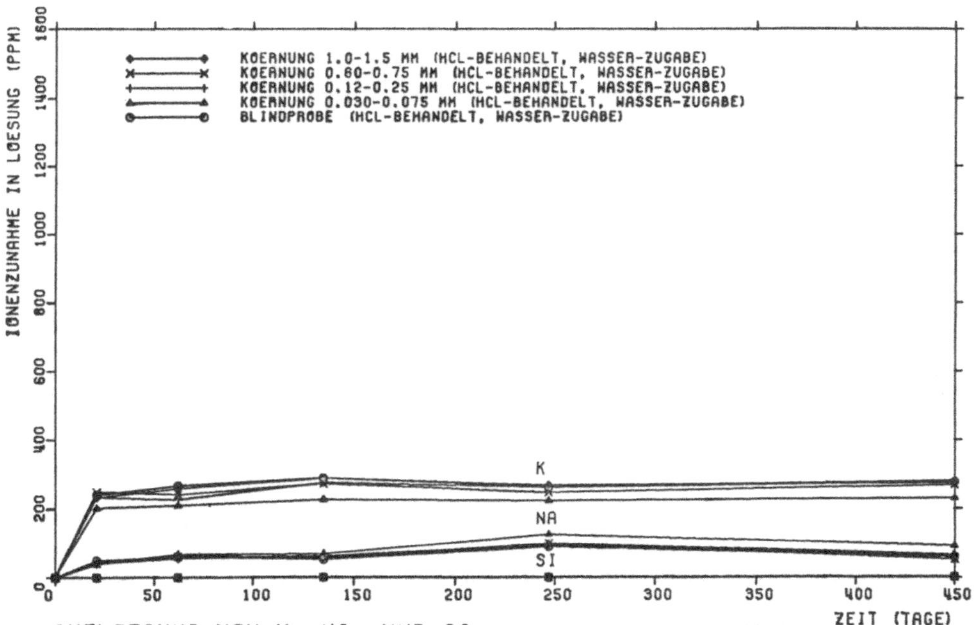

Abb. 87 AUFLOESUNG VON K, NA, UND SI BOROSILIKATGLASMOERTEL IN WASSER

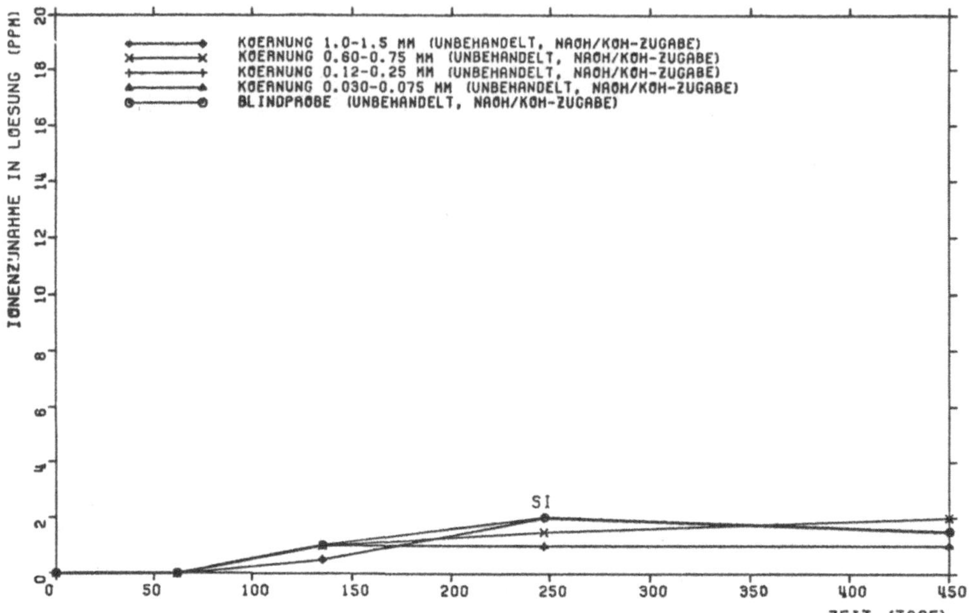

Abb. 88 AUFLOESUNG VON SI

FLINTMOERTEL
IN WASSER

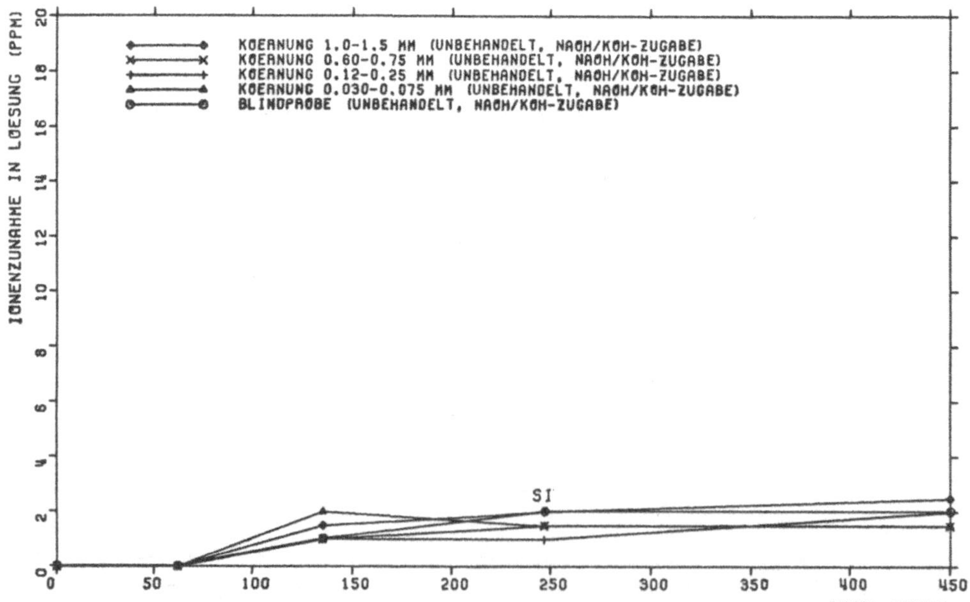

Abb. 89 AUFLOESUNG VON SI

BOROSILIKATGLASMOERTEL
IN WASSER

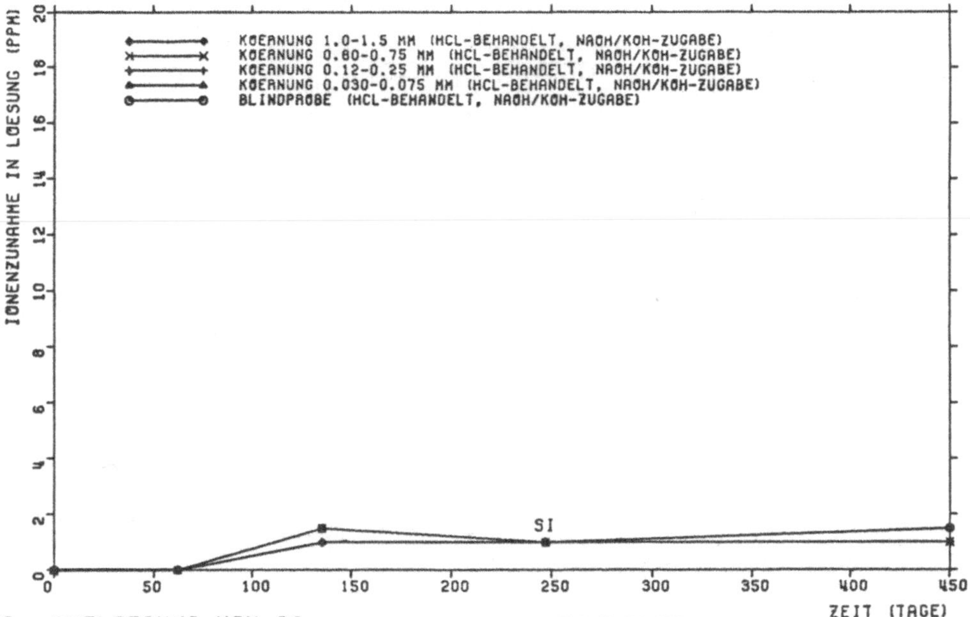

Abb. 90 AUFLOESUNG VON SI

FLINTMOERTEL
IN WASSER

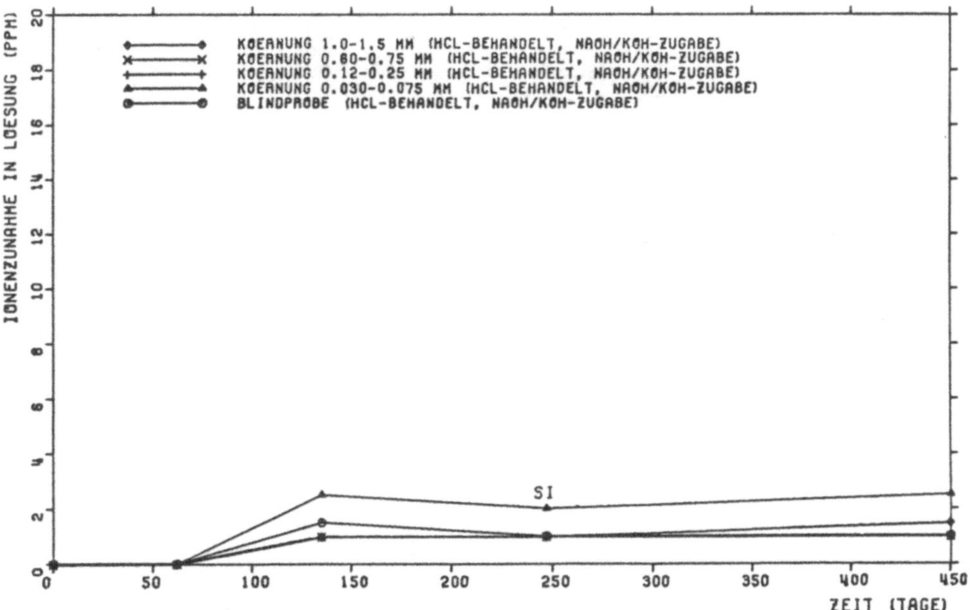

Abb. 91 AUFLOESUNG VON SI

BOROSILIKATGLASMOERTEL
IN WASSER

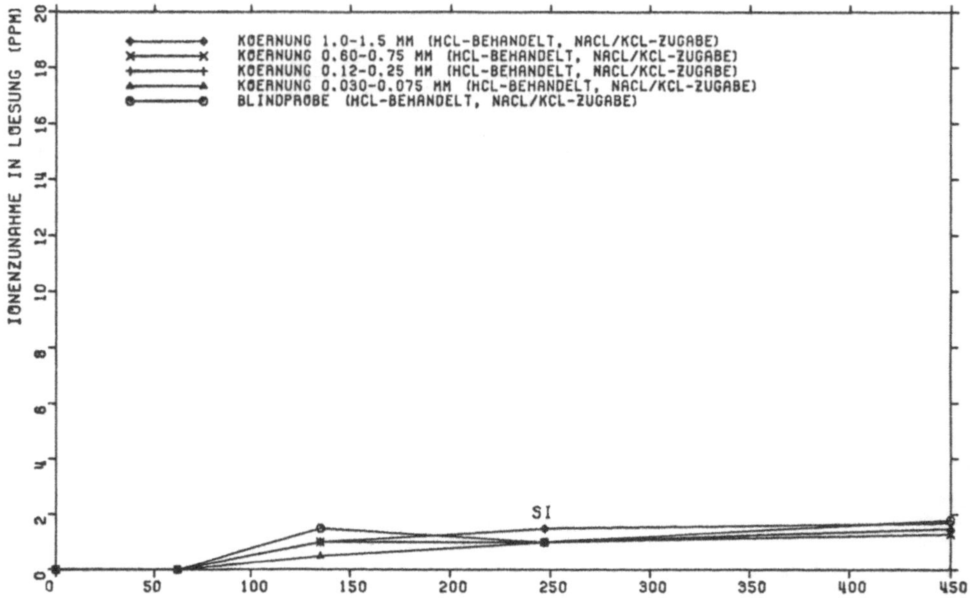

Abb. 92 AUFLOESUNG VON SI

FLINTMOERTEL
IN WASSER

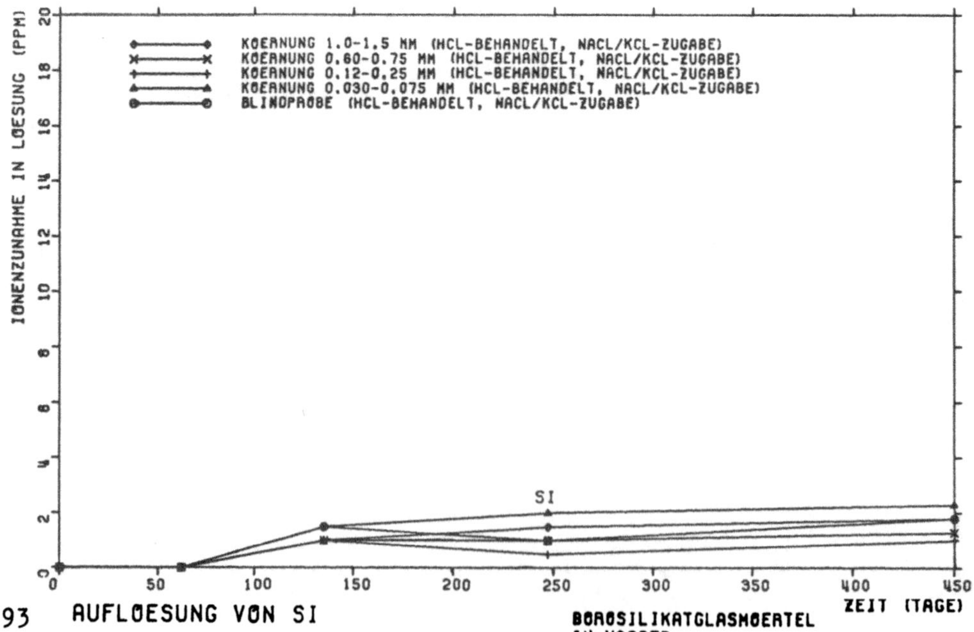

Abb. 93 AUFLOESUNG VON SI

BOROSILIKATGLASMOERTEL
IN WASSER

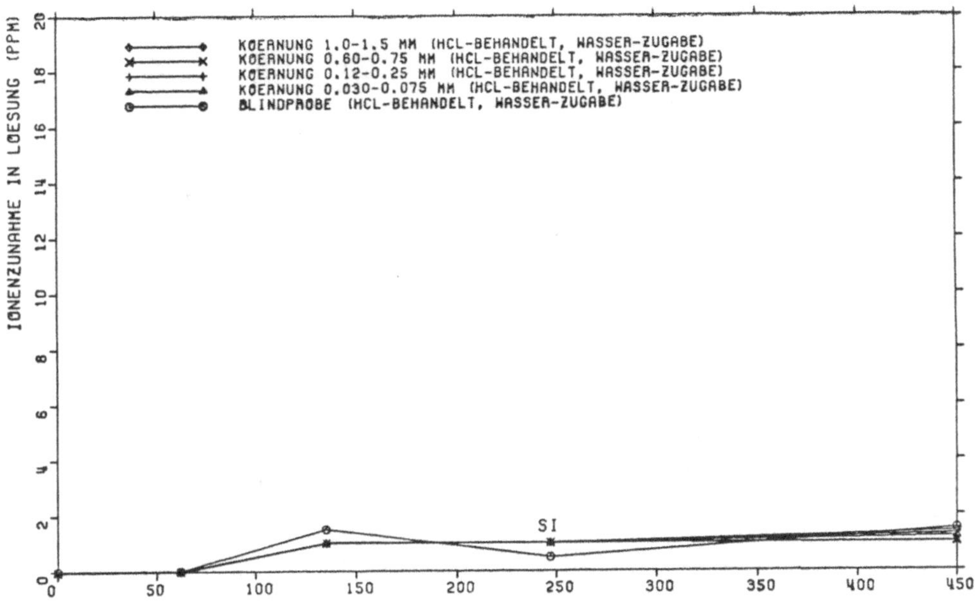

Abb. 94 AUFLOESUNG VON SI FLINTMOERTEL IN WASSER

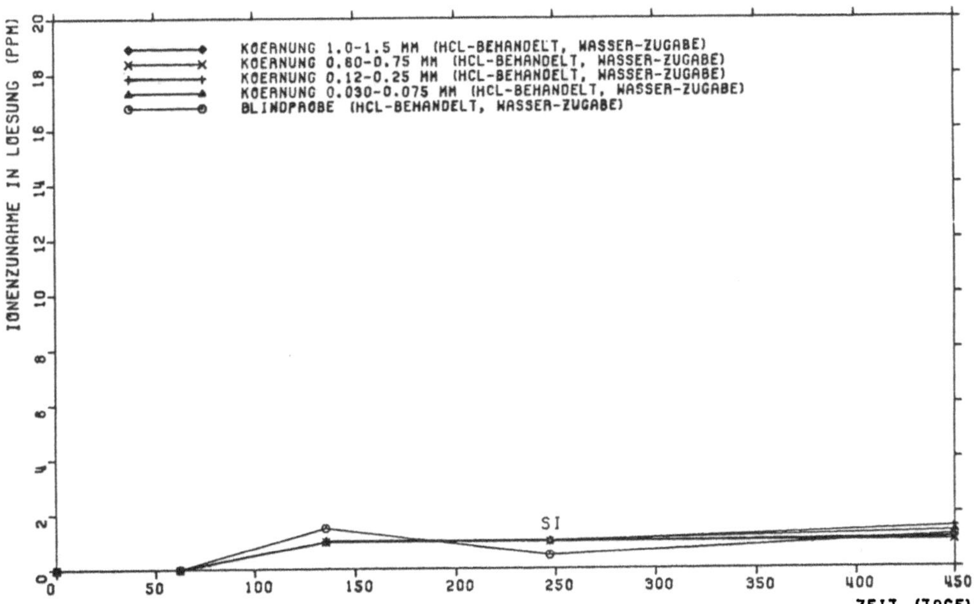

Abb. 95 AUFLOESUNG VON SI BOROSILIKATGLASMOERTEL IN WASSER

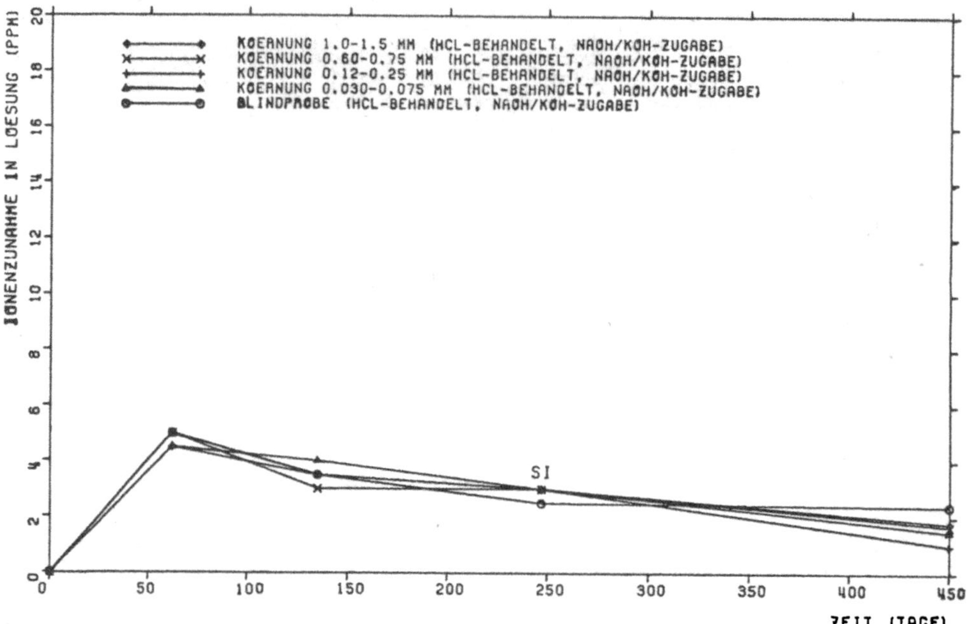

Abb. 96 AUFLOESUNG VON SI

FLINTMOERTEL
IN 0.25 N NACL-KCL-LOESUNG

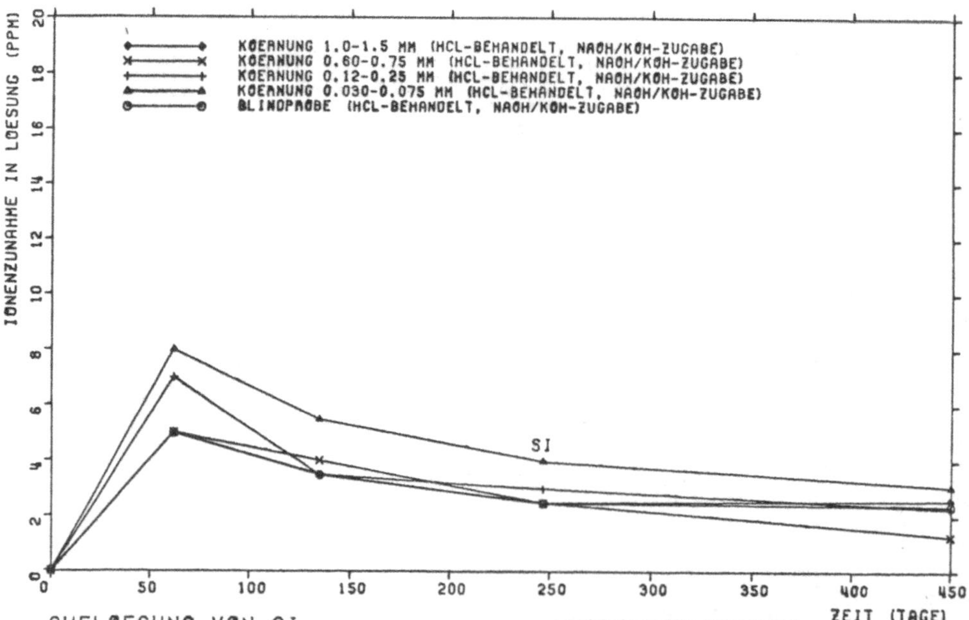

Abb. 97 AUFLOESUNG VON SI

BOROSILIKATGLASMOERTEL
IN 0.25 N NACL-KCL-LOESUNG

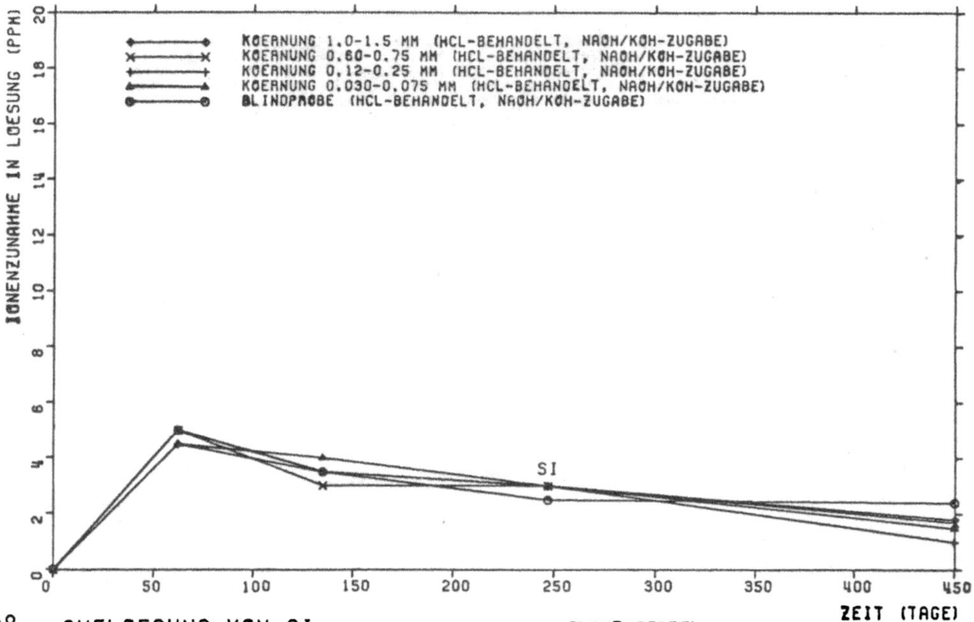

Abb. 98 AUFLOESUNG VON SI

FLINTMOERTEL
IN 0.25 N NACL-KCL-LOESUNG

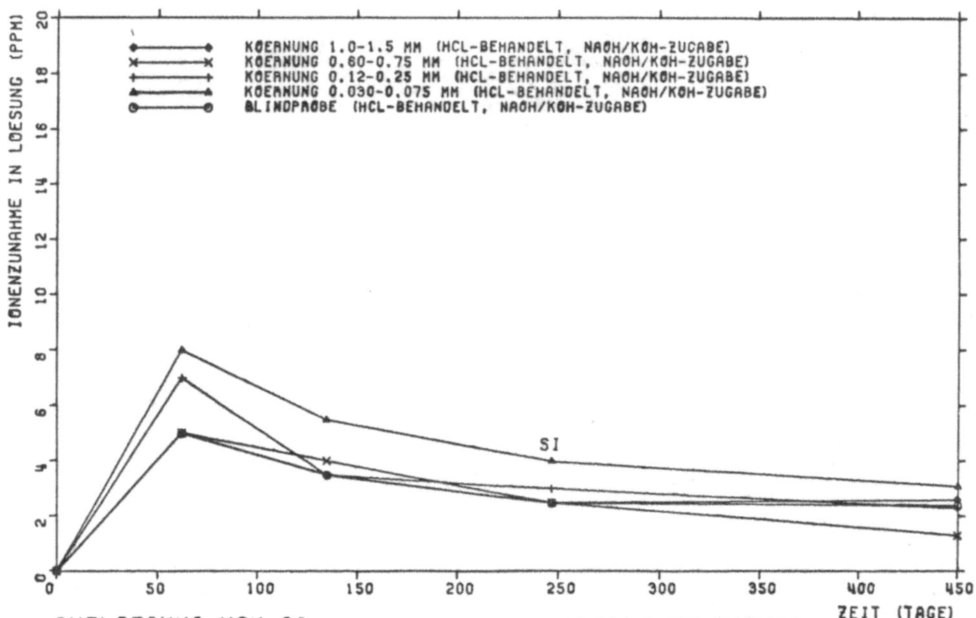

Abb. 99 AUFLOESUNG VON SI

BOROSILIKATGLASMOERTEL
IN 0.25 N NACL-KCL-LOESUNG

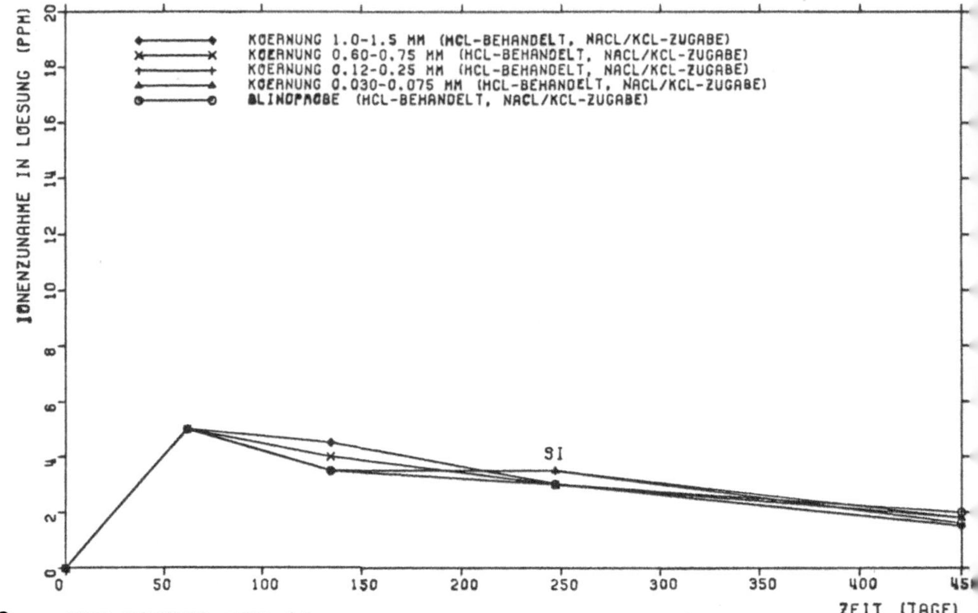

Abb. 100 AUFLOESUNG VON SI

FLINTMOERTEL
IN 0.25 N NACL-KCL-LOESUNG

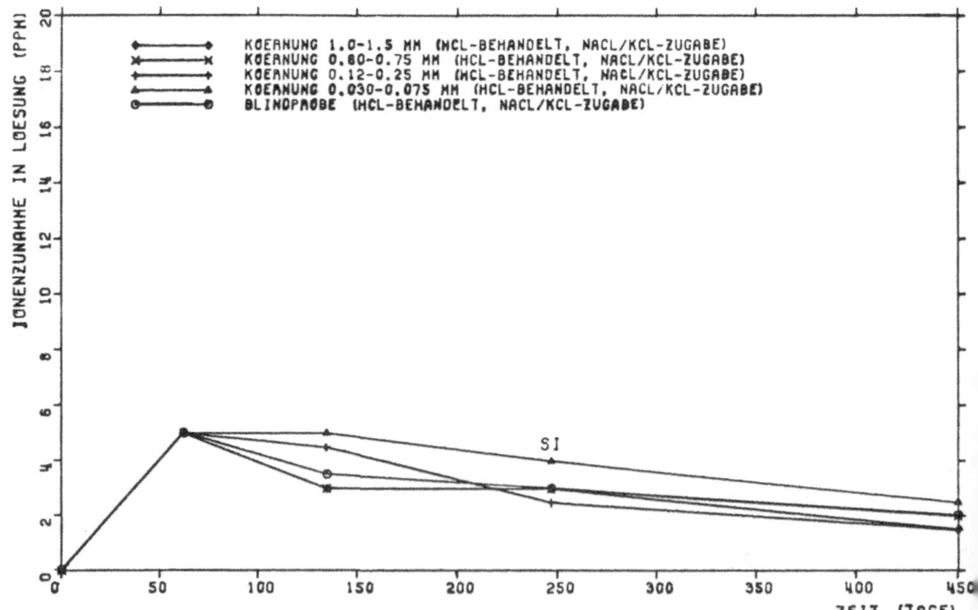

Abb. 101 AUFLOESUNG VON SI

BOROSILIKATGLASMOERTEL
IN 0.25 N NACL-KCL-LOESUNG

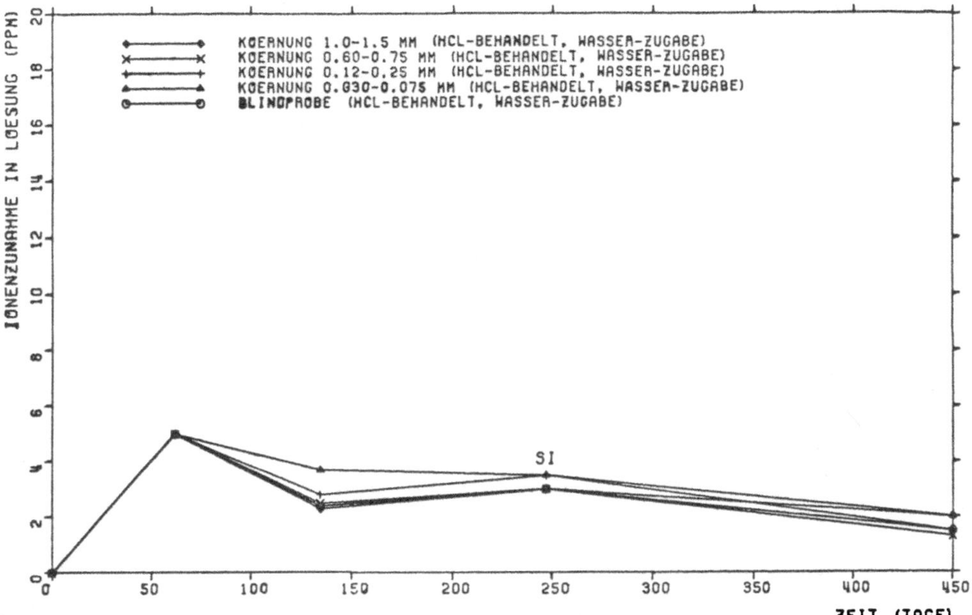

Abb. 102 AUFLOESUNG VON SI

FLINTMOERTEL
IN 0.25 N NACL-KCL-LOESUNG

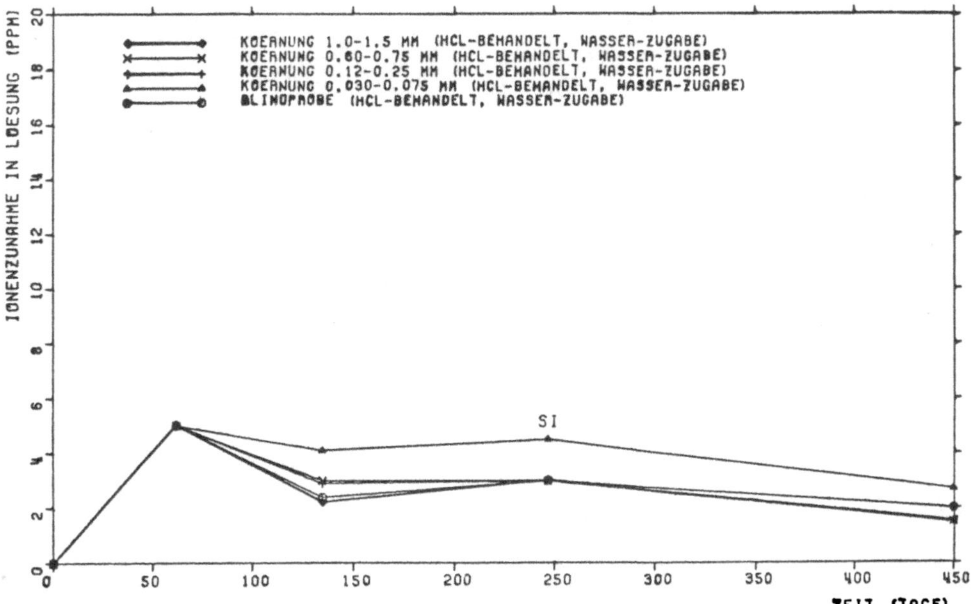

Abb. 103 AUFLOESUNG VON SI

BOROSILIKATGLASMOERTEL
IN 0.25 N NACL-KCL-LOESUNG

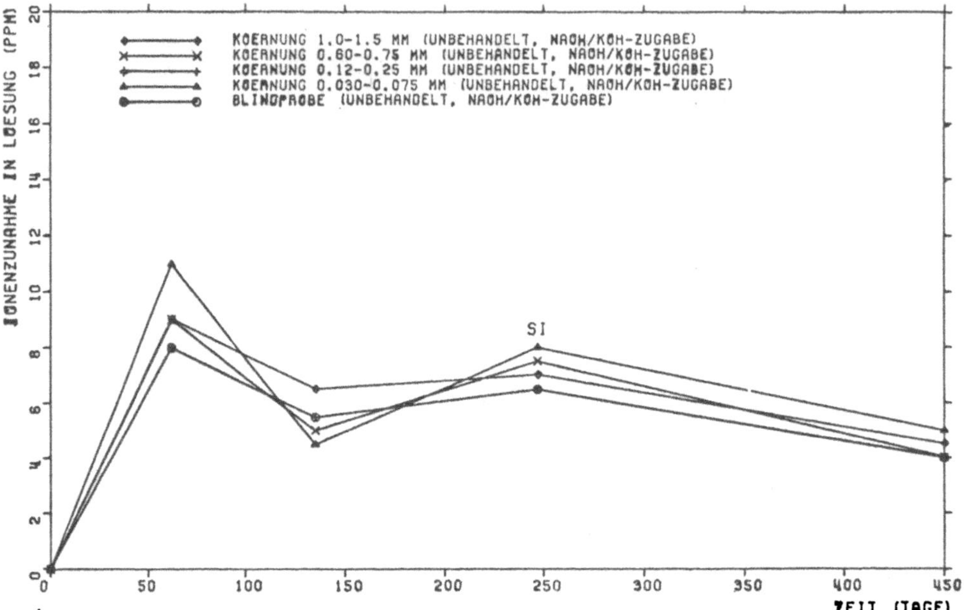

Abb. 104 AUFLOESUNG VON SI

FLINTMOERTEL
IN 1 N NACL-KCL-LOESUNG

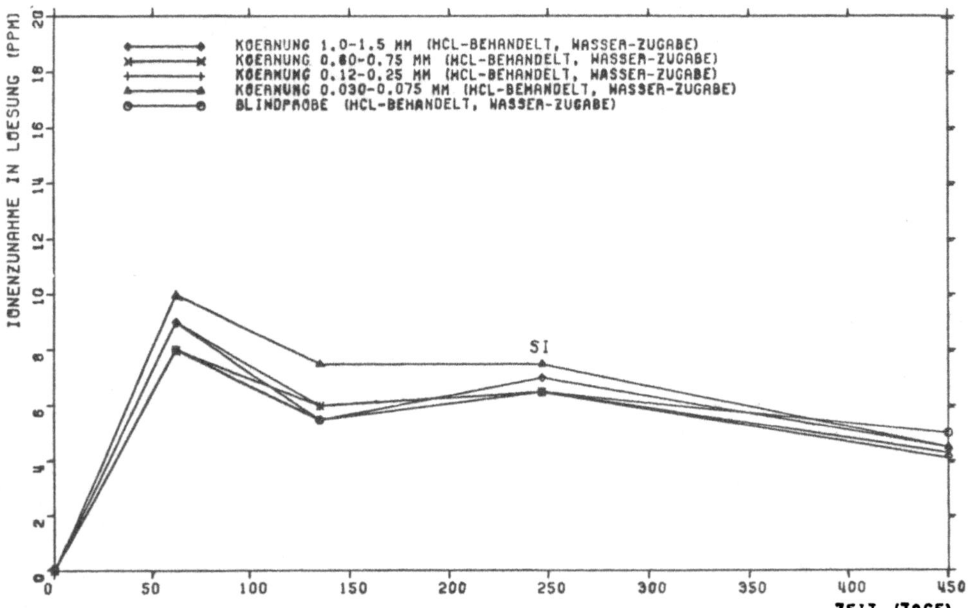

Abb. 105 AUFLOESUNG VON SI

BOROSILIKATGLASMOERTEL
IN 1 N NACL-KCL-LOESUNG

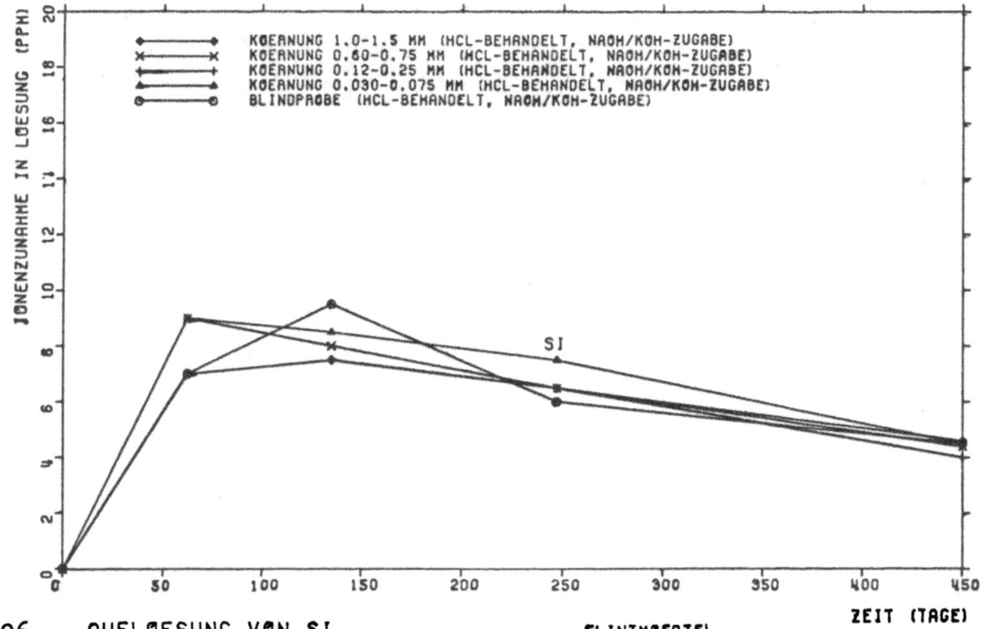

Abb. 106 AUFLOESUNG VON SI FLINTMOERTEL IN 1 N NACL-KCL-LOESUNG

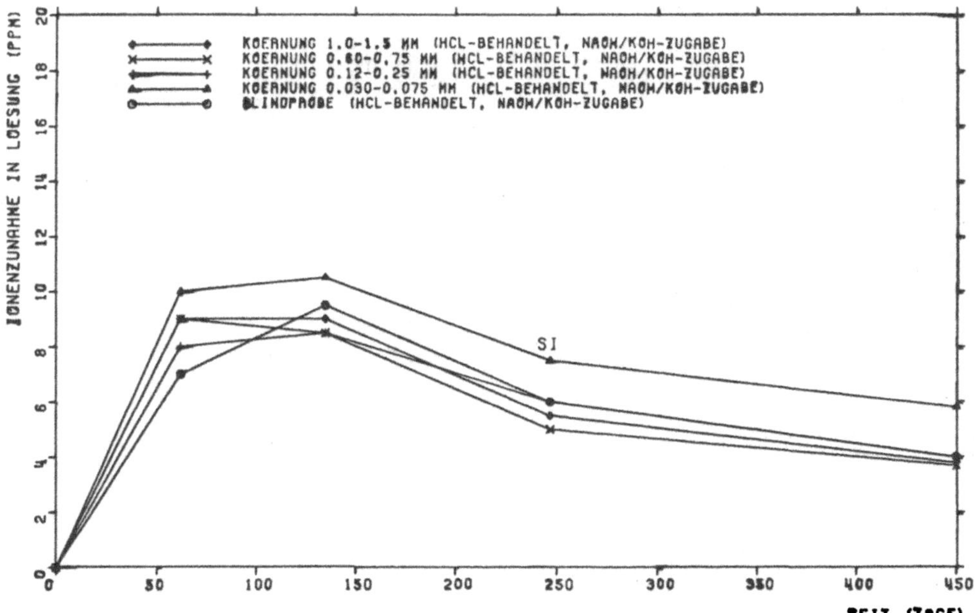

Abb. 107 AUFLOESUNG VON SI BOROSILIKATGLASMOERTEL IN 1 N NACL-KCL-LOESUNG

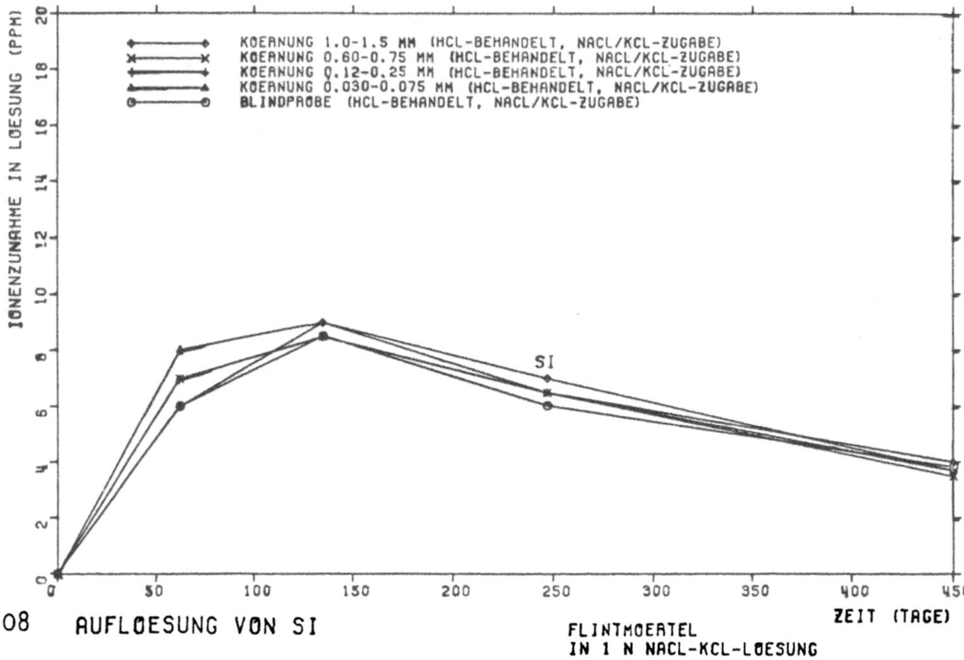

Abb. 108 AUFLOESUNG VON SI

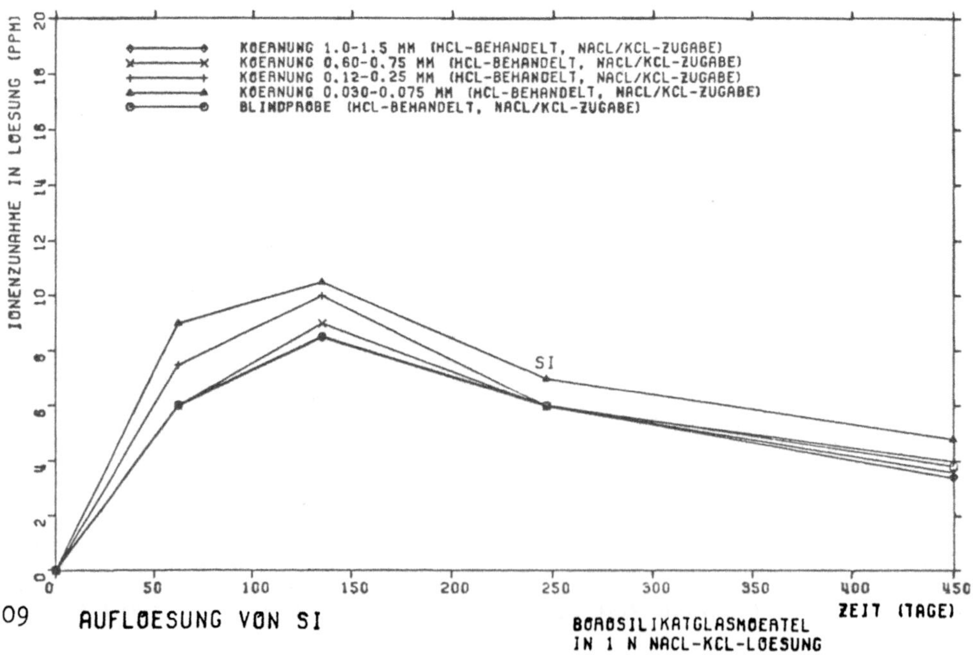

Abb. 109 AUFLOESUNG VON SI

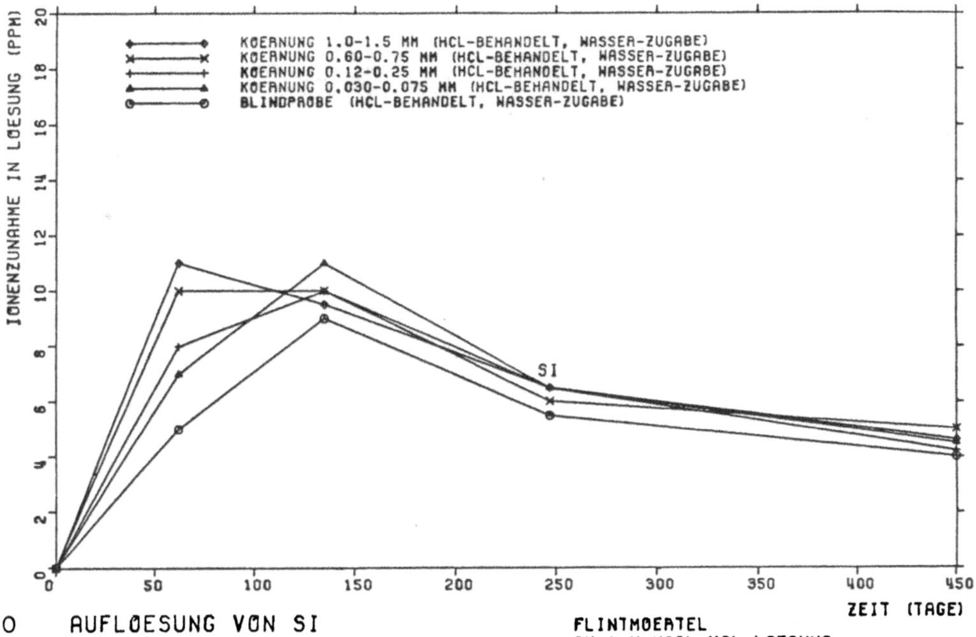

Abb. 110 AUFLOESUNG VON SI

FLINTMOERTEL
IN 1 N NACL-KCL-LOESUNG

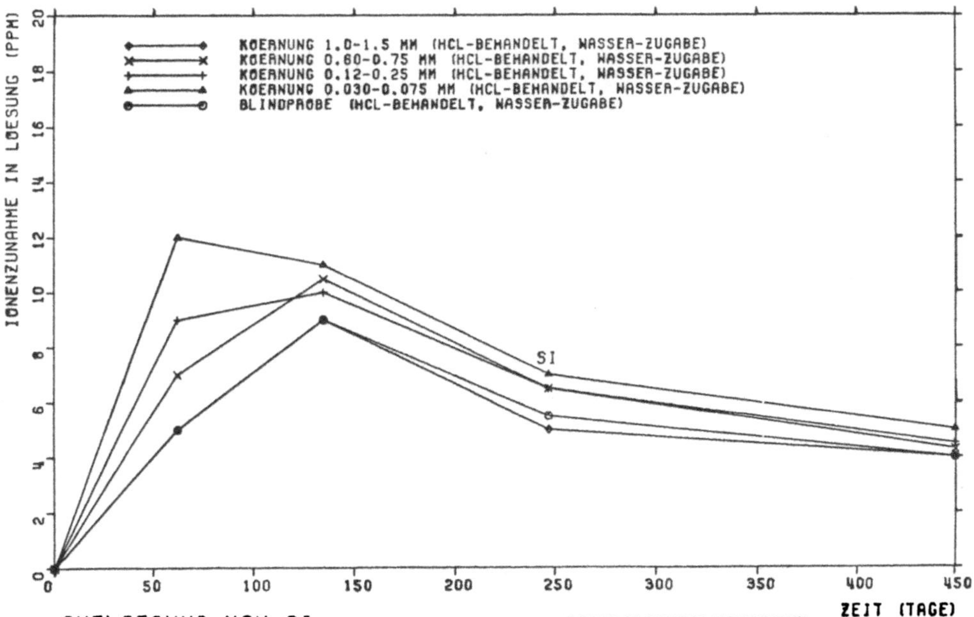

Abb. 111 AUFLOESUNG VON SI

BOROSILIKATGLASMOERTEL
IN 1 N NACL-KCL-LOESUNG

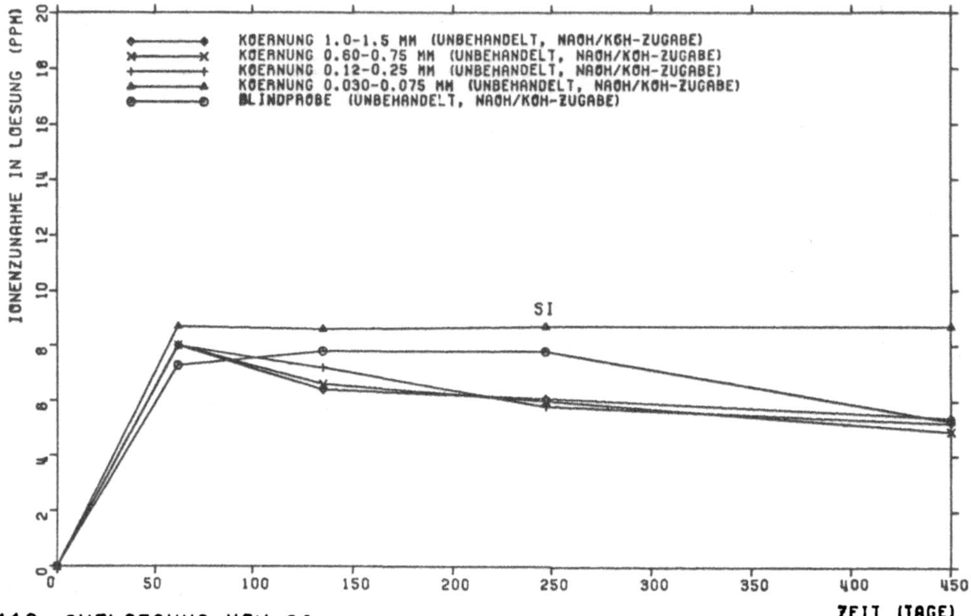

Abb. 112 AUFLOESUNG VON SI

FLINTMOERTEL
IN 0.25 N NAOH-KOH-LOESUNG

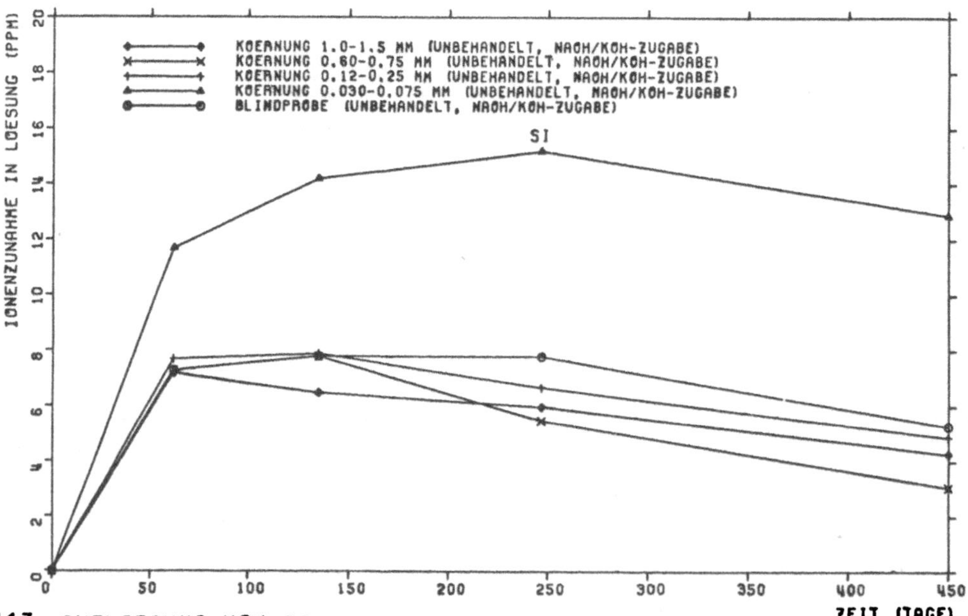

Abb. 113 AUFLOESUNG VON SI

BOROSILIKATGLASMOERTEL
IN 0.25 N NAOH-KOH-LOESUNG

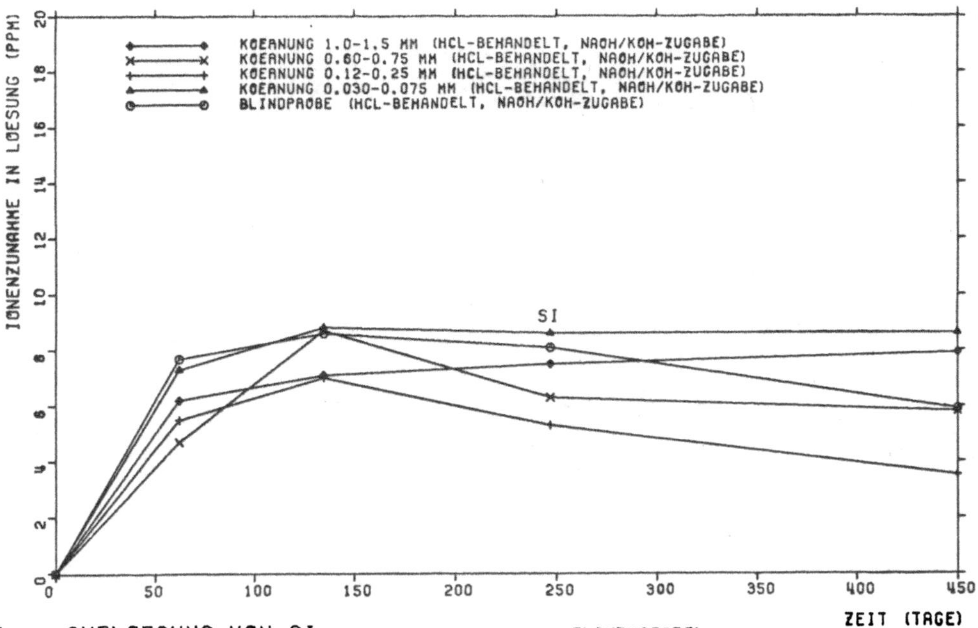

Abb. 114 AUFLOESUNG VON SI

FLINTMOERTEL
IN 0.25 N NAOH-KOH-LOESUNG

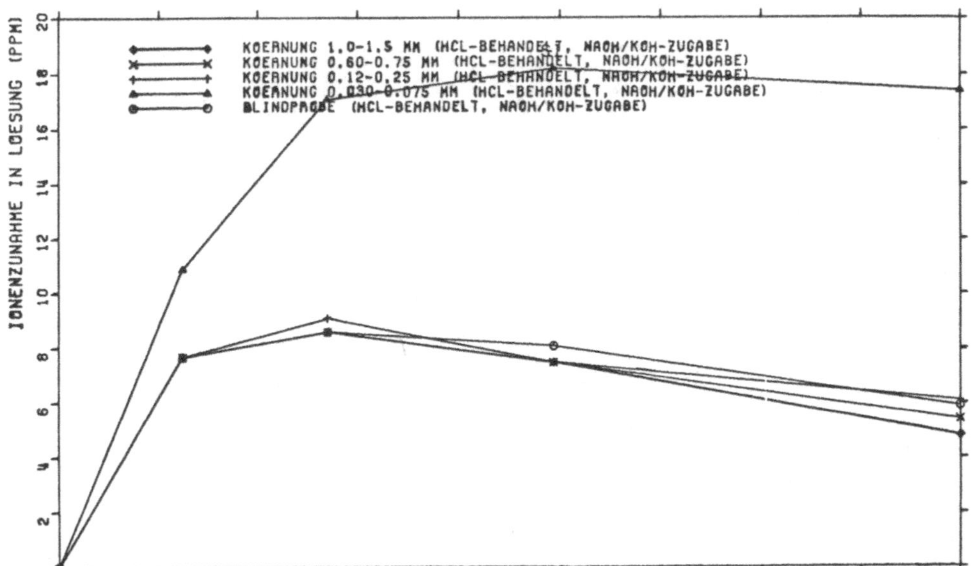

Abb. 115 AUFLOESUNG VON SI

BOROSILIKATGLASMOERTEL
IN 0.25 N NAOH-KOH-LOESUNG

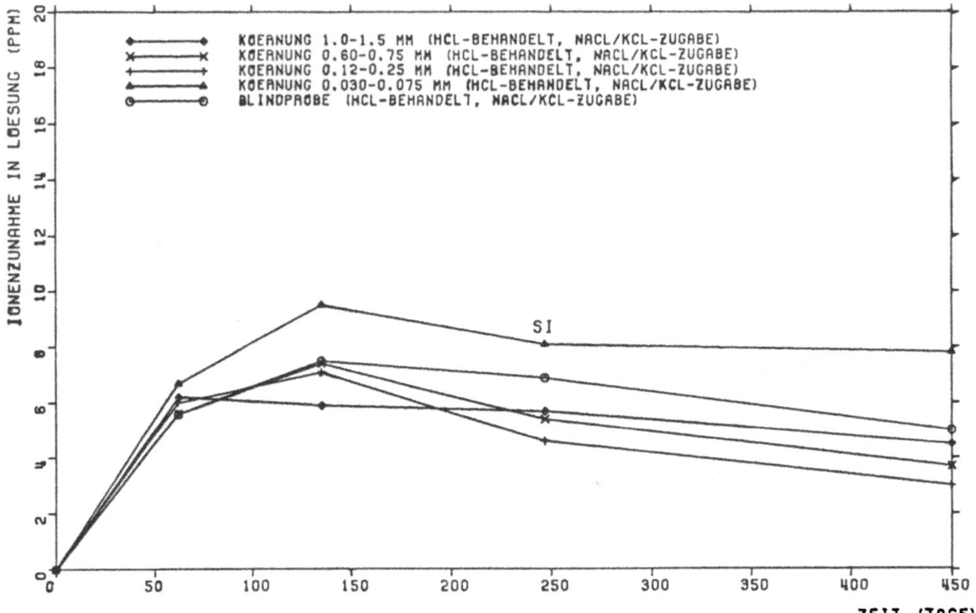

Abb. 116 AUFLOESUNG VON SI

FLINTMOERTEL
IN 0.25 N NAOH-KOH-LOESUNG

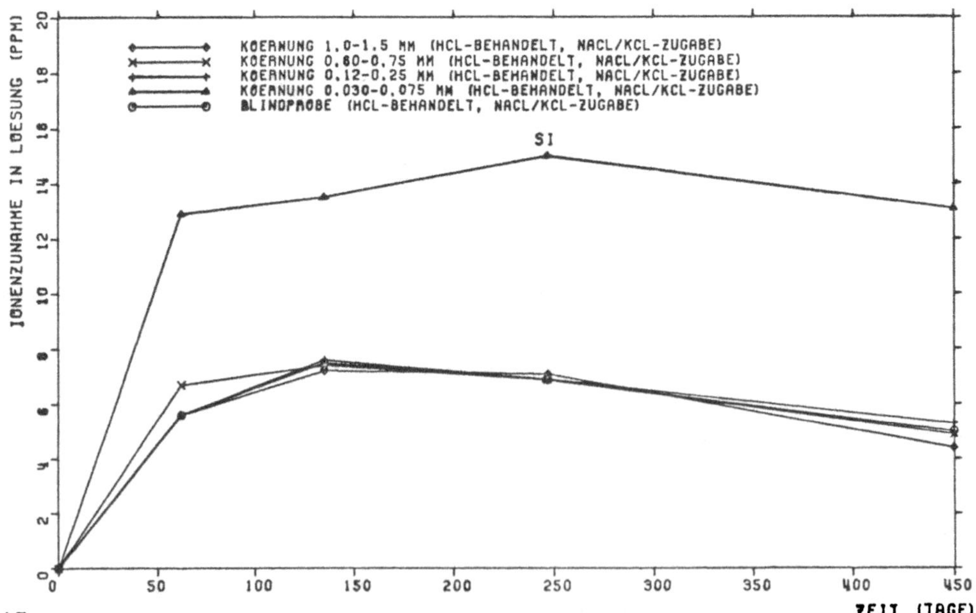

Abb. 117 AUFLOESUNG VON SI

BOROSILIKATGLASMOERTEL
IN 0.25 N NAOH-KOH-LOESUNG

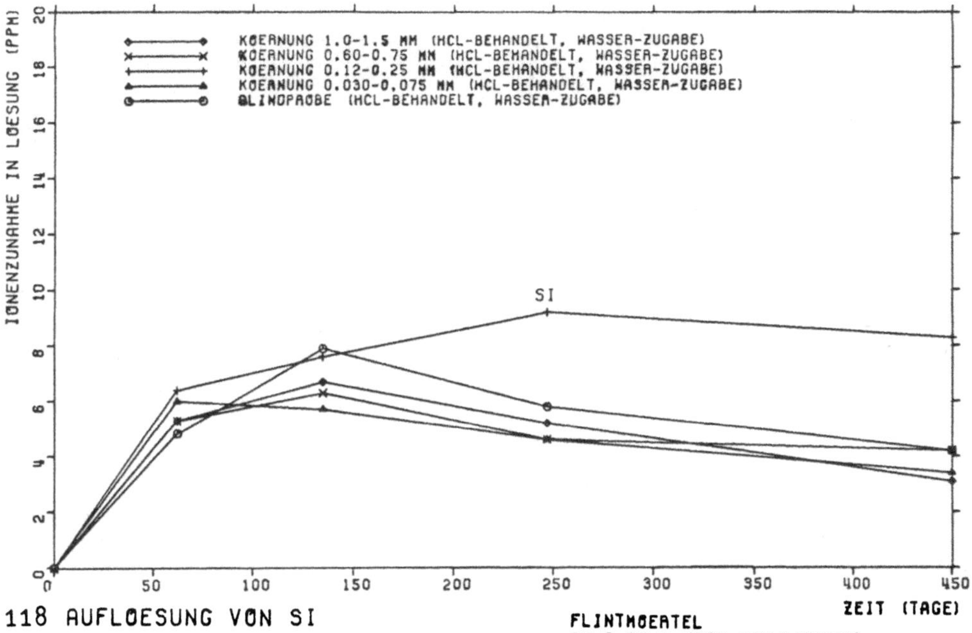

Abb. 118 AUFLOESUNG VON SI

FLINTMOERTEL
IN 0.25 N NAOH-KOH-LOESUNG

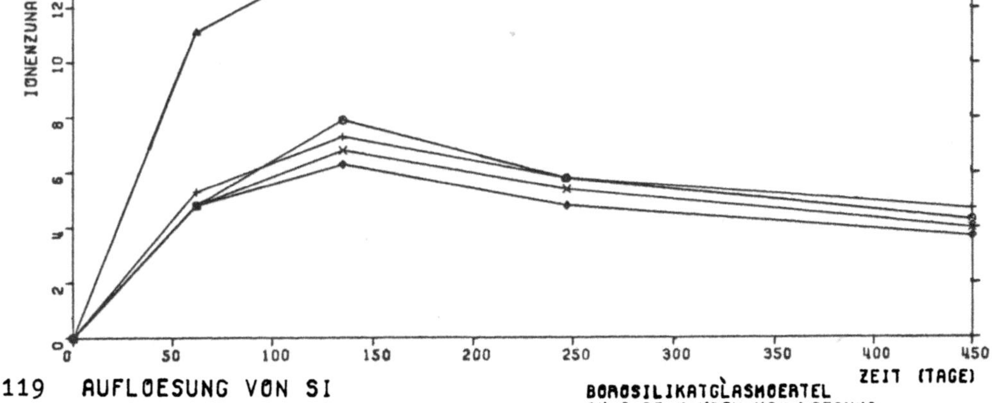

Abb. 119 AUFLOESUNG VON SI

BOROSILIKATGLASMOERTEL
IN 0.25 N NAOH-KOH-LOESUNG

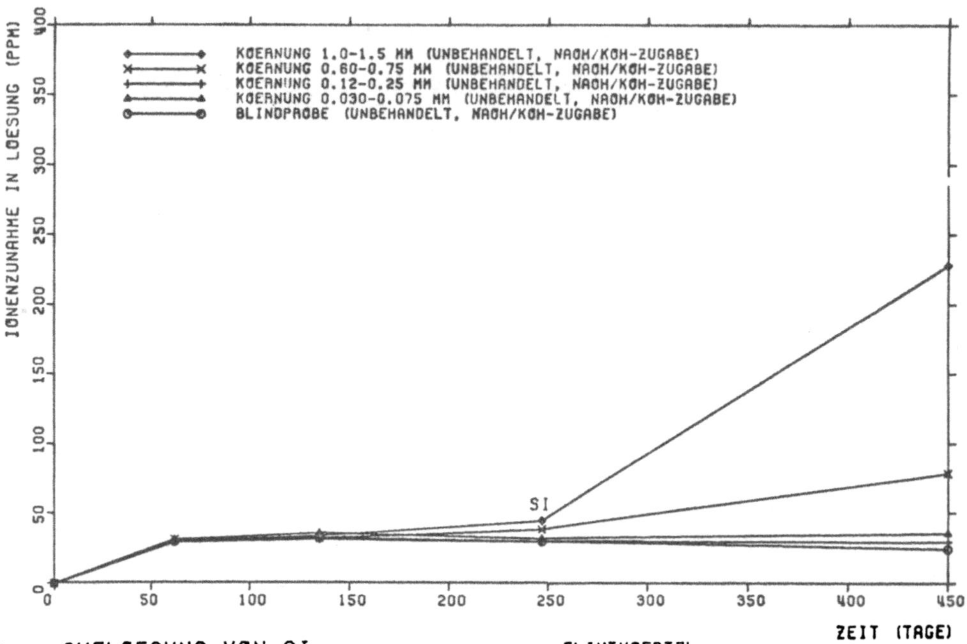

Abb. 120 AUFLOESUNG VON SI

FLINTMOERTEL
IN 1 N NAOH-KOH-LOESUNG

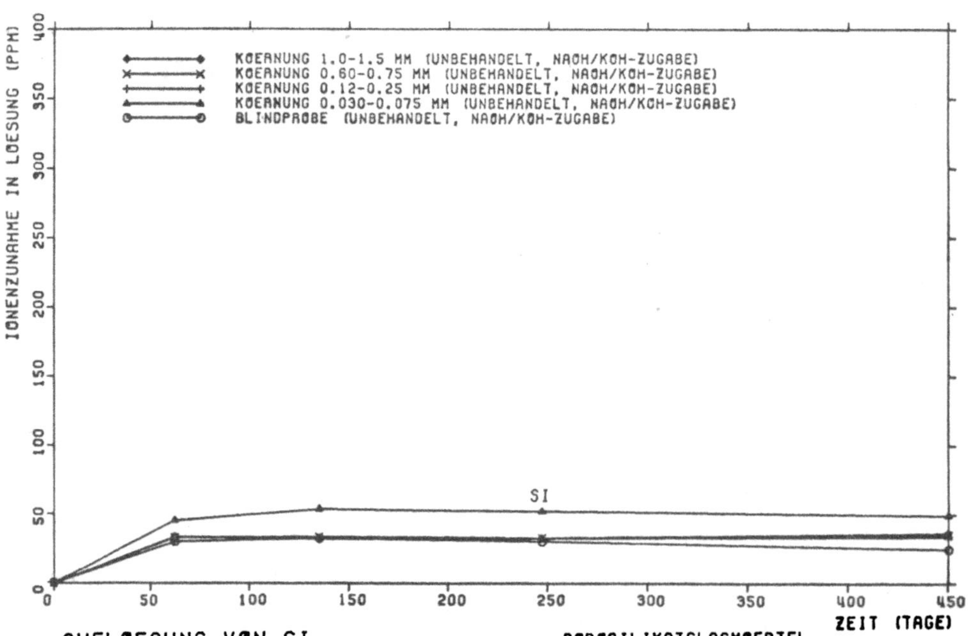

Abb. 121 AUFLOESUNG VON SI

BOROSILIKATGLASMOERTEL
IN 1 N NAOH-KOH-LOESUNG

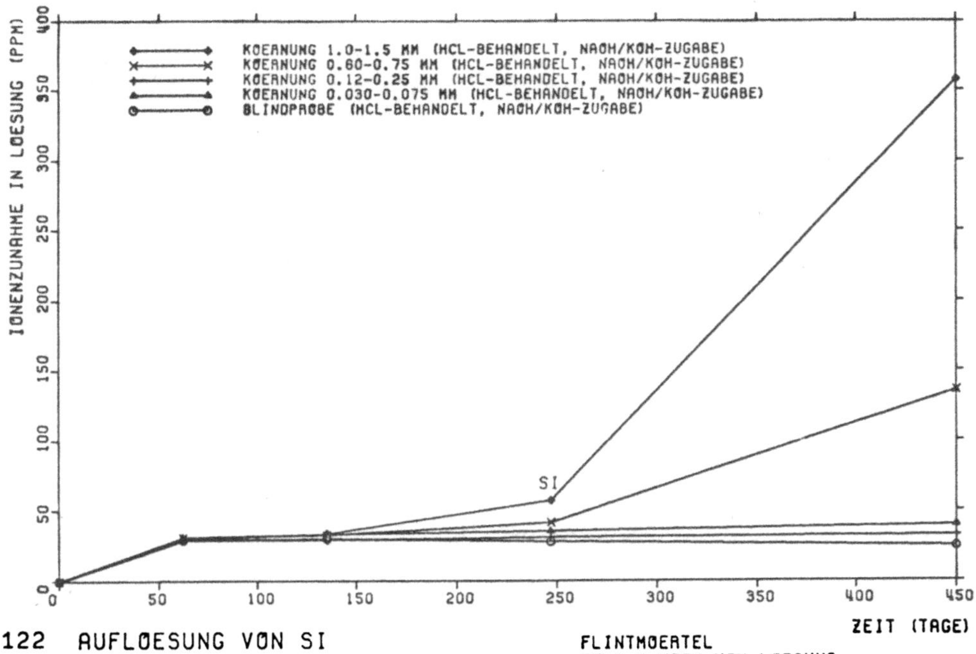

Abb. 122 AUFLOESUNG VON SI

FLINTMOERTEL
IN 1 N NAOH-KOH-LOESUNG

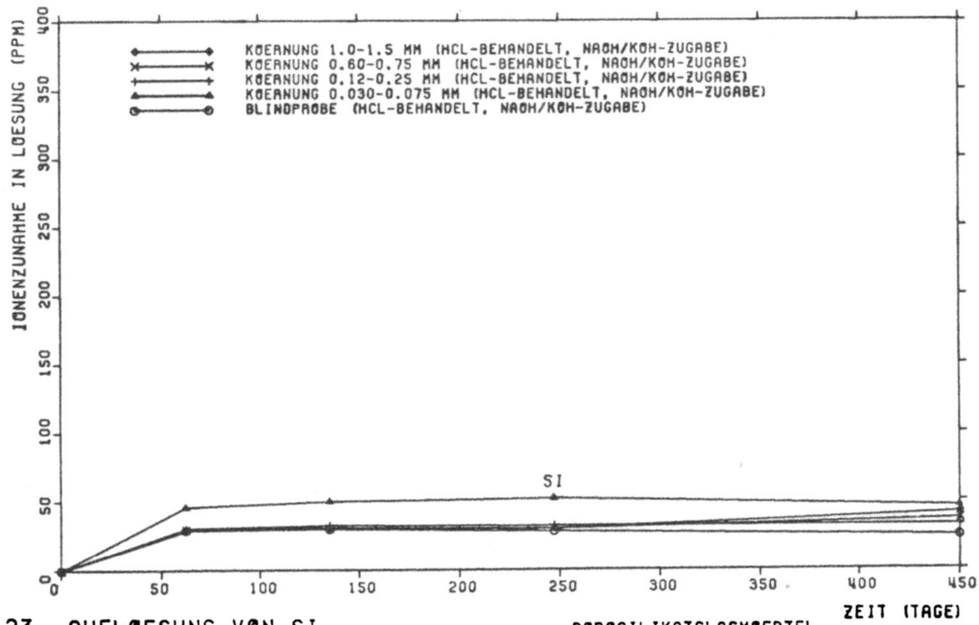

Abb. 123 AUFLOESUNG VON SI

BOROSILIKATGLASMOERTEL
IN 1 N NAOH-KOH-LOESUNG

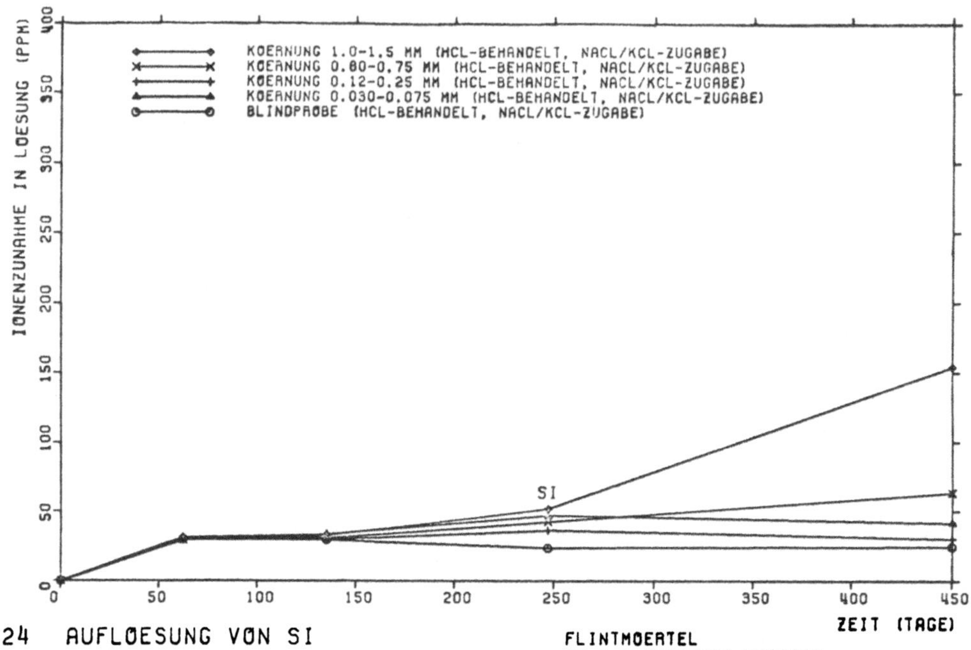

Abb. 124 AUFLØESUNG VØN SI

FLINTMOERTEL
IN 1 N NAOH-KOH-LOESUNG

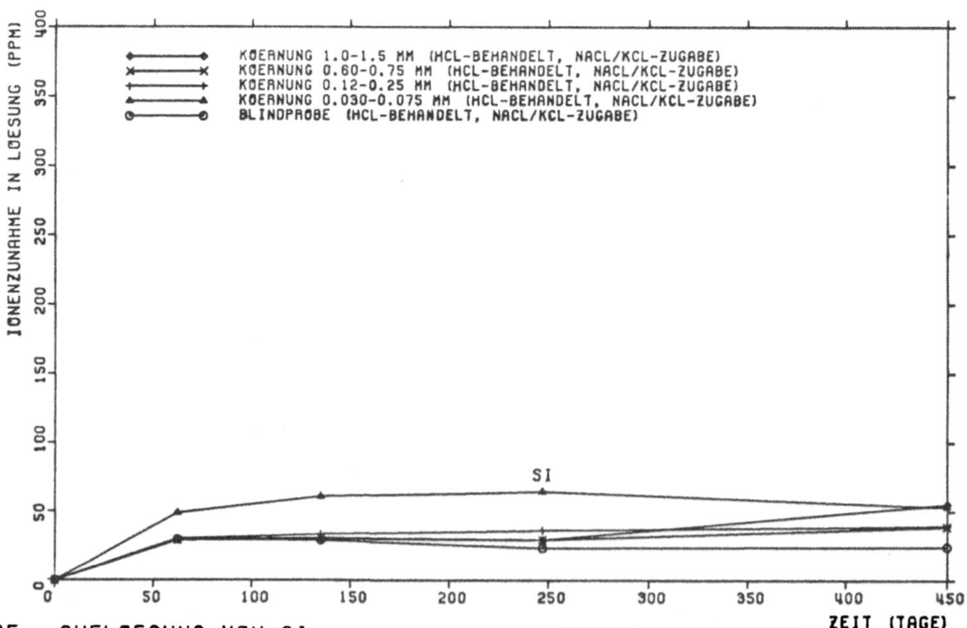

Abb. 125 AUFLØESUNG VØN SI

BOROSILIKATGLASMOERTEL
IN 1 N NAOH-KOH-LOESUNG

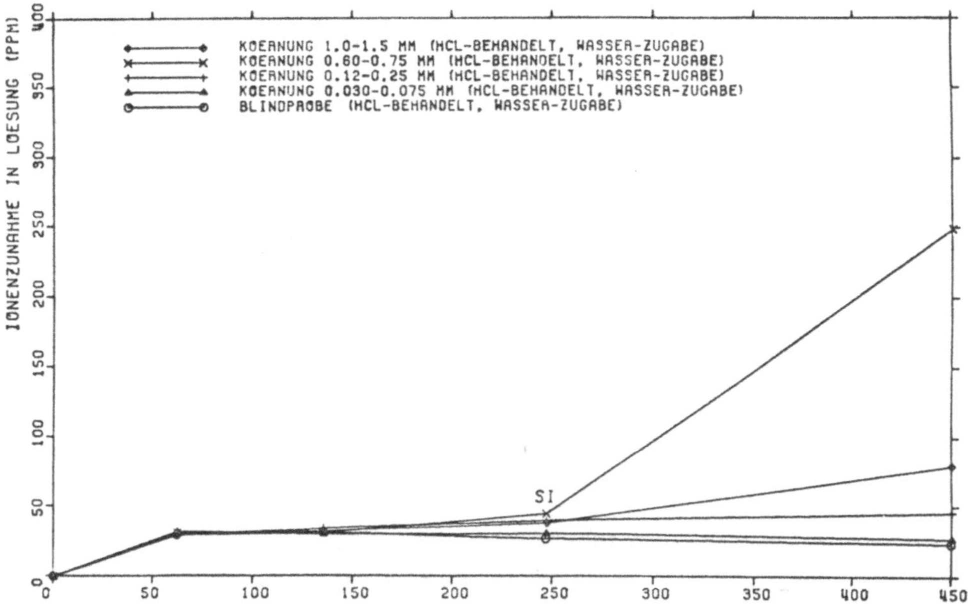

Abb. 126 AUFLOESUNG VON SI

FLINTMOERTEL
IN 1 N NAOH-KOH-LOESUNG

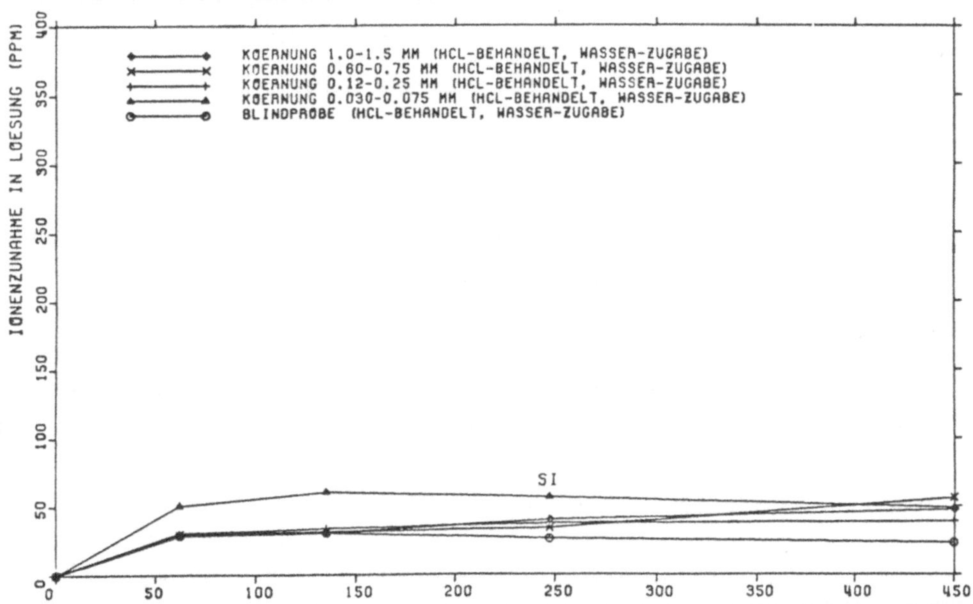

Abb. 127 AUFLOESUNG VON SI

BOROSILIKATGLASMOERTEL
IN 1 N NAOH-KOH-LOESUNG

4.2.2 Auflösung von Si, Na, K und Ca aus Flint (Westfriesland), Quarz und Borosilikatglas

Versuch A: Auflösung von Si aus Flint, Borosilikatglas und Quarz in Wasser und NaOH-KOH-, $Ca(OH)_2$-Lösung gesättigt (jeweils pH 12.48) und NaCl-KCl-Lösung (gleiche Konzentration wie NaOH-KOH)

<u>Durchführung</u>

Proben:	Flint	Körnung	0.075 - 0.12 mm	(F1)
			0.40 - 0.60 mm	(F2)
			1.5 - 2.0 mm	(F3)
	Borosilikatglas	"	0.075 - 0.12 mm	(P1)
			0.40 - 0.60 mm	(P2)
			1.5 - 2.0 mm	(P3)
	Quarz	"	0.075 - 0.12 mm	(Q1)
			0.40 - 0.60 mm	(Q2)
			1.5 - 2.0 mm	(Q3)
	Flint	"	0.030 - 0.075 mm	(F5)
Flint HCl-behandelt		"	0.030 - 0.075 mm	(F6)

'Flint HCl-behandelt' wurde 2 h in 5 n HCl geschüttelt und danach mit tridest. Wasser gewaschen und getrocknet.

Versuch:
Da Volumengleichheit bei den verschiedenen Proben vorausgesetzt werden soll, ist die Einwaage für Flint und Quarz 10 g und für Borosilikatglas 8.5 g.
Die Proben werden in 100 ml tridest. H_2O (pH = 7),
ges. $Ca(OH)_2$ (pH = 12.48),
gleichnormale NaOH-KOH-Lös. (pH = 12.48, Na^+:1310 ppm K^+:2220 ppm),
gleichnormale NaCl-KCl-Lös. (pH = 7, Na^+:1310 ppm, K^+:2220 ppm)
gebracht.

Aufbewahrung der Proben bei 22 °C in klimatisiertem Raum. Zeitabhängig wird die Si-Ionenkonzentration in der Lösung gemessen.

Messung der Ionenkonzentration:
mit Atomabsorptions-Spektrophotometer Jarrell-Ash mitVarian-Brenner

Auswertung:
mit Programm IV

Ergebnis:
Alle Proben zeigen in $Ca(OH)_2$ die geringste, in NaOH-KOH die größte und in H_2O und NaCl-KCl-Lösung nahezu gleiche Si-Löslichkeit.
Bei feiner Körnung löst sich viel und bei grober Körnung wenig Silizium.
Betrachtet man Flint, Glas und Quarz untereinander so geht bei Lagerung in H_2O nahezu gleich viel, in NaCl-KCl-Lös. und NaOH-KOH-Lös. mehr Flint und Glas und in $Ca(OH)_2$ mehr Quarz in Lösung.
Durch die HCl-Behandlung des Flints treten im Lösungsverhalten keine größeren Unterschiede auf.
Besonders bei Quarz geht die Si-Konzentration nach Durchlaufen eines Maximums wieder zurück.
Dies könnte hauptsächlich durch eine Rückadsorption von gelöster Kieselsäure (vergleiche 3.1.4) herkommen. Daneben findet eine Polykondensation der in Lösung gegangenen Kieselsäure statt.
Die Kondensate können an Gefäß-Wandungen oder im Korngemenge teilweise festgehalten werden und so nicht die Flamme des Atomabsorptions-Spektrophotometer erreichen.

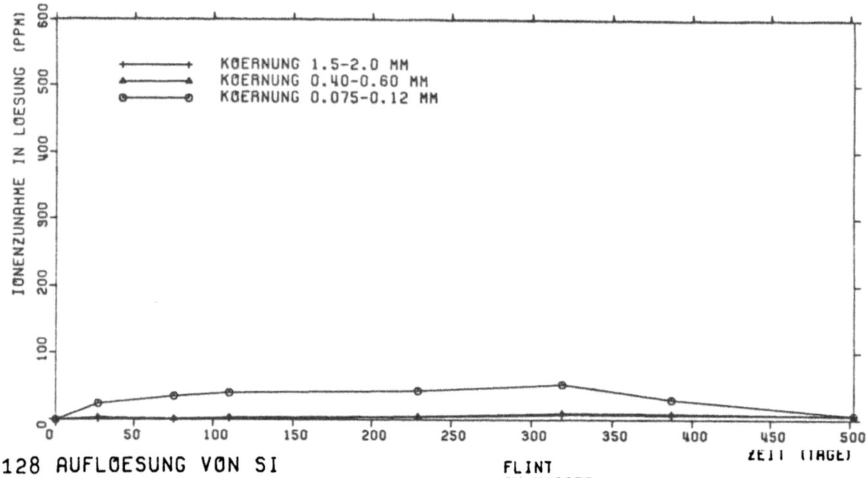

Abb. 128 AUFLOESUNG VON SI

FLINT
IN WASSER

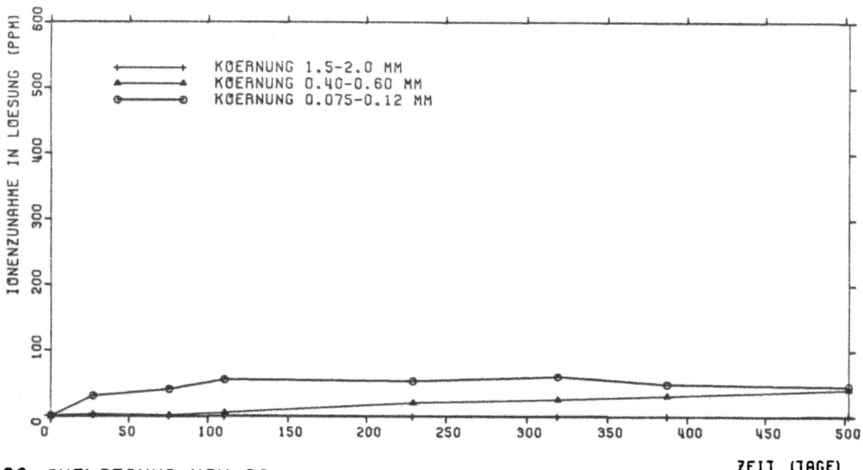

Abb. 129 AUFLOESUNG VON SI

BOROSILIKATGLAS
IN WASSER

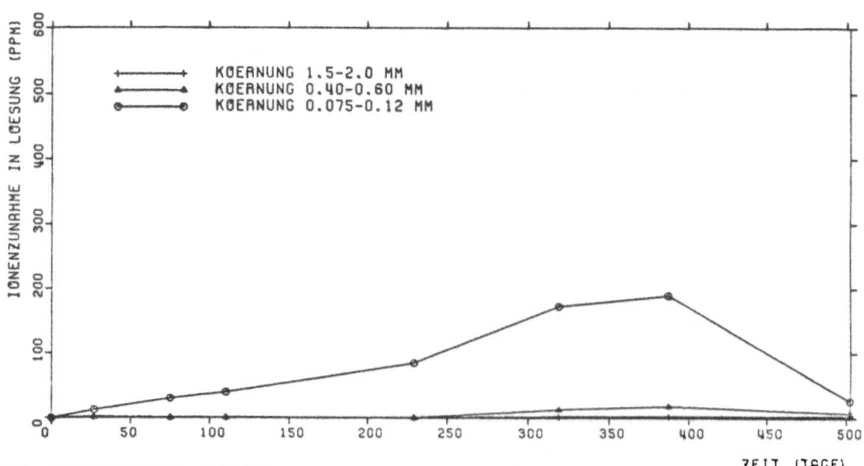

Abb. 130 AUFLOESUNG VON SI

QUARZ
IN WASSER

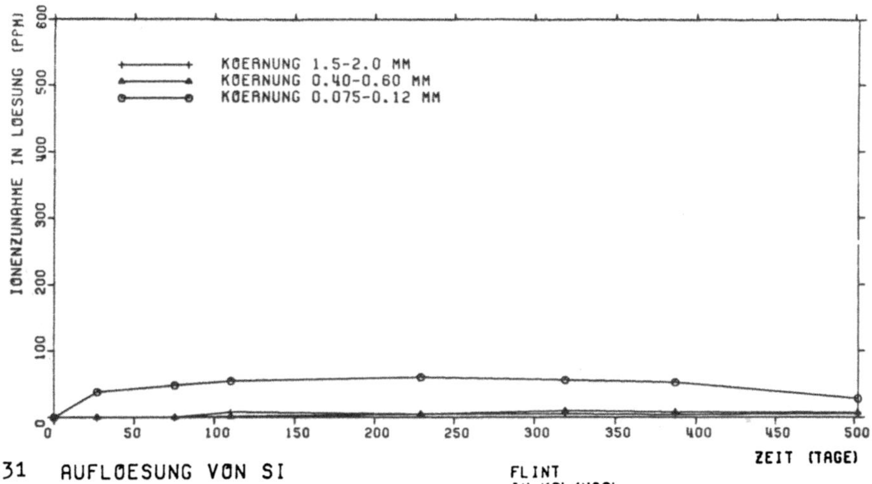

Abb. 131 AUFLOESUNG VON SI FLINT IN KCL/NACL

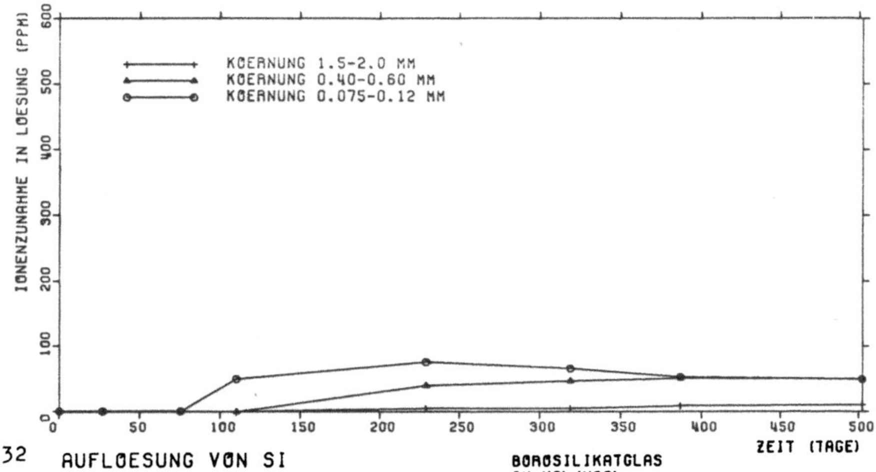

Abb. 132 AUFLOESUNG VON SI BOROSILIKATGLAS IN KCL/NACL

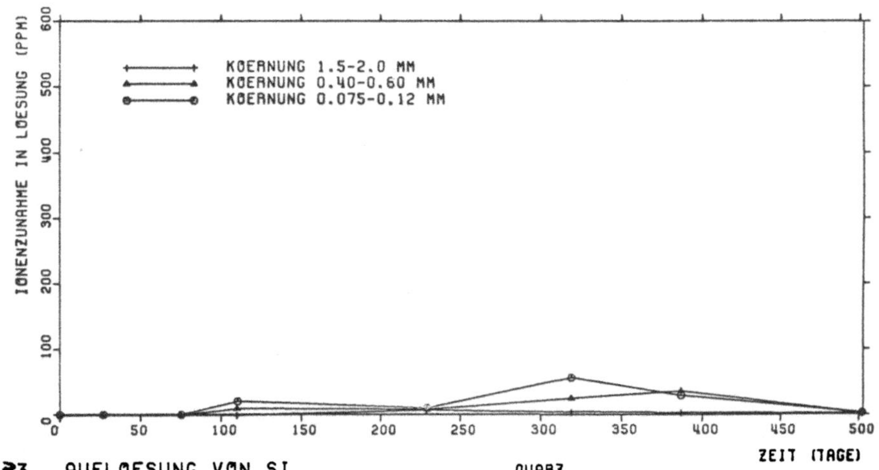

Abb. 133 AUFLOESUNG VON SI QUARZ IN KCL/NACL

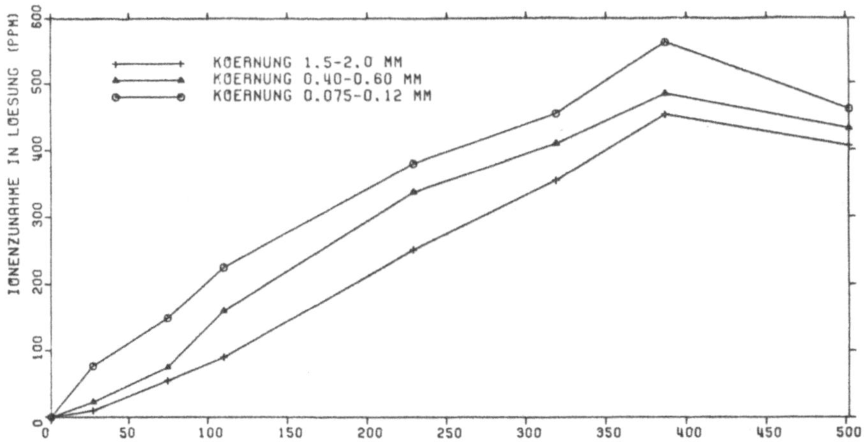

Abb. 134 AUFLOESUNG VON SI

FLINT
IN KOH/NAOH

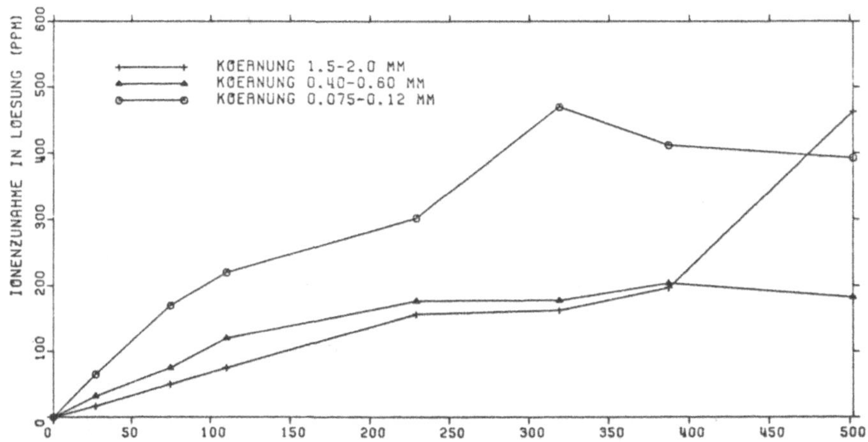

Abb. 135 AUFLOESUNG VON SI

BOROSILIKATGLAS
IN KOH/NAOH

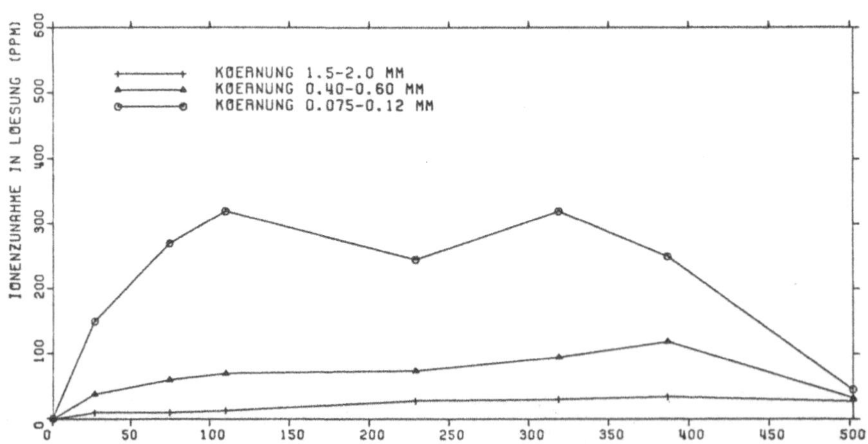

Abb. 136 AUFLOESUNG VON SI

QUARZ
IN KOH/NAOH

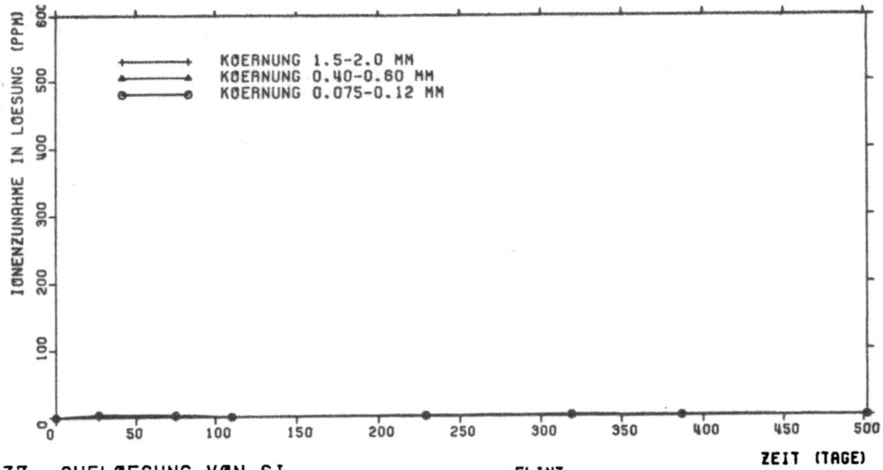

Abb. 137 AUFLOESUNG VON SI

FLINT
IN CA(OH)2

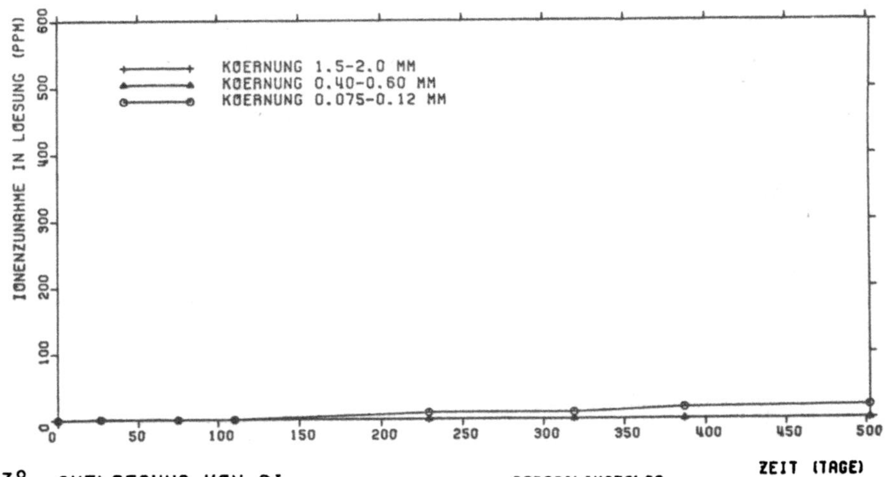

Abb. 138 AUFLOESUNG VON SI

BOROSILIKATGLAS
IN CA(OH)2

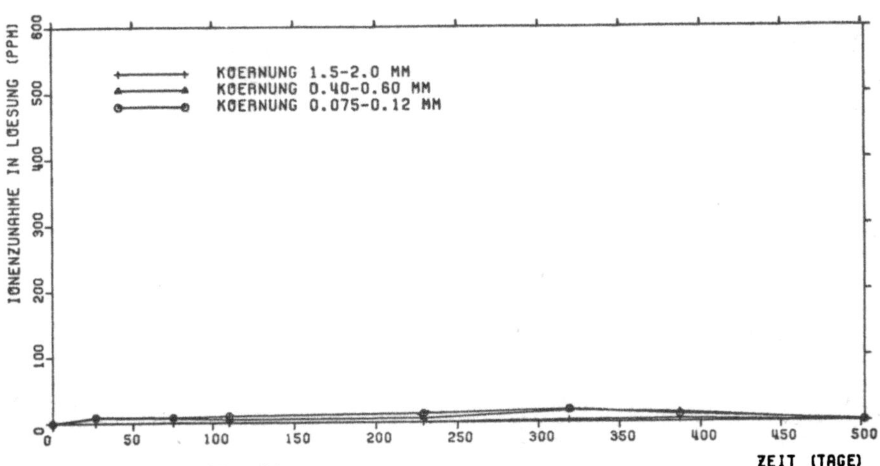

Abb. 139 AUFLOESUNG VON SI

QUARZ
IN CA(OH)2

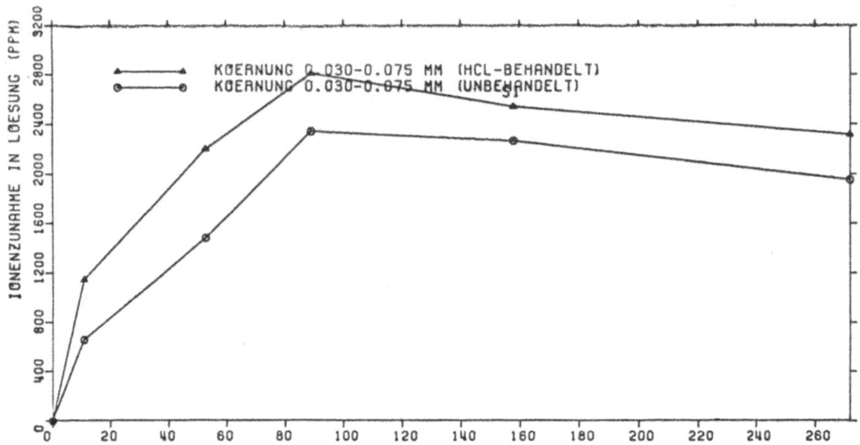

Abb. 140 AUFLOESUNG VON SI

FLINT
IN KOH/NAOH

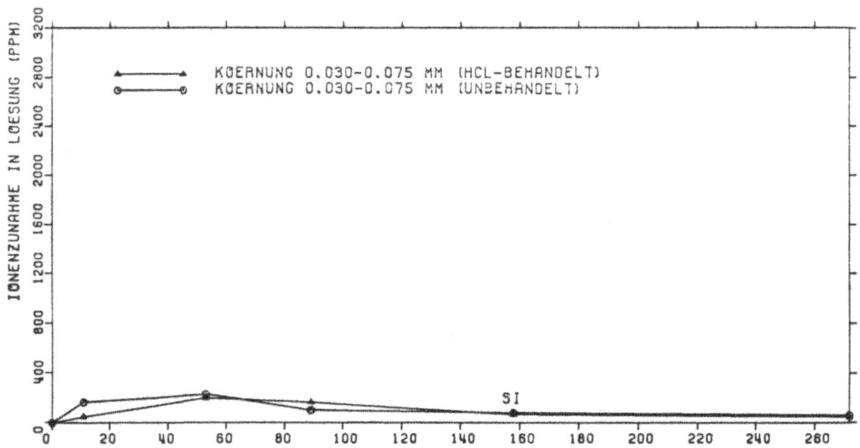

Abb. 141 AUFLOESUNG VON SI

FLINT
IN KCL/NACL

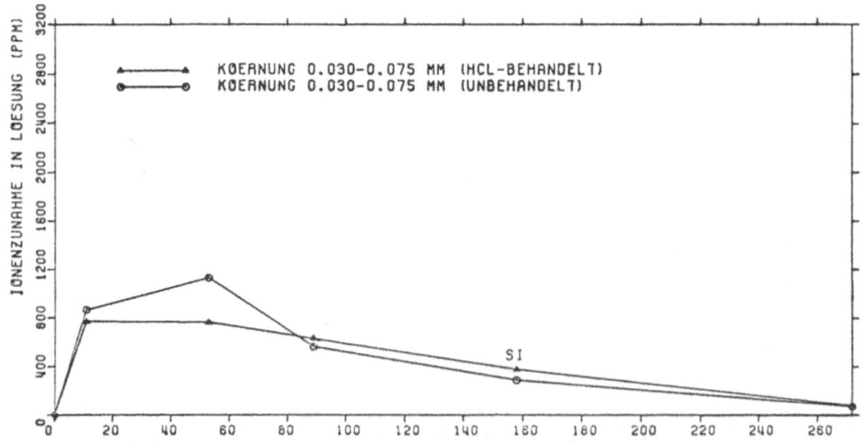

Abb. 142 AUFLOESUNG VON SI

FLINT
IN WASSER

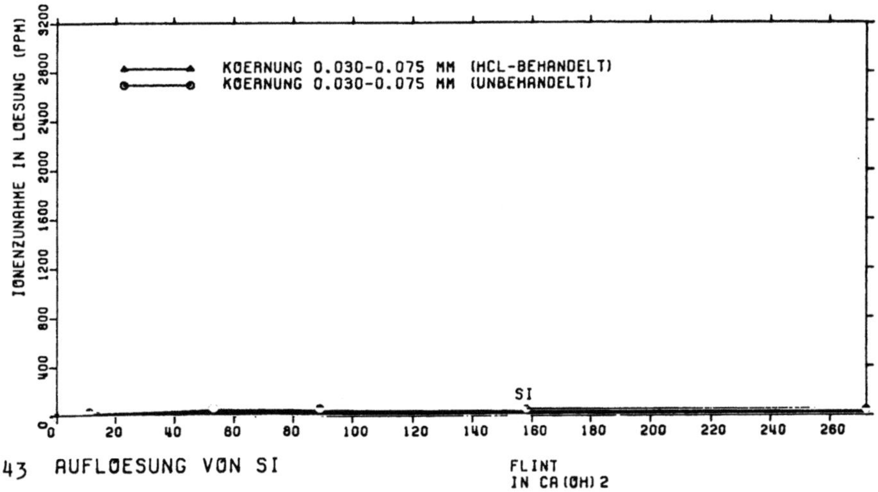

Abb. 143 AUFLOESUNG VON SI

Versuch B:
Si-, Na-, K- und Ca-Auflösung (Anlagerung) von Flint, Borosilikatglas und Quarz in NaOH oder KOH oder $Ca(OH)_2$ nach 5-stündigem Rühren.

<u>Durchführung</u>

Proben:
Flint, Borosilikatglas und Quarz (Körnung 0.030-0.075 und 0.12-025 mm)

Versuch: B1: Die in der Achatmühle zerkleinerten Proben Flint, Borosilikatglas und Quarz werden 2 h in 5 n HCl geschüttelt und anschließend mit tridest. Wasser gewaschen.
2 g HCl-behandelte Probe kommt jeweils in 10 ml 1 n, 0.01 n und 0.0001 n NaOH, 1 n, 0.01 n und 0.0001 n KOH und 0.01 n und 0.0001 n $Ca(OH)_2$.
Danach 5 h Rühren der Proben in der Lösung mit Magnetrührern.

B2: ist identisch mit Versr. B1; die Proben werden nun jedoch <u>nicht</u> HCl-behandelt untersucht.

B3: ist identisch mit Versr. B1; anstelle der feinen Probenkörnung 0.030-0.075 mm der beiden ersten Versuchsreihen wird nun die Körnung 0.12-0.025 mm (HCl-behandelt) untersucht.

B4: ist identisch mit Versr. B1; die Proben werden diesmal jedoch in 1 n, 0.01 n und 0.0001 n NaOH-KOH und in 0.01 n und 0.0001 n NaOH-KOH-$Ca(OH)_2$ gebracht.

Aufbewahrung der Proben im klimatisierten Raum bei 21 °C

Nach 5 h Rühren mit dem Magnetrührer werden die gelösten (angelagerten) Na-, K-, Ca- und Si-Ionen in Lösung gemessen.

Nach Entnahme der Analysenmenge Verdünnen und 30 Min. Zentrifugieren der Analysenflüssigkeit.

Messung der Ionenkonzentration: mit Atomabsorptions-Spektrometer Jarrell-Ash mit Varian-Brenner.

Abb. 144 Atomabsorptions-Spektrophotometer Jarrell-Ash

Auswertung: mit Programm V

Ergebnis:
Diese Versuchsreihe bestätigt die Annahmen und Erkenntnisse des vorausgehenden Kapitels 3.1.4. Die Si-Auflösung nimmt mit ansteigender Konzentration der Ausgangslösungen in allen Fällen zu. Auffallend ist jedoch der sehr starke Sprung beim Übergang Konzentration 0.01 n zu 1 n.

In nahezu allen Fällen löst sich das meiste Si beim Flint und am wenigsten Si bei Quarz.
Ausnahme: Borosilikatglas in 1 n KOH.

Die erwartete Anlagerung der Alkalien und von Ca ist überlagert von der Eigenauflösung dieser Ionen aus den Proben. Demzufolge ist eine relative Anlagerung nur bei einigen höheren Konzentrationen erkennbar.

VERSUCHSREIHE: B1

Tabelle 43:

Proben: Flint, Borosilikatglas, Quarz (Körnung 0.030-0.070 mm)
HCl-behandelt

	NAOH			KOH			CA(OH)$_2$		nachgew.
	0.0001n	0.01n	1n	0.0001n	0.01n	1n	0.0001n	0.01n	Ion
Flint	248	562	5208	275	844	5543	103	222	
Glas	60	153	3593	64	310	7508	15	135	SI
Quarz	48	384	1354	52	362	2175	12	7	
Flint	15	-103							
Glas	89	-92							NA
Quarz	265	-82							
Flint				12	-167				
Glas				21	-78				K
Quarz				75	-29				
Flint							27	-674	
Glas							8	-534	CA
Quarz							23	-561	

+ = gelöste Ionen (ppm)
- = angelagerte Ionen (ppm)

VERSUCHSREIHE: **B2**

Tabelle 44:

Proben: Flint, Borosilikatglas, Quarz (Körnung 0.030-0.070 mm)
unbehandelt

	NAOH			KOH			$CA(OH)_2$		nachgew.
	0.0001n	0.01n	1n	0.0001n	0.01n	1n	0.0001n	0.01n	Ion
Flint	255	142	844	216	467	2425	243	514	
Glas	213	100	1311	189	374	3404	216	284	SI
Quarz	25	38	391	33	86	1021	39	46	
Flint	11	-1							
Glas	45	93							NA
Quarz	10	-28							
Flint				5	-81				
Glas				11	-6				K
Quarz				30	-30				
Flint							54	-606	
Glas							46	-490	CA
Quarz							11	-706	

\+ = gelöste Ionen (ppm)
\- = angelagerte Ionen (ppm)

VERSUCHSREIHE: **B3**

Tabelle 45:

Proben: Flint, Borosilikatglas, Quarz (Körnung 0.12 - 0.25 mm)
HCl behandelt

	NAOH 0.0001n	NAOH 0.01n	KOH 1n	KOH 0.0001n	KOH 0.01n	$CA(OH)_2$ 1n	$CA(OH)_2$ 0.0001n	$CA(OH)_2$ 0.01n	nachgew. Ion
Flint	19	84	124	8	62	144	12	12	
Glas	13	52	122	14	55	165	20	12	SI
Quarz	22	84	137	5	90	135	32	12	
Flint	261	389							
Glas	3	27							NA
Quarz	3	436							
Flint				1	101				
Glas				0	33				K
Quarz				4	4				
Flint							5	41	
Glas							1	32	CA
Quarz							2	29	

+ = gelöste Ionen (ppm)
- = angelagerte Ionen (ppm)

VERSUCHSREIHE: B4

Tabelle 46:

Proben:Flint, Borosiliglas, Quarz (Körnung 0.03-0.07 mm)
HCl-behandelt

	KOH NAOH 0.0001n	0.01n	1n	NAOH,KOH $CA(OH)_2$ 0.0001n	0.01n	nachgew. Ion
Flint	105	576	4235	82	591	
Glas	48	336	3410	23	435	SI
Quarz	41	205	1529	20	88	
Flint	4	-23		3	-43	
Glas	43	-8		46	8	NA
Quarz	5	29		13	14	
Flint	0	-158		-1	-119	
Glas	27	-109		18	-172	K
Quarz	6	-53		15	-37	
Flint				2	-489	
Glas				-1	-475	CA
Quarz				-2	-471	

\+ = gelöste Ionen (ppm)
\- = angelagerte Ionen (ppm)

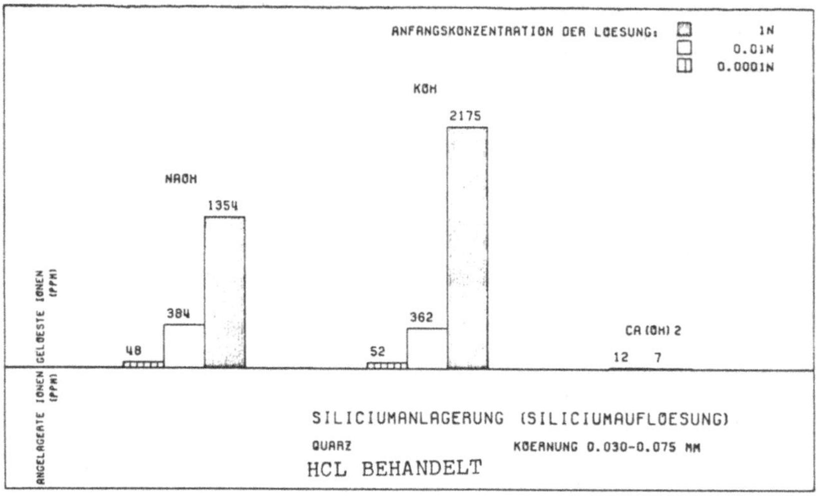

Abb. 145

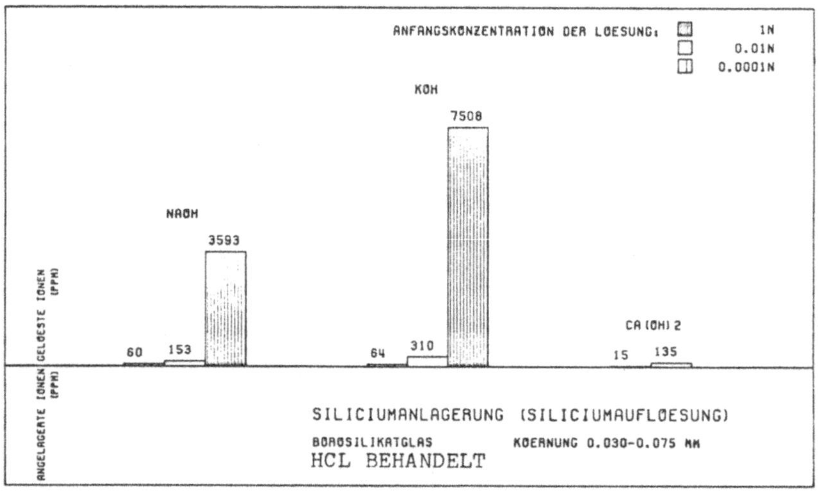

Abb. 146

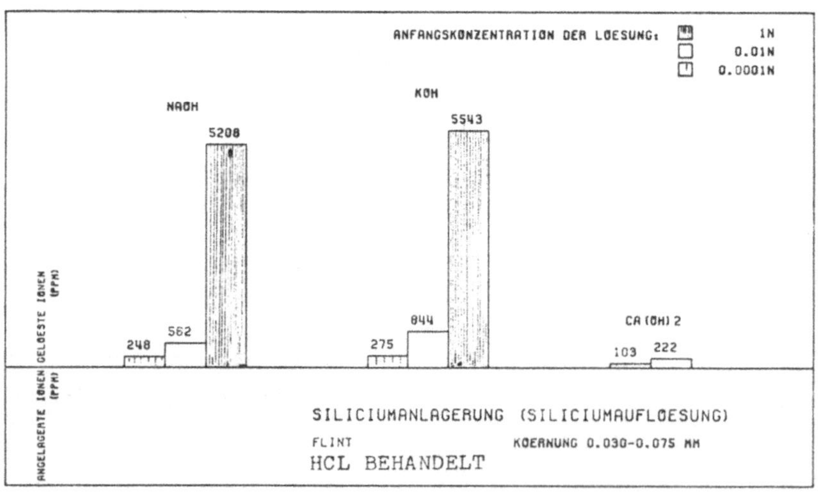

Abb. 147

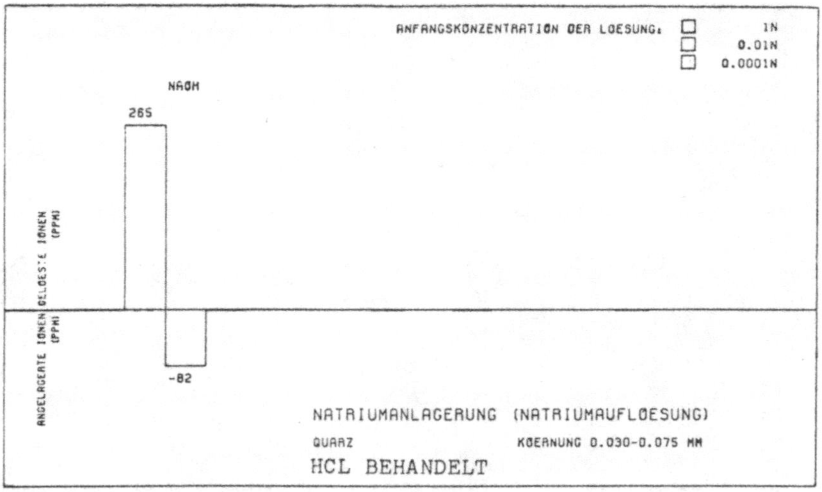

Abb. 148

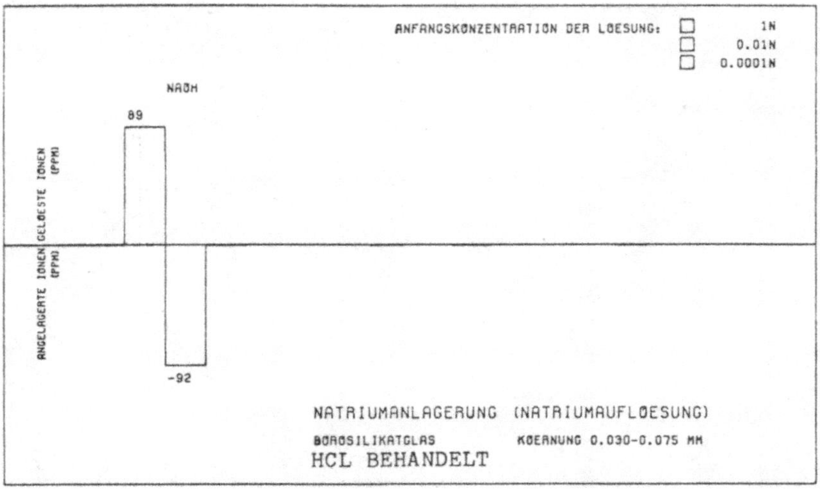

Abb. 149

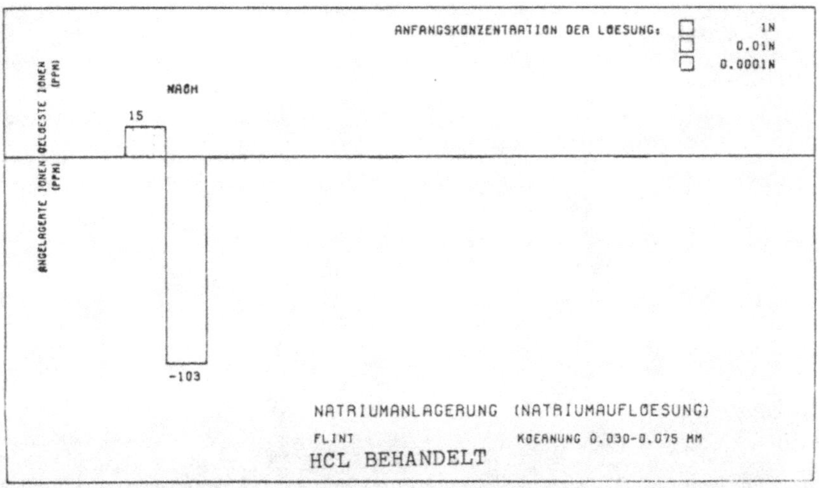

Abb. 150

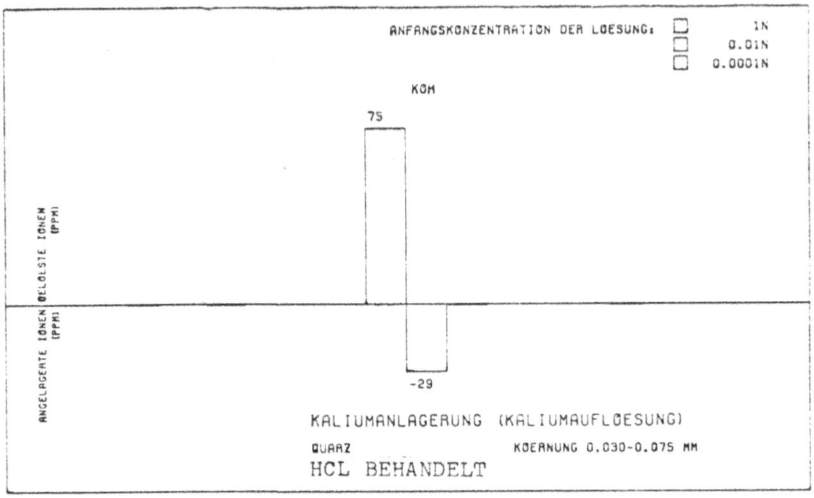

Abb. 151

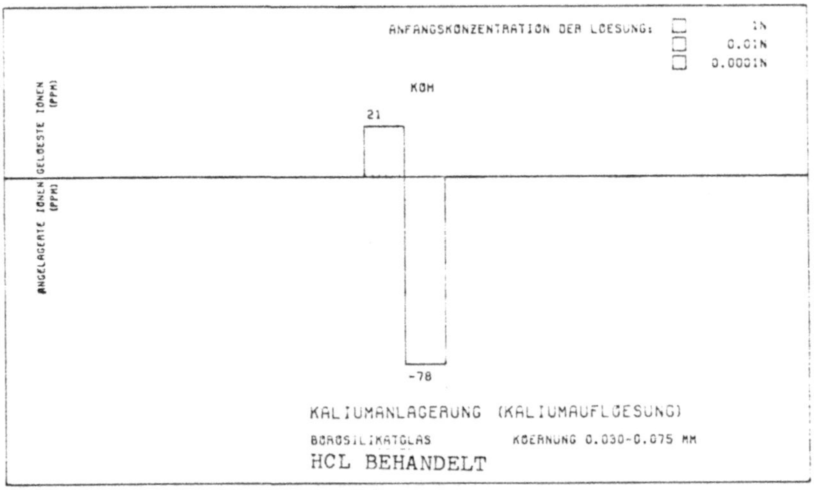

Abb. 152

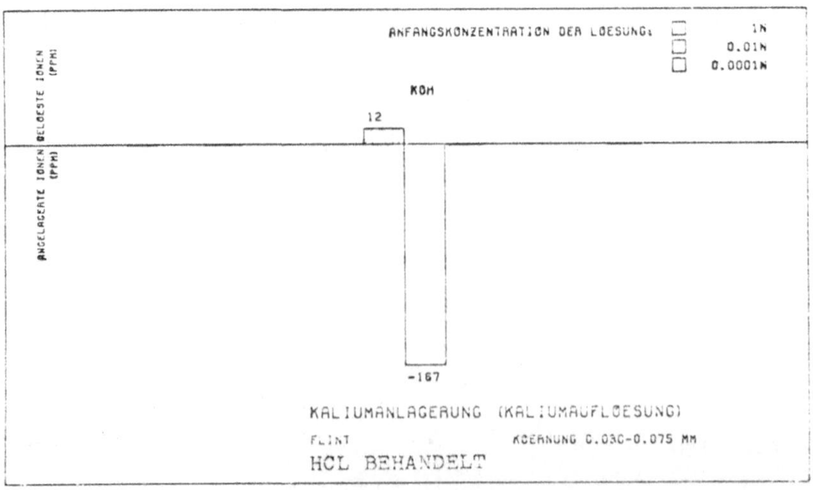

Abb. 153

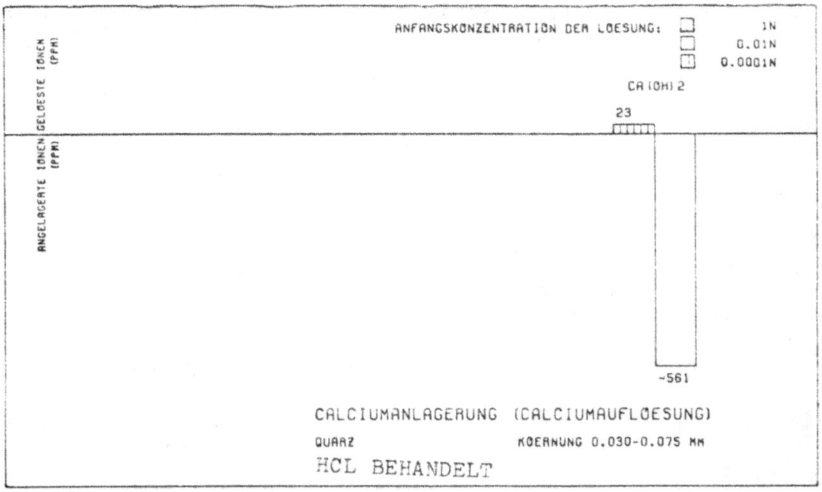

Abb. 154

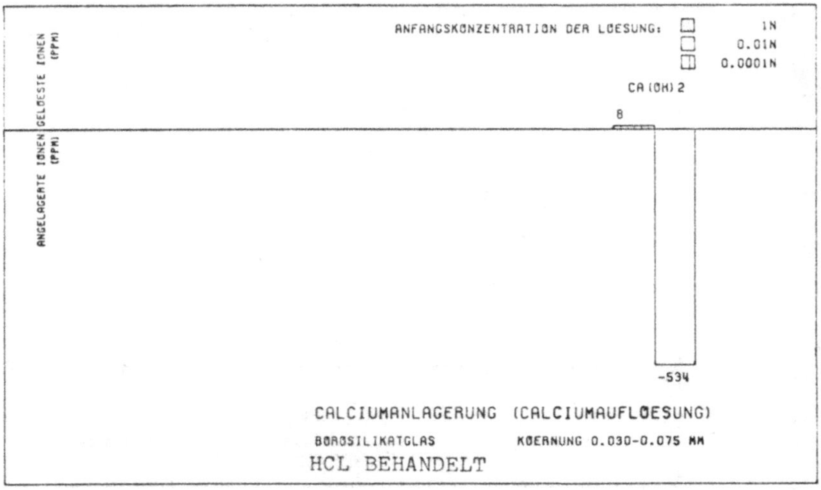

Abb. 155

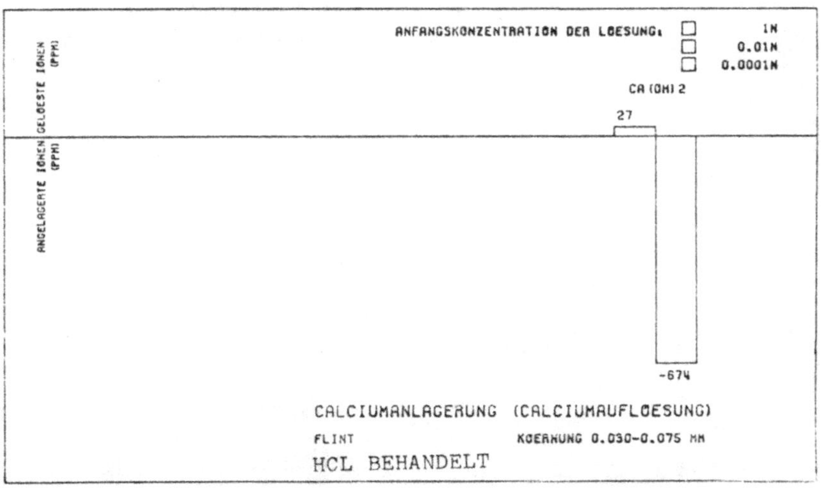

Abb. 156

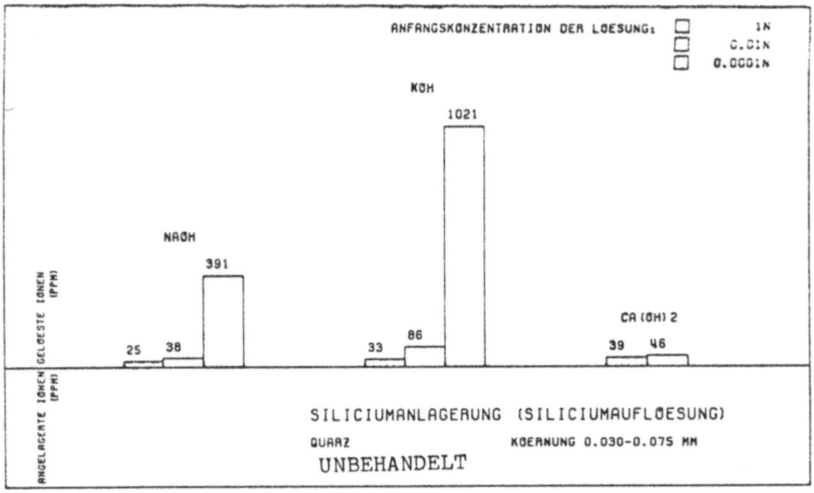

Abb. 157

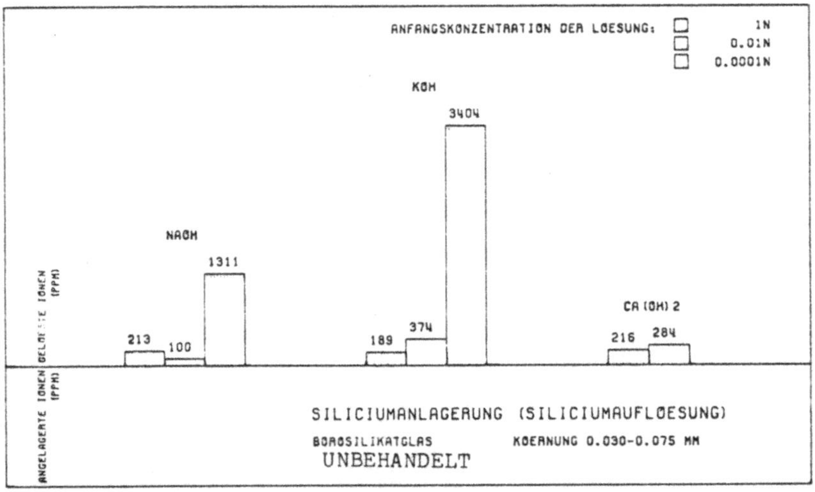

Abb. 158

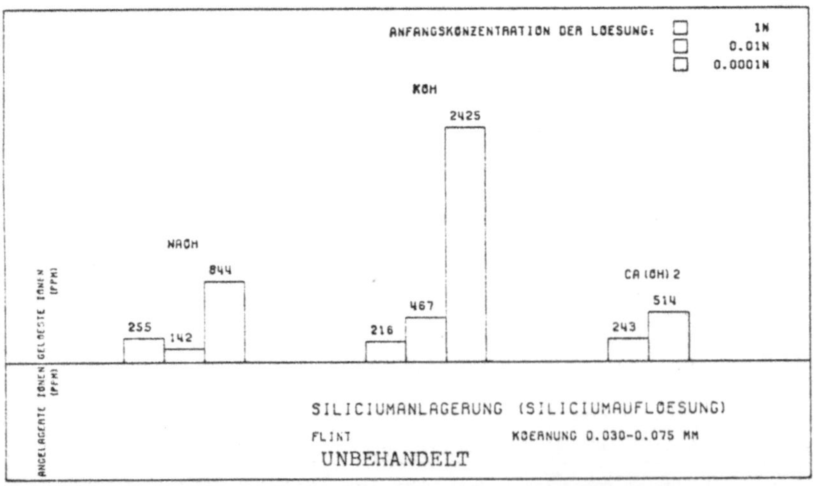

Abb. 159

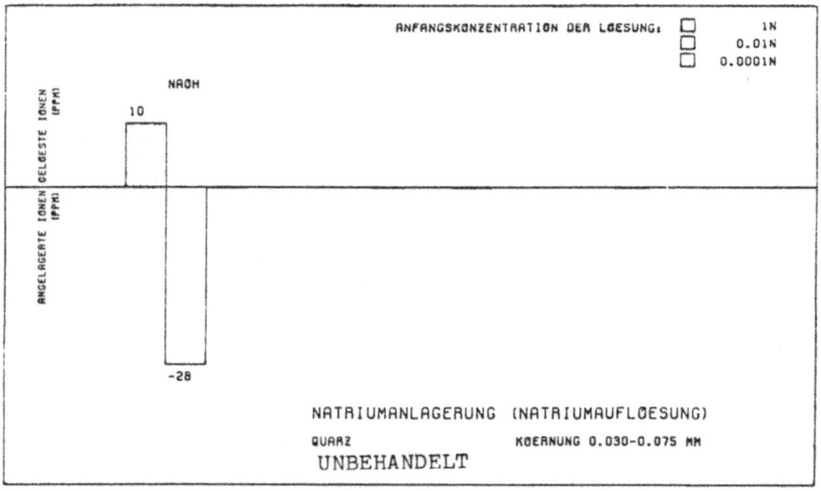

Abb. 160

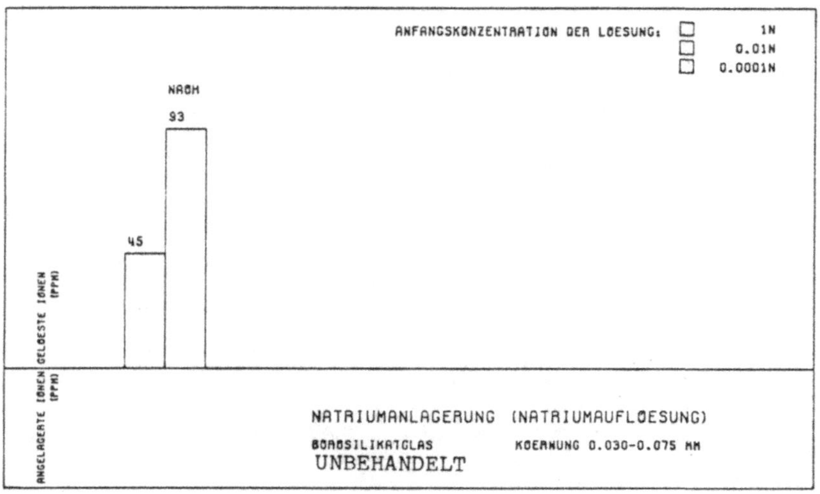

Abb. 161

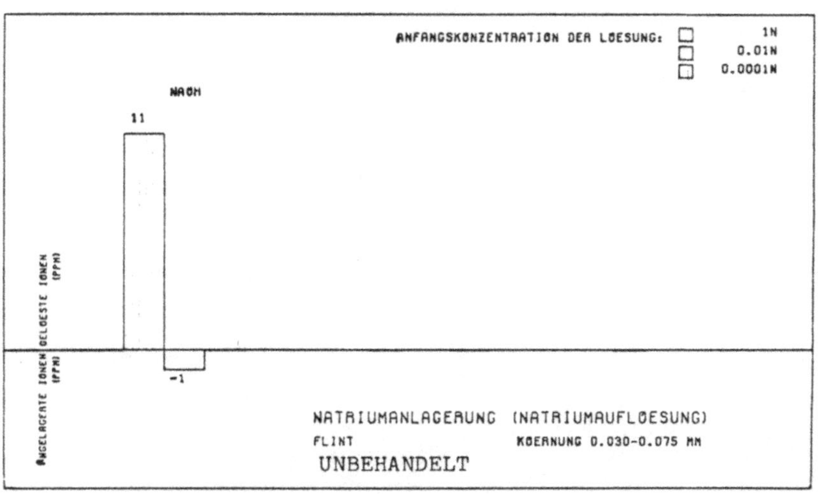

Abb. 162

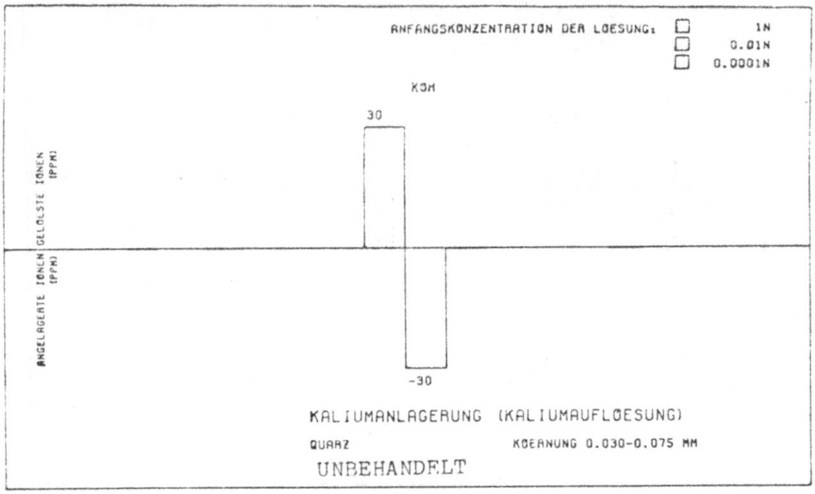

Abb. 163

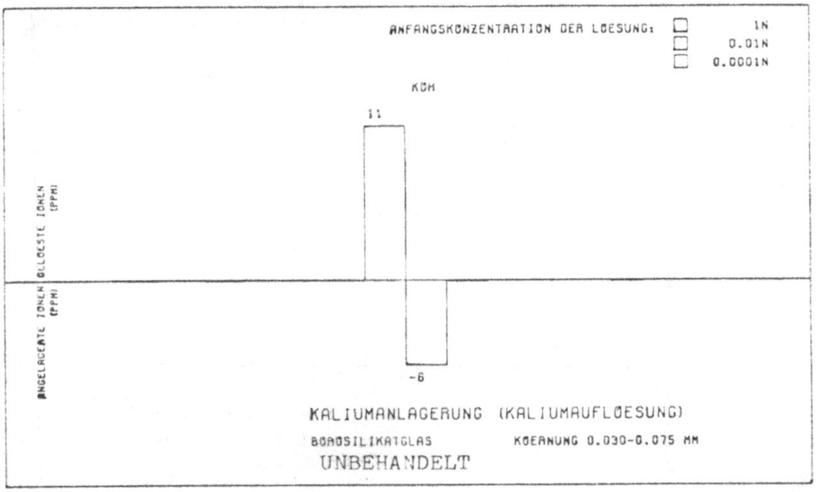

Abb. 164

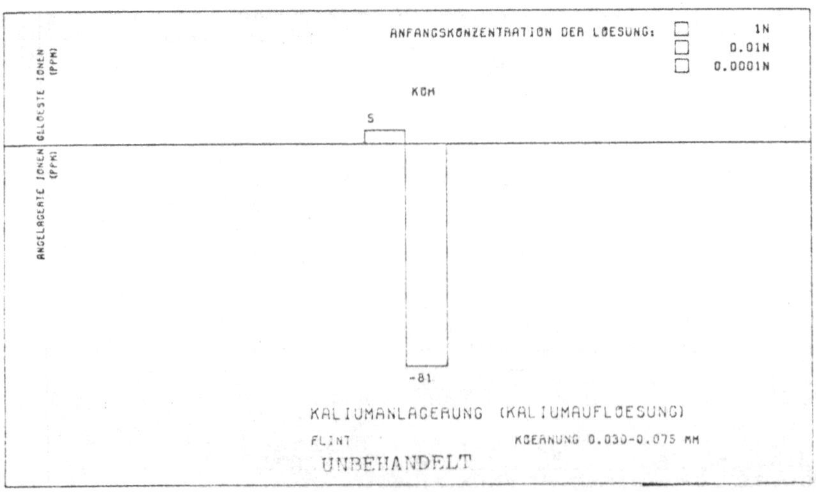

Abb. 165

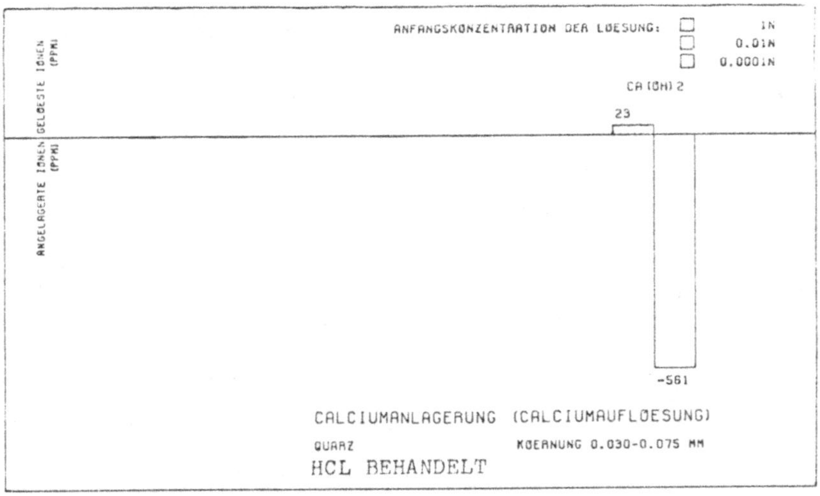

Abb. 166

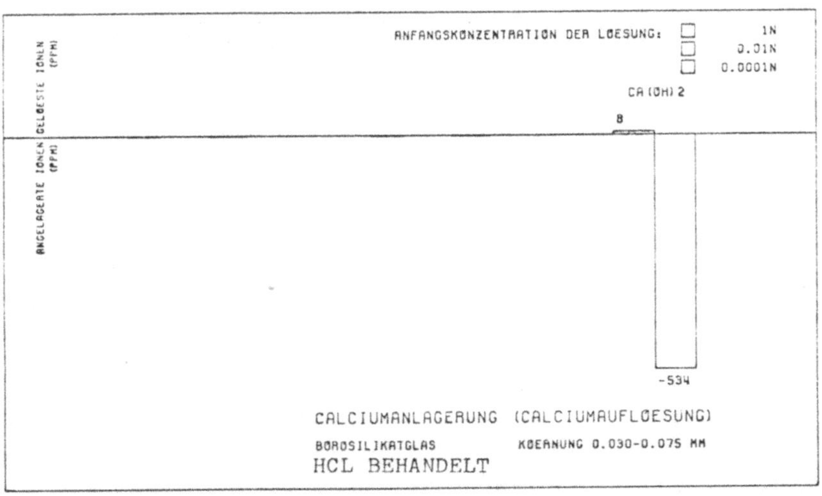

Abb. 167

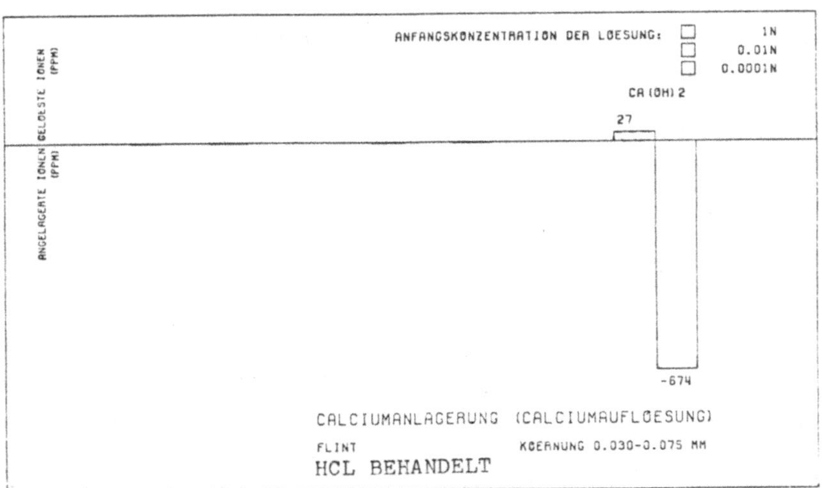

Abb. 168

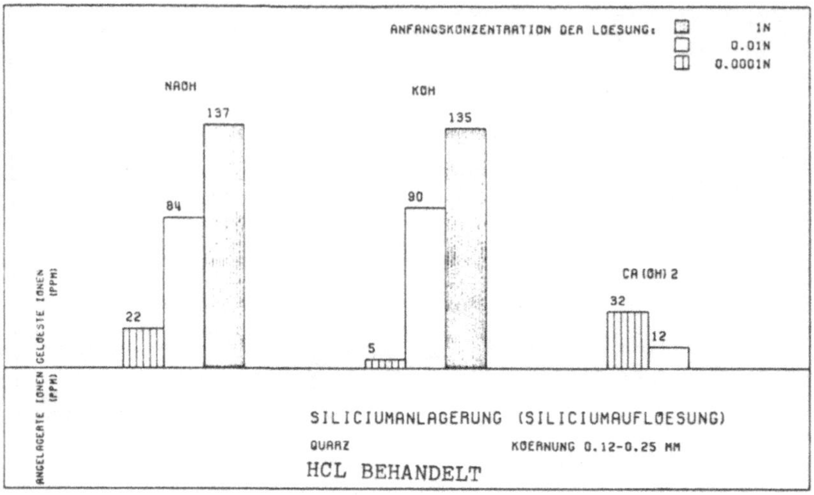

Abb. 169

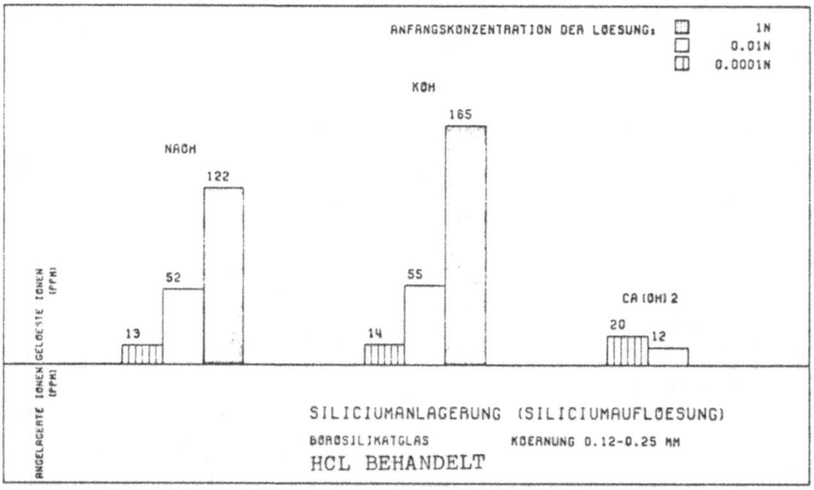

Abb. 170

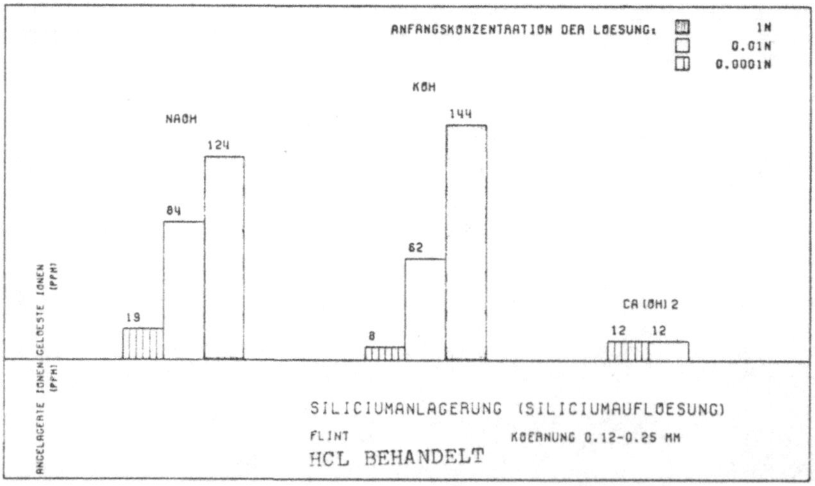

Abb. 171

Abb. 172

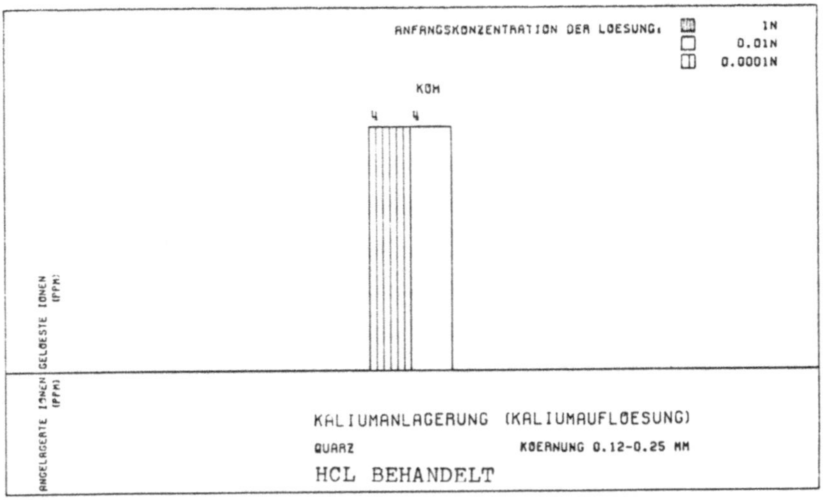

Abb. 173

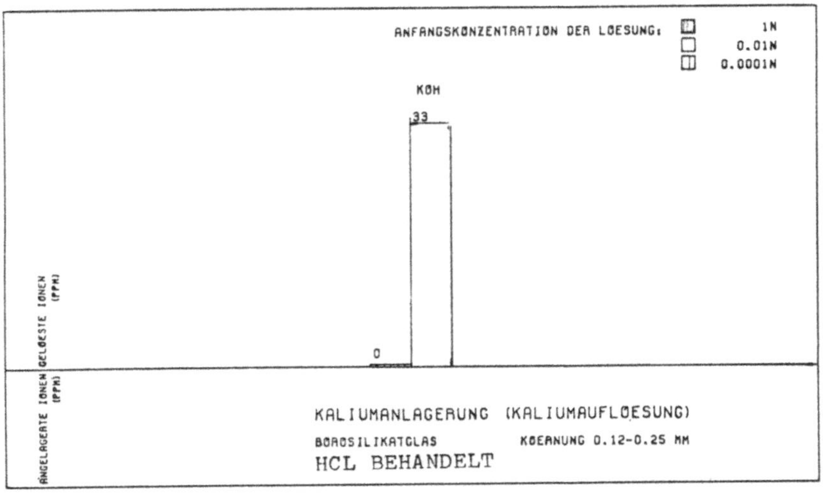

Abb. 174

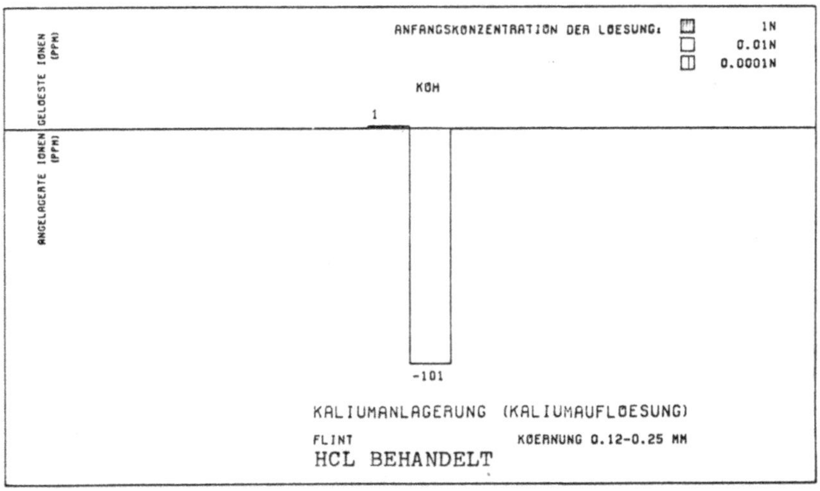

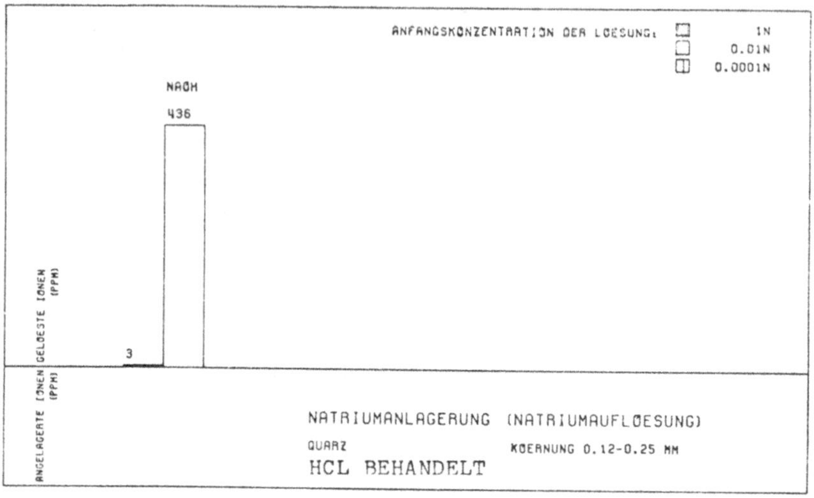

Abb. 175

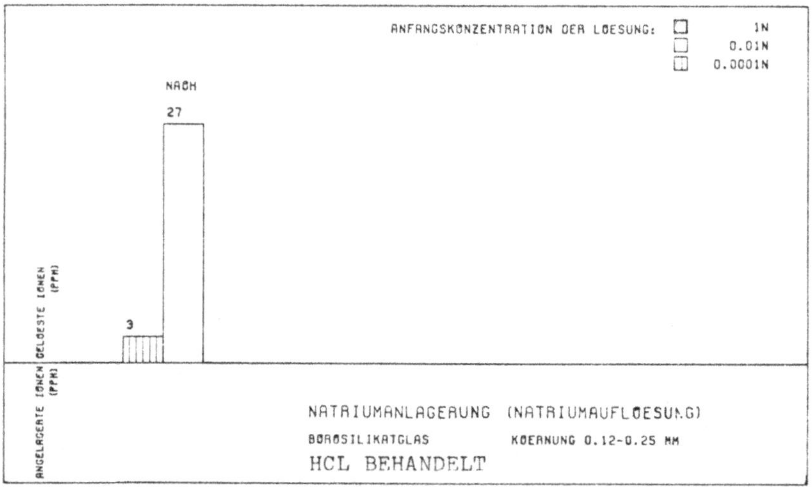

Abb. 176

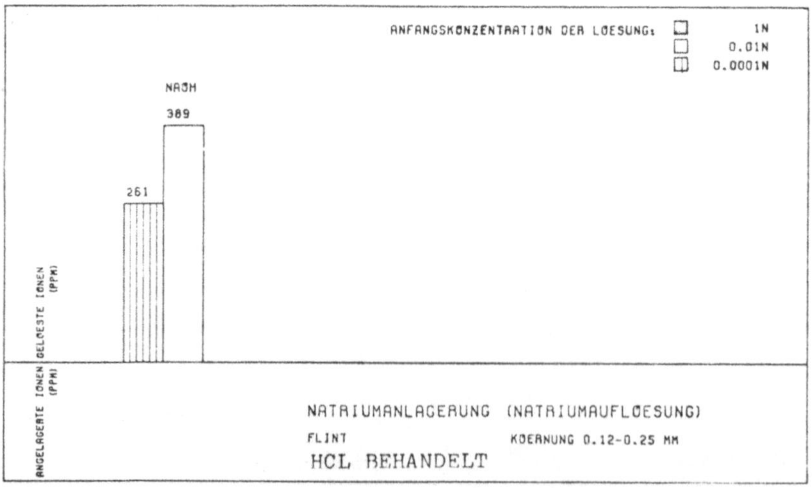

Abb. 177

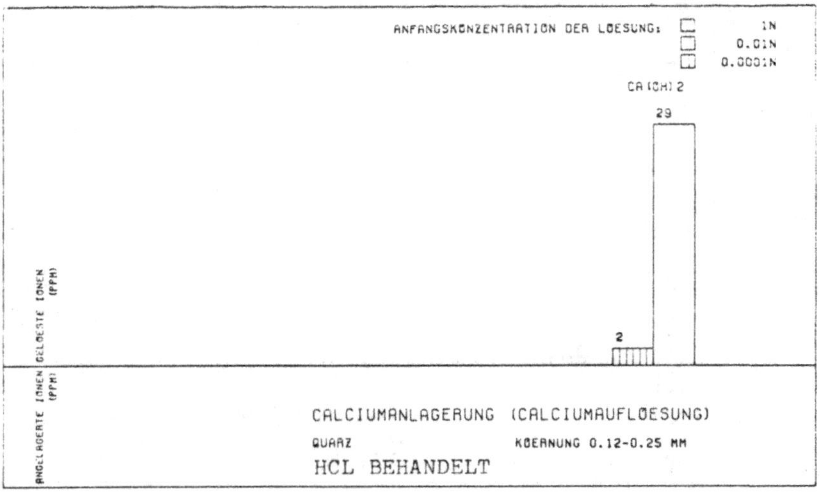

Abb. 178

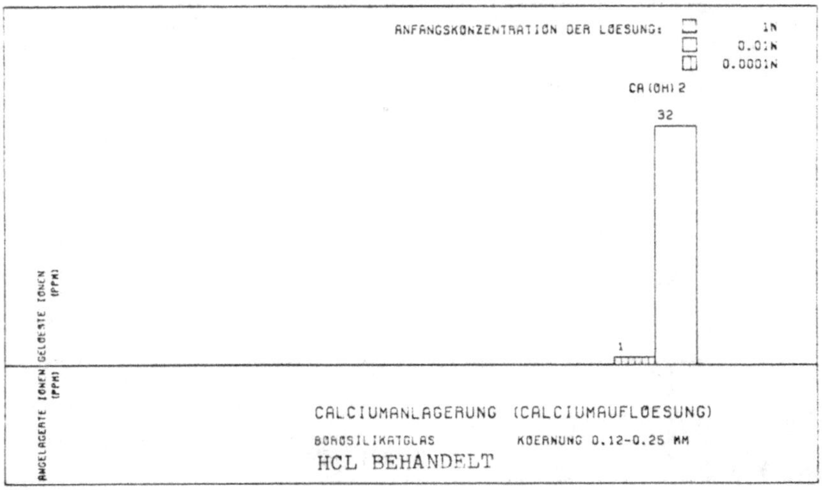

Abb. 179

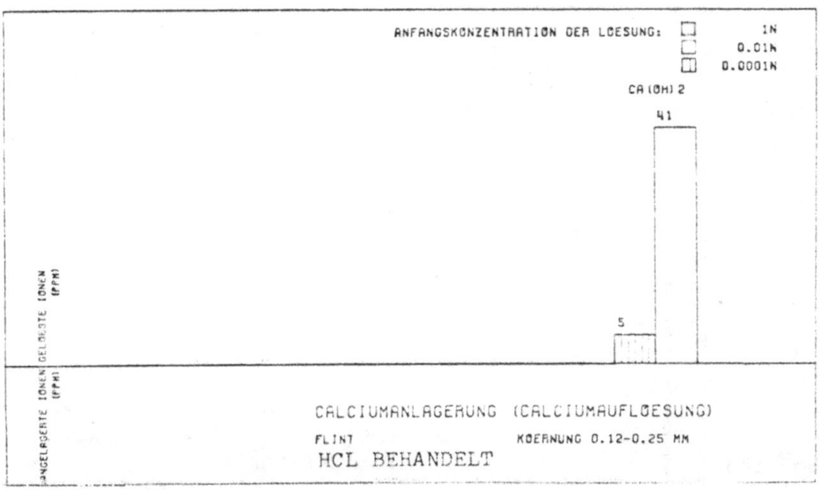

Abb. 180

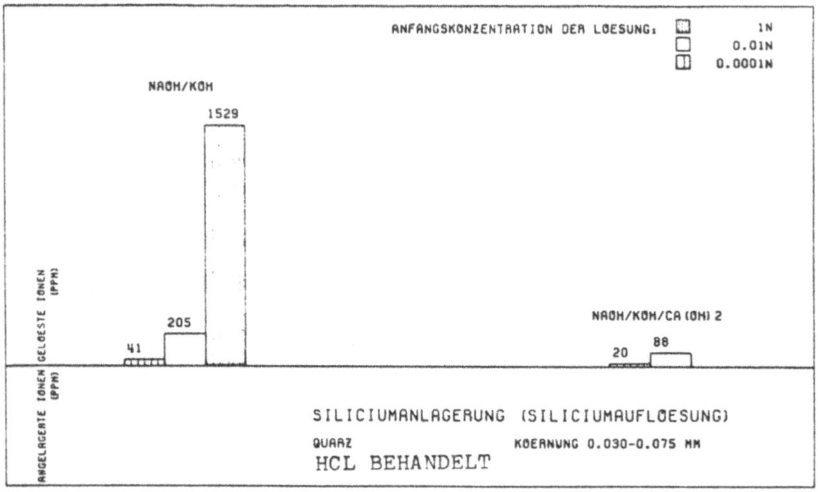

Abb. 181

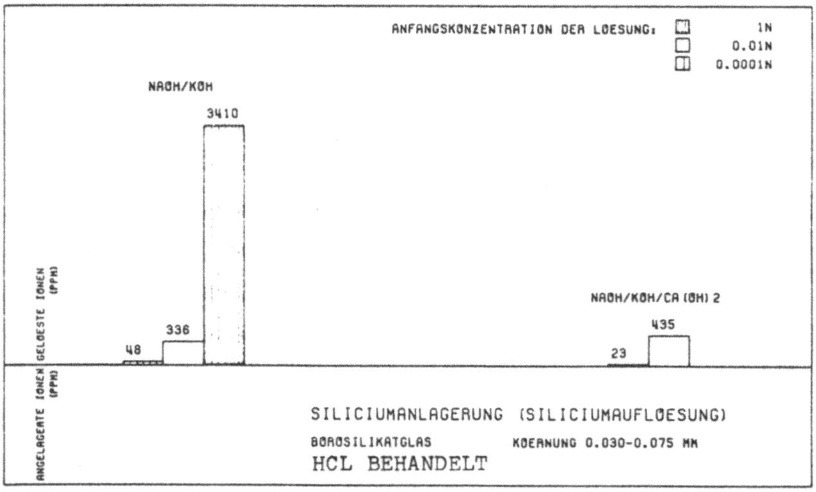

Abb. 182

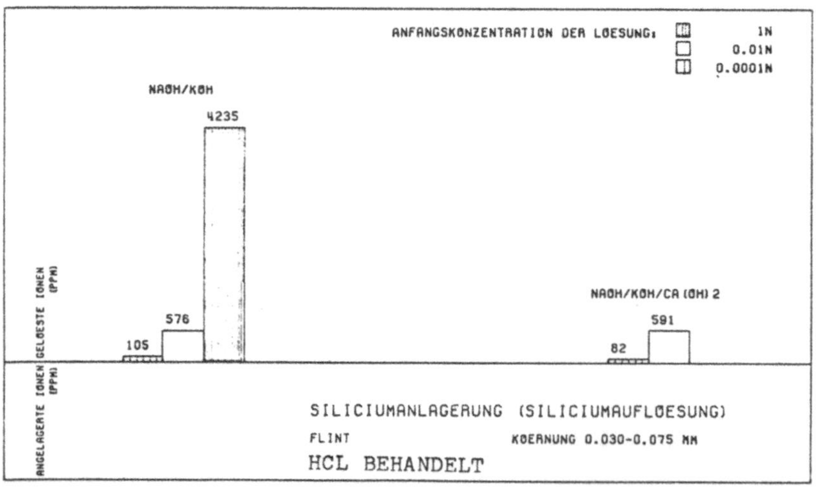

Abb. 183

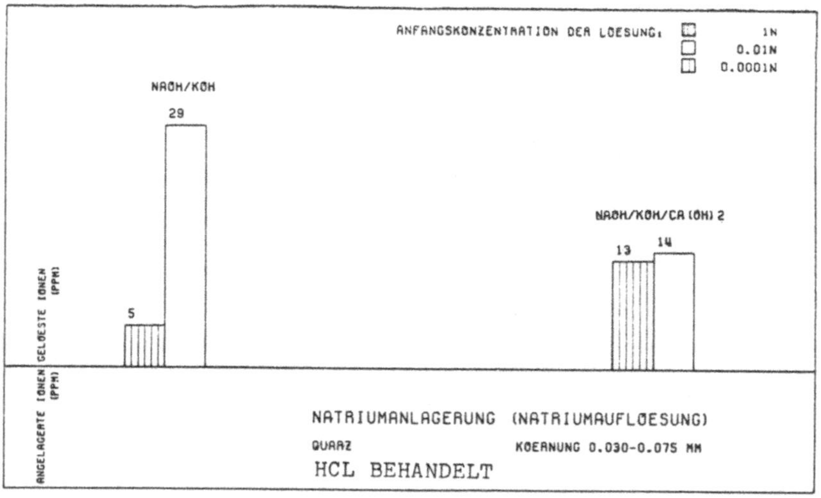

Abb. 184

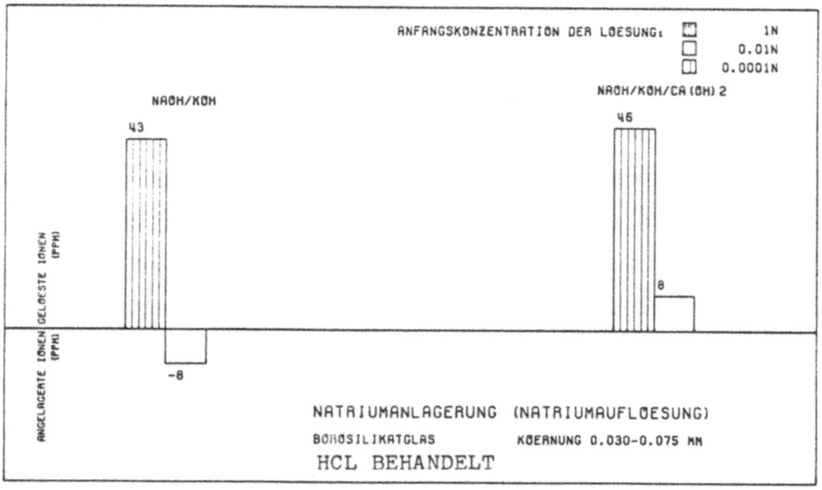

Abb. 185

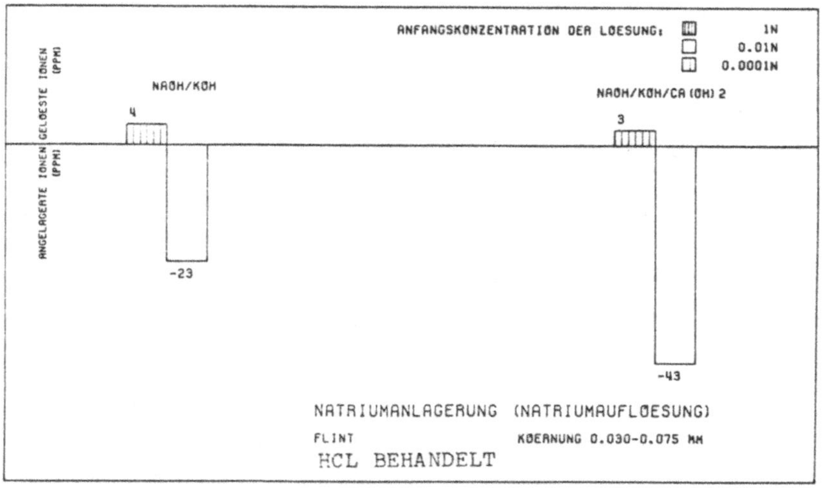

Abb. 186

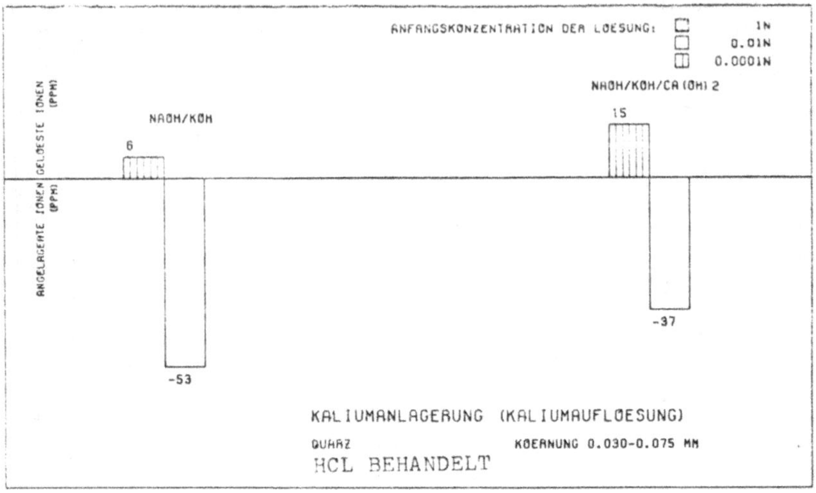

Abb. 187

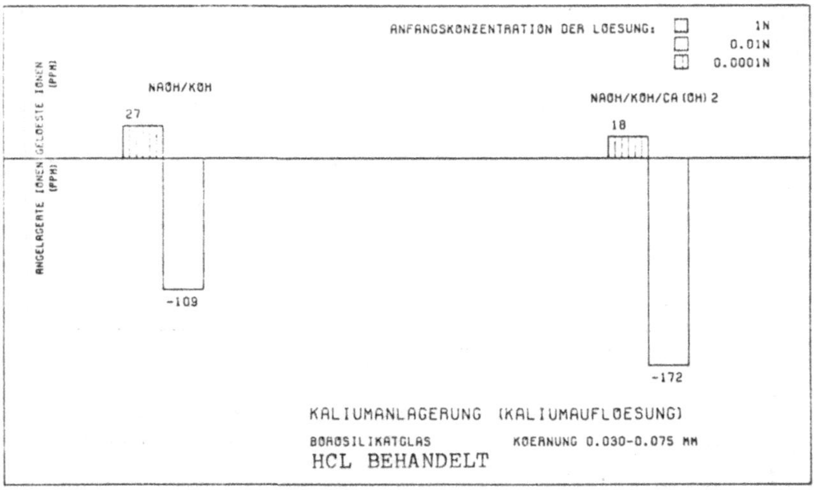

Abb. 188

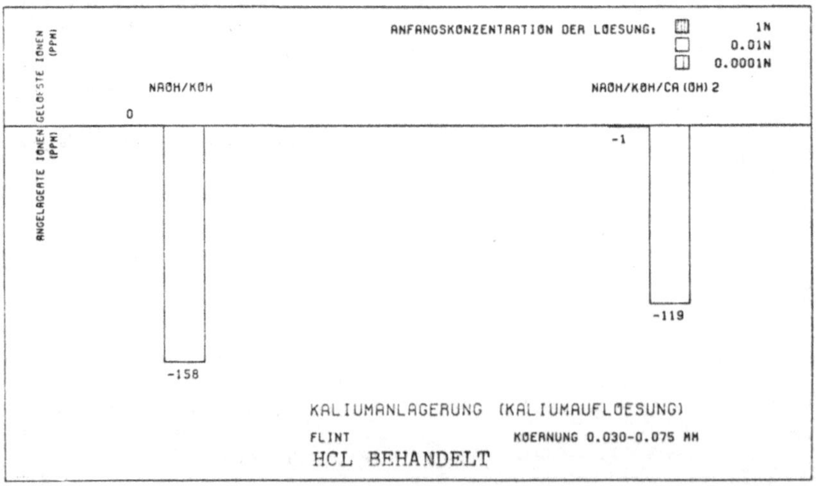

Abb. 189

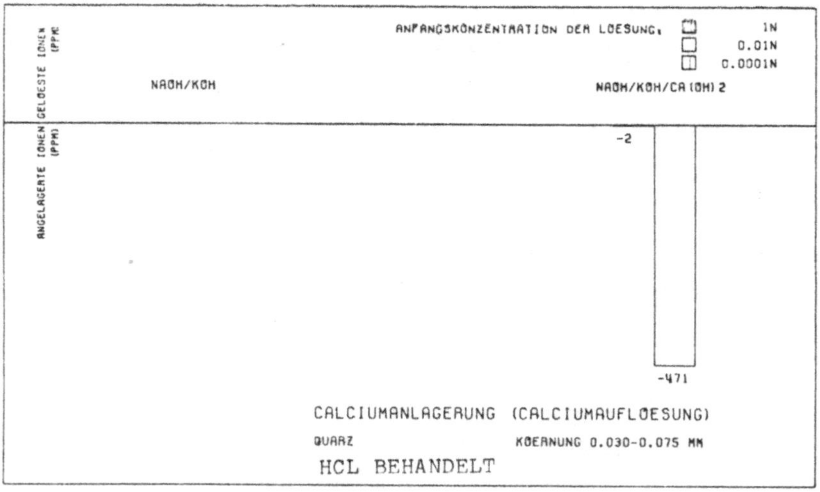

Abb. 190

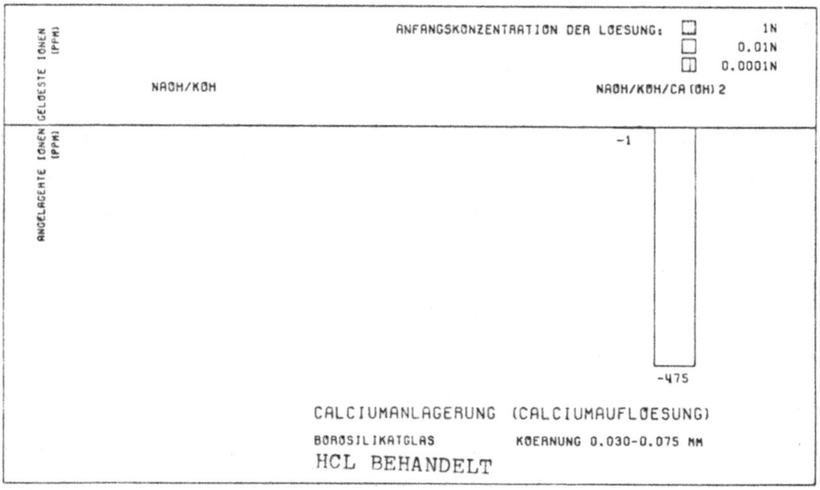

Abb. 191

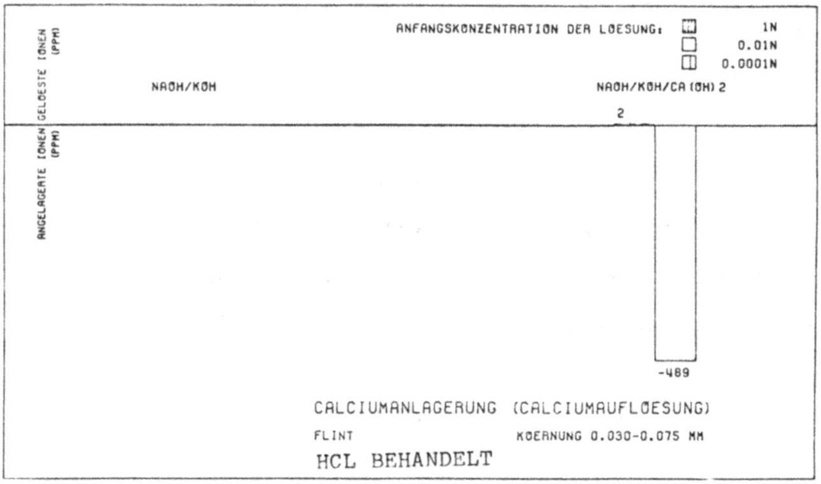

Abb. 192

4.2.3 Ionenaustausch von Na^{+}, K^{+} und Ca^{++} an Grenzflächen von Flint (Westfriesland), Quarz und Borosilikatglas (gemessen über die Anlagerung von radioaktivem Na_{22} und Ca_{45})

Durchführung

Proben:	Flint Körnung	0.010 - 0.030	mm
		0.050 - 0.070	mm
		0.12 - 0.25	mm
		0.75 - 1.0	mm
	Borosilikatglas, Quarz		
	Körnung	0.12 - 0.25	mm

Die Proben wurden 2 h in 5 n HCl geschüttelt und anschließend mit tridest. H_2O gewaschen.

Versuch:
10 g Substanz werden in 50 ml NaOH, NaOH/KOH und NaOH/$Ca(OH)_2$ verschiedener Konzentration gebracht. Der Lösung wird 0.1 ml Na_{22}-Lösung (Na_{22}-Konzentration=0.02 mg/ml) zugegeben

10 g Substanz werden in 50 ml $Ca(OH)_2$, $Ca(OH)_2$/NaOH und $Ca(OH)_2$/NaCl verschiedener Konzentration gebracht. Der Lösung wird 0.7 ml Ca_{45}-Lösung (Ca_{45}-Konzentration=0.0038 mg/ml) zugegeben.

Rühren der Proben im Probengefäß mit Magnetrührer. Die Analysenflüssigkeit mit dem jeweiligen Isotop wird in einer Kunststoffspirale an der Meßzelle vorbeigepumpt. Damit keine Substanz an der Meßzelle vorbeigespült wird, ist ein Membranfilter zwischengeschaltet.
Temperatur des Probengefäßes konstant 20°C

Messung:
mit einem ß-Strahlenmeßstand wird über das jeweilige Isotop zeitabhängig die Ionenanlagerungsrate gemessen nach BÄCHMANN (1970).

Messung der Na-Anlagerung über die Anlagerungsrate von Na_{22} (γ,ß-Strahler)

Messung der Ca-Anlagerung über die Anlagerungsrate von Ca_{45} (ß-Strahler)

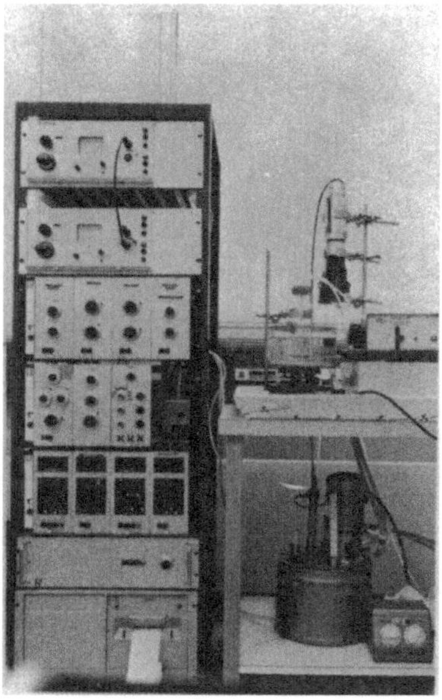

Abb. 193 ß-Strahlenmeßstand

Auswertung:
mit Programm VI. Aus den mit der Halbwertszeit korrigierten Impulsen/Min wird die prozentuale Anlagerung (bezogen auf die Konzentration der Ausgangslösung) zeitabhängig aufgetragen.

Ergebnis:
Um unterschiedliche Ionenaustauschraten aufzuzeigen, wurden Flint, Borosilikatglas und Quarz gleicher Körnung (0.12-0.25 mm) jeweils einer 0.0001 n NaOH-Lösung ausgesetzt. Die größte Na-Menge tauschte beim Flint aus (vergleiche Abb. 194-196). Gegenüber Quarz und Borosilikatglas ging der Austauschvorgang jedoch langsamer vonstatten. Nach 100 Stunden wurde in jedem Fall ein relatives Austauschgleichgewicht erreicht.

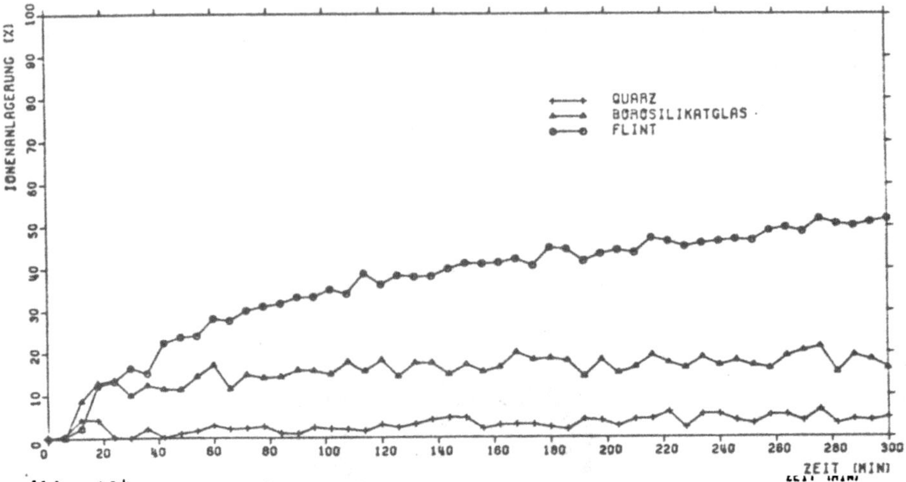

Abb. 194 NA-ANLAGERUNG AN FLINT, GLAS.QUARZ (0.12-0.25 MM)   ANFANGSKONZENTRATION NA: 0.0001 N NA(OH)   ANFANGSKONZENTRATION CA: --- CA(OH)2

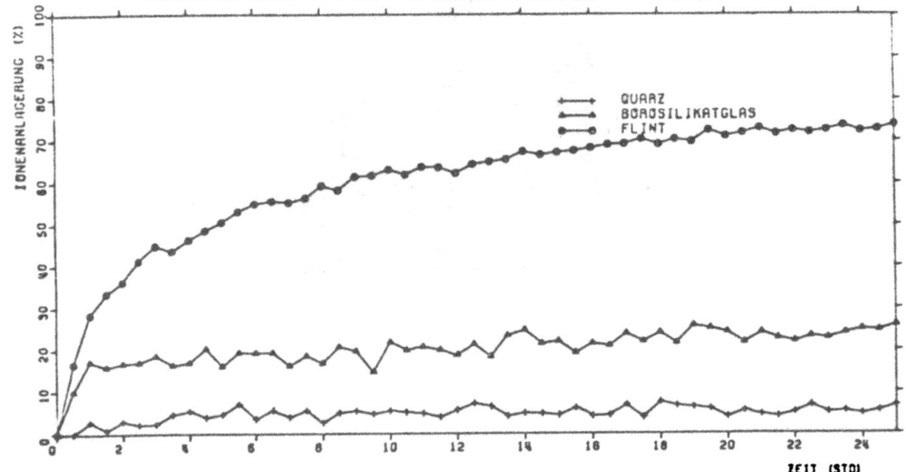

Abb. 195 NA-ANLAGERUNG AN FLINT, GLAS.QUARZ (0.12-0.25 MM)   ANFANGSKONZENTRATION NA: 0.0001 N NA(OH)   ANFANGSKONZENTRATION CA: --- CA(OH)2

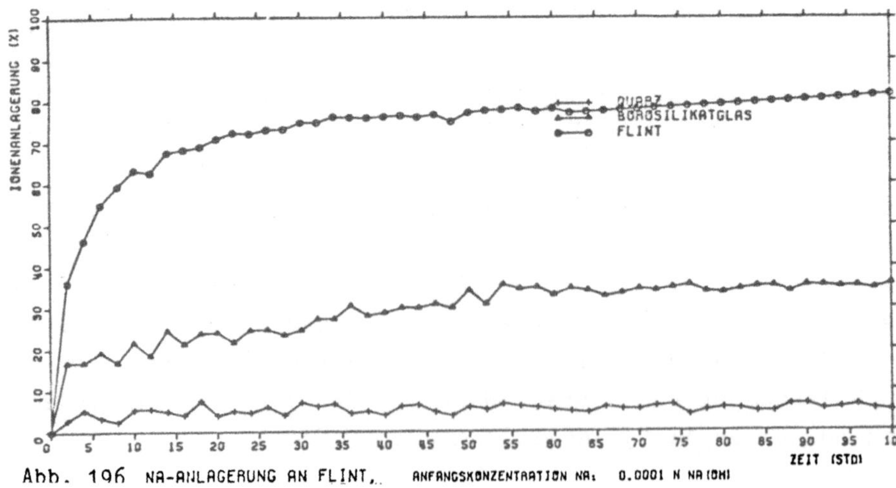

Abb. 196 NA-ANLAGERUNG AN FLINT,   ANFANGSKONZENTRATION NA: 0.0001 N NA(OH)

Der Ionenaustausch von Na^+ an Flintgrenzflächen wurde wechselnde NaOH-Konzentrationen korngrößenabhängig aufgezeigt (vergleiche Abb. 197-203). Dabei stellte sich nahezu immer schon nach 25 Stunden ein relatives Austauschgleichgewicht ein.

Mit abnehmender NaOH-Konzentration nimmt auch die Menge der absolut ausgetauschten Na-Ionen ab (am Schluß sogar relativ stetig).
Bei höherer NaOH-Konzentration ist bei den großen Körnern (0.75-1.0 mm) noch keine Anlagerung zu messen. Bei geringer NaOH-Konzentration treten deutliche Unterschiede in der Austauschrate auf. Die größte Austauschrate bringt aber nicht die feinste Korngröße, sondern die Korngröße 0.12-0.25 mm. Grundsätzlich kann man hierzu bemerken, daß bei niedrigen Konzentrationen in der Lösung durch eine prozentual stärkere Hydratationsschicht bei kleineren Körnern eine Behinderung des Austausches auftreten kann. Daneben gilt für das kleine Flintkorn, daß wegen einer stärker gestörten Oberflächenschicht pro Oberflächenelement mehr aktive Zentren vorhanden sind. Damit kommt es zu einer beschleunigten Anlaufreaktion, aber gleichzeitig auch zu einer schnellen Sättigung mit Alkaliionen. Die Ladungsdichte pro Flächeneinheit ist größer geworden, was zur Behinderung nachfolgender Ionen führen kann (Behinderung der Diffusion nach Ionenaustausch durch die erhöhte Potentialschwelle der absorbierten Na^+).

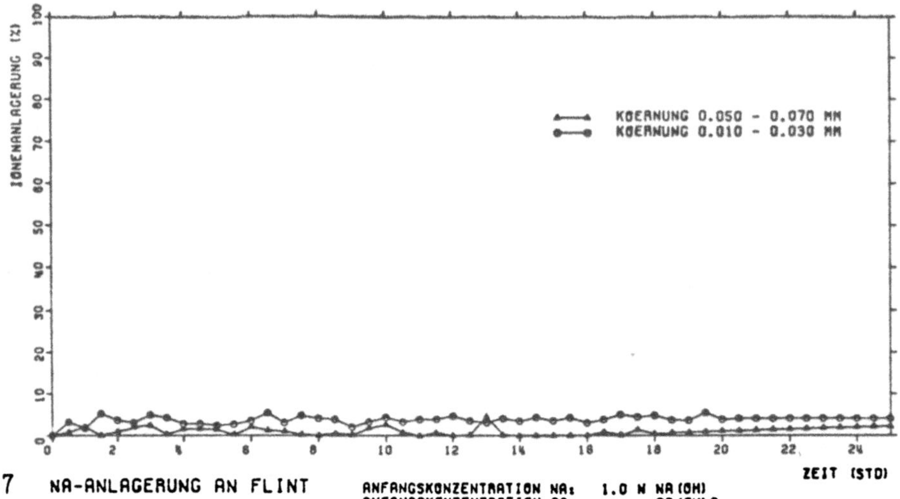

Abb. 197 NA-ANLAGERUNG AN FLINT ANFANGSKONZENTRATION NA: 1.0 N NA(OH)
ANFANGSKONZENTRATION CA: --- CA(OH)2

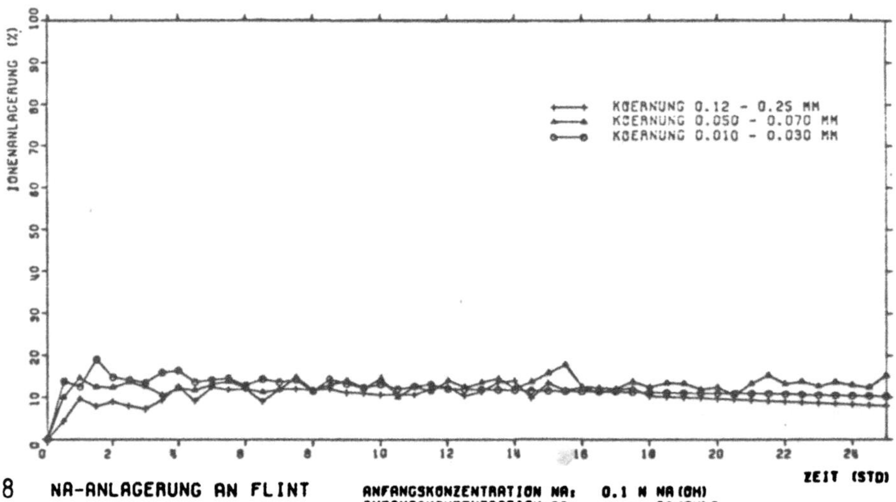

Abb. 198 NA-ANLAGERUNG AN FLINT ANFANGSKONZENTRATION NA: 0.1 N NA(OH)
ANFANGSKONZENTRATION CA: --- CA(OH)2

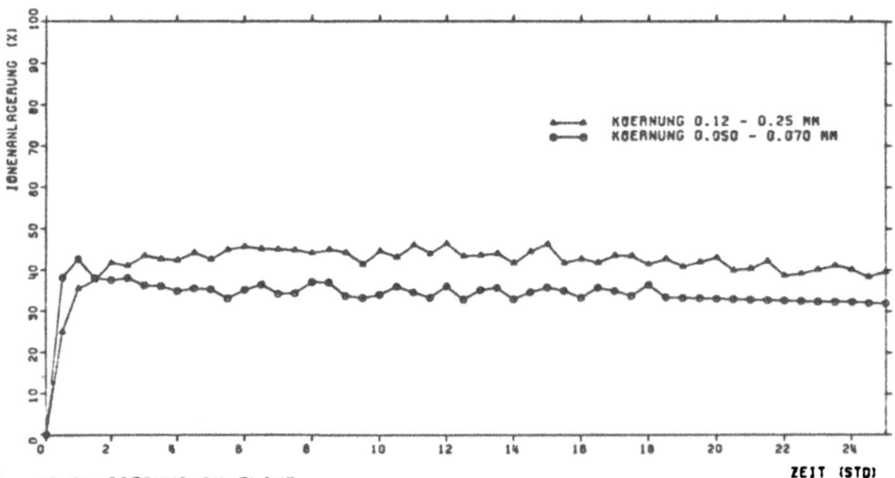

Abb. 199 NA-ANLAGERUNG AN FLINT ANFANGSKONZENTRATION NA: 0.01 N NA(OH)

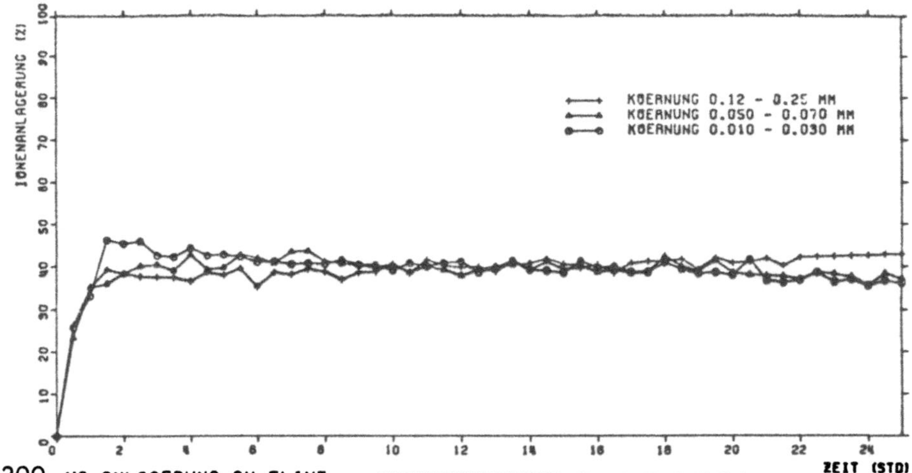

Abb. 200 NA-ANLAGERUNG AN FLINT ANFANGSKONZENTRATION NA: 0.001 N NA(OH)
ANFANGSKONZENTRATION CA: --- CA(OH)2

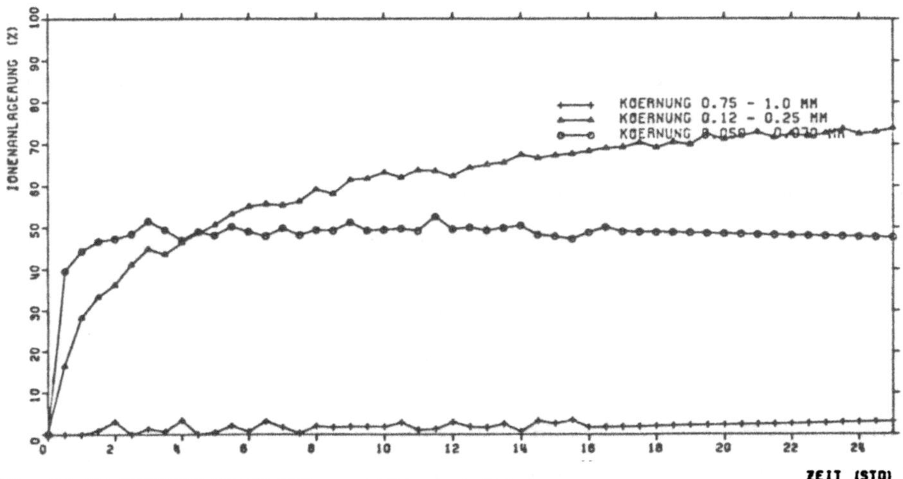

Abb. 201 NA-ANLAGERUNG AN FLINT ANFANGSKONZENTRATION NA: 0.0001 N NA(OH)
ANFANGSKONZENTRATION CA: --- CA(OH)2

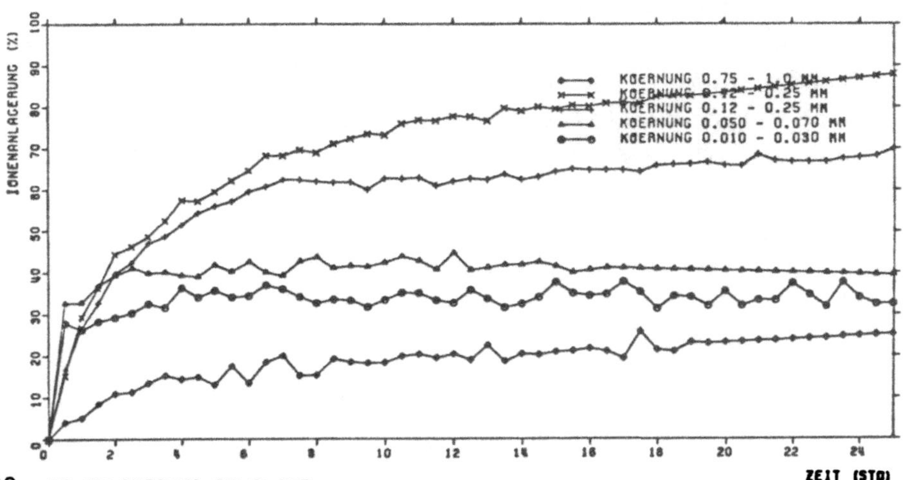

Abb. 202 NA-ANLAGERUNG AN FLINT ANFANGSKONZENTRATION NA: 0.00001 N NA(OH)
ANFANGSKONZENTRATION CA: --- CA(OH)2

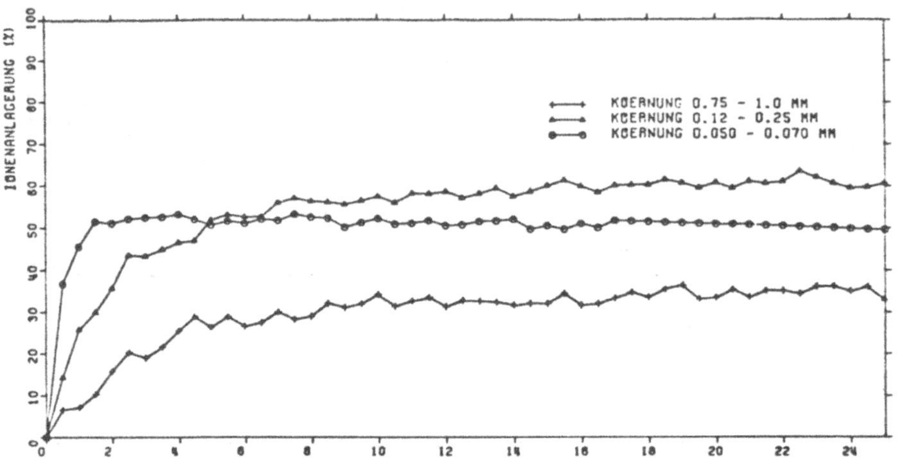

Abb. 203 NA-ANLAGERUNG AN FLINT ANFANGSKONZENTRATION NA: 0.000001 N NA(OH) ANFANGSKONZENTRATION CA: --- CA(OH)2

Um den Einfluß des Kalium bei der Alkali-Kieselsäurereaktion zu erfassen, wurde bei den folgenden Versuchen gleichnormal KOH zugegeben. Zur Aufrechterhaltung der ungefähr gleichen OH-Ionen-Konzentration wurde im Vergleich zu den vorhergehenden Versuchen nur die halbe NaOH-Menge eingewogen (vergleiche Abb. 204 - 206). Im Vergleich zu den Abb. 198, Abb. 200 und 202 (entsprechende Versuche ohne KOH) erkennt man, daß die ausgetauschte Na-Menge bei KOH-Anwesenheit gleicher Normalität etwas geringer ist. Es scheinen gegenüber Natrium relativ mehr Kaliumionen auszutauschen. Außerdem erkennt man aus Abb. 204 und 205 einen erheblichen Na^+-Austausch; im Falle von Na^+ allein in Lösung konnte bei diesen Konzentrationen noch keinerlei Na^+-Austausch registriert werden.

Dieses Versuchsergebnis steht in gutem Einklang mit den Annahmen von Kapitel 3.3.4. Das solvatisierte Kaliumion als kleineres Ion (dadurch geringerer Diffusionswiderstand) wird stärker austauschen und als "Wegbereiter" (Aufweiten der Diffusionswege, Austausch Na^+ gegen K^+) für Na^+ dienen.

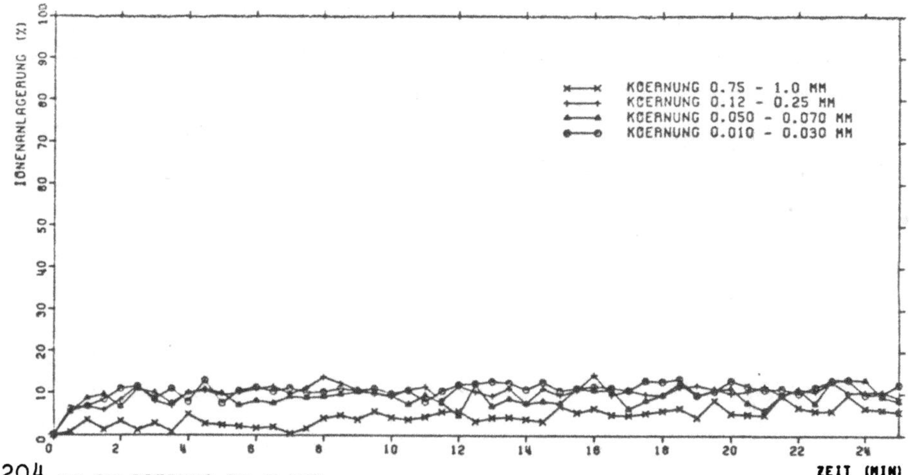

Abb. 204 NA-ANLAGERUNG AN FLINT

ANFANGSKONZENTRATION NA: 0.05 N NAOH
ANFANGSKONZENTRATION K: 0.05 N KOH

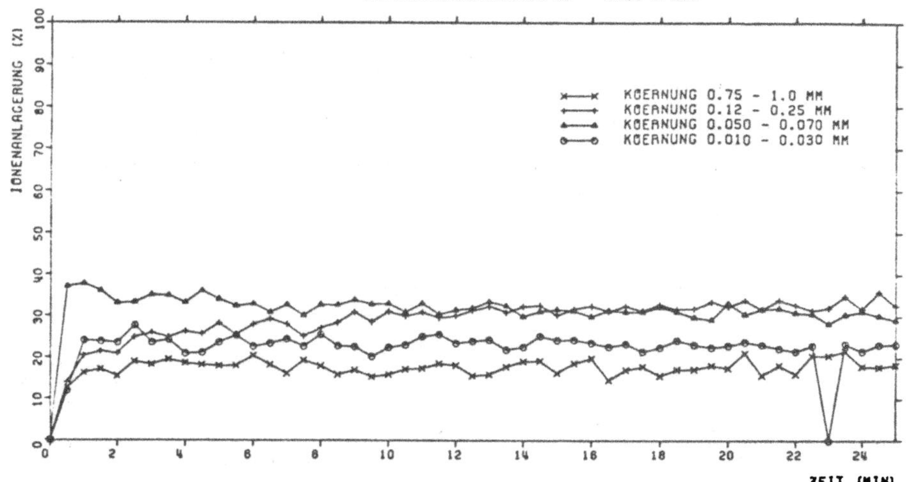

Abb. 205 NA-ANLAGERUNG AN FLINT

ANFANGSKONZENTRATION NA: 0.0005 N NAOH
ANFANGSKONZENTRATION K: 0.0005 N KOH

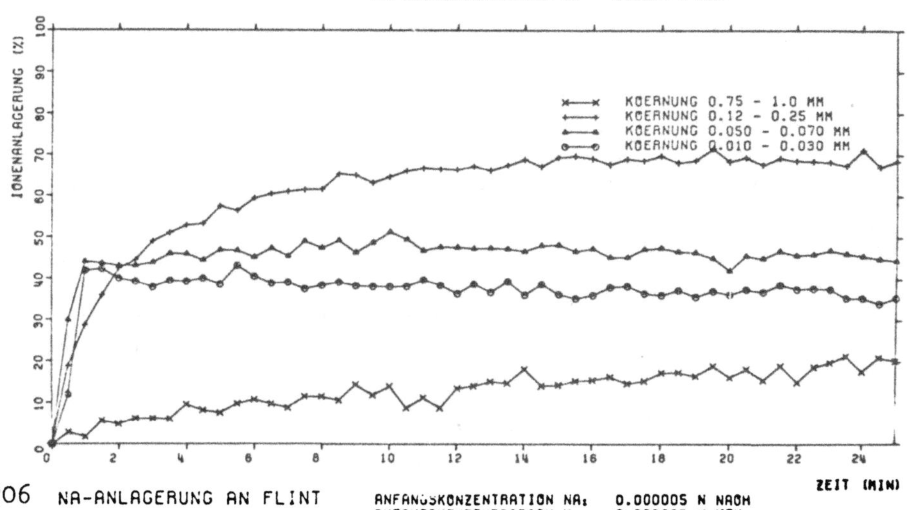

Abb. 206 NA-ANLAGERUNG AN FLINT

ANFANGSKONZENTRATION NA: 0.000005 N NAOH
ANFANGSKONZENTRATION K: 0.000005 N KOH

Bei Zugabe von $Ca(OH)_2$ zu den NaOH-Lösungen nimmt der Na-Austauschgrößtwert zu; besonders bei der feinsten Körnung sinkt der Austauschwert nach längerer Versuchsdauer wieder erheblich ab (angelagerte Na-Ionen gehen wieder in Lösung; Austausch gegen Ca^{++}) (vergleiche Abb. 207 - 210).

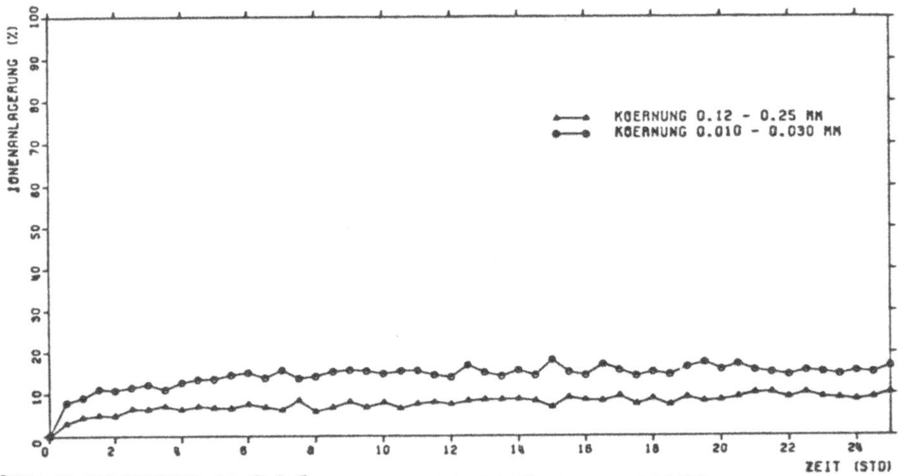

Abb. 207 NA-ANLAGERUNG AN FLINT ANFANGSKONZENTRATION NA: 0.1 N NA(OH) ANFANGSKONZENTRATION CA: 0.01 N CA(OH)2

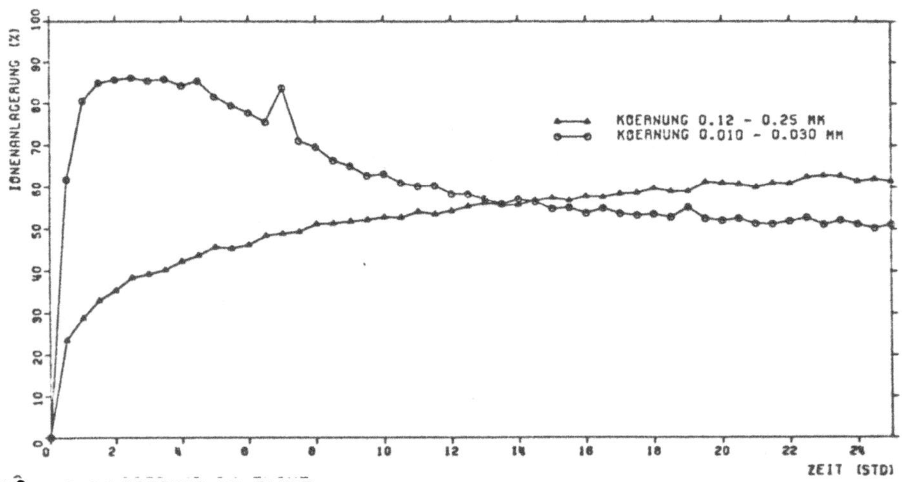

Abb. 208 NA-ANLAGERUNG AN FLINT ANFANGSKONZENTRATION NA: 0.001 N NA(OH) ANFANGSKONZENTRATION CA: 0.01 N CA(OH)2

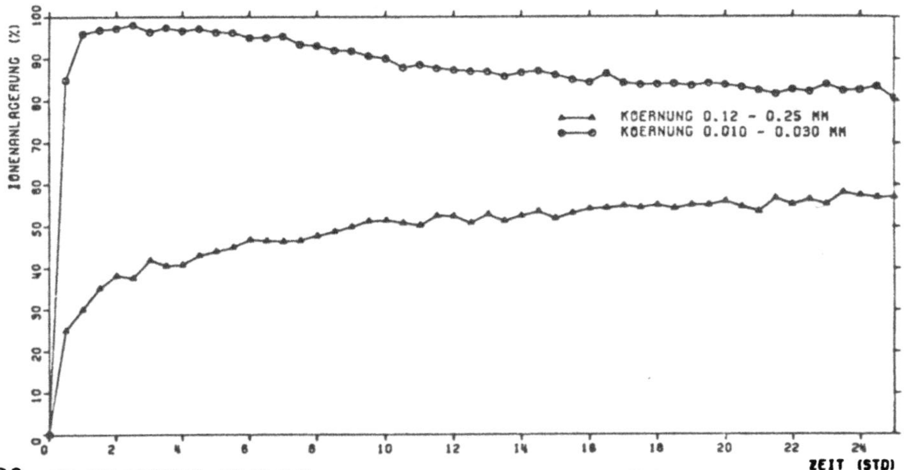

Abb. 209 NA-ANLAGERUNG AN FLINT ANFANGSKONZENTRATION NA: 0.00001 N NA(OH)
ANFANGSKONZENTRATION CA: 0.01 N CA(OH)2

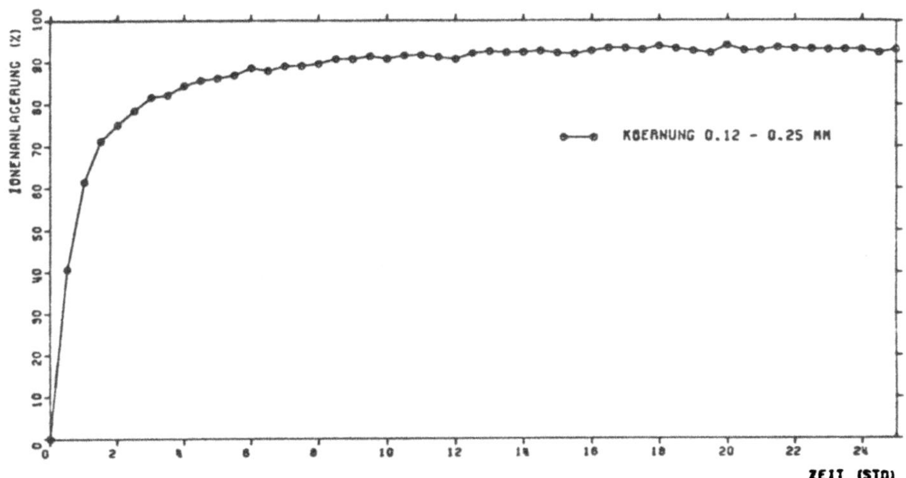

Abb. 210 NA-ANLAGERUNG AN FLINT ANFANGSKONZENTRATION NA: 0.00001 N NA(OH)
ANFANGSKONZENTRATION CA: 0.001 N CA(OH)2

Der Effekt des Ca^{++}-Austausches gegen Na^{+} (Freiwerden von Na^{+}, Rückdiffusion in die Lösung) erkennt man besonders gut im 12-Tage-Diagramm (vergleiche Abb. 211 und 212). Auch hier wurden die Annahmen der Kapitel 3.3.4 und 3.4 gut bestätigt:

a) Na^{+} ist das schnellere und leichter diffundierende Ion (solvatisiert) gegenüber Ca^{++} (solvatisiert).
b) bei gleichem Na^{+}-Ionenangebot aber erhöhter OH-Konzentration (durch $Ca(OH)_2$-Zugabe) kommt es zu einer sehr viel stärkeren Alkali-Kieselsäurereaktion.

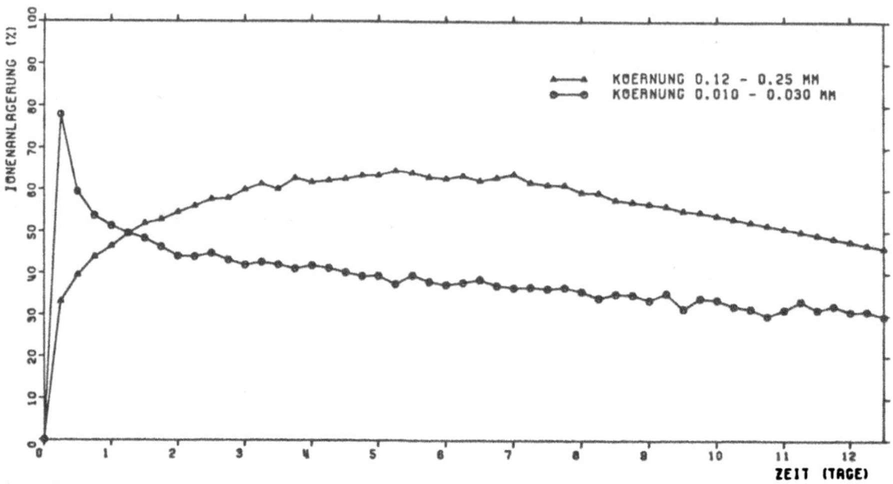

Abb. 211 NA-ANLAGERUNG AN FLINT ANFANGSKONZENTRATION NA: 0.001 N NA(OH)
ANFANGSKONZENTRATION CA: 0.01 N CA(OH)2

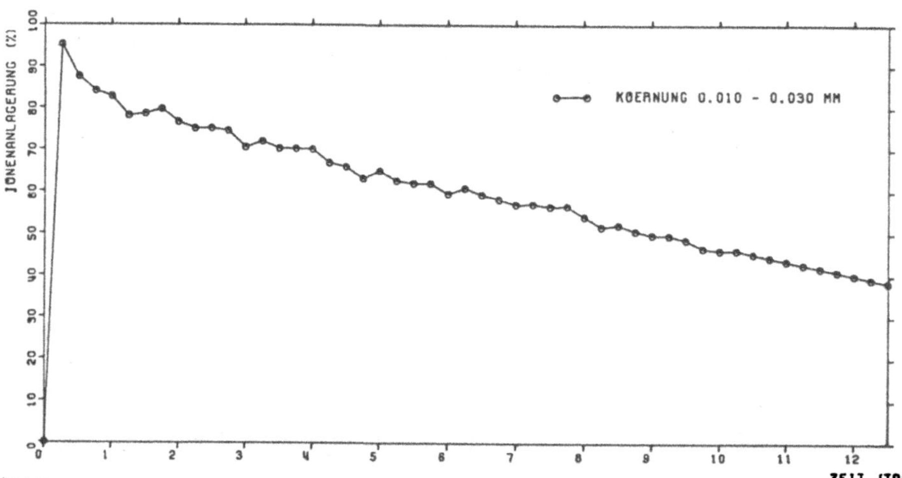

Abb. 212 NA-ANLAGERUNG AN FLINT ANFANGSKONZENTRATION NA: 0.00001 N NA(OH)
ANFANGSKONZENTRATION CA: 0.01 N CA(OH)2

Neben dem Na^+-Verhalten (vergleiche Abb. 197-212) soll in den folgenden Versuchen der Ionenaustausch von Ca^{++} am Flint beispielhaft an einigen Korngrößen untersucht werden.
Gibt man die Flintkörner in verschiedenkonzentrierte $Ca(OH)_2$-Lösungen, so zeigt sich, daß in den meisten Fällen nach 25 Stunden noch kein Austauschgleigewicht erreicht wird.
Mit abnehmender $Ca(OH)_2$-Konzentration durchläuft die prozentuale

Anlagerung ein Maximum, die absolut angelagerte Ca-Menge nimmt jedoch stets ab (vergleiche Abb. 213 - 217).
Der Ca^{++}-Ionenaustausch verläuft ähnlich dem Na^{+}-Ionenaustausch. Beim Vergleich der Ergebnisse dieser beiden Austauschvorgänge sollte man berücksichtigen, daß Kalzium aus sterischen Gründen an einer Kieselsäureoberfläche relativ bezogen auf die Normalität dichter gepackt werden kann als Natrium, weil das 2-wertige $Ca^{++}_{solv.}$ bei geringerem Platzbedarf (gegenüber 2 $Na^{+}_{solv.}$) zwei aktive Zentren belegen kann. Daneben setzt sich die in der Lösung gemessene Ca_{45}-Abnahme sicher aus zwei Teilen zusammen:

1) einer reinen Ionenaustauschreaktion an Flintkornoberflächen die zu einer Ca-Reduktion in der Lösung führt.

2) Bildung stabiler Kalziumhydrosilikatphasen von Kalzium mit in Lösung gegangenen Siliziumionen (durch das Membranfilter im Versuchsaufbau werden diese Kalziumhydrosilikate vom ß-Zählrohr ferngehalten und nicht mehr registriert).

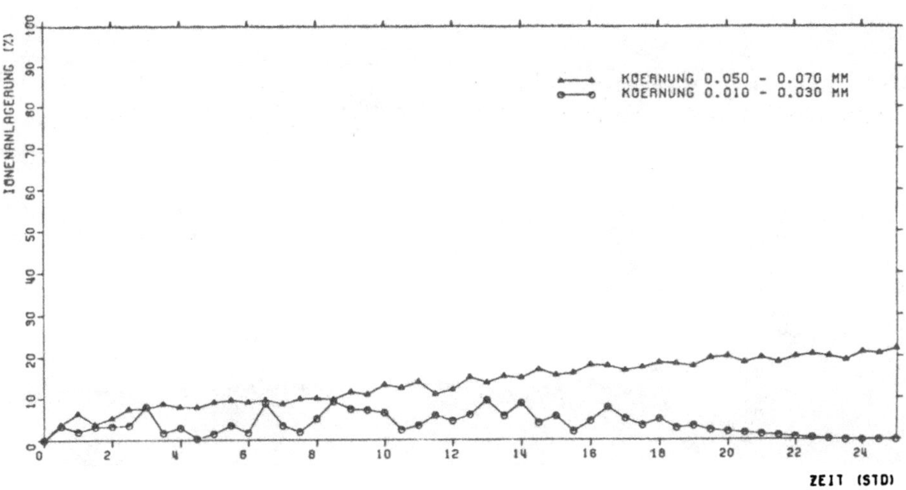

Abb.213 CA-ANLAGERUNG AN FLINT ANFANGSKONZENTRATION NA: --- NA(OH)
ANFANGSKONZENTRATION CA: 0.01 N CA(OH)2

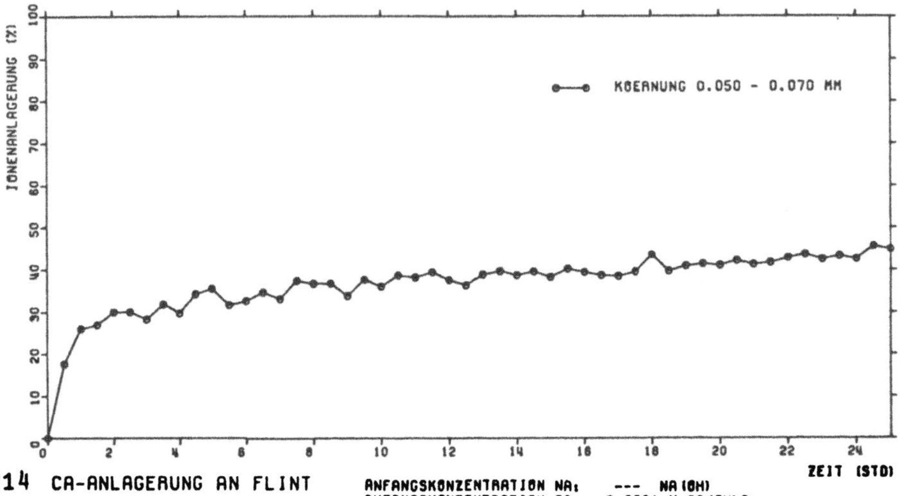

Abb. 214 CA-ANLAGERUNG AN FLINT

ANFANGSKONZENTRATION NA: --- NA (OH)
ANFANGSKONZENTRATION CA: 0.0001 N CA (OH) 2

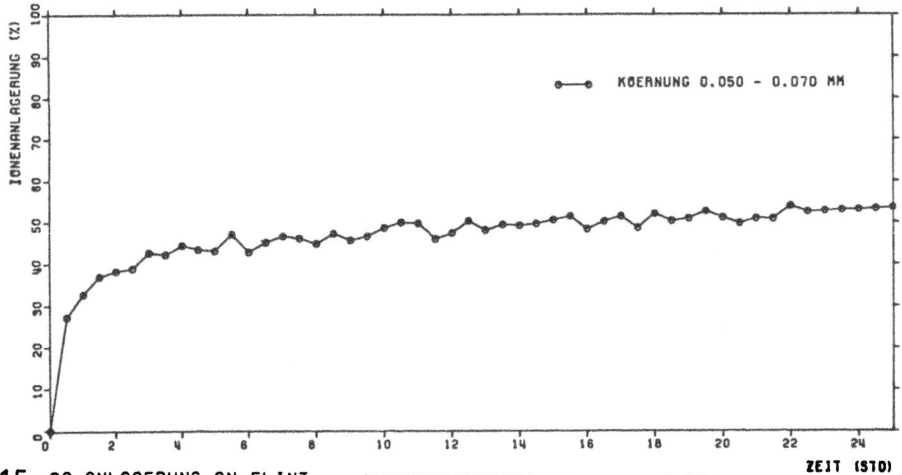

Abb. 215 CA-ANLAGERUNG AN FLINT

ANFANGSKONZENTRATION NA: --- NA (OH)
ANFANGSKONZENTRATION CA: 0.00001 N CA (OH) 2

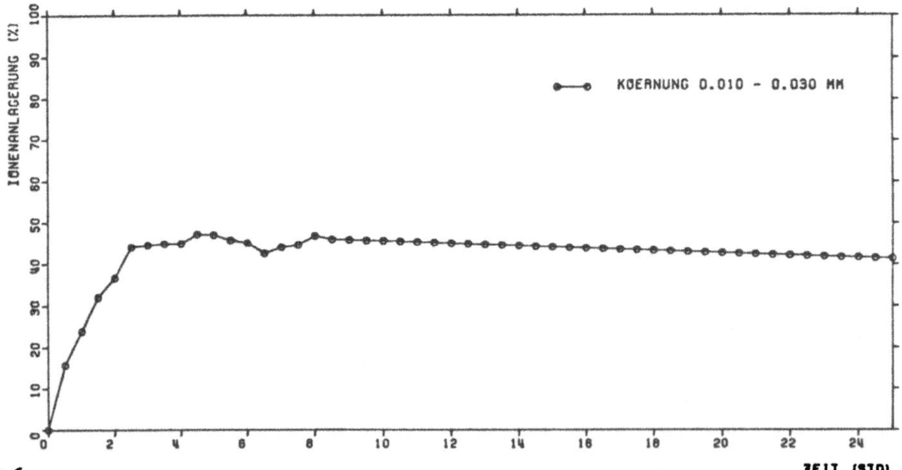

Abb. 216 CA-ANLAGERUNG AN FLINT

ANFANGSKONZENTRATION NA: --- NA (OH)
ANFANGSKONZENTRATION CA: 0.000001 N CA (OH) 2

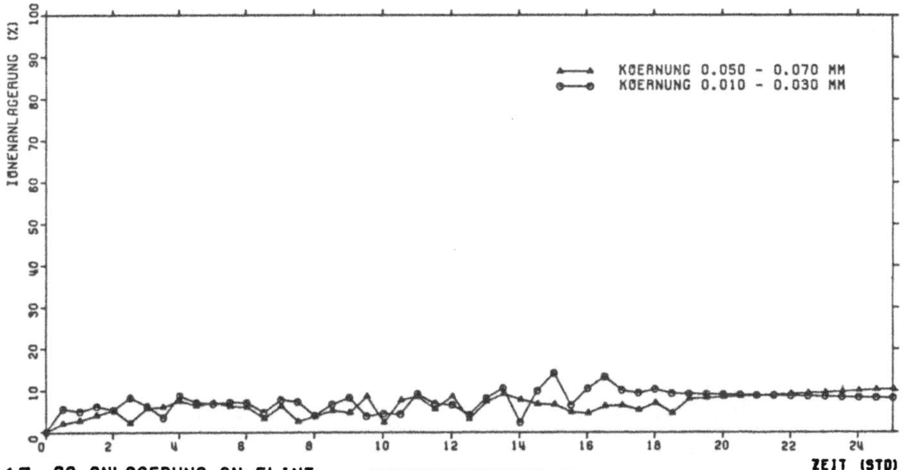

Abb. 217 CA-ANLAGERUNG AN FLINT ANFANGSKONZENTRATION NA: --- NA(OH)
ANFANGSKONZENTRATION CA: 0.0000001 N CA(OH)2

Bei Zugabe von NaOH zu $Ca(OH)_2$-Lösungen (vergleiche Abb. 218 - 220) erhält man ähnliche Ergebnisse für die ausgetauschte Ca-Menge wie im Fall reine $Ca(OH)_2$-Lösung.

Bei NaCl-Zugabe wird die Anlagerungsrate von Kalzium im gleichen Meßzeitraum und bei gleicher Krongröße etwas geringer (vergleiche Abb. 221 - 223)

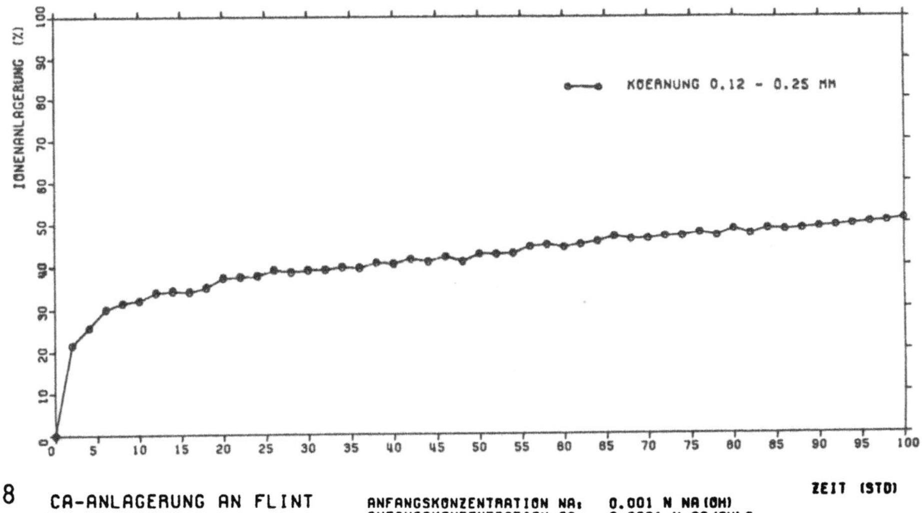

Abb. 218 CA-ANLAGERUNG AN FLINT ANFANGSKONZENTRATION NA: 0.001 N NA(OH)
ANFANGSKONZENTRATION CA: 0.0001 N CA(OH)2

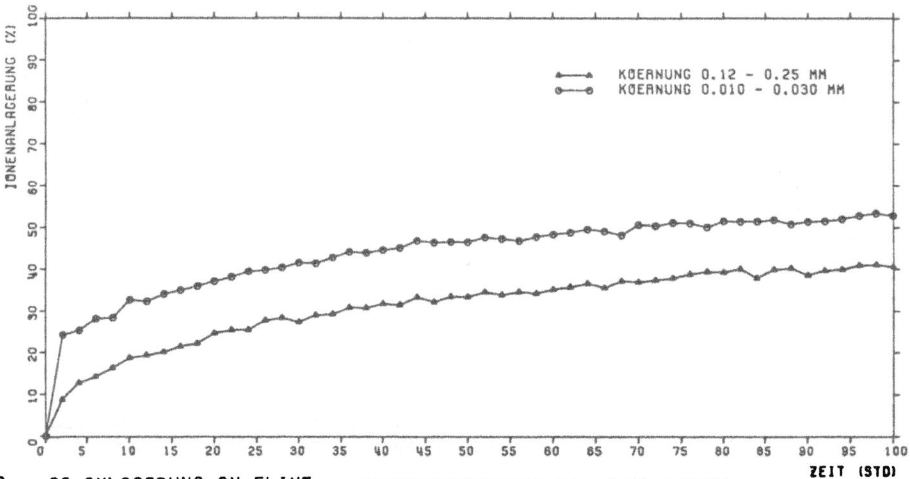

Abb. 219 CA-ANLAGERUNG AN FLINT ANFANGSKONZENTRATION NA: 0.001 N NA(OH)
ANFANGSKONZENTRATION CA: 0.000001 N CA(OH)2

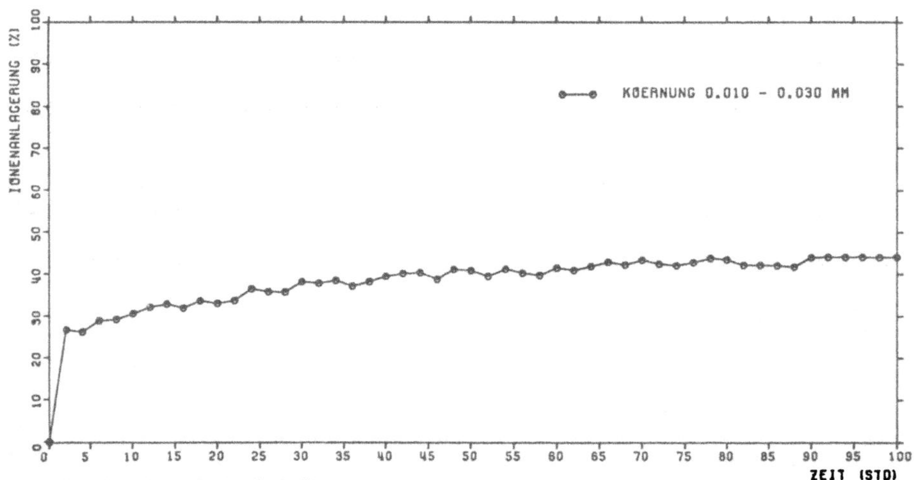

Abb. 220 CA-ANLAGERUNG AN FLINT ANFANGSKONZENTRATION NA: 0.001 N NA(OH)
ANFANGSKONZENTRATION CA: 0.00000001 N CA(OH)2

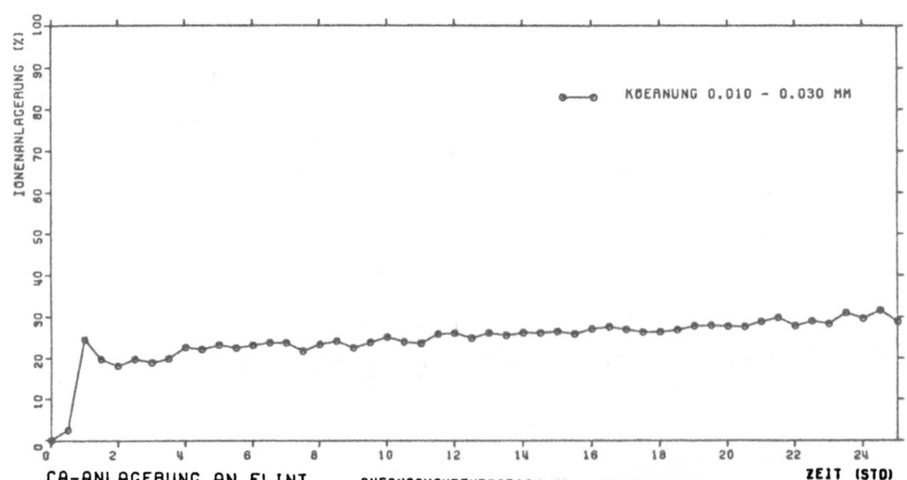

Abb. 221 CA-ANLAGERUNG AN FLINT ANFANGSKONZENTRATION NA: 0.001 N NACL
ANFANGSKONZENTRATION CA: 0.0001 N CA(OH)2

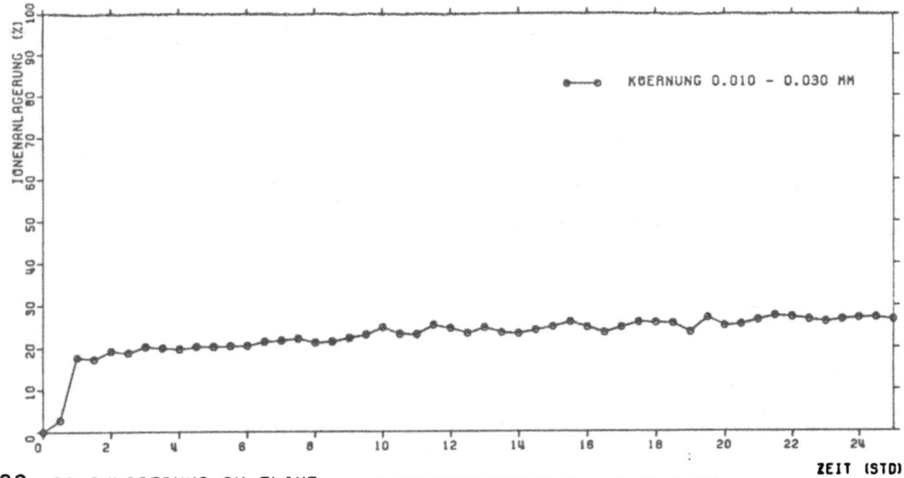

Abb. 222 CA-ANLAGERUNG AN FLINT ANFANGSKONZENTRATION NA: 0.001 N NACL
ANFANGSKONZENTRATION CA: 0.000001 N CA(OH)2

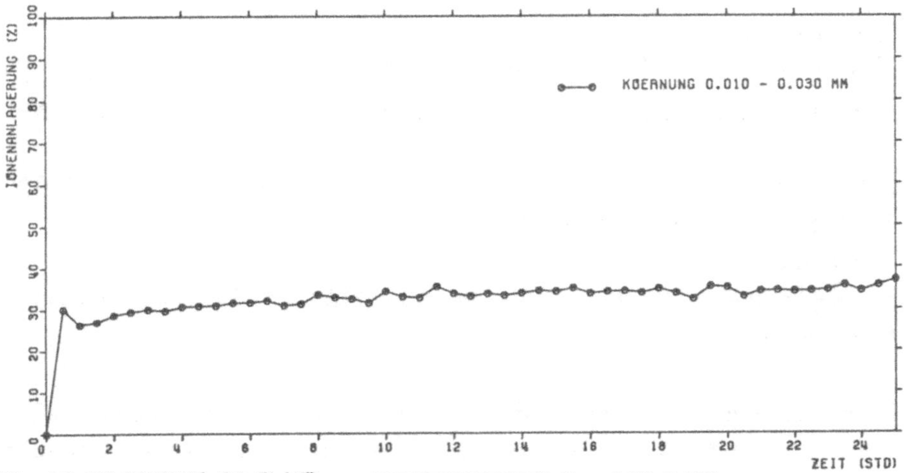

Abb. 223 CA-ANLAGERUNG AN FLINT ANFANGSKONZENTRATION NA: 0.001 N NACL
ANFANGSKONZENTRATION CA: 0.00000001 N CA(OH)2

Bemerkung:
Bei den Messungen mit Ca_{45} bei Verwendung eines neuen Ca- Isotops und gleichzeitiger Messung mit höherer Ca_{45}-Konzentration und Zugabe von NaOH stellte sich das Impulsratengleichgewicht (bevor Flintkörner zugegeben wurden) erst sehr spät ein, meistens erst nach einem Tag.

4.2.4 IR-Spektroskopie an Flint (Westfriesland), Quarz und Borosilikatglas

IR-Untersuchung auf OH-Banden an Flint, Borosilikatglas und Quarz einmal unbehandelt und einmal in NaOH, KOH und $Ca(OH)_2$-Lösung verschiedener Konzentrationen

Durchführung

Probenherstellung:
Flint, Borosilikatglas und Quarz werden in der Achatmühle jeweils fein gemörsert. Die Probensubstanz ist mit 5 n HCl behandelt.

Versuch:
1 g gemörsertes Material wird jeweils mit 50 ml KOH oder NaOH oder $Ca(OH)_2$ (1 n, 0.01 n und 0.0001 n) 3 Stunden lang geschüttelt; danach 40 h Abstehen.
Nach dem Absaugen der Flüssigkeit wurden die Proben bei 150 °C im Vakuumtrockenschrank getrocknet.
Einwaage:
20 mg Probensubstanz + 180 mg KBr (=KBr-Tablettenmenge zur Untersuchung im IR-Gerät)

Die eingewogene Menge wird im Röhrenofen unter Vakuum (10^{-4} Torr) auf 20 °C oder 175 °C oder 535 °C erwärmt und dann verpreßt. Die Temperaturkontrolle erfolgte mit Thermoelement.

Messung:
mit IR-Gitterspektrophotometer Perkin-Elmer 225 mit Vergleichsstrahl. Bei Tablettentemp. 20 °C und 275 °C mußte in den Vergleichsstrahl eine reine KBr-Tablette gebracht werden, da das KBr in diesem Fall ein schwaches Eigensignal zeigte.

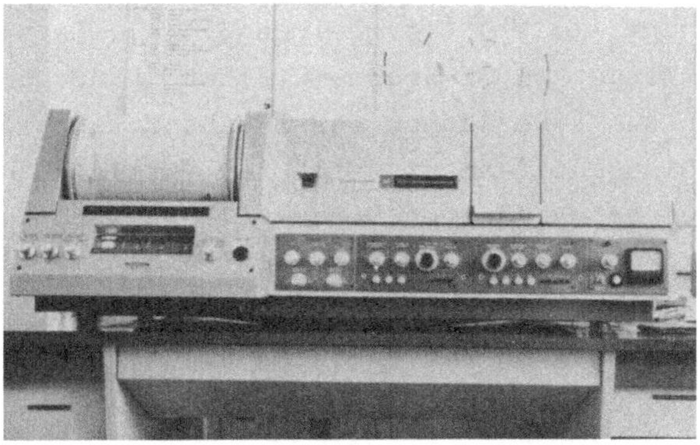

Abb. 224 IR-Gitter-Spektrometer Perkin-Elmer 225

Auswertung:
Die Auswertung der OH-Banden geschah mit einem Digitalanzeigegerät und angehängtem Programm. Mit dem Digitalanzeigegerät konnten den Absorptionskurven Ordinaten- und Abszissenwerte mit der Genauigkeit 1/10 mm zugeordnet und über Lochstreifen erfaßt werden.

Die weitere mathematische Auswertung erfolgte über die Gesamtabsorption der OH-Bande integral nach der Formel (aus BRÜGEL (1962)):

$$A = \frac{1}{c \cdot d} \int_{a_1}^{a_2} \ln \frac{J_0}{J} \, d\nu \approx \frac{1}{c \cdot d} \left[\ln \frac{J_0}{J} \, \Delta\nu \right]_{a_1}^{a_2} ;$$

A = Gesamtabsorption (cm/mol)
c = Konzentration (Mol/cm^3)
d = Tablettendicke (cm)
I = Strahlungsenergie

Verarbeitung des Lochstreifens mit Programm VII.

Ergebnis:
Das Ergebnis der IR-Spektroskopie bestätigt die Annahme, daß zwischen der Anzahl an Hydroxylgruppen in einer SiO_2-Modifikation und der Menge ausgetauschter Kationen aus der Umgebung ein Zusammenhang besteht (vergleiche 3.3.4). Beim Vorhandensein einer großen Menge von OH-Gruppen (Flint) tauschen sehr viel mehr Kationen aus (=Reduktion der IR-Absorption) als bei wenig OH-Gruppen. Dieselbe Tendenz zeigt der Vergleich der IR-Gesamtabsorption der unbehandelten Proben (IR-Spektroskopie) mit der Na-Ionaustauschmessung der Versuchsreihe 4.2.3. In dem Maß wie die Menge der Hydroxylgruppen (vergleiche Abb. 225) zunimmt steigt auch die Neigung zum Na-Austausch bei den Proben Flint, Borosilikatglas und Quarz.

In allen Fällen der Versuchsreihe IR-Spektroskopie zeigt Quarz die geringste, Borosilikatglas eine mittlere und Flint die größte OH-Bandenabsorption. Flint enthält also von den drei Proben am meisten chemisch gebundenes Wasser.

Mit zunehmender Tabletten-Preßtemperatur nimmt die Absorption ab; aus den Proben ist während des Erhitzens und unter Vakuum Wasser verlorengegangen. Weiterhin enthält aber Quarz erkennbar am wenigsten Wasser.

Bei Behandlung mit NaOH oder KOH oder $Ca(OH)_2$ nimmt innerhalb einer Probengruppe mit steigender Konzentration von NaOH oder KOH oder $Ca(OH)_2$ die OH-Bandenabsorption ab. Es haben also bei höherer Konzentration mehr Kationen ausgetauscht.

Im Falle der Probenbehandlung mit 0.01 n $Ca(OH)_2$-Lösung überlagert sich der Ionenaustausch mit der starken Bildung stabiler Kalziumhydrosilikate, was zu einem erhöhten IR-Signal durch festgebundenes Wasser führt.

Bemerkung:
1) Die Streuung der Dicke d bei den KBr-Tabletten betrug

$$d = 0.0565 \pm 0.0025 \text{ cm}$$

2) Bei der Bestimmung des Molekulargewichtes zur Berechnung der Gesamtabsorption wurde reine SiO_2 angenommen.

3) Wie in 3.1.3 bereits angeführt, liegt bei einer Temperatur von 275 °C das vorhandene Wasser in den Grenzflächen der Kieselsäuremodifikationen hauptsächlich in Form von Hydroxylgruppen vor. In diesem Temperaturbereich ist der Schluß "Reduktion der IR-Gesamtabsorption = Menge ausgetauschter Alkalien" berechtigt.

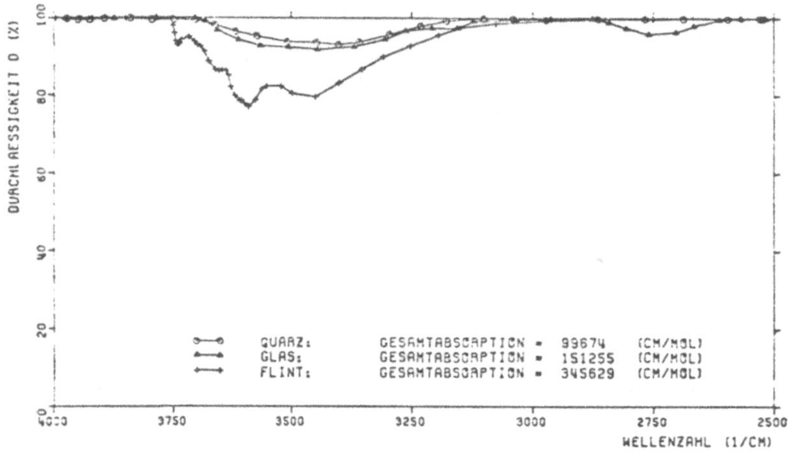

AUSWERTUNG WASSERBANDE PROBEN UNBEHANDELT
TABLETTENTEMP. T = 535 GRAD

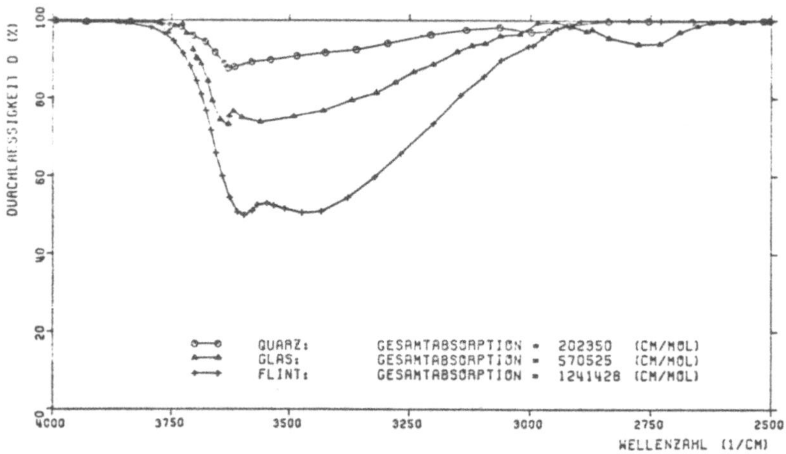

AUSWERTUNG WASSERBANDE PROBEN UNBEHANDELT
TABLETTENTEMP. T = 275 GRAD

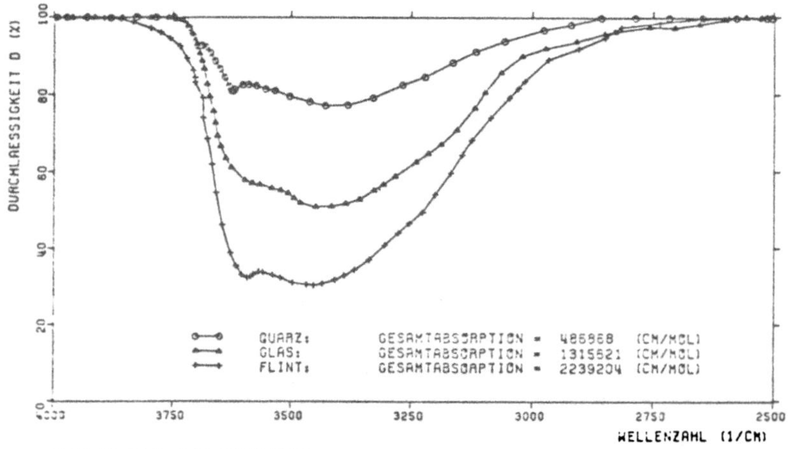

AUSWERTUNG WASSERBANDE PROBEN UNBEHANDELT
TABLETTENTEMP. T = 20 GRAD

Abb. 225 IR-Spektroskopie der unbehandelten Proben

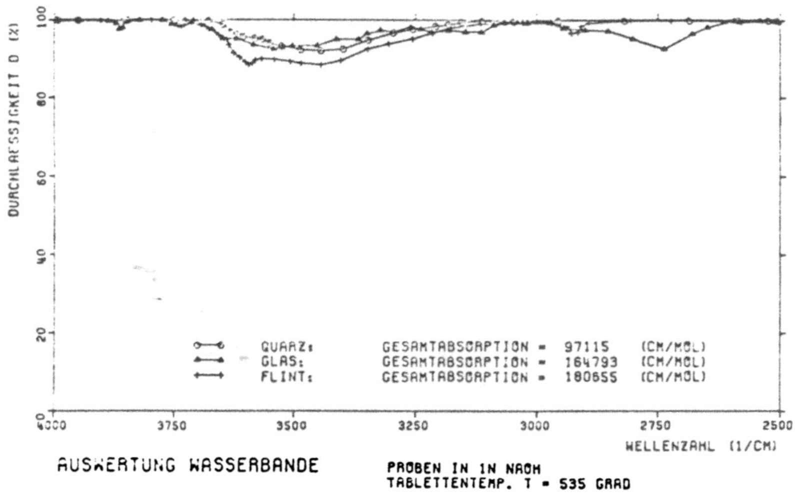

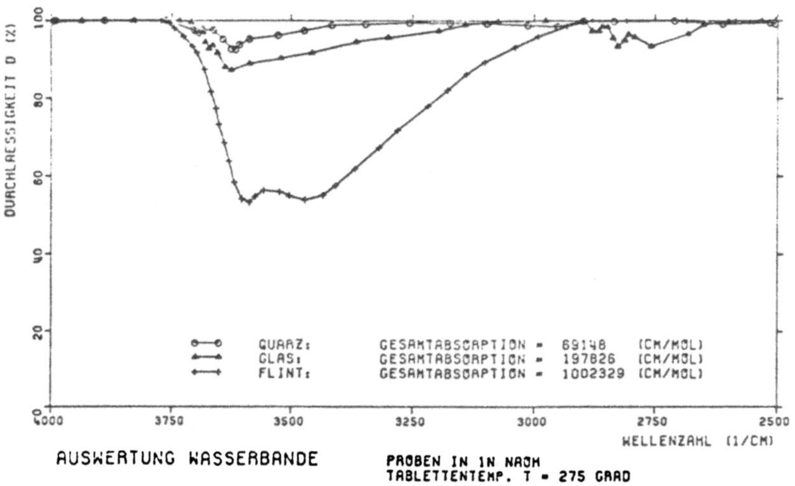

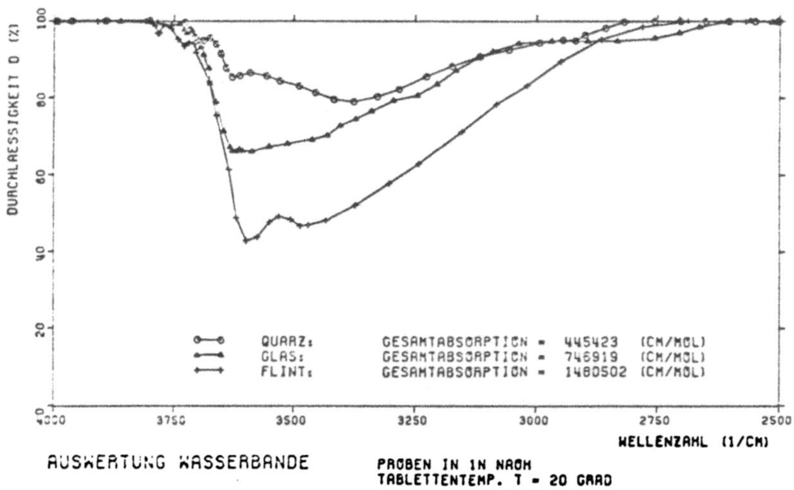

Abb. 226 IR-Spektroskopie der mit 1 n NaOH behandelten Proben

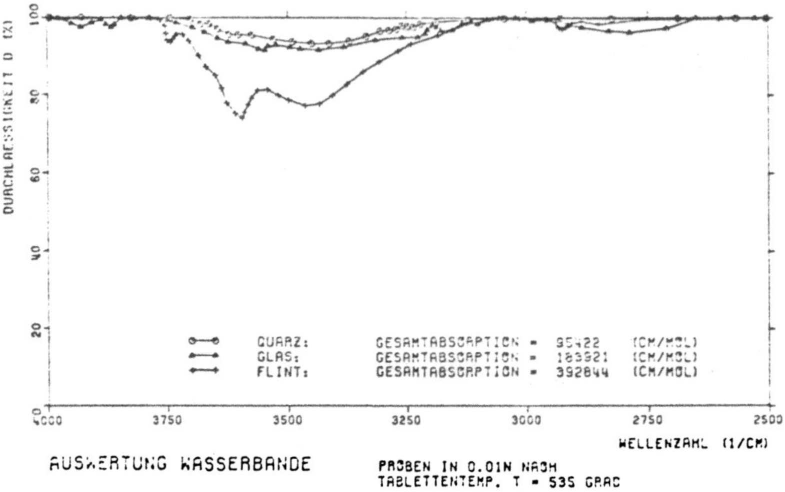

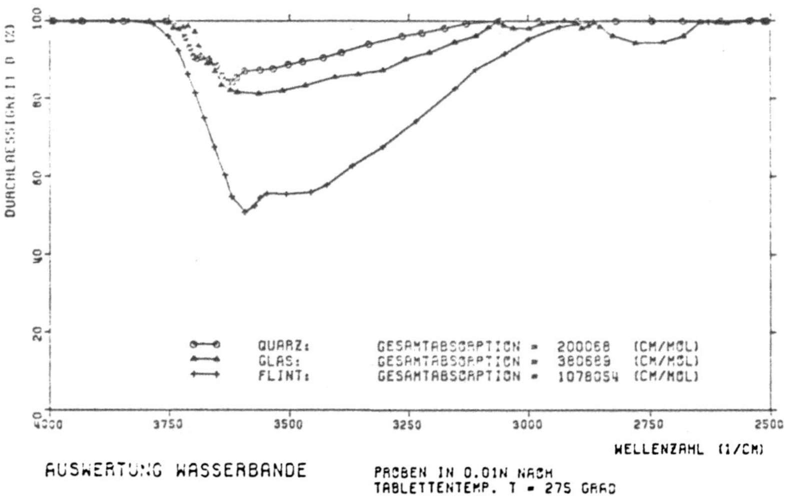

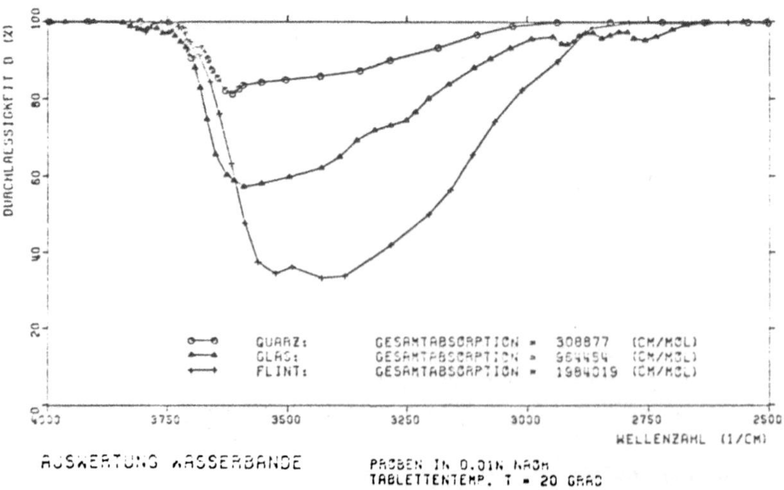

Abb. 227 IR-Spektroskopie der mit 0.01 n NaOH behandelten

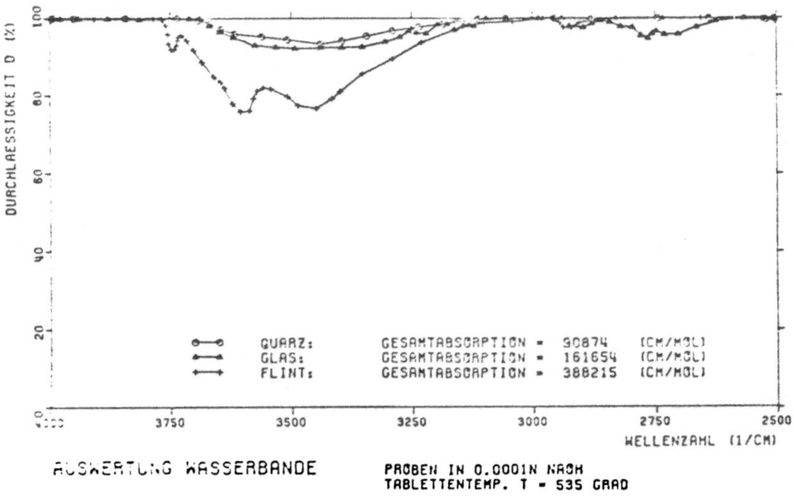

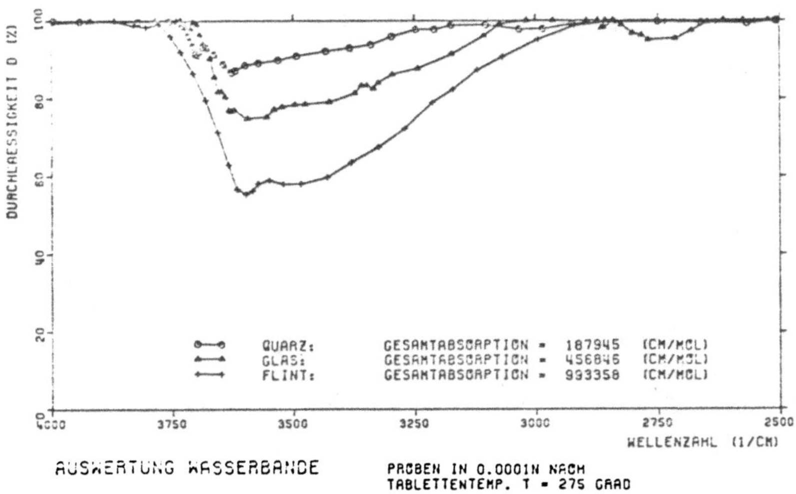

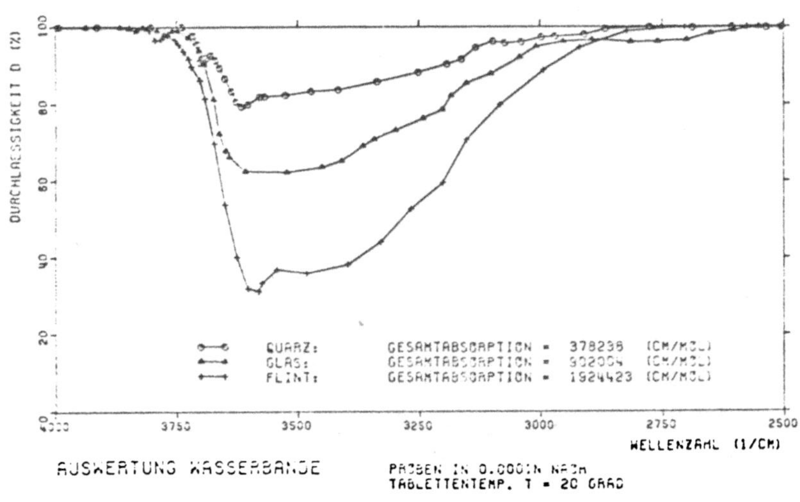

Abb. 228 IR-Spektroskopie der mit 0.0001 n NaOH behandelten

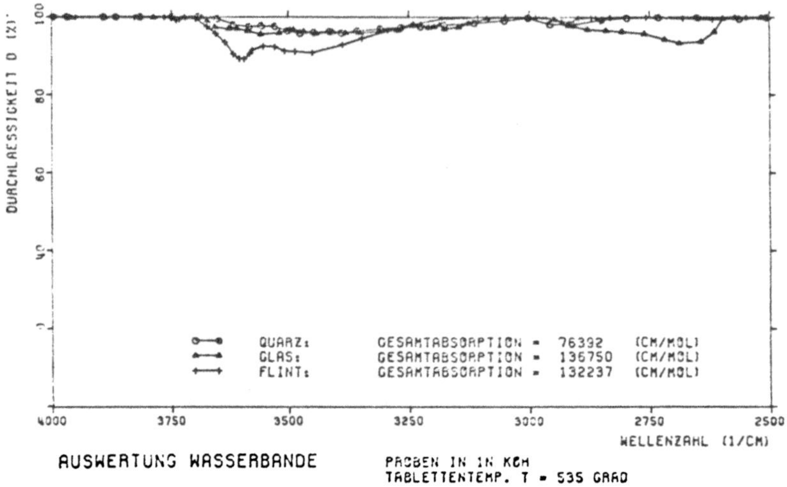

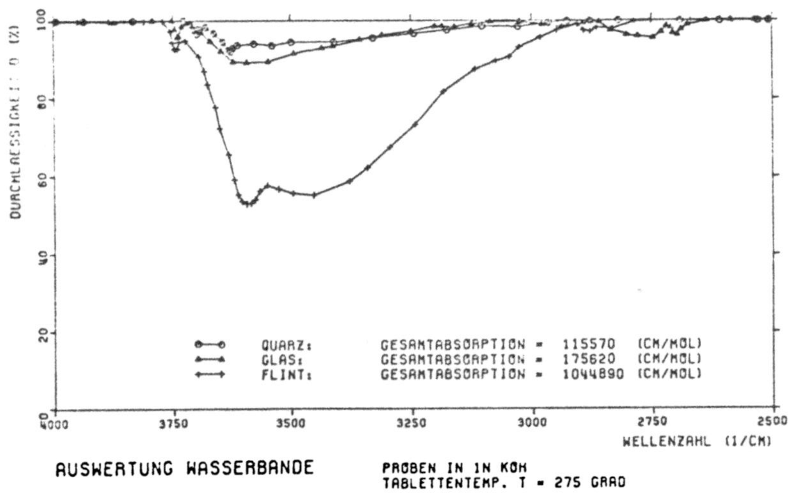

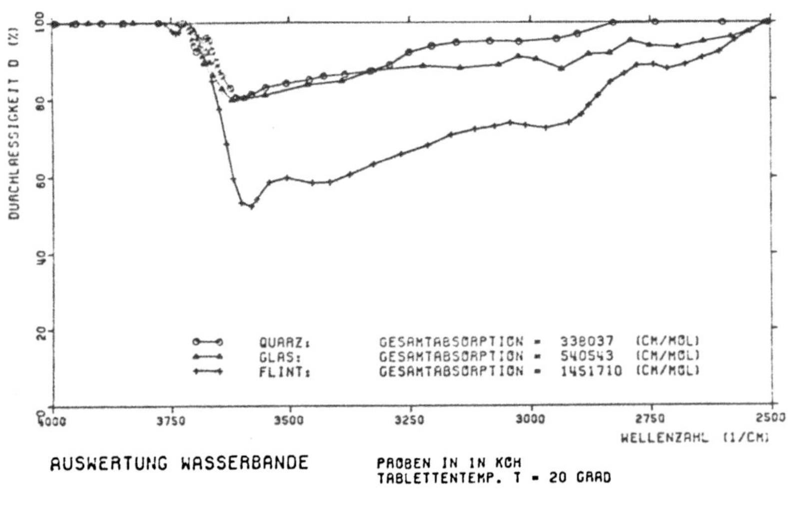

Abb. 229 IR-Spektroskopie der mit 1 n KOH behandelten

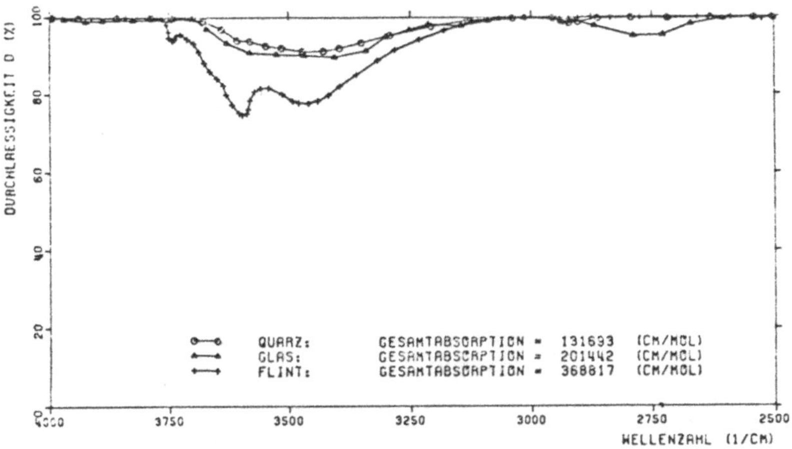

AUSWERTUNG WASSERBANDE

PROBEN IN 0.01N KOH
TABLETTENTEMP. T = 535 GRAD

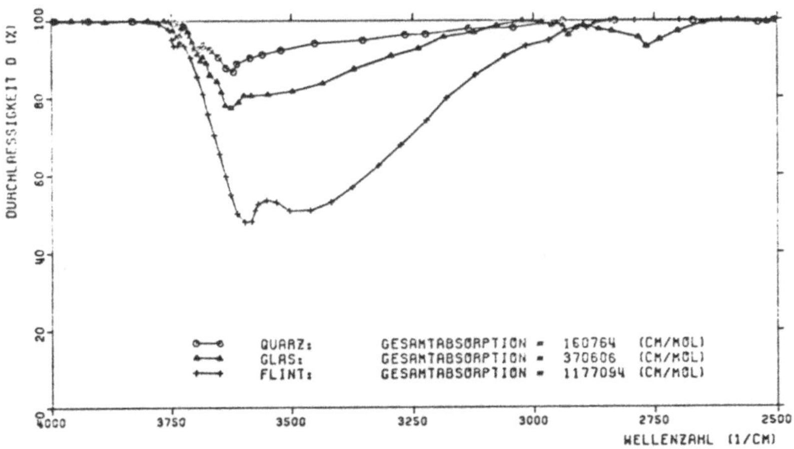

AUSWERTUNG WASSERBANDE

PROBEN IN 0.01N KOH
TABLETTENTEMP. T = 275 GRAD

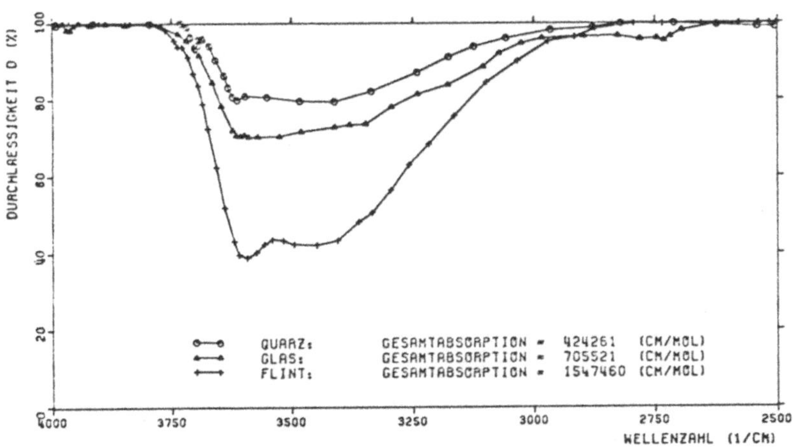

AUSWERTUNG WASSERBANDE

PROBEN IN 0.01N KOH
TABLETTENTEMP. T = 20 GRAD

Abb. 230 IR-Spektroskopie der mit 0.01 n KOH behandelten

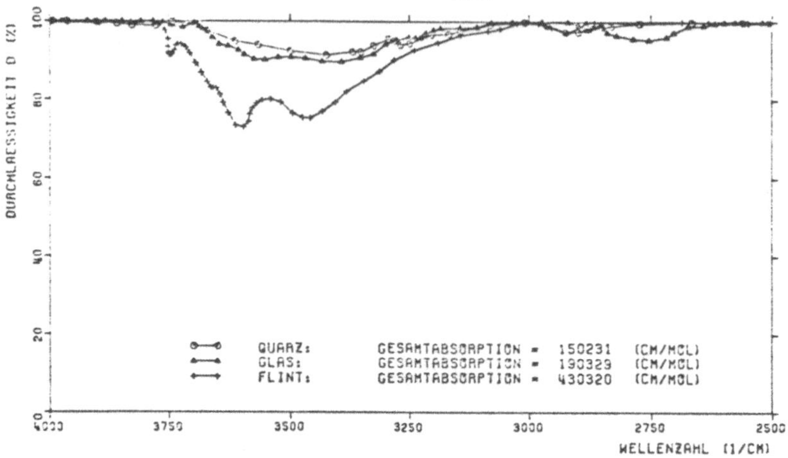

AUSWERTUNG WASSERBANDE

PROBEN IN 0.0001N KOH
TABLETTENTEMP. T = 535 GRAD

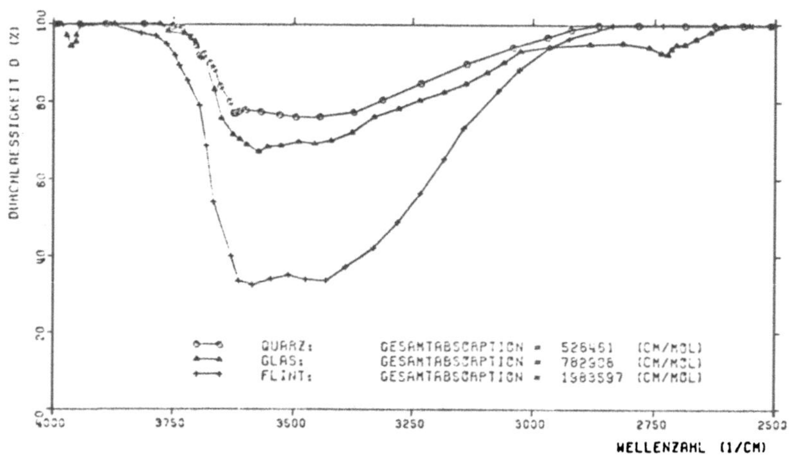

AUSWERTUNG WASSERBANDE

PROBEN IN 0.0001N KOH
TABLETTENTEMP. T = 275 GRAD

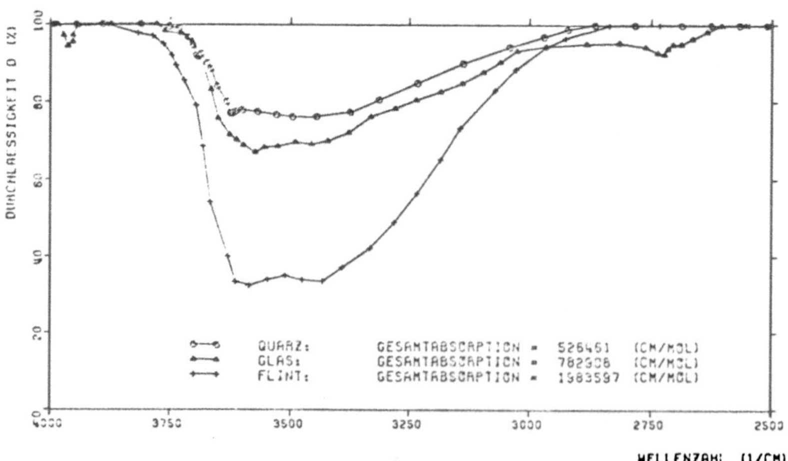

AUSWERTUNG WASSERBANDE

PROBEN IN 0.0001N KOH
TABLETTENTEMP. T = 20 GRAD

Abb. 231 IR-Spektroskopie der mit 0.0001 n KOH behandelten

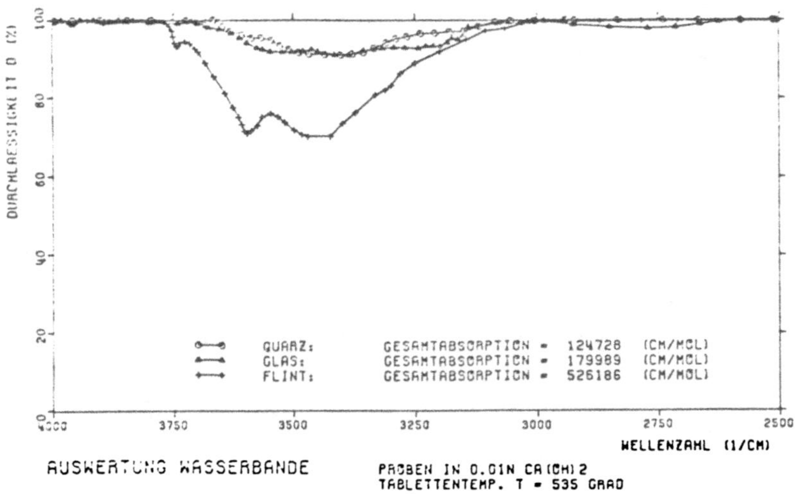

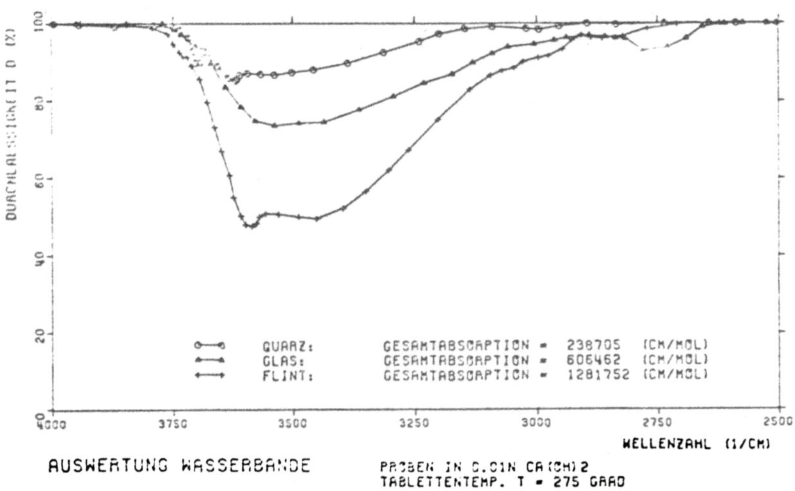

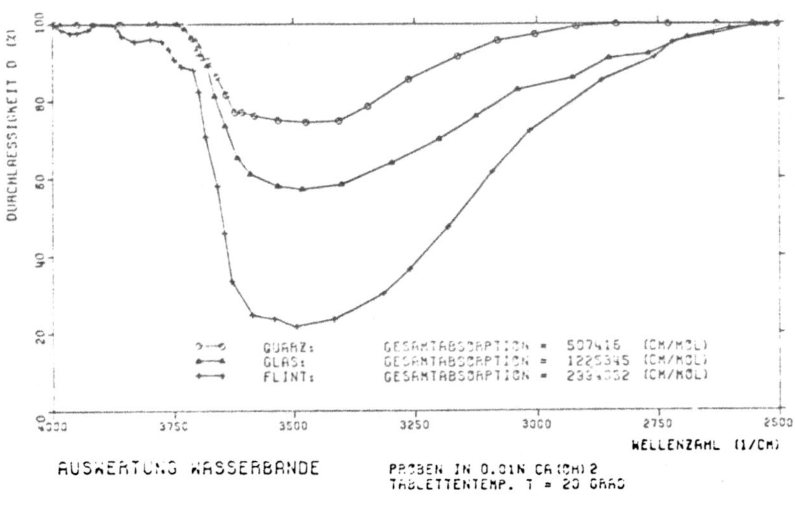

Abb. 232 IR-Spektroskopie der mit 0.01 n $Ca(OH)_2$ be-

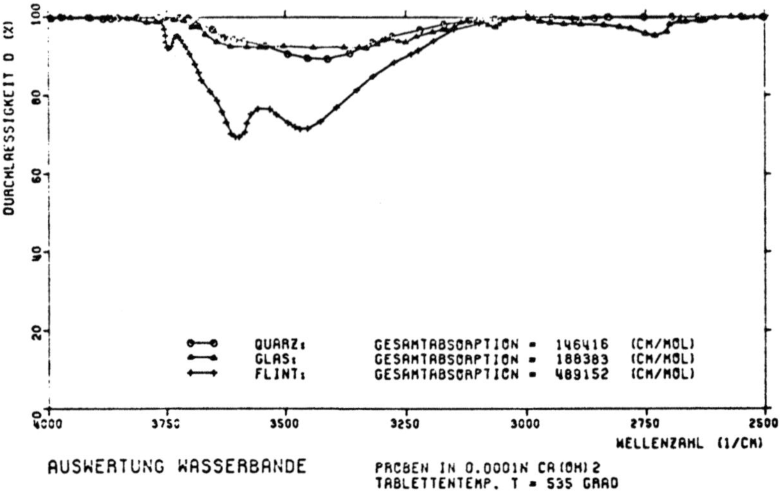

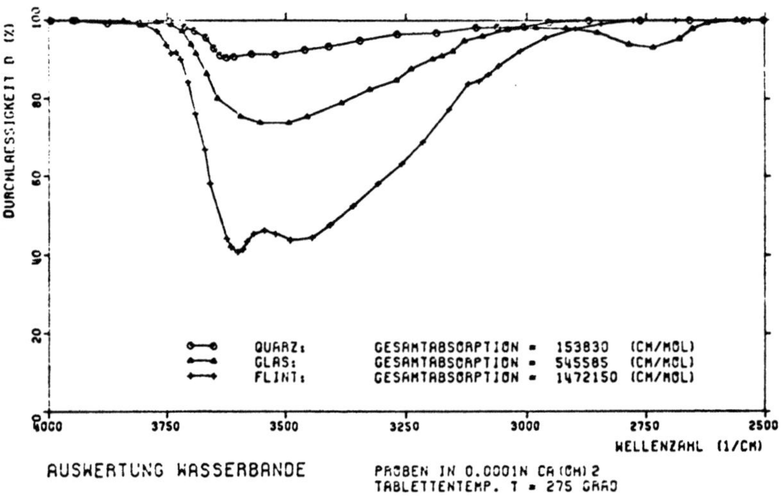

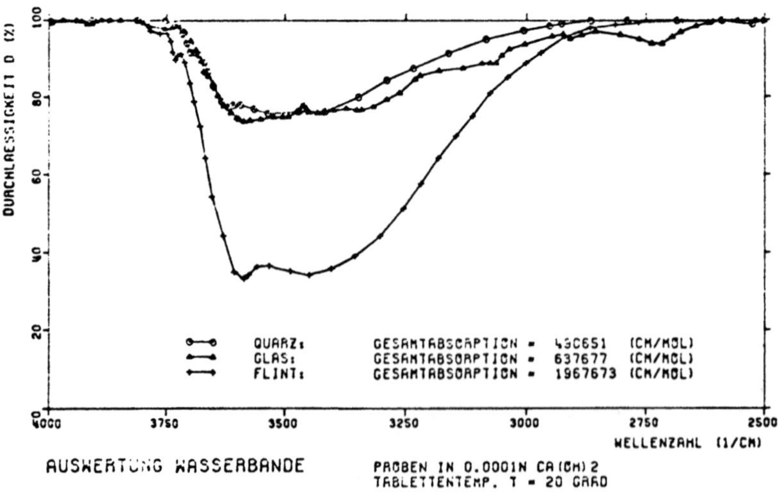

Abb. 233 IR-Spektroskopie der mit 0.0001 n $Ca(OH)_2$ be-

4.2.5 Mikrosondenuntersuchungen von Anlagerungszonen an Flint (Westfriesland), Quarz und Borosilikatglas

Versuch A: Untersuchung mit der Elektronen-Mikrosonde an Flint-, Borosilikat- und Quarzmörteln auf Na, K, Ca und Si.

Durchführung

Proben:
Mörtelprobenherstellung wie bei Versr. 4.2.1 (A). Probenbruchstücke wurden vor der Untersuchung mit der Elektronenmikrosonde angeschliffen und poliert, anschließend mit Kohle bedampft.

Versuch:
Lagerung der Mörtelproben 6 Monate in wasserdampfgesättigter Luft
Untersuchung der angeschliffenen Proben auf Na, K, Ca mit der Cameca-Elektronenmikrosonde

Ergebnis:
Anreicherungszonen von Na und K sind an den Flintkornrändern schwach zu erkennen, auch an einigen Glaskörnern (vergleiche Abb. 234 - 238).

Bemerkung:
Trotz vorsichtigen Abschleifens könnten Anlagerungs-Zonen an den Kornrändern zerstört worden und Alkalisilikat auch weg-diffundiert sein.

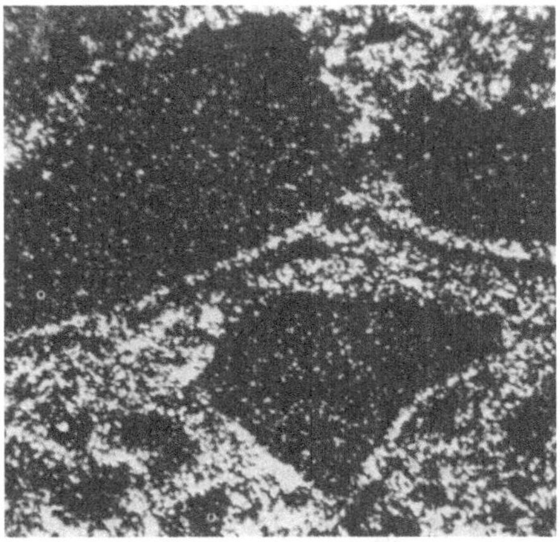

Na-kα

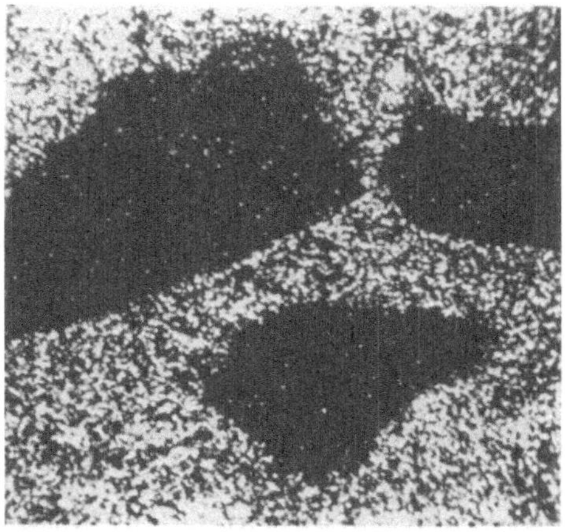

Ca-kα

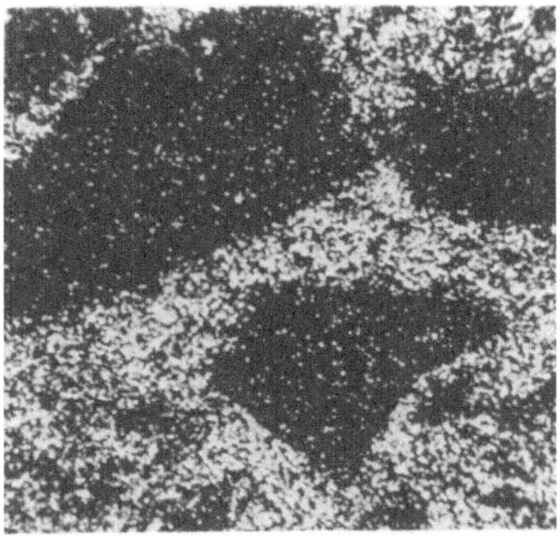

K-kα

Abb. 234 Mikrosondenaufnahme von Flint (0.075 - 0.120 mm) in Zementstein.

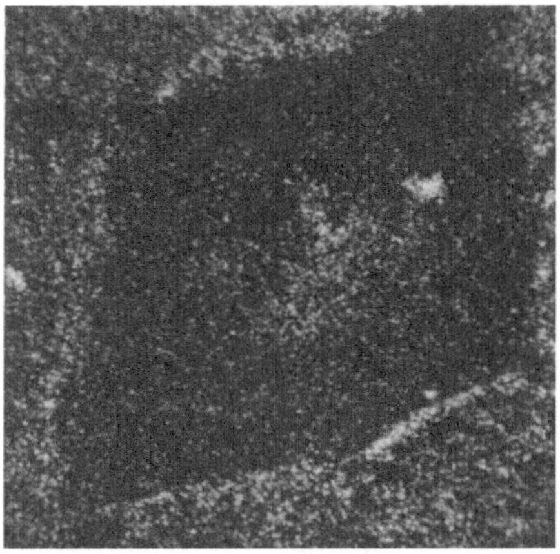

Na-kα

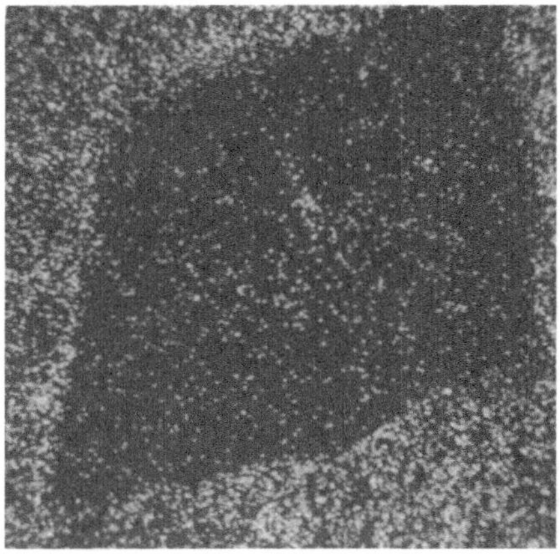

Ca-kα

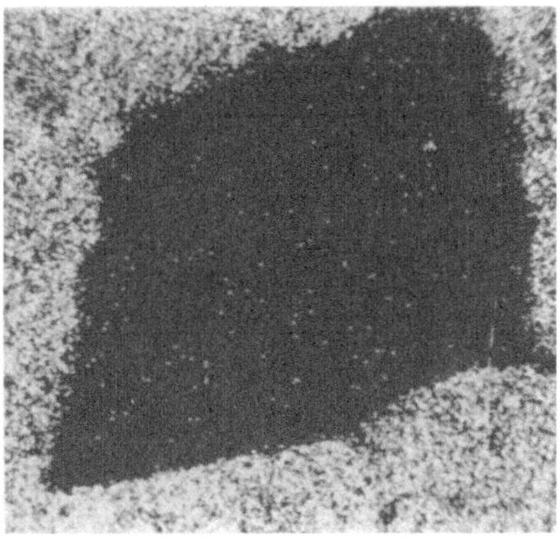

K-kα

Abb. 235 Mikrosondenaufnahme von Flint (0.30 - 0.40 mm) in Zementstein

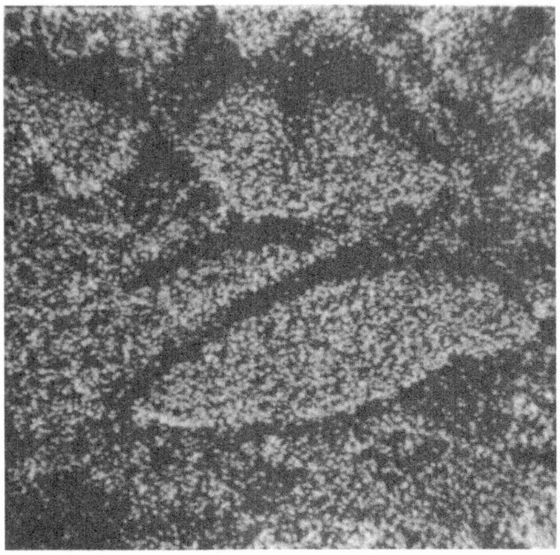

Na-kα

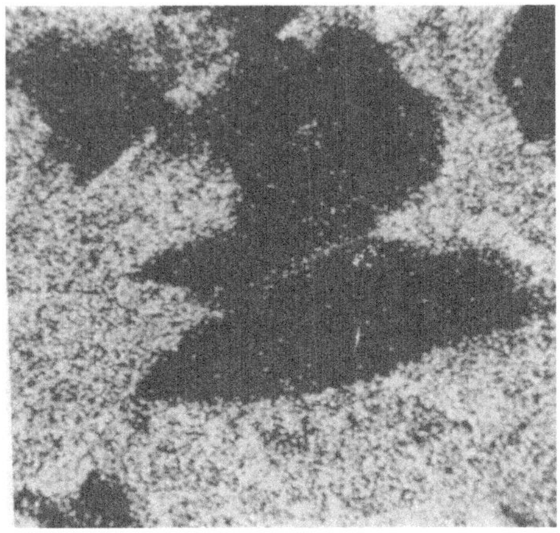

Ca-kα

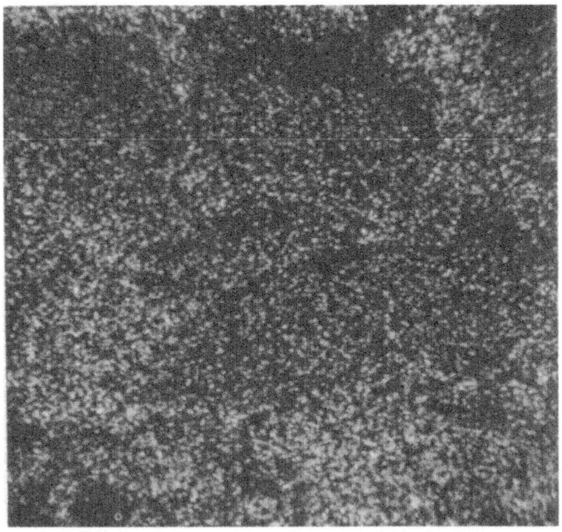

K-kα

Abb. 236 Mikrosondenaufnahme von Borosilikatglas (0.075 - 0.12 mm) in Zementstein.

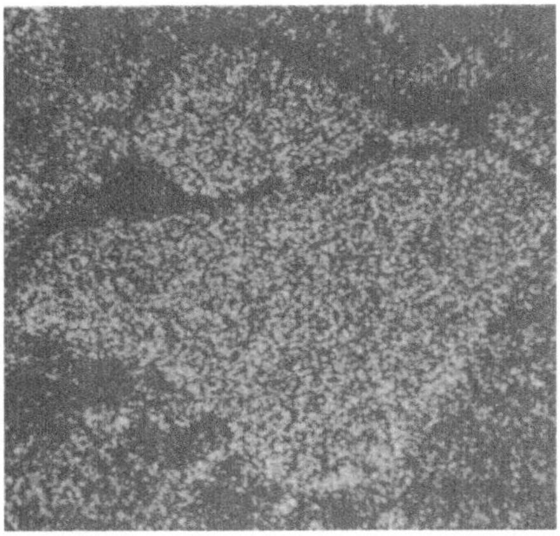

Na-kα

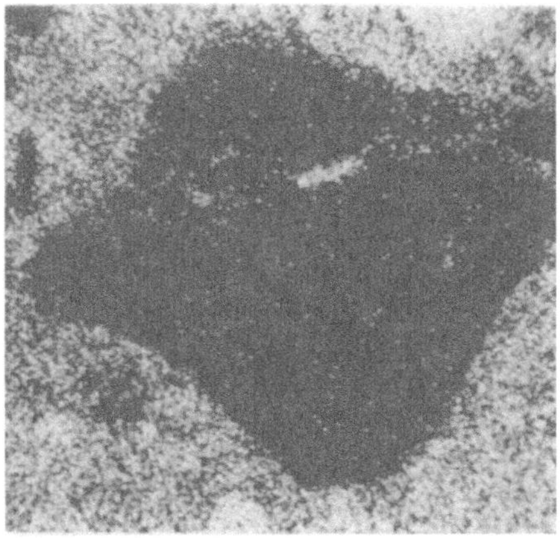

Ca-kα

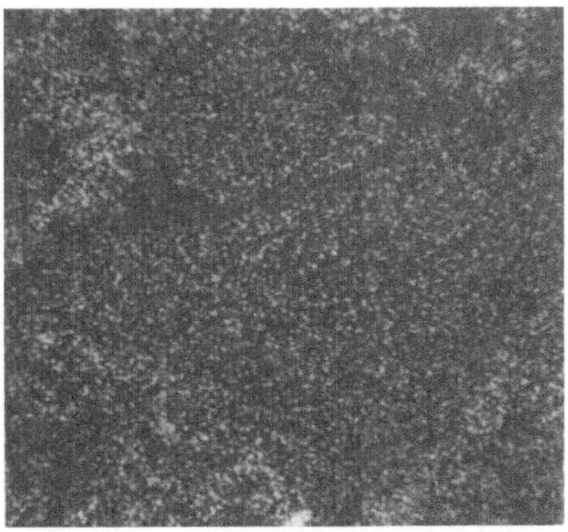

K-kα

Abb. 237 Mikrosondenaufnahme von Borosilikatglas (0.30 - 0.40 mm) in Zementstein.

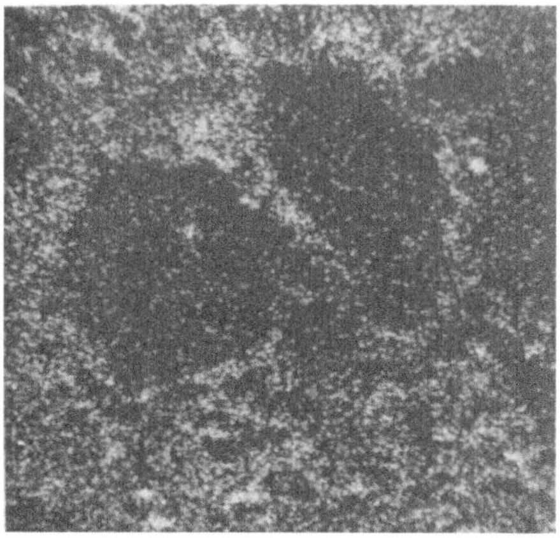

Na-kα

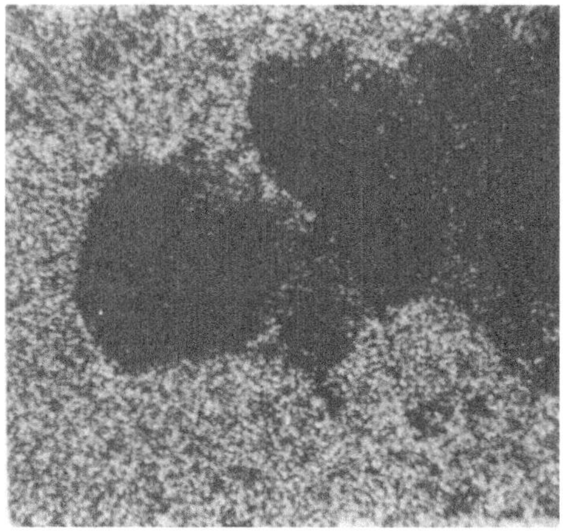

Ca-kα

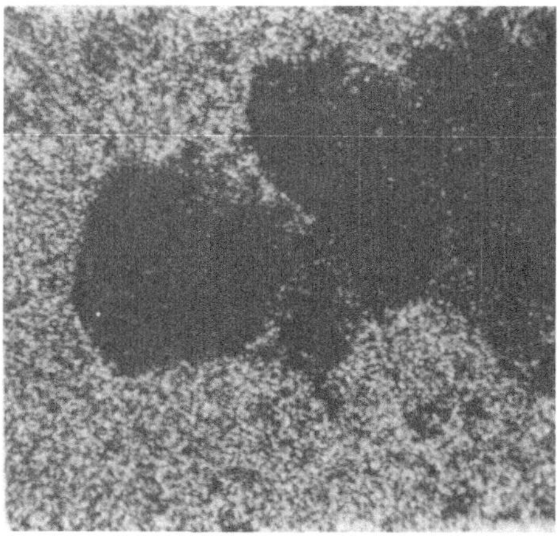

K-kα

Abb. 238 Mikrosondenaufnahme von Quarz (0.075 - 0.12 mm) in Zementstein

Versuch B: Untersuchung mit der Elektronenmikrosonde an Flintkörnern (gelagert in NaOH, KOH oder NaOH/KOH) auf Na, K und Si

Durchführung

Proben:
Flint (Körnung 1 - 1.5 mm) mit 5 n HCl behandelt.

Versuch:
Lagerung der Probenkörner 6 Monate in 0.25 n oder 1 n NaOH oder KOH oder NaOH/KOH
Untersuchung der angeschliffenen Proben (mit Kohlebedampfung) auf Na, K, Si mit der ARL EMX-SM Elektronenmikrosonde.
2 µ- oder 20 µ-Punktabtastung durch den Probenkornrand

Abb. 239 Elektronenmikrosonde ARL EMX-SM

Auswertung: mit Programm VIII (zur Korrektur der Impulsrate vergleiche ROSNER (1969))

Ergebnis:
In allen Fällen sind Anreicherungszonen besonders bei der Punktabtastung gut zu erkennen. Die Anreicherungszonen sind jedoch - wie sich bei der Untersuchung ergab - nicht in allen Körnern und selbst innerhalb eines Kornes nicht überall gleichstark vorhanden. Das Ergebnis bestätigt die Annahme, daß eine Ionendiffusion in das Korninnere tatsächlich stattgefunden hat.

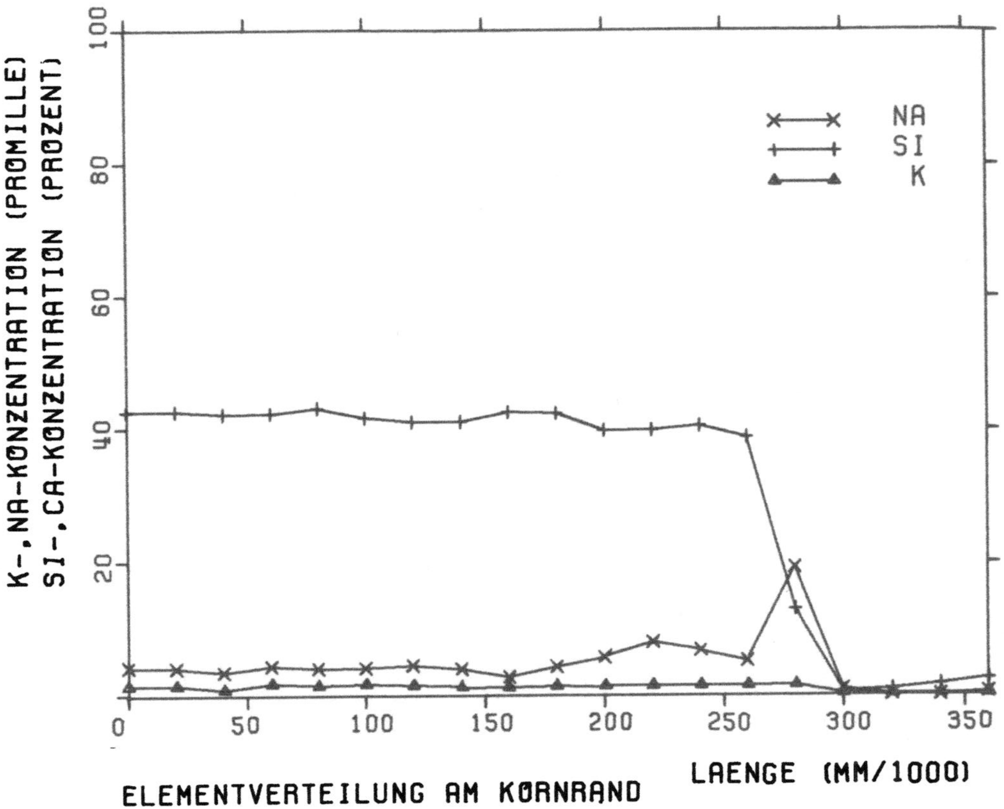

Si-kα

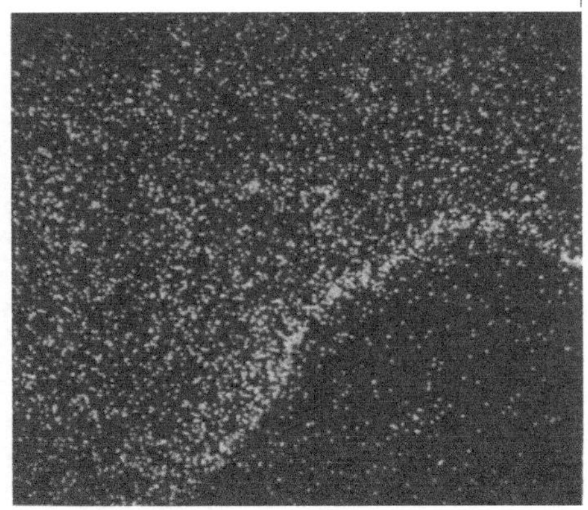

Na-kα

Abb. 240 Na-Anlagerung an Flint (in 1 n NaOH)

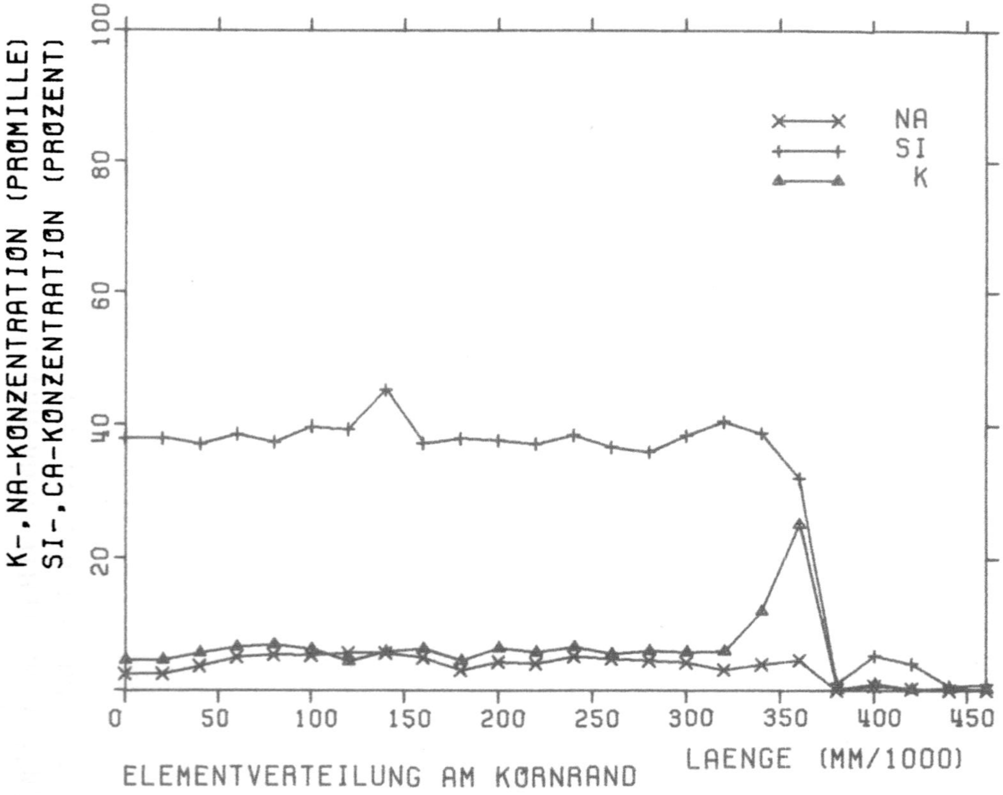

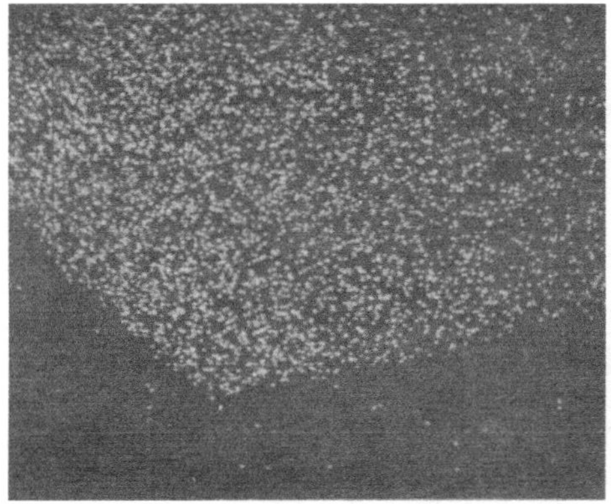

Si-kα

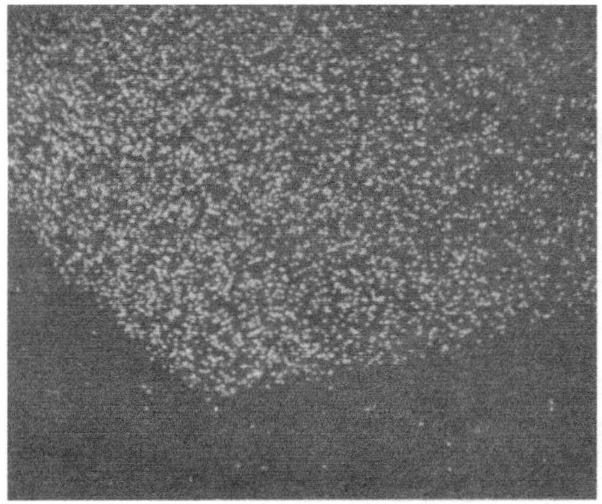

K-kα

Abb. 241 K-Anlagerung an Flint (in 1 n KOH)

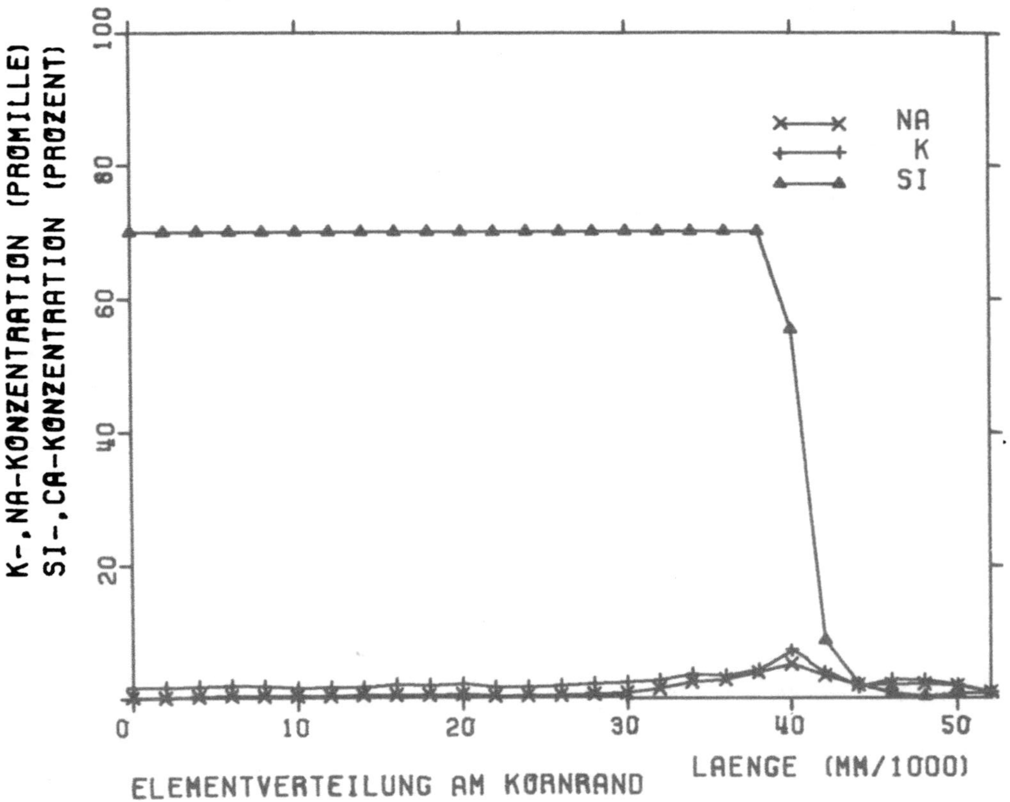

Na-kα

K-kα

Abb. 242 Na/K-Anlagerung an Flint (0.25 n NaOH/KOH)

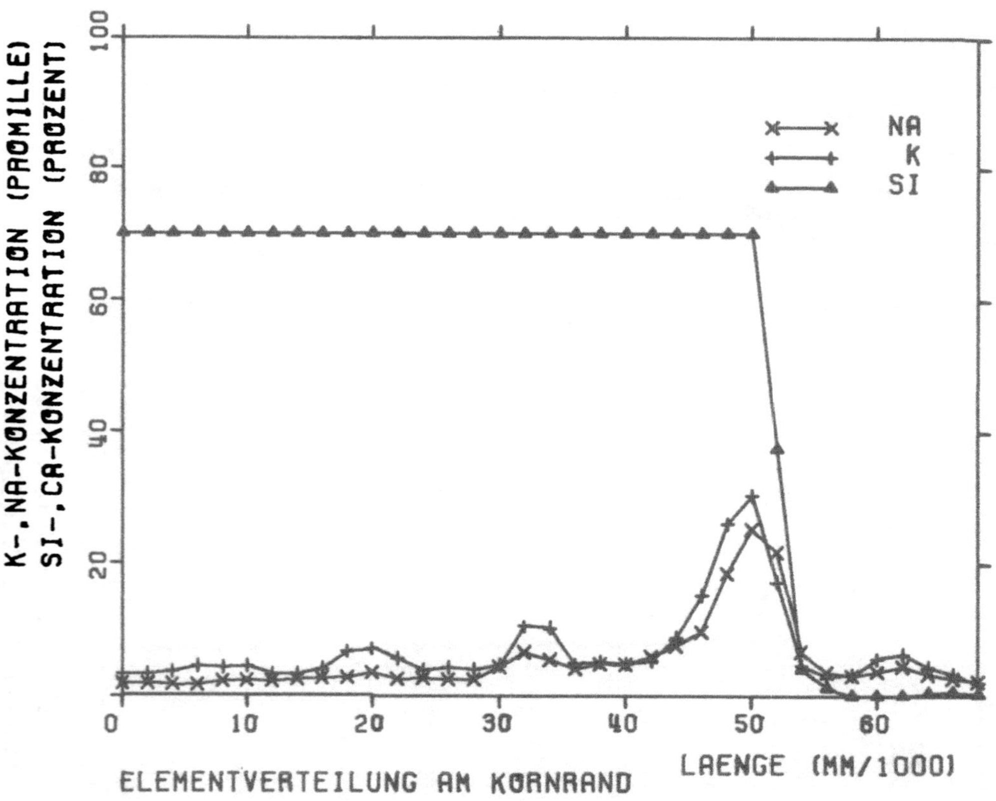

Abb. 243 Na/K-Anlagerung an Flint (in 1 n NaOH/KOH)

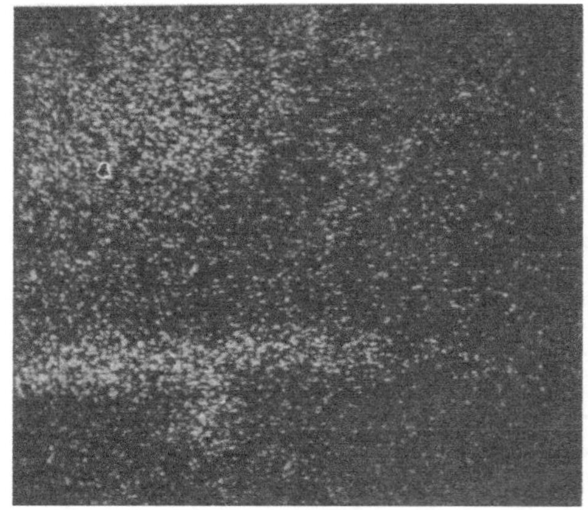

Na-kα

K-kα

Versuch C: Untersuchung mit der Elektronenmikrosonde an 16-Monate alten Proben der Versuchsreihe 4.2.1 (A+B)

Probenherstellung:
Wie bei Versuchsreihe 4.2.1 (A+B)

Versuch:
Flint, Borosilikatglas und Quarz (Fc, Pc, Qc) der Zementmörtelproben der Versuchsreihe 4.2.1 (A+B) wurden entnommen, getrocknet und mit Kohle an den bereits vorgeschliffenen Oberflächen bedampft. Die angeschliffenen Oberflächen waren entsprechend Versuchsreihe 4.2.1 (A+B) 16 Monate lang einer 3 n NaOH/KOH-Lösung ausgesetzt. Kalziumionen konnten aus den Zementmörtelproben in die Lösung diffundieren.
Untersuchung der Proben auf Na, K und Ca mit der ARL EMX-SM Elektronenmikrosonde. 2 µ- oder 20 µ-Punktabtastung durch den Probenkornrand.

Auswertung: mit Programm VIII (zur Korrektur der Impulsraten vergleiche ROSNER (1969))

Ergebnis:
Bei der Oberflächenabtastung mit dem Elektronenstrahl wurde bei Flint und Borosilikatglas im Vergleich zu wassergelagerten Proben eine hohe Ca-Anreicherung bei den in NaOH/KOH-gelagerten Probenoberflächen gefunden. Obwohl zu Beginn des Versuchs (4.2.1 (A+B)) reine NaOH-KOH-Lösung vorlag, hat ein starker Austausch von Ca-Ionen gegen die Alkaliionen in der Oberfläche der Körner stattgefunden (bei Flint und Borosilikatglas). Der Quarz zeigte nahezu keine erhöhte Ca-Anlagerung.
Dieses Ergebnis bestätigt die Annahmen des Modells zur Kieselsäurereaktion (vergleiche 3.3.4 und 3.4)

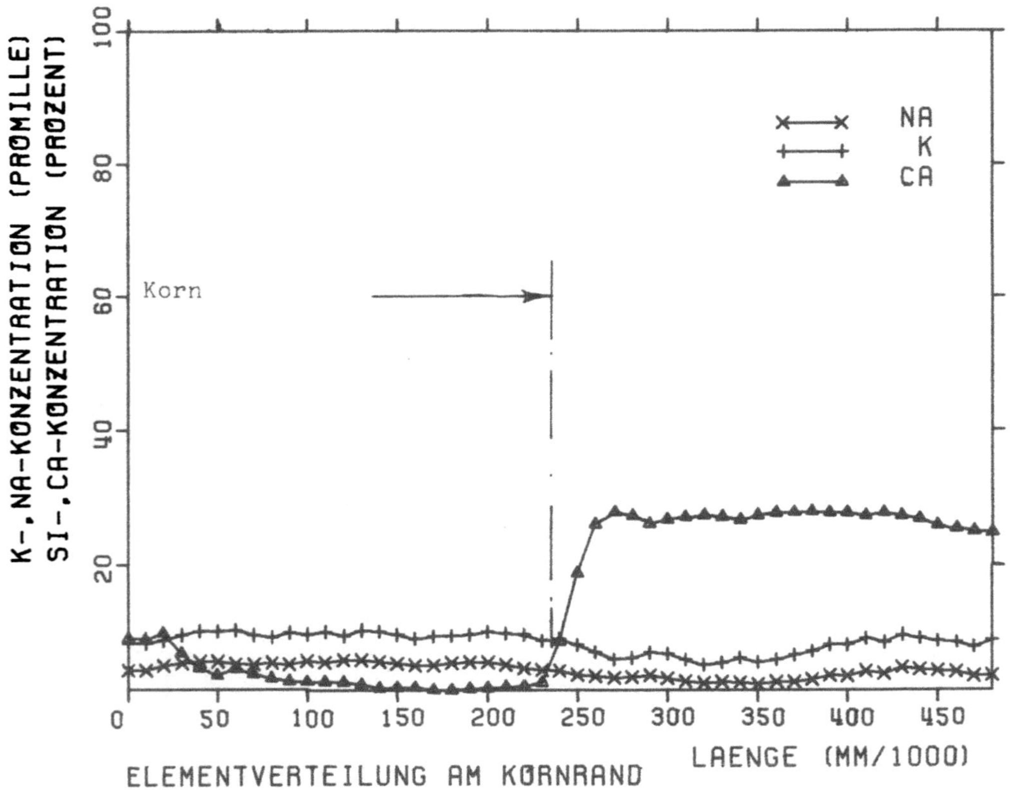

Abb. 244 Ca-Anlagerung an vorgeschliffenen Flintoberflächen (Flintlagerung in Wasser)

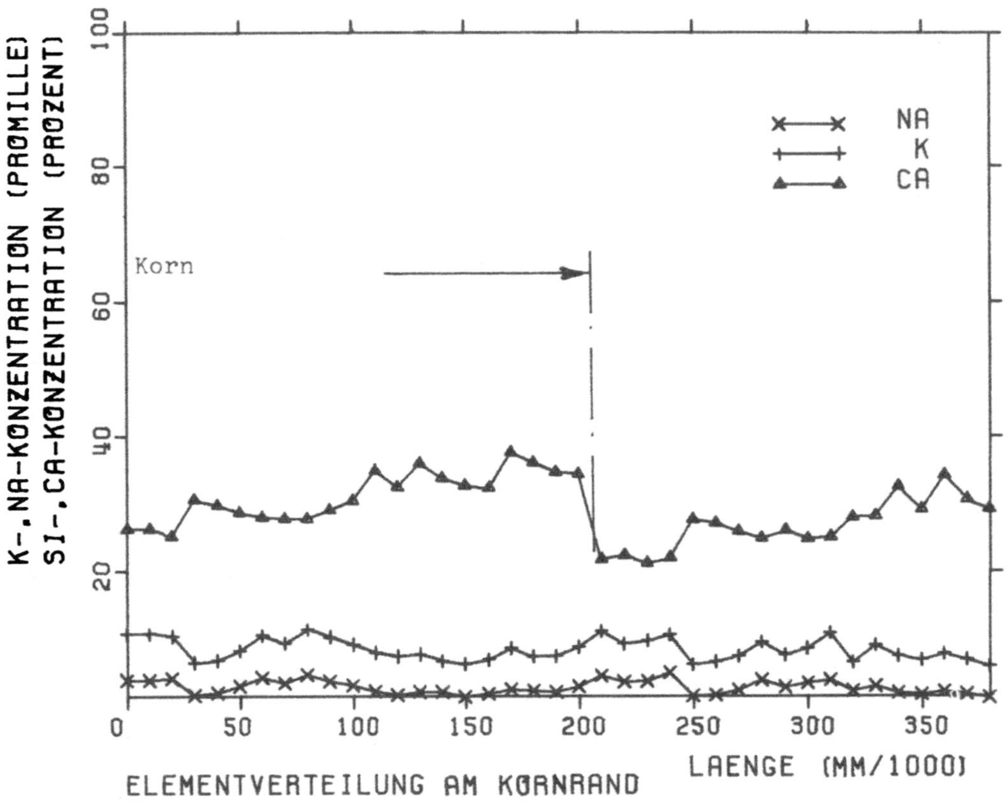

Abb. 245 Ca-Anlagerung an vorgeschliffenen Flintoberflächen (Flintlagerung in 3 n NaOH/KOH)

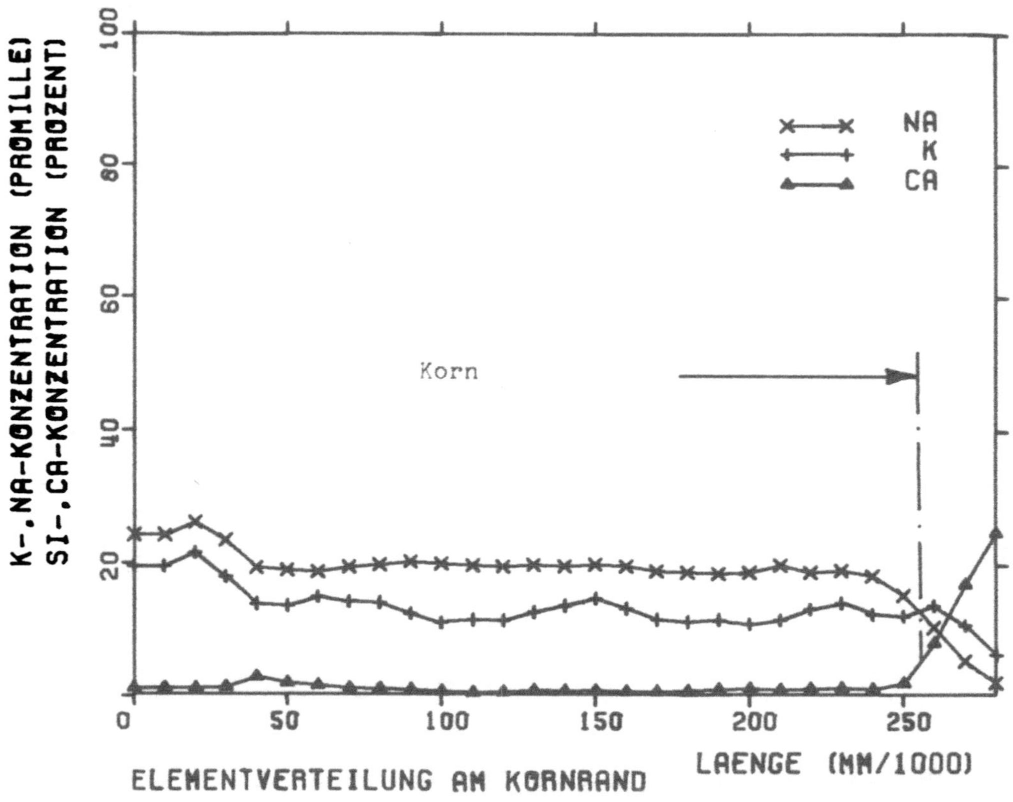

Abb. 246 Ca-Anlagerung an vorgeschliffenen Glasoberflächen (Glaslagerung in Wasser)

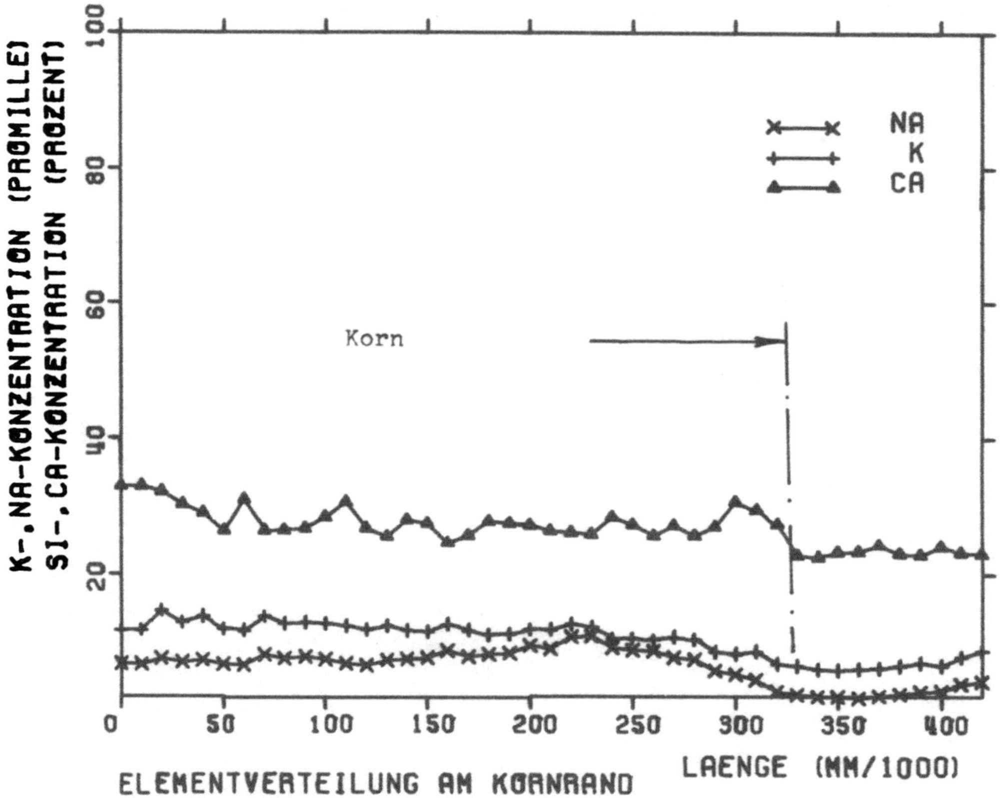

Abb. 247 Ca-Anlagerung an vorgeschliffenen Glasoberflächen (Glaslagerung in 3 n NaOH/KOH)

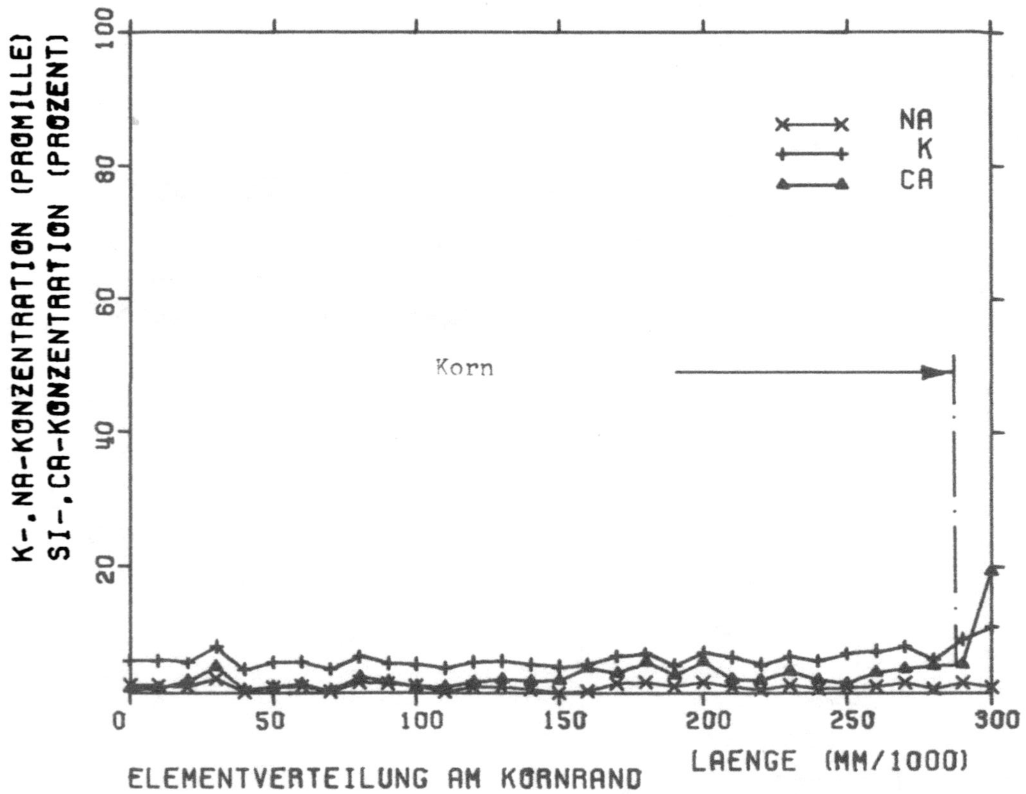

Abb. 248 Ca-Anlagerung an vorgeschliffenen Quarzoberflächen (Quarzlagerung in Wasser)

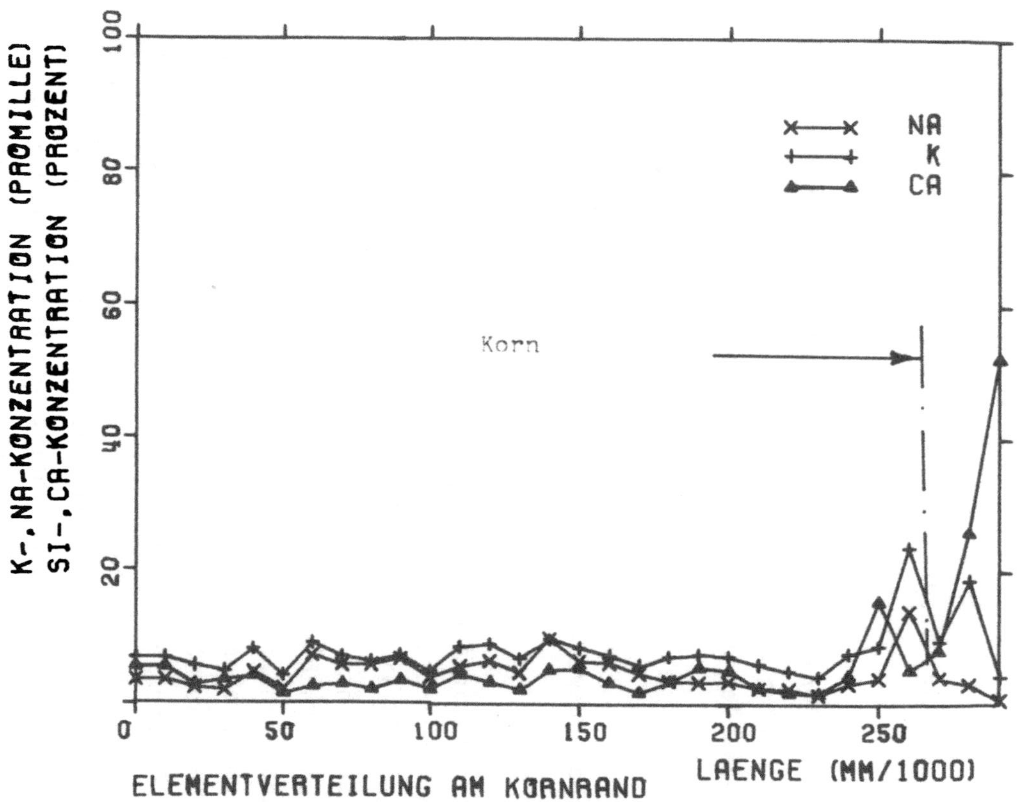

Abb. 249 Ca-Anlagerung an vorgeschliffenen Quarzoberflächen (Quarzlagerung in 3 n NaOH/KOH)

4.3 Thermogravimetrie an Flint (Westfriesland)

Durchführung

Proben: Flint, Körnung 0.050 - 0.070 mm
0.75 - 1.0 mm
1.5 - 2.0 mm
mit 3 n HCl behandelt und mit tridest. Wasser gewaschen.

Versuch:
Lagerung der Probenkörner 6 Tage in tridest. H_2O oder verschiedenen Alkali- und Kaliumlösungen (vergleiche Abb. 250 bis 252). Anschließend wurden die Probenkörner mit tridest.H_2O gespült und getrocknet.

Messung:
mit Elektrobalancewaage von Cahn-Instruments bei Vakuum (10^{-2}Torr)

Ergebnis:
Die thermogravimetrischen Untersuchungen bestätigen die Annahme, daß in Flintkörnern nach einem Ionenaustausch mehr Wasser gebunden ist (Quellung)(vergleiche auch 3.1.3 und 4.2.4).
Für alle Flintkörner zeigt sich, daß bei Lagerung in NaOH/KOH die größten Wasseraufnahmen stattfanden (vergleiche Abb. 250 bis 252). Auch der Wassergehalt nach Lagerung in gesättigter $Ca(OH)_2$-Lösung ist verglichen mit der wassergelagerten Flintprobe größer. Bei den vorhandenen Durchmessern (vergleiche Abb. 250) muß man annehmen, daß Oberflächeneffekte vernachlässigbar klein sind. Es hat eine Diffusion von Wasser in das Korninnere stattgefunden. Beim mikrokristallinen Flint kann dies nur mit einer Aufweitung der Matrix verbunden sein, das heißt vorrangig entlang der Gittergrenzflächen treten Verschiebungen der Mikrokristalle auf. Im Falle von Lagerung in NaCl/KCl-Lösung erkennt man, daß zwar gegenüber Wasserlagerung bei 900°C diegleiche prozentuale Wasserabgabe erreicht wird, daß das Wasser aber auch stärker gebunden war (Hauptmenge verläßt das Korn bei höherer Temperatur). Am kleineren Flintkorn (vergleiche Abb. 251) wurde der Einfluß

von $Ca(OH)_2$-Zugabe zu NaOH/KOH-Lösung (+—+) und der Einfluß von $Ca(OH)_2$-Lösung auf NaOH/KOH-vorbehandelte Flintkörner (×—×) gemessen. In beiden Fällen wurde eine verstärkte Wasseraufnahme gefunden.
Bei der feinsten Körnung (vergleiche Abb. 252) war die Natriumsilikathydratbildung so oberflächennah geschehen, daß bereits einmaliges Waschen mit tridest. H_2O (+—+) alle Silikate herausspülte und keine erhöhten Wasserwerte mehr zu erkennen waren.

Bemerkung:
Flint ist von Natur aus $CaCO_3$-haltig. Die CO_2-Freigabe beginnt um 600°C und überlagert sich im Bereich 600 - 900°C bei der Thermogravimetrie mit der Gewichtsabnahme aus Wasserabgabe.

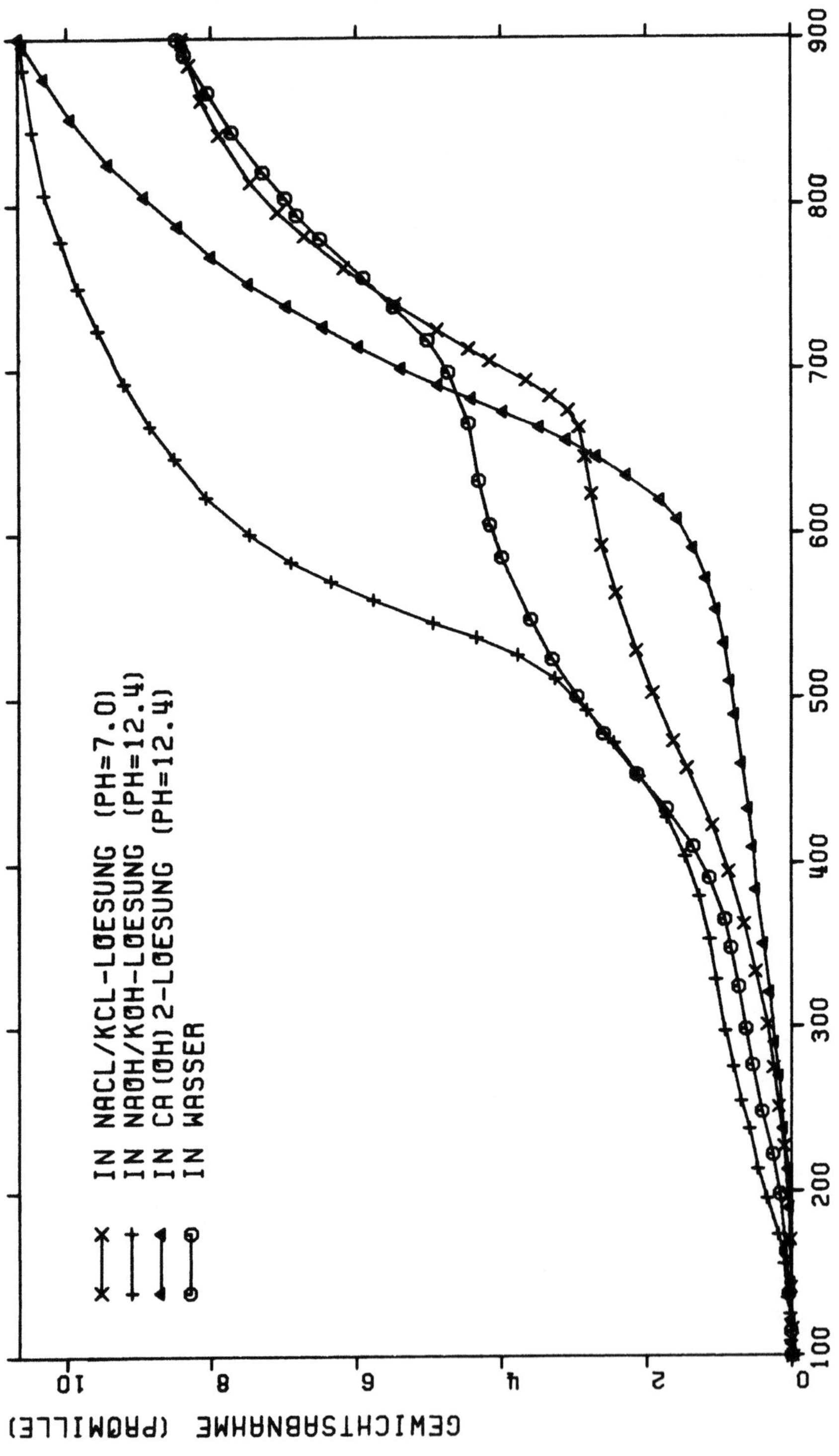

THERMOGRAVIMETRIE FLINT (HCL-BEHANDELT)
KOERNUNG 1.5-2.0 MM

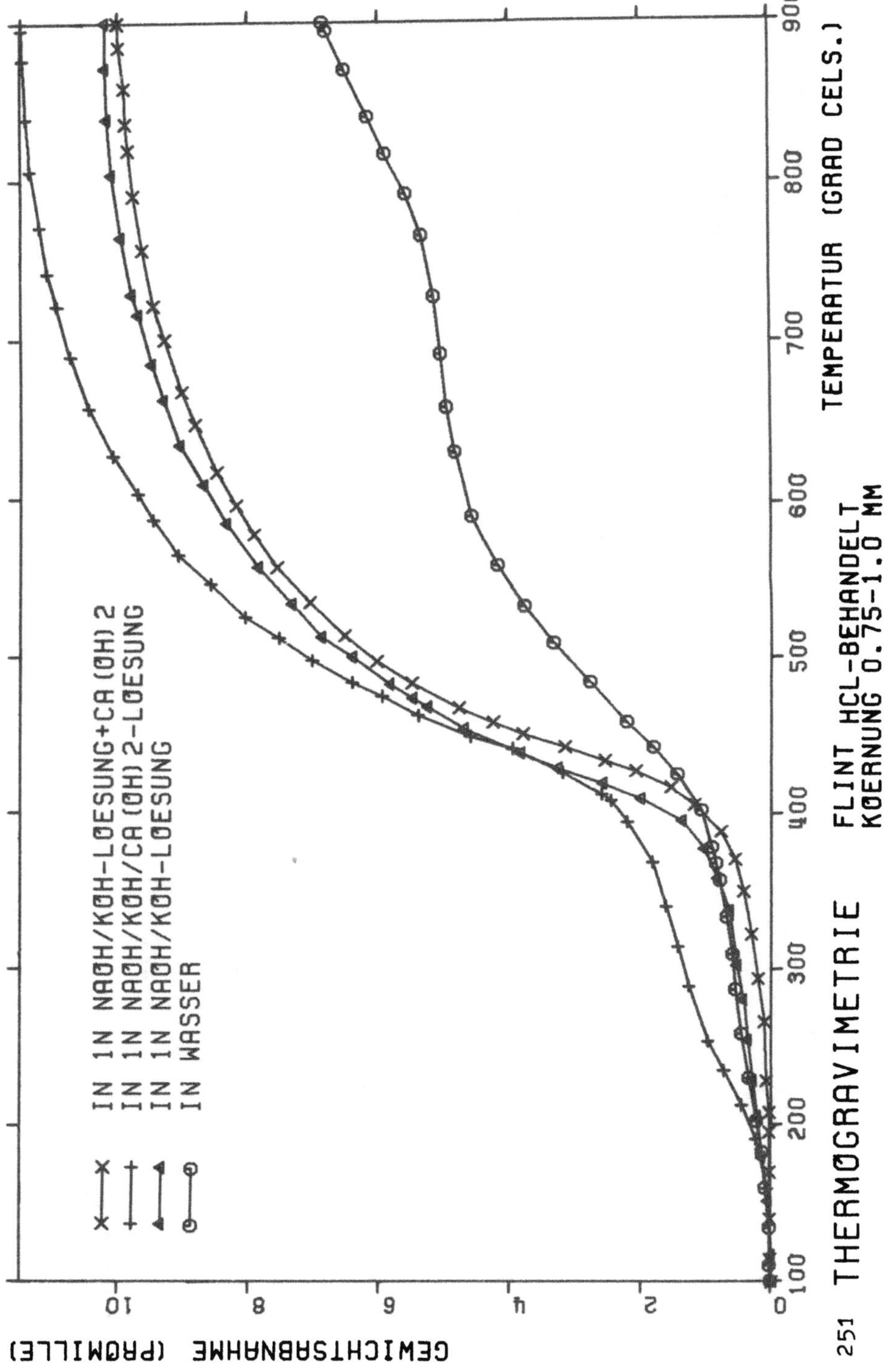
GEWICHTSABNAHME (PROMILLE)
0
2
4
6
8
10
100
200
300
400
500
600
700
800
900
TEMPERATUR (GRAD CELS.)
IN 1N NAOH/KOH-LOESUNG+CA(OH)2
IN 1N NAOH/KOH/CA(OH)2-LOESUNG
IN 1N NAOH/KOH-LOESUNG
IN WASSER
THERMOGRAVIMETRIE
FLINT HCL-BEHANDELT
KOERNUNG 0.75-1.0 MM

Abb. 251

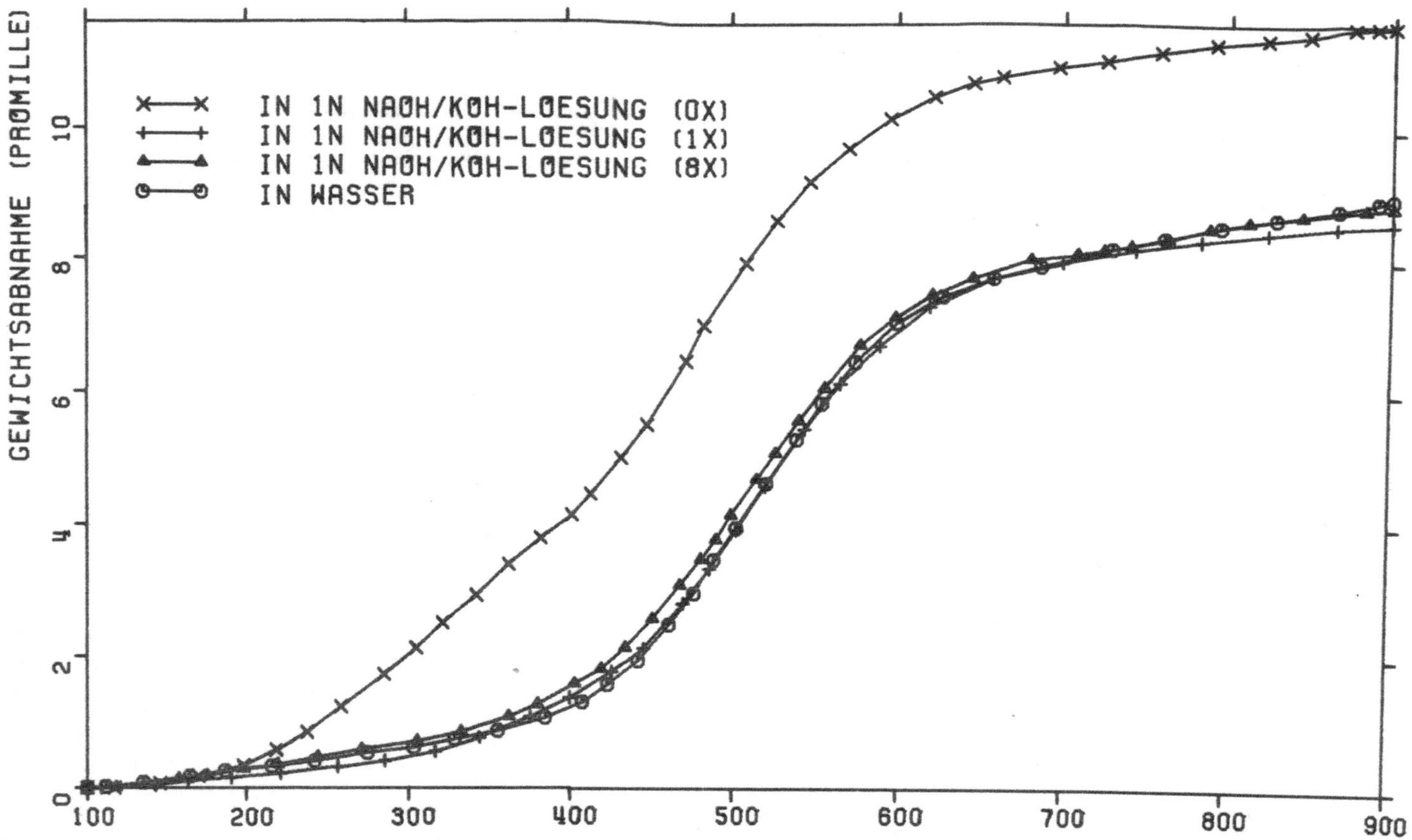

Abb. 252 THERMØGRAVIMETRIE FLINT HCL-BEHANDELT
KØERNUNG 0.050-0.070 MM

4.4 Literaturverzeichnis

BÄCHMANN, K., (1970) Messung radioaktiver Nuklide
Verlag Chemie (1970)

BRÜGEL, W., (1962) Einführung in die Ultrarotspektroskopie
Steinkopff Verlag, Darmstadt (1962)

KLINKMANN, A., (1969) Standard- Untersuchungsmethoden zur chemischen Analyse
Bericht der Kernforschungsanlage Jülich Nr. 613 (1969)

ROSNER, B., (1969) Mikrosondenuntersuchungen an natürlichen Mineralien
Dissertation der TH Aachen (1969)

5. Programmteil

Programm I: Mathematische Behandlung des Diffusionsvorganges

```
PROC:PROC OPTIONS(MAIN);
     DCL #CILIN ENTRY(FLOAT,FLOAT,FLOAT),
         #KURVE ENTRY ((*)FLOAT,(*)FLOAT,BIN FIXED(31),BIN FIXED(31)),
         #BILD ENTRY(CHAR(*)),
         #PLOT ENTRY(FLOAT,FLOAT,BIN FIXED(31)),
         #SYMBOL ENTRY(FLOAT,FLOAT,FLOAT,,FLOAT,BIN FIXED(31)),
         #NUMBER ENTRY(FLOAT,FLOAT,FLOAT,FLOAT,FLOAT,BIN FIXED(31)),
         #CILEND ENTRY;
     DCL (PI,DIFF,VKORN,VGES,RO,PHI,N,B,MA,NA,C11,TAI,MZ,
     Z,K1,K2,K3,K4,A1,A2,A3,A4,DDDD,TI,XL,XR,XM,FXM,FXL,FXR,DX,A6,
    DELTA,DELTA1,DELTA2,DELTA3,DELTAP,L,WW,PP,DD,UU,VV,ZZZ,DGES,D,
     P,DB,ZZ,TEST,LIM,TAU,TERM,SUM) FLOAT (16);
     DCL (I,II,J,JJ,C,K)BIN FIXED (31);
     DCL (T,FF)FLOAT;
     DCL (A,MNA,TT)(500)FLOAT;
     DCL (X, Y, M)(22) FLOAT ;
     DCL (X1)(22)FLOAT;
     DCL (X2)(22)FLOAT;
     DCL (X3)(22)FLOAT;
     DCL (X4)(22)FLOAT;
     DCL (X5)(22)FLOAT;
     DCL (X6)(22)FLOAT;
     DCL (M1,Y1)(22)FLOAT;
     DCL (M2,Y2)(22)FLOAT;
     DCL (M3,Y3)(22)FLOAT;
     DCL (M4,Y4)(22)FLOAT;
     DCL (M5,Y5)(22)FLOAT;
     DCL (M6,Y6)(22)FLOAT;

SPLINE:PROC(X,Y,M)RECORDER;
  DCL(X,Y,M)(*) FLOAT( 6),(MUE,LAM,D)(DIM(M,1))
     FLOAT( 6),(MINI,I,J,NMH,N1,N2,MINIM1)BIN FIXED(31)STATIC,
     (DX2,DY2,DDX,FAC,DX1,DY1)FLOAT( 6) STATIC;
  MINI=DIM(M,1);
  IF MINI>DIM(X,1) | MINI>DIM(Y,1) | MINI<2 THEN BEGIN;
                                             SIGNAL CONDITION(LIBRARY);
                                             GOTO ENDE;
                                             END;

  MINIM1=MINI-1;
  I=LBOUND(M,1);
  N1=LBOUND(X,1);
  N2=LBOUND(Y,1);
  NMH=I+MINIM1;
  MUE(1)=2E0;
  M(I),M(NMH),D(1),LAM(1)=0E0;
  DX2=X(N1+1)-X(N1);
  DY2=(Y(N2+1)-Y(N2))/DX2;
  DO I=2 TO MINIM1;
     DX1=DX2;
     DY1=DY2;
     N1=N1+1;
     N2=N2+1;
     DX2=X(N1+1)-X(N1);
     DY2=(Y(N2+1)-Y(N2))/DX2;
     DDX=DX1+DX2;
     LAM(I)=DX2/DDX;
     MUE(I)=1E0 -LAM(I);
```

```
          D(I)=6E0*(DY2-DY1)/DDX;
      END;
      DO I=2 TO MINIM1;
          J=I-1;
          FAC=MUE(I)/MUE(J);
          D(I)=D(I)-FAC*D(J);
          MUE(I)=2E0-LAM(J)*FAC;
      END;
      DO I=MINIM1 TO 2 BY -1;
          J=NMH-1;
          M(J)=(D(I)-LAM(I)*M(NMH))/MUE(I);
          NMH=J;
      END;
 ENDE:END SPLINE;
          GET LIST (DIFF,VGES);
          CALL #CILIN(35,.4E0,0);
          DO J=1  TO 22;
          GET LIST (X1(J));
          END;
          DO J=1  TO 22;
          GET LIST (X2(J));
          END;
          DO J=1  TO 22;
          GET LIST (X3(J));
          END;
          DO J=1  TO 22;
          GET LIST (X4(J));
          END;
          DO J=1  TO 22;
          GET LIST (X5(J));
          END;
          DO J=1  TO 22;
          GET LIST (X6(J));
          END;
          DO J=1  TO 22;
          GET LIST (Y1(J),Y2(J),Y3(J),Y4(J),Y5(J),Y6(J));
          END;
                      CALL SPLINE (X1,Y1,M1);
                      CALL SPLINE (X2,Y2,M2);
                      CALL SPLINE (X3,Y3,M3);
                      CALL SPLINE (X4,Y4,M4);
                      CALL SPLINE (X5,Y5,M5);
                      CALL SPLINE (X6,Y6,M6);

          T=0;
       AD:T=10*T+3600;
          JJ=0;  VKORN=0;
      #0:VKORN=VKORN+100;
          JJ=JJ+1;
          C11=1.875E-2*46E0/62E0;
          PUT PAGE;
          PUT EDIT ('    VKORN:',VKORN)(SKIP(1),A(9),X(3),F(6,2));
          PUT EDIT ('     VGES:',VGES )(SKIP(1),A(9),X(3),F(7,2));
          PUT EDIT ('RC (CM)','T  (STD)','  MNA   ','K        ',
                               'D (CM)','   S    ')
          (SKIP(3),COLUMN(7),A(7),COLUMN(19),A(8),
          COLUMN(32),A(8) ,COLUMN(45),A(8)  ,COLUMN(59),A(8),
          COLUMN(74),A(8) );
          PUT SKIP (3);
```

```
    K1=SQRT(8E0/3);
    K2=1E0-K1/2;
    A1=2E0;
    A2=-(2+2*K2);
    A3=1+2*K2;
    II=0;
    R0=-3.5E-3;
#1:R0=1.1*R0+5.0E-3;
    II=II+1;

    PI=3.141593E0;
    N=3*VKORN/(4*PI*R0**3);
    IF N<3 THEN GOTO #8;
    L=(VGES)**(1E0/3E0);
    K3=N*K1;
    A4=-(K3+K2);
    QQ=(A2**3/(27*A1**3))-(A2*A3/(6*A1**2))+(A4/(2*A1));
    PP=(3*A1*A3-A2**2)/(9*A1**2);
    DD=QQ**2+PP**3;
    UU=(-QQ+SQRT(DD))**(1E0/3E0);
    IF (-QQ-SQRT(DD))> 0E0 THEN VV=(-QQ-SQRT(DD))**(1E0/3E0);
    IF (-QQ-SQRT(DD))<=0E0 THEN VV=   0.000000001;
    Z=UU+VV;
    B=L/(Z*2E0);
    D=B-R0;


    SUM=0;
    TEST=1.0;
    LIM=1.0E-15;
    DO K=1 BY 1 WHILE (TEST>LIM);
             IF K=1 THEN DO;
             M=M1; Y=Y1; X=X1;
             END;
             IF K=2 THEN DO;
             M=M2; Y=Y2;    X=X2;
             END;
             IF K=3 THEN DO;
             M=M3; Y=Y3;   X=X3;
             END;
             IF K=4 THEN DO;
             M=M4; Y=Y4;     X=X4;
             END;
             IF K=5 THEN DO;
             M=M5; Y=Y5;         X=X5;
             END;
             IF K=6 THEN DO;
             M=M6; Y=Y6;          X=X6;
             END;

    I=1;
             DO J=1 TO 21;
             TT(I)=R0/B-1E0;
             IF TT(I)>=X(J) & TT(I)<X(J+1) THEN DO;
       Q=TT(I);;
             H=X(J+1)-X(J);
             S=(((Y(J+1)-M(J+1)*H**2/6)+
             M(J+1)/6*(Q-X(J))**2)*
                 (Q-X(J))+((Y(J)-M(J)*H**2/6)
```

```
                + (J)/[illegible]*(X(J+1)- )[illegible])*(X(J+1)- ))/[illegible];
                END;
                END;
    TAU=([illegible]*[illegible]*S**2/[illegible]**2+1)[illegible] - [illegible]/[illegible])*EXP(-[illegible]**T*S**2/[illegible]);
    TAT=S**2*(B*S**2/[illegible]-[illegible]/[illegible]);
    TERM=TAU/TAT;
    SUM=SUM+TERM;
    IF TERM<1.0E-6 THEN GOTO [illegible];
    IF K=[illegible] THEN GOTO [illegible];
    TEST=ABS(TERM/SUM);
    END;
#[illegible]:MNA(II)=(4[illegible]*PI*C11*([illegible]**3-K0**3)/3[illegible](-[illegible]*PI*C11*[illegible]*[illegible]*SUM)*[illegible];
    A(II)=[illegible]*2E[illegible];
    T=T/3600;
    PUT EDIT ([illegible],T,MNA(II),K,D,S)
    (SKIP(1),COLUMN(7),F(6,4),COLUMN(17),F(10,2),
    COLUMN(30),F(10,3),COLUMN(43),F(10,3),
     COLUMN(57),F(1[illegible],3),COLUMN(71),F(1[illegible],3));
    T=T*3600;
    GOTO #[illegible];

#8:JJ=100+JJ;
    II=II-1       ;
    CALL KURVE (A,MNA,II,JJ);
    JJ=JJ-100;
    IF JJ=[illegible] THEN GOTO #9;
    GOTO #0;
#9:CALL [illegible] ('[illegible],13,-1,');
    CALL #SYMBOL([illegible],-1.8,0.4,'EINDIFFUNDIERTE NA-MENGE',0,24);
    CALL #SYMBOL(0,-2.4,0.3,'(NACH            STUNDEN)',0,2[illegible]);
    CALL #SYMBOL(1[illegible].[illegible],-1.5,.[illegible],'KORNDURCHMESSER (CM)          ',0,26);
    CALL #SYMBOL(-1.2,7.3,.3,'NA-MENGE ([illegible])     ',90,1[illegible]);
    T=T/3600;
    CALL #NUMBER(2.1,-2.4,.3,T,0,-1);
    T=T*3600;
    DO K=1 TO [illegible];
    CC=12E0-K*.9E0;
    EE=CC+.1E0;
    FF=K*10E0;
    CALL #SYMBOL(1[illegible].[illegible],CC,.[illegible],'VKORN=      (  )',0,1[illegible]);
    CALL #SYMBOL(14   ,EE,.25,K,[illegible],-1);
    CALL #SYMBOL(15   ,EE,.25,K,0,-1);
    CALL #PLOT (14,[illegible],[illegible]);
    CALL #PLOT (15,[illegible],2);
    CALL #NUMBER(17.[illegible],CC,.[illegible],FF,0,-1);
    END;
    IF T>400000E0 THEN GOTO END;
    GOTO A[illegible];
END:CALL #[illegible]TLE[illegible] ;
     END PROC;
```

Programm II: Mathematische Behandlung des Ionenaustausches

```
 PROC:PROC OPTIONS(MAIN);
      DCL #CILIN ENTRY(FLOAT,FLOAT,FLOAT),
           KURVE ENTRY ((*)FLOAT,(*)FLOAT,BIN FIXED(31),BIN FIXED(31)),
           BILD ENTRY(CHAR(*)),
           #PLOT ENTRY(FLOAT,FLOAT,BIN FIXED(31)),
           #SYMBOL ENTRY(FLOAT,FLOAT,FLOAT,,FLOAT,BIN FIXED(31)),
           #NUMBER ENTRY(FLOAT,FLOAT,FLOAT,FLOAT,FLOAT,BIN FIXED(31)),
           #CILEND ENTRY;
      DCL (PI,DIFF,VKORN,VGES,RO,PHI,N,B,MA,NA,ALPHA,F1,F2,F3,
      Z,K1,K2,K3,K4,A1,A2,A3,A4,DDDD,TI,XL,XR,XM,FXM,FXL,FXR,DX,MP,
     DELTA,DELTA1,DELTA2,DELTA3,DELTAP,L,QQ,PP,DD,UU,VV,ZZZ,DGES,D,
      P,DR,ZZ,TEST,LIM,TAU,TERM,SUM) FLOAT (16);
      DCL (I,II,J,JJ,C,K)BIN FIXED (31);
      DCL (T,FF)FLOAT;
      DCL(X,Y,M)(6)FLOAT;
      DCL (A,MNA,TT)(500)FLOAT;

SPLINE:PROC(X,Y,M)RECORDER;
  DCL(X,Y,M)(*) FLOAT( 6),(MUE,LAM,D)(DIM(M,1))
      FLOAT( 6),(MINI,I,J,NMH,N1,N2,MINIM1)BIN FIXED(31)STATIC,
      (DX2,DY2,DDX,FAC,DX1,DY1)FLOAT( 6) STATIC;
  MINI=DIM(M,1);
  IF MINI>DIM(X,1) | MINI>DIM(Y,1) | MINI<2 THEN BEGIN;
                                              SIGNAL CONDITION(LIBRARY);
                                              GOTO ENDE;
                                              END;
  MINIM1=MINI-1;
  I=LBOUND(M,1);
  N1=LBOUND(X,1);
  N2=LBOUND(Y,1);
  NMH=I+MINIM1;
  MUE(1)=2E0;
  M(I),M(NMH),D(1),LAM(1)=0E0;
  DX2=X(N1+1)-X(N1);
  DY2=(Y(N2+1)-Y(N2))/DX2;
  DO I=2 TO MINIM1;
      DX1=DX2;
      DY1=DY2;
      N1=N1+1;
      N2=N2+1;
      DX2=X(N1+1)-X(N1);
      DY2=(Y(N2+1)-Y(N2))/DX2;
      DDX=DX1+DX2;
      LAM(I)=DX2/DDX;
      MUE(I)=1E0 -LAM(I);
      D(I)=6E0*(DY2-DY1)/DDX;
  END;
  DO I=2 TO MINIM1;
      J=I-1;
      FAC=MUE(I)/MUE(J);
      D(I)=D(I)-FAC*D(J);
      MUE(I)=2E0-LAM(J)*FAC;
  END;
  DO I=MINIM1 TO 2 BY -1;
      J=NMH-1;
      M(J)=(D(I)-LAM(I)*M(NMH))/MUE(I);
      NMH=J;
```

```
  END;
ENDF:END SPLINE;

      GET LIST (DIFF,VGES);
      CALL #CILIN(35,.4E0,0);

      DO J=1 TO 6;
      GET LIST(X(J));
      END;
      DO J=1 TO 6;
      GET LIST(Y(J));
      END;
                 CALL SPLINE (X,Y,M);
      PUT DATA (X,Y,M);
      T=0;
   A0:T=10*T+3600;
      JJ=0;   VKORN=0;
  #0:VKORN=VKORN+100;
      JJ=JJ+1;
      PUT PAGE;
      PUT EDIT ('    VKORN:',VKORN)(SKIP(1),A(9),X(3),F(6,2));
      PUT EDIT ('     VGES:',VGES )(SKIP(1),A(9),X(3),F(7,2));
      PUT EDIT ('RO (CM)','T  (STD)','  MNA   ','S
                            'D (CM)')
      (SKIP(3),COLUMN(7),A(7),COLUMN(19),A(8),
      COLUMN(32),A(8) ,COLUMN(45),A(8)  ,COLUMN(59)
      ,A(8));
      PUT SKIP (3);
      K1=SQRT(8E0/3);
      K2=1E0-K1/2;
      A1=2E0;
      A2=-(2+2*K2);
      A3=1+2*K2;
      II=0;
      RO=-3.5E-3;
  #1:RO=1.1*RO+5.0E-3;
      II=II+1;

      PI=3.141593E0;
      N=3*VKORN/(4*PI*RO**3);
      IF N<3 THEN GOTO #8;
      L=(VGES)**(1E0/3E0);
      K3=N*K1;
      A4=-(K3+K2);
      QQ=(A2**3/(27*A1**3))-(A2*A3/(6*A1**2))+(A4/(2*A1));
      PP=(3*A1*A3-A2**2)/(9*A1**2);
      DD=QQ**2+PP**3;
      UU=(-QQ+SQRT(DD))**(1E0/3E0);
      IF (-QQ-SQRT(DD))> 0E0 THEN VV=(-QQ-SQRT(DD))**(1E0/3E0);
      IF (-QQ-SQRT(DD))<=0E0 THEN VV=   0.000000001;
      Z=UU+VV;
      B=L/(Z*2E0);
      D=B-RO;

      I=1;
      DO J=1 TO 5;
      TT(I)=2E0*RO;
         IF TT(I)>=X(J) & TT(I)<X(J+1) THEN DO;
         Q=TT(I);;
```

```
                H=X(J+1)-X(J);
                S=(((Y(J+1)-M(J+1)*H**2/6)+
                M(J+1)/6*(Q-X(J))**2)*
                    (Q-X(J))+((Y(J)-M(J)*H**2/6)
                +M(J)/6*(X(J+1)-Q)**2)*(X(J+1)-Q))/H;
        END;
        END;
    S=VKORN*S*2.58E0;
    ALPHA=10E0;
    F1=1E0/(-.570-.430*ALPHA**.775);
    F2=1E0/(+.260+7.82*ALPHA);
    F3=1E0/(-.165-.177*ALPHA);
    TAU=DIFF*T/R0**2;
    MNA(II)=(1E0-EXP(PI**2*(F1*TAU+F2*TAU**2+F3*TAU**3)))**.5E0*S;
    A(II)=R0*2E0;
    T=T/3600;
    PUT EDIT (R0,T,MNA(II),S,D)
    (SKIP(1),COLUMN(7),F(6,4),COLUMN(17),F(10,2),
    COLUMN(30),F(10,3),COLUMN(43),F(10,3),
     COLUMN(72),F(10,8));
    T=T*3600;
    GOTO #1;

#8:JJ=100+JJ;
    II=II-1     ;
    CALL KURVE (A,MNA,II,JJ);
    JJ=JJ-100;
    IF JJ=5 THEN GOTO #9;
    GOTO #0;
#9:CALL BILD ('22,13,-1,');
    CALL #SYMBOL(0,-1.8,0.4,'EINDIFFUNDIERTE NA-MENGE ,0,24);
    CALL #SYMBOL(0,-2.4,0.3,'(NACH          STUNDEN)',0,20);
    CALL #SYMBOL(16.3,-1.5,.3,'KORNDURCHMESSER (CM)         ',0,26);
    CALL #SYMBOL(-1.2,7.3,.3,'NA-MENGE (GRAMM)    ',90,19);
    T=T/3600;
    CALL #NUMBER(2.1,-2.4,.3,T,0,-1);
    T=T*3600;
    DO K=1 TO 5;
    CC=12E0-K*.5E0;
    EE=CC+.1E0;
    FF=K*10E0;
    CALL #SYMBOL(15.5,CC,.3,'VKORN=     ( % )',0,15);
    CALL #SYMBOL(14  ,EE,.25,K,0,-1);
    CALL #SYMBOL(15  ,EE,.25,K,0,-1);
    CALL #PLOT (14,EE,3);
    CALL #PLOT (15,EE,2);
    CALL #NUMBER(17.9,CC,.3,FF,0,-1);
    END;
    IF T>40000000 THEN GOTO END;
    GOTO A0;
END:CALL #CILEND;
     END PROC;
```

Programm III: Quellung und Entstehen erster Risse in einer
Zementsteinmatrix mit Flint als Zuschlag

```
           PROC:PROC OPTIONS(MAIN);
      DCL (I,J,C,K) BIN FIXED (31);
      DCL (PI,DIFF,RO10,RO20,VKORN,VGES,CO,RO,PHI,N,B,MA,P1,P2,
     DELTA,DELTA3,DELTAP,L,QQ,PP,DD,UU,VV,ZZZ,DGES,D,
      Z,K1,K2,K3,K4,A1,A2,A3,A4,DDDD,T,TI,DROMAX,P1MAX,P2MAX,
      P,DB,ZZ,TEST,LIM,TAU,TERM,SUM) FLOAT (16);
      DCL (EE,MYY,BZZ,DRO,O,OO,OOO,TT,A)(1:2500)FLOAT;
        DCL (M,X,Y,BZ,MY,E)(9)FLOAT;
SPLINE:PROC(X,Y,M)REORDER;
  DCL(X,Y,M)(*) FLOAT( 6),(MUE,LAM,D)(DIM(M,1))
      FLOAT( 6),(MINI,I,J,NMH,N1,N2,MINIM1)BIN FIXED(31)STATIC,
      (DX2,DY2,DDX,FAC,DX1,DY1)FLOAT( 6) STATIC;
  MINI=DIM(M,1);
  IF MINI>DIM(X,1) | MINI>DIM(Y,1) | MINI<2 THEN BEGIN;
                                           SIGNAL CONDITION(LIBRARY);
                                           GOTO ENDE;
                                           END;
  MINIM1=MINI-1;
  I=LBOUND(M,1);
  N1=LBOUND(X,1);
  N2=LBOUND(Y,1);
  NMH=I+MINIM1;
  MUE(1)=2E0;
  M(I),M(NMH),D(1),LAM(1)=0E0;
  DX2=X(N1+1)-X(N1);
  DY2=(Y(N2+1)-Y(N2))/DX2;
  DO I=2 TO MINIM1;
      DX1=DX2;
      DY1=DY2;
      N1=N1+1;
      N2=N2+1;
      DX2=X(N1+1)-X(N1);
      DY2=(Y(N2+1)-Y(N2))/DX2;
      DDX=DX1+DX2;
      LAM(I)=DX2/DDX;
      MUE(I)=1E0 -LAM(I);
      D(I)=6E0*(DY2-DY1)/DDX;
  END;
  DO I=2 TO MINIM1;
      J=I-1;
      FAC=MUE(I)/MUE(J);
      D(I)=D(I)-FAC*D(J);
      MUE(I)=2E0-LAM(J)*FAC;
  END;
  DO I=MINIM1 TO 2 BY -1;
      J=NMH-1;
      M(J)=(D(I)-LAM(I)*M(NMH))/MUE(I);
      NMH=J;
  END;
ENDE:END SPLINE;

      GET LIST (DIFF,RO10,RO20,VGES);
      DO I=1  TO 9;
      GET LIST (X(I),BZ(I),MY(I),E(I));
      END;

              CALL SPLINE (X,BZ,M);
```

```
        DO J=1 TO 8;
        DO I=1 TO 2499;
        TT(I)=I;
        IF TT(I)>=X(J) & TT(I)<X(J+1) THEN DO;
 Q=TT(I);;
        H=X(J+1)-X(J);
        Y(J)=BZ(J);
        Y(J+1)=BZ(J+1);
        S=(((Y(J+1)-M(J+1)*H**2/6)+
        M(J+1)/6*(Q-X(J))**2)*
            (Q-X(J))+((Y(J)-M(J)*H**2/6)
        +M(J)/6*(X(J+1)-Q)**2)*(X(J+1)-Q))/H;
        O(I)=S;
        END;
        END;
        END;

        CALL SPLINE (X,MY,M);
        DO J=1 TO 8;
        DO I=1 TO 2499;
        TT(I)=I;
        IF TT(I)>=X(J) & TT(I)<X(J+1) THEN DO;
 Q=TT(I);;
        H=X(J+1)-X(J);
        Y(J+1)=MY(J+1);
        Y(J)=MY(J);
        S=(((Y(J+1)-M(J+1)*H**2/6)+
        M(J+1)/6*(Q-X(J))**2)*
            (Q-X(J))+((Y(J)-M(J)*H**2/6)
        +M(J)/6*(X(J+1)-Q)**2)*(X(J+1)-Q))/H;
        OO(I)=S;
        END;
        END;
        END;

        CALL SPLINE (X,E,M);
        DO J=1 TO 8;
        DO I=1 TO 2499;
        TT(I)=I;
        IF TT(I)>=X(J) & TT(I)<X(J+1) THEN DO;
 Q=TT(I);;
        H=X(J+1)-X(J);
        Y(J)=E(J);
        Y(J+1)=E(J+1);
        S=(((Y(J+1)-M(J+1)*H**2/6)+
        M(J+1)/6*(Q-X(J))**2)*
            (Q-X(J))+((Y(J)-M(J)*H**2/6)
        +M(J)/6*(X(J+1)-Q)**2)*(X(J+1)-Q))/H;
        OOO(I)=S;
        END;
        END;
        END;

        BZZ=O; MYY=OO; EE=OOO;
        MYY(2500)=MY(9);
        BZZ(2500)=BZ(9);
        EE(2500)=E(9);

JJ=0;   VKORN=0;
```

```
#0:VKORN=VKORN+100;
    JJ=JJ+1;
    II=0; CO=0;
 #7:CO=CO+0.005;
    II=II+1;
    PUT PAGE;
    PUT EDIT ('    VKORN:',VKORN)(SKIP(1),A(9),X(3),F(6,2));
    PUT EDIT ('     VGES:',VGES )(SKIP(1),A(9),X(3),F(6,2));
    PUT EDIT ('       CO:',CO)(SKIP(2),A(9),X(3),F(6,4));
    PUT EDIT ('RO (CM)','T  (STD)','  DGES  ','DELTA   ',
   'DELTAP  ','DELTA3  ',' P1 ',' P2 ')
    (SKIP(3),COLUMN(7),A(7),COLUMN(19),A(8),
    COLUMN(32),A(8) ,COLUMN(45),A(8)  ,COLUMN(59)
,A(8),COLUMN(74),A(8),COLUMN(85),A(4),COLUMN(95),A(4));
    PUT SKIP (3);
    PHI=RO20*CO/(RO10*(1.0-CO));
    K1=SQRT(8E0/3);
    K2=1E0-K1/2;
    A1=2E0;
    A2=-(2+2*K2);
    A3=1+2*K2;
    RO=-3.5E-3;
 #1:RO=1.1*RO+5.0E-3;

    PI= .141593E0;
    N=3*VKORN/(4*PI*RO**3);
    IF N<3 THEN GOTO #8;
    L=(VGES)**(1E0/3E0);
    K3=N*K1;
    A4=-(K3+K2);
    QQ=(A2**3/(27*A1**3))-(A2*A3/(6*A1**2))+(A4/(2*A1));
    PP=(3*A1*A3-A2**2)/(9*A1**2);
    DD=QQ**2+PP**3;
    UU=(-QQ+SQRT(DD))**(1E0/3E0);
    IF (-QQ-SQRT(DD))> 0E0 THEN VV=(-QQ-SQRT(DD))**(1E0/3E0);
    IF (-QQ-SQRT(DD))<=0E0 THEN VV=   0.000000001;
    Z=UU+VV;
    B=L/(Z*2E0);

    D=B-RO;
    MA=(RO/B)**3;

    T = 3600 ;
    SUM=0;
    TEST=1.0;
    LIM=1.0E-15;
    TAU=DIFF*T/RO**2;
    DO K=1 BY 1 WHILE (TEST>LIM);
    TERM=EXP(-(PI*K)**2*TAU)/K**2;
    SUM=SUM+TERM;
    IF TERM<1.0E-60 THEN GOTO #5;
    TEST=ABS(TERM/SUM);
    END;
 #5:ZZ=(1E0/3.0-2*SUM/PI**2);
    DELTAP=RO*PHI*ZZ;

    DO I=1 TO 2500;
    A(I)=(1.0-MYY(I))/2;
    ZZZ=(A(I)*(1+2*MA)/(1-MA))+MYY(I);
```

```
    P1=BZZ(I)*2E0*(B-RO)/RO;
    P2=BZZ(I)*((B**3/RO**3)-1E0)/((B**3/(2E0*RO**3))+1E0);
    IF P2<P1 THEN P2=P1;
    DRO(I)=P2*RO*ZZZ/EE(I);
    END;

    DELTA3=PHI*RO/3.0;
    DELTA3=DELTA3-DELTAP;
    DROMAX=DRO(2500);
    DGES=Z*DELTA3*B*3E0/(RO*((1E0+MYY(2500)/A(2500))/MA+2E0
    -MYY(2500)/A(2500)));
    TI = 3600000000;
    IF DELTA3<DROMAX THEN GOTO BA;

    T=0;
AA:T=T+9000000;
    SUM=0;
    TEST=1.0;
    LIM=1.0E-15;
    TAU=DIFF*T/RO**2;
    DO K=1 BY 1 WHILE (TEST>LIM);
    TERM=EXP(-(PI*K)**2*TAU)/K**2;
    SUM=SUM+TERM;
    IF TERM<1.0E-60 THEN GOTO #3;
    TEST=ABS(TERM/SUM);
    END;
#3:ZZ=(1E0/3.0-2*SUM/PI**2);
    DELTA=RO*PHI*ZZ;
    DELTA=DELTA-DELTAP;
    T=T-9000000;
    IF DELTA>DROMAX THEN GOTO AB;
    T=T+9000000;
    IF T>3590000000 THEN GOTO BB;
    GOTO AA;

 AB:IF T<1000 THEN GOTO AF;

 AC:T=T+90000;
    SUM=0;
    TEST=1.0;
    LIM=1.0E-15;
    TAU=DIFF*T/RO**2;
    DO K=1 BY 1 WHILE (TEST>LIM);
    TERM=EXP(-(PI*K)**2*TAU)/K**2;
    SUM=SUM+TERM;
    IF TERM<1.0E-60 THEN GOTO #4;
    TEST=ABS(TERM/SUM);
    END;
#4:ZZ=(1E0/3.0-2*SUM/PI**2);
    DELTA=RO*PHI*ZZ;
    DELTA=DELTA-DELTAP;
     T=T-90000;
    IF DELTA>DROMAX THEN GOTO AD;
     T=T+90000;
    GOTO AC;
 AD:T=T+900;
    SUM=0;
    TEST=1.0;
    LIM=1.0E-15;
```

```
   TAU=DIFF*T/RO**2;
   DO K=1 BY 1 WHILE (TEST>LIM);
   TERM=EXP(-(PI*K)**2*TAU)/K**2;
   SUM=SUM+TERM;
   IF TERM<1.0E-60 THEN GOTO #6;
   TEST=ABS(TERM/SUM);
   END;
#6:ZZ=(1E0/3.0-2*SUM/PI**2);
   DELTA=RO*PHI*ZZ;
   DELTA=DELTA-DELTAP;
   DGES=Z*DELTA*B*3E0/(RO*((1E0+MYY(2500)/A(2500))/MA+2E0
   -MYY(2500)/A(2500)));
   IF DELTA>DROMAX THEN GOTO BB;
   GOTO AD;

AF: T=T+3600;
   I=(T/3600E0);
   SUM=0;
   TEST=1.0;
   LIM=1.0E-15;
   TAU=DIFF*T/RO**2;
   DO K=1 BY 1 WHILE (TEST>LIM);
   TERM=EXP(-(PI*K)**2*TAU)/K**2;
   SUM=SUM+TERM;
   IF TERM<1.0E-60 THEN GOTO #2;
   TEST=ABS(TERM/SUM);
   END;
#2:ZZ=(1E0/3.0-2*SUM/PI**2);
   DELTA=RO*PHI*ZZ;
   DELTA=DELTA-DELTAP;
   DGES=Z*DELTA*B*3E0/(RO*((1E0+MYY(I)/A(I))/MA+2E0
   -MYY(I)/A(I)));
   IF DELTA>DRO(I) THEN GOTO BB;
   IF T>8996410 THEN GOTO BB;
   GOTO AF;
BA:T=TI;
BB:T=T/3600;
   PUT EDIT (RO,T,DGES,DELTA,DELTAP,DELTA3,P1,P2)
   (SKIP(1),COLUMN(7),F(6,4),COLUMN(17),F(10,2),
   COLUMN(30),F(10,8),COLUMN(43),F(10,8),COLUMN(57),F(10,8),
    COLUMN(72),F(10,8),COLUMN(85),F(8,1),COLUMN(93),F(8,1));

   GOTO #1;
 #8: IF II=5 THEN GOTO #9;
   GOTO #7;
#9:IF JJ=5 THEN GOTO END;
   GOTO #0;
END:DO I=1 TO 2500;
   PUT DATA (DRO(I));
   END;
    END PROC;
```

Programm IV: Auswertung von Atomabsorptionsmessungen und anschließende Darstellung der Ergebnisse durch ein Plotprogramm

Die Auswertung der Atomabsorptionsmessungen erfolgte mit der Rechenmaschine Combitron S. Zu lösen war die Gleichung:

$$X = a(b \cdot c/d) - e;$$

a =	Multiplikationsfaktor	(in Speicher 6)
b =	Meßwert (Einheiten)	(Eingabe)
c =	Eichwert (ppm)	(in Speicher 2)
d =	Eichwert (Einheiten)	(in Speicher 3)
e =	Blindwert (ppm)	(in Speicher 1)
x =	Meßwert (ppm)	(Ausgabe)

Nach Programmierung erhält man den folgenden Zifferncode zur Lösung der Aufgabe:

1079208803382626	(in Speicher 4)
8165006749964445	(in Speicher 5)

```
        PROC:PROC OPTIONS(MAIN)REORDER;
    DCL #CILIN ENTRY(FLOAT,FLOAT,FLOAT),
        KURVE ENTRY ((*)FLOAT,(*)FLOAT,BIN FIXED(31),BIN FIXED(31)),
        BILD ENTRY(CHAR(*)),
        #PLOT ENTRY(FLOAT,FLOAT,BIN FIXED(31)),
        #SYMBOL ENTRY(FLOAT,FLOAT,FLOAT,,FLOAT,BIN FIXED(31)),
        #NUMBER ENTRY(FLOAT,FLOAT,FLOAT,FLOAT,FLOAT,BIN FIXED(31)),
        #CILEND ENTRY;
    CALL #CILIN(75,.4E0,0);
    DCL (D,E)(2) FLOAT (6);
    DCL (PPM) FLOAT (6)STATIC;
    DCL(C,I,N,Q,J,JJ)BIN FIXED(31);
    DCL (M)(6) FLOAT(6)STATIC;

    DCL(U,V,G)CHAR(40)STATIC;
    GET LIST(C,N);
    GET LIST (PPM);

    BEGIN REORDER;
    DCL (T,Y,B,L)(N) FLOAT(6);
    ON ENDFILE (SYSIN) GOTO #2;

    GET LIST (T);
    CALL #PLOT(10,26,-3);
    JJ=0;
 #4:J=C;
    CALL #PLOT(0,19,-3);
 #1:J=J+1;
    JJ=JJ+1;
    GET LIST (U,V,G);
SUB1:I=100;
GET1:I=I+1;
    GET LIST(B);
     CALL KURVE(T,B,N,I);
     Q=I-100;
    M(Q)=B(5);
    IF I=105 THEN GOTO SUB2;
    GOTO GET1;

SUB2:O=MAX(M(1),M(2),M(3),M(4),M(5));
    O=C/PPM*15+.3;
    I=100;
GET2:I=I+1;
    GET LIST(L);
     CALL KURVE(T,L,N,I);
     Q=I-100;
    M(Q)=L(5);
    IF I=105 THEN GOTO SUB3;
    GOTO GET2;

SUB3:P=MAX(M(1),M(2),M(3),M(4),M(5));
    P=P/PPM*15+.3;
    I=100;
GET3:I=I+1;
    GET LIST (Y);
     CALL KURVE(T,Y,N,I);
     Q=I-100;
    D(1)=T(N)/24*2;
    D(2)=T(N)/24*4;
    E(1)=PPM/150*(122+4*Q);
    E(2)=E(1);
```

```
      CALL KURVE(D,E,2,I);
     M(Q)=Y(5);
     IF I=105 THEN GOTO SUB4;
     GOTO GET3;

SUB4:S=MAX(M(1),M(2),M(3),M(4),M(5));
     S=S/PPM*15+.3;
     SS=T(5)/T(6)*24-.3;

 PLO:CALL BILD('24,15,,0,,,,1600');
     CALL #SYMBOL(0,-1.7,.4,'AUFLOESUNG VON K, NA, UND SI',0,28);
      CALL #SYMBOL(13.5,-1.7,.3,U,0,22);
     CALL #SYMBOL(13.5,-2.2,.3,V,0,26);
     CALL #SYMBOL(-1,6.6,.3,'IONENZUNAHME IN LOESUNG (PPM)',90,29);
     CALL #SYMBOL(20.8,-1.3,.3,'ZEIT (TAGE)',0,11);
     CALL #SYMBOL(5,12.5,.25,'BLINDPROBE',0,10);
     CALL #SYMBOL(5,12.9,.25,'KOERNUNG 0.030-0.075 MM',0,23);
     CALL #SYMBOL(5,13.3,.25,'KOERNUNG 0.12-0.25 MM',0,21);
     CALL #SYMBOL(5,13.7,.25,'KOERNUNG 0.60-0.75 MM',0,21);
     CALL #SYMBOL(5,14.1,.25,'KOERNUNG 1.0-1.5 MM',0,19);
     CALL #SYMBOL( 7.8,12.5,.25,G,0,32);
     CALL #SYMBOL(   11,12.9,.25,G,0,32);
     CALL #SYMBOL(10.5,13.3,.25,G,0,32);
     CALL #SYMBOL(10.5,13.7,.25,G,0,32);
     CALL #SYMBOL(10   ,14.1,.25,G,0,32);
     CALL #SYMBOL(SS,O,.3,'NA',0,2);
     CALL #SYMBOL(SS,P,.3,'K ',0,2);
     CALL #SYMBOL(SS,S,.3,'SI',0,2);

 SUB6:CALL #PLOT(0,0,3);
     CALL #PLOT(0,15,2);
     CALL #PLOT(24,0,3);
     CALL #PLOT(24,15,2);
     I=-1;
GET6:I=I+1;
     F=15-I*15*200/1600E0;
     FF=14.7-I*15*200/1600E0;
     FFF=1600-I*200;
     CALL #PLOT(-.2,F,3);
     CALL #PLOT(0,F,2);
     CALL #PLOT(24,F,3);
     CALL #PLOT(24.2,F,2);
     CALL #NUMBER(-.3,FF,.25,FFF,90,-1);
     IF I=8 THEN GOTO #3;
     GOTO GET6;

 #3:IF JJ=C THEN GOTO #2;
    IF J=2 THEN GOTO #4;
    CALL #PLOT(-34,-19,-3);
    GOTO #1;
 #2:CALL #CILEND;
    END PROC;
```

Programm V: Auswertung von Atomabsorptionsmessungen und anschließende Darstellung der Ergebnisse durch ein Plotprogramm

Die Auswertung der Atomabsorptionsmessungen erfolgte mit der Combitron S wie bei Programm IV

```
PROC:PROC OPTIONS(MAIN);
    DCL #CILIN ENTRY(FLOAT,FLOAT,FLOAT),
        KURVE ENTRY ((*)FLOAT,(*)FLOAT,BIN FIXED(31),BIN FIXED(31)),
        BILD ENTRY(CHAR(*)),
        #PLOT ENTRY(FLOAT,FLOAT,BIN FIXED(31)),
        #SYMBOL ENTRY(FLOAT,FLOAT,FLOAT,,FLOAT,BIN FIXED(31)),
        #NUMBER ENTRY(FLOAT,FLOAT,FLOAT,FLOAT,FLOAT,BIN FIXED(31)),
        #CPEN ENTRY(BIN FIXED(31)),
        #CILEND ENTRY;
    CALL #CILIN(75,.4E0,.2E0);
    DCL(N,I,J,R,JJ) BIN FIXED(31);
    GET LIST (N);
    DCL (PC) CHAR(41);
    DCL(C)CHAR(20);
    DCL (KK,LL,MM,Z) FLOAT (6);
    DCL (D,E)(2),(U,V)(5),(F,G)(12),(A,B)(16),(K,L)(48) FLOAT(6);
    DCL (M,P)(5) FLOAT (6);

    BEGIN;
    DCL Y(N),X(N),S(N),T(N),H(N)  FLOAT (6);
    ON ENDFILE(SYSIN) GOTO #2;

    GET LIST (X);
    CALL #PLOT(10,43,-3);
    JJ=0;
 #0:J=0;
    CALL #PLOT(0,-40,-3);
 #1:J=J+1;
    JJ=JJ+1;
    GET LIST (C);
    GET LIST (PC);
    GET LIST (Y);
    PUT LIST (X,Y);
    CALL KURVE(X,Y,30,14);

   AA=MAX(Y(1),Y(3),Y(6),Y(9));
   BB=MAX(Y(1),Y(13),Y(16),Y(19) );
   CC=MAX(Y(1),Y(23),Y(26));
    DD=MAX(AA,BB,CC);
   HH=MIN(Y(1),Y(3),Y(6),Y(9),Y(13),Y(16),Y(19),Y(23),Y(26));
    C=0.5E0*(DD-HH)/90;

    M(1)=0;
    M(2)=0;
    M(3)=30;
    M(4)=30;
    M(5)=0;
    P(1)=DD+.5*(DD-HH);
    P(2)=HH-.5*(DD-HH);
    P(3)=P(2);
    P(4)=P(1);
    P(5)=P(1);
    PUT LIST (M,P) SKIP;
    CALL KURVE(M,P,5,14);

    KK=(AA-P(2))/(DD-HH)*9E0+1.3;
    LL=(BB-P(2))/(DD-HH)*9E0+1.3;
    MM=(CC-P(2))/(DD-HH)*9E0+1.3;
    OO=CC/(DD-HH)*9E0;
    PP=HH/(DD-HH)*9E0;
    PUT DATA (AA,BB,CC,DD,HH,KK,LL,MM,OO,PP) SKIP;
```

```
       ZZ=C.C5E0;
SUB1:I=-1;
  S1:I=I+1;
       V(1)=(OO+3.5-.7*I)/9E0*(DD-HH);
       V(2)=(OO+4.C-.7*I)/9EC*(DD-HH);
       V(3)=V(2);V(4)=V(1);V(5)=V(1);
       U(1)=25;
       U(3)=25.5;
       U(2)=U(1);U(4)=U(3);U(5)=U(1);
       PUT LIST (U,V) SKIP;
       CALL KURVE(U,V,5,14);
       IF I=2 THEN GOTO SUB2;
       GOTC S1;

SUB2:I=0;
  S2:I=I+1;
       N=(10*I-10)+3;
       PUT DATA (N) SKIP;
       Z=Y(N);
       DO R=1 TO 11 BY 2;
       F(R)=4.5*(2*I-1)+(R-1)/2*.3+ZZ;
       F(R+1)=F(R);
       END;
       DO R=3 TO 11 BY 4;
       G(R)=Z+C;
       G(R+1)=0+C;
       G(R-1)=G(R);
       G(R-2)=G(R+1);
       END;
       PUT LIST (F,G) SKIP;
       CALL KURVE(F,G,12,214);
       IF I=3 THEN GOTO SUB3;
       GOTC S2;

SUB3:I=C;
  S3:I=I+1;
       N=(1C*I-1C)+9;
       PUT DATA (N) SKIP;
       Z=Y(N);
           DO R=1 TC 47 BY 2;
       K(R)=4.5*(2*I-1)+(R-1)/2*.1+3+ZZ;
       K(R+1)=K(R);
       END;
       DO R=3 TO 47 BY 4;
       L(R)=Z+C;
       L(R+1)=C+O;
       L(R-1)=L(R);
       L(R-2)=L(R+1);
       END;
       PUT LIST (K,L) SKIP;
       CALL KURVE(K,L,48 ,214);
       IF I=2 THEN GOTC SUB4;
       GOTO S3;
SUB4:
       DO R=1 TO 15 BY 2;
       A(R)=(R-1)/2*.1+25+ZZ;
       A(R+1)=A(R);
       END;
```

```
     DO R=3 TO 15 BY 4;
     B(R)=(OO+3.5)/9E0*(DD-HH)+O;
     B(R+1)=(OO+4.0)/9EO*(DD-HH)+O;
     B(R-1)=B(R);
     B(R-2)=B(R+1);
     END;
     PUT LIST (A,B) SKIP;
     CALL KURVE(A,B,16,214);

SUB5:D(1)=25.3;
     D(2)=D(1);
     E(1)=(OO+2.1)/9E0*(DD-HH)+O;
     E(2)=(OO+2.6)/9E0*(DD-HH)+O;
     PUT LIST (D,E) SKIP;
     CALL KURVE(D,E,2  ,214);

SUB6:DO N=1 TO 30;
     S(N)=X(N)+.15;
     T(N)=Y(N);
     IF T(N)>0 THEN T(N)=(Y(N)-P(2))/(DD-HH)*9E0+.3;
     IF T(N)<0 THEN T(N)=(Y(N)-P(2))/(DD-HH)*9E0-.6;
     END;
     PUT LIST (S,T) SKIP;

     OO=17.0;       PP=2.5;
     PPP=PP-1;
     PPPP=PP-1.5;
     Q=OO-1.3; QQ=OO-.6; QQQ=OO+.1;
     W=-P(2)/(DD-HH)*9-4.3;
     WW=W+4.5;
     WWW=WW-1.5;
     WWWW=WW+2.4;
   PUT DATA (W,WW) SKIP;

 PLO:CALL #CPEN(1);
     CALL BILD('30,18,0,0');
     CALL #PLOT(1.5,W,3);
     CALL #SYMBOL(1.5,W,.25,'ANGELAGERTE IONEN',90,17);
     CALL #SYMBOL(2,WWW,.25,'(PPM)',90,5);
     CALL #SYMBOL(11.5,PP,.4,PC,0,39);
     CALL #SYMBOL(1.5,WW,.25,'GELOESTE IONEN',90,14);
     CALL #SYMBOL(2,WWWW,.25,'(PPM)',90,5);
     CALL #SYMBOL(14.5,OO,.3,'ANFANGSKONZENTRATION DER LOESUNG:',0,33);
     CALL #SYMBOL(26.5,Q,.3,'0.0001N',0,7);
     CALL #SYMBOL(26.5,QQ,.3,'  0.01N',0,7);
     CALL #SYMBOL(26.5,QQQ,.3,'     1N',0,7);
      CALL #SYMBOL(11.5,PPP,.3,C,0,15);
     CALL #SYMBOL(19,PPP,.3,'KOERNUNG 0.030-0.075 MM',0,23);
      CALL #SYMBOL(11.5,PPPP,.3,'(UNBEHANDELT)',0,13);

     IF T(3)=0 THEN GOTO #3;
     CALL #NUMBER(S(3),T(3),.3,Y(3),0,-1);
  #3:IF T(6)=0 THEN GOTO #4;
     CALL #NUMBER(S(6),T(6),.3,Y(6),0,-1);
  #4:IF T(9)=0 THEN GOTO #5;
     CALL #NUMBER(S(9),T(9),.3,Y(9),0,-1);
  #5:IF T(13)=0 THEN GOTO #6;
     CALL #NUMBER(S(13),T(13),.3,Y(13),0,-1);
  #6:IF T(16)=0 THEN GOTO #7;
```

```
   CALL #NUMBER(S(16),T(16),.3,Y(16),0,-1);
#7:IF T(19)=0 THEN GOTO #8;
   CALL #NUMBER(S(19),T(19),.3,Y(19),0,-1);
#8:IF T(23)=0 THEN GOTO #9;
   CALL #NUMBER(S(23),T(23),.3,Y(23),0,-1);
#9:IF T(26)=0 THEN GOTO SA;
   CALL #NUMBER(S(26),T(26),.3,Y(26),0,-1);

SA:IF Y(6)=0 THEN GOTO SB;
   CALL #SYMBOL(6.1,KK,.3,'NACH',0,4);
SB:IF Y(16)=0 THEN GOTO SC;
   CALL #SYMBOL(15.3,LL,.3,'KCH',0,3);
SC:IF Y(26)=0 THEN GOTO SD;
   CALL #SYMBOL(23.1,MM,.3,'CA(CH)2',0,7);
SD:IF JJ=12 THEN GOTO #2;
   IF J=3 THEN GOTO #0;
   CALL #PLOT(-40,20,-3);
   GOTO #1;

#2:CALL #CILEND;
END PROC;
```

Programm VI: Auswertung und Plotprogramm für den Ionenaustausch
an Flintgrenzflächen

```
PROC:PROC OPTIONS(MAIN);
     DCL #CILIN ENTRY(FLOAT,FLOAT,FLOAT),
     KURVE ENTRY ((*)FLOAT,(*)FLOAT,BIN FIXED(31),BIN FIXED(31)),
         BILD ENTRY(CHAR(*)),
         #PLOT ENTRY(FLOAT,FLOAT,BIN FIXED(31)),
         #SYMBOL ENTRY(FLOAT,FLOAT,FLOAT,,FLOAT,BIN FIXED(31)),
         #CILEND ENTRY;
     CALL #CILIN(75,.4E0,0);
     DCL(NA,NE,I,IZ,C,NULL,IA,IZZ,J,JJ)BIN FIXED (31);
     DCL(LAM,Q) FLOAT (6);
     DCL(U,V,W)CHAR(24);
     DCL(Z(6))BIN FIXED(31);
     DCL (A,B)(2) FLOAT (6);
     DCL (F,G)(2) FLOAT (6);


     GET LIST (IA);
     CALL #PLOT (10,4,-3);
     JJ=C;
   #C:J=C;
     CALL #PLOT (0,36,-3);
  #1:IZ=100;
     J=J+1;
     JJ=JJ+1;
     GET LIST (C);
      GET LIST (U,V);
 GET:GET LIST (NULL);
      GET LIST (W);
     GET LIST(NA,NE,TH,TDIF);
     BEGIN;
     DCL YA(NA),YE(NE),TA(NA),TE(NE),(Y,T)(51),Z(0:C);
     ON ENDFILE(SYSIN) GOTO #2;
     GET LIST (YA,YE);

     IZ=IZ+1;
       PUT LIST (U,V,W) SKIP;

       DO I=1 TO NA;
       TA(I)=TDIF*I;
       END;
       DO I=1 TO NE;
       TE(I)=TDIF*(I+NA);
       END;
     YA=YA-NULL;
     YE=YE-NULL;
     LAM=LOG(2)/TH;
     YA=YA*EXP(-LAM*TA);
     YAM=SUM(YA)/NA;
     PUT DATA (YAM) SKIP;
     YE=YE*EXP(-LAM*TE);
     YA=YA/YAM*100;
     YE=YE/YAM*100;
     Y(1)=100; T(1)=0;
     DO I=1 TO 50;
     Y(I+1)=YE(I); T(I+1)=TDIF*I;
     IF I>NE THEN DO;
     P=(Y(NE)+Y(NE-1)+Y(NE+1))/3;
     R=(Y(NE-5)+Y(NE-6)+Y(NE-7))/3;
     Y(I+1)=Y(1)+(P-R)/6;
     END;
     IF Y(I+1)>100 THEN Y(I+1)=100;
```

```
    END;
    Y=100-Y;
    CALL KURVE(T,Y,51,IZ);
    DO I=1 TO 51;
    PUT EDIT(T(I),Y(I))(SKIP,2 (X(2),F(8,3)));
      END;
    IZ=IZ-100;
    IF IZ=C THEN GOTO #5;
    IZ=IZ+100;
    GOTO GET;


 #5:IZ=100;
  #6:IZ=IZ+1;
    Q=IZ-100;
    E=100*(11.1E0+.5*Q)/14;
    F(1)=T(51)*17/28;
    F(2)=T(51)*18/28;
    G(1)=E;
    G(2)=E;
    CALL KURVE (F,G,2,IZ);
    IZ=IZ-100;
    IF IZ=C THEN GOTO PLO;
    IZ=IZ+100;
    GOTC #6;

PLO:CALL BILD('28,14,,,0,,0,100');
    CALL #PLOT(0,-1.8,3);
    CALL #SYMBOL(0,-1.8,.4,'NA-ANLAGERUNG AN FLINT',0,22);
    CALL #SYMBOL(10.5,-1.8,.3,'ANFANGSKONZENTRATION NA:',0,24);
    CALL #SYMBOL(18.5,-1.8,.3,U,0,20);
    CALL #SYMBOL(10.5,-2.3,.3,'ANFANGSKONZENTRATION CA:',0,24);
    CALL #SYMBOL(18.5,-2.3,.3,V,0,20);
    CALL #SYMBOL(25.2,-1.3,.3,'ZEIT (MIN)',0,10);
    CALL #SYMBOL(-1, 8.3,.3,'IONENANLAGERUNG (%)',90,19);

     IZ=100;
   #3:IZ=IZ+1;
     GET LIST (W);
     Q=IZ-100;
    Q=11+.5*Q;
    CALL #PLOT(19,Q,3);
    CALL #SYMBOL(19,Q,.3,'KOERNUNG',0,8);
    CALL #SYMBOL(21.7,Q,.3,W,0,20);
    IZ=IZ-100;
    IF IZ=C THEN GOTO #4;
    IZ=IZ+100;
    GOTC #3;

 #4:IF JJ=IA THEN GOTO #2;
    IF J=3 THEN GOTO #0;
    CALL #PLOT (-38,-18,-3);
    GOTC #1;
 #2:CALL #CILEND;
 END PROC;
```

Programm VII: Integrale Auswertung von IR-Spektroskopie-Untersuchungen mit anschließendem Plotprogramm

```
 PROC:PROC OPTIONS(MAIN);
      DCL #CILIN ENTRY(FLOAT,FLOAT,FLOAT),
          KURVE ENTRY ((*)FLOAT,(*)FLOAT,BIN FIXED(31),BIN FIXED(31)),
          BILD ENTRY(CHAR(*)),
          #PLOT ENTRY(FLOAT,FLOAT,BIN FIXED(31)),
          #SYMBOL ENTRY(FLOAT,FLOAT,FLOAT,,FLOAT,BIN FIXED(31)),
          #NUMBER ENTRY(FLOAT,FLOAT,FLOAT,FLOAT,FLOAT,BIN FIXED(31)),
          #CILEND ENTRY;
      CALL #CILIN(75,.4E0,0);
      DCL (RR,RRR,RRRR) FLOAT(6);
      DCL(SUM) FLOAT(16);
      DCL(SUMM)(5) FLOAT(16);
      DCL(I,N,Z,R,NA,NN,B,BB)BIN FIXED(31);
      DCL(DT,CA,CB,CC,CD)CHAR(30);
      DCL(A,V)CHAR(20);
       DCL TAB CHAR (256) INIT(
'  "#$%&''() +, ./0123456789:;<=>?  "#$%&''()*+,-./0123456789:;<=>?  "#
$%&''()*+,-./0123456789:;<=>?  "#$%&''()*+,-./0123456789:;<=>?
                           "#$%&''()*+,-./0123456789:;<->?@ABCDEFGHIJKLMN
OPQRSTUVWXYZ _#?!
),
           BAND RECORD ENV(U(3800))INPUT UNBUFFERED;
       DCL AUSW(2) LABEL;
       DCL M(N) FLOAT(6) CONTROLLED;
      DCL (ZZ) CHAR(30);
       DCL X(200),Y(200),U(200),G(200) FLOAT;
       DCL (T,U)(200);
      DCL (E,F) (2) FLOAT;
      DCL 1 STRX BASED (PCI),
          2  IN,
          2 LU CHAR(INN REFER(IN)),
          LOO CHAR(3900) VAR;

                   CALL BLOCK;


SPLINE:PROC(X,Y,M)REORDER;
  DCL(X,Y,M)(*) FLOAT( 6),(MUE,LAM,D)(DIM(M,1))
      FLOAT( 6),(MINI,I,J,NMH,N1,N2,MINIM1)BIN FIXED(31)STATIC,
      (DX2,DY2,DDX,FAC,DX1,DY1)FLOAT( 6) STATIC;
  MINI=DIM(M,1);
  IF MINI>DIM(X,1) | MINI>DIM(Y,1) | MINI<2 THEN BEGIN;
                                             SIGNAL CONDITION(LIBRARY);
                                             GOTO ENDE;
                                             END;
  MINIM1=MINI-1;
  I=LBOUND(M,1);
  N1=LBOUND(X,1);
  N2=LBOUND(Y,1);
  NMH=I+MINIM1;
  MUE(1)=2E0;
  M(I),M(NMH),D(1),LAM(1)=0E0;
  DX2=X(N1+1)-X(N1);
  DY2=(Y(N2+1)-Y(N2))/DX2;
  DO I=2 TO MINIM1;
     DX1=DX2;
     DY1=DY2;
```

```
        N1=N1+1;
        N2=N2+1;
        DX2=X(N1+1)-X(N1);
        DY2=(Y(N2+1)-Y(N2))/DX2;
        DDX=DX1+DX2;
        LAM(I)=DX2/DDX;
        MUE(I)=1E0 -LAM(I);
        D(I)=6E0*(DY2-DY1)/DDX;
    END;
    DO I=2 TO MINIM1;
        J=I-1;
        FAC=MUE(I)/MUE(J);
        D(I)=D(I)-FAC*D(J);
        MUE(I)=2E0-LAM(J)*FAC;
    END;
    DO I=MINIM1 TO 2 BY -1;
        J=NMH-1;
        M(J)=(D(I)-LAM(I)*M(NMH))/MUE(I);
        NMH=J;
    END;
ENDE:END SPLINE;


        ON ENDFILE(BAND) GOTO ANF;
        INN=31000;
        ALLOCATE STRX;

        GET LIST(C,D,P);
        FOCD=1/(C*D);

         IN=0;
         IS=1;
LESEN:READ FILE(BAND)INTO(LOO);
         CALL TRNSLT(LOO,TAB);
         PUT LIST(LOO) SKIP;
         IT=LENGTH(LOO);
        IN=IN+IT;
         SUBSTR(LO,IS,IT)=LOO;
         IS=IN+1;
         GOTO LESEN;

    ANF:CALL #PLOT (5,42,-3);
     #0:II=0;
         GET LIST (BB,CA,CB,CC,CD);
        CALL #PLOT (5,-34,-3);
    WE:Z=0;
        II=II+1;
         GET LIST (B,B1);
  SUB:Z=Z+1;
         MERK=0;
          ON CONVERSION BEGIN;JJ=INDEX(LO,'A')+1;
         MERK=MERK+1;
         N=I-1;
         PUT DATA(N) SKIP;
         IF N=0 THEN GOTO #6;
         GOTO AUSW(MERK);
         END;

         GET STRING(LO) LIST((X(I),Y(I) DO I=1 TO 100));
```

```
AUSW(1):
          ALLOCATE M;
          DO I=1 TO N;
          IF X(I)=X(I+1) THEN X(I+1)=X(I+1)+0.01;
          END;
          CALL SPLINE (X,Y,M);
NA=N;
LO=SUBSTR(LO,JJ);

GET STRING(LO) LIST((T(I),U(I) DO I=1 TO 100));
AUSW(2):
R=0;
#1:    DO J=1 TO NA-1;
#2: DO I=1 TO N;
  IF T(I)>=X(J) & T(I)<X(J+1) THEN DO;
  Q=T(I);;
          H=X(J+1)-X(J);
          S=(((Y(J+1)-M(J+1)*H**2/6)+
          M(J+1)/6*(Q-X(J))**2)*
               (Q-X(J))+((Y(J)-M(J)*H**2/6)
          +M(J)/6*(X(J+1)-Q)**2)*(X(J+1)-Q))/H;
          O(I)=S-U(I);
          IF O(I)<0.001 THEN O(I)=0.01;
          IF O(I)>P THEN O(I)=P-0.01;
          O(I)=1-O(I)/P;
          G(I)=4000-(T(I)-X(1))*1500/29.9E0;
          PUT DATA ( S,U(I),O(I)) SKIP;
  R=R+1;
  END;
  END #2;
  END #1;

          FREE M;
          T=G;
          Y=O;

  N=R;
SUM=0;
  DO I=1 TO N-1;
  SUM=SUM+(T(I)-T(I+1))*(LOG(1E0/Y(I))+LOG(1E0/Y(I+1)))*.5E0;
  END;
 SUM=SUM*EDCD;
  PUT DATA (R) SKIP;
PUT LIST(EDCD) SKIP;
PUT DATA(SUM) SKIP;
SUMM(Z)=SUM;

          DO I=1 TO N;
          T(I)=6500-T(I);
          Y(I)=Y(I)*100;
          END;
          IZ=100+Z;
          CALL KURVE(T,Y,N,IZ);

          AA=2.7-Z*.5E0;

F(1)=2850E0;
F(2)=2800E0;
H(1)=AA/13*100E0;
```

```
    F(2)=AA/13*100E0;
    CALL KURVE (F,F,2,I7);

     LO=SUBSTR(LO,JJ);
    IF Z=0 THEN GOTO #5;
  GOTO SUB;

 #5:GET LIST (ZZ);
    CALL BILD ('24,13,0,,2500,4000,0,100,');
    CALL #PLOT(0,-2.1,3);
    CALL #SYMBOL(0,-2.1,0.4,'AUSWERTUNG WASSERBANDE',0,22);
    CALL #SYMBOL(11,-2.1,0.3,ZZ,0,30);
    CALL #SYMBOL(11,-2.6,0.3,BT,0,30);
    CALL #SYMBOL(-1.2,6.5,0.3,'DURCHLAESSIGKEIT D (%)',90,22);
    CALL #SYMBOL(7.0,2,0.3,CA,0,30);
    CALL #SYMBOL(7.0,1.5,0.3,CB,0,30);
    CALL #SYMBOL(7.0,1.0,0.3,CC,0,30);
    CALL #SYMBOL(7.0,0.5,0.3,CD,0,30);
    CALL #SYMBOL(19.0,-1.3,0.3,'WELLENZAHL (1/CM)',0,17);

    CALL #PLOT(0,0,3);
    CALL #PLOT(24,0,2);
    CALL #PLOT(0,13,3);
    CALL #PLOT(24,13,2);

    Z=0;
    DO Z=1 TO 8;
              A=2.5-Z*0.5E0;
    CALL #SYMBOL(11,A,0.3,'GESAMTABSORPTION =',0,18);
    CALL #SYMBOL(19.4,A,0.3,'(CM/MOL)',0,8);
    CALL #NUMBER(17,A,0.3,SUMM(Z),0,-1);
     END;
    I=-1;
 #4:I=I+1;
    RR=I*24*250/1500E0;
    RRR=-.5+I*24*250/1500E0;
    RRRR=4000-I*250;
    CALL #PLOT(RR,0,3);
    CALL #PLOT(RR,-.2,2);
    CALL #PLOT(RR,13.2,3);
    CALL #PLOT(RR,13,2);
    CALL #NUMBER(RRR,-.6,.25,RRRR,0,-1);
    IF I=6 THEN GOTO #7;
    GOTO #4;
 #7:IF II=BP THEN GOTO #6;
    CALL #PLOT(-34,17,-3);
    GOTO WE;

  #6:CALL #CILEND;
ENDE:END PROC;
```

Programm VIII: Korrektur- und Auswerteprogramm von Mikrosonden-
untersuchungen mit anschließendem Plotprogramm

```
 PROC:PROC OPTIONS(MAIN);
       ON OVERFLOW BEGIN;
       PUT EDIT('OVERFLOW')(SKIP,A);
       GOTO #4; END;
      DCL #CILIN ENTRY(FLOAT,FLOAT,FLOAT),
          KURVE ENTRY ((*)FLOAT,(*)FLOAT,BIN FIXED(31),BIN FIXED(31)),
          BILD ENTRY(CHAR(*)),
          #PLOT ENTRY(FLOAT,FLOAT,BIN FIXED(31)),
          #SYMBOL ENTRY(FLOAT,FLOAT,FLOAT,,FLOAT,BIN FIXED(31)),
          #NUMBER ENTRY(FLOAT,FLOAT,FLOAT,FLOAT,FLOAT,BIN FIXED(31)),
          #CILEND ENTRY;
      CALL #CILIN(35,.4E0,0);

       DCL TAB CHAR (256) INIT(
'  "#$%&''() +, ./0123456789:;<=>?  "#$%&''()*+,-./0123456789:;<=>?  "#
$%&''()*+,-./0123456789:;<=>?  "#$%&''()*+,-./0123456789:;<=>?
                                "#$%&''()*+,-./0123456789:;<=>?@ABCDEFGHIJKLMN
OPQRSTUVWXYZ _#?$                                          '),
           BAND RECORD ENV(U(3800))INPUT UNBUFFERED;
       DCL (X,Y)(100);
       DCL (T,U,V)(100);
       DCL (BA,BB)(2);
      DCL(J,II,I,N,ZZ,W,IMAX)BIN FIXED(31);
DECLARE COSEC FLOAT;
DECLARE(AI(1:92))FLOAT;
DECLARE(AB(1:4)) CHAR(2);

DECLARE((S,NS,AA)(1:4   ),ZP(0:1,1:4   ))FIXED BINARY(31);
DECLARE((RAU,STA,EO,KORR)(1:4   ))FLOAT;
DECLARE(CP(0:1,1:4   ),CS(1:4   ,1:10))FLOAT;
DECLARE(ZS(1:4   ,1:10))FIXED BINARY(31);
DECLARE(IT,NUM,FALL)FIXED BINARY(31);
DECLARE(RS,PHI,FL,FX,EXB,GAM,CON,LB,SUM)FLOAT;
DECLARE((KFFX,KFRS,KFPHI,KFGAM)(1:4   ))FLOAT;
DECLARE((KPFX,KPRS,KPPHI,KPGAM)(1:4   ))FLOAT;
DECLARE((KSFX,KSRS,KSPHI,KSGAM)(1:4   ))FLOAT;
DECLARE((KS,KP,KF,CPO,EX,L,LX,LL,SIG)(1:4   ))FLOAT;
       GET LIST (W,IMAX,AI);
         PUT DATA (W,IMAX,AI);


      DCL 1 STRX BASED (POI),
          2  IN,
          2 LO CHAR(INN REFER(IN)),
          LOO CHAR(3800) VAR;

      ON ENDFILE(BAND) GOTO SUB;
      INN=31000;
      ALLOCATE STRX;

       IN=0;
       IS=1;
LESEN:READ FILE(BAND)INTO(LOO);
       CALL TRNSLT(LOO,TAB);
       PUT LIST(LOO) SKIP;
       IT=LENGTH(LOO);
       IN=IN+IT;
       SUBSTR(LO,IS,IT)=LOO;
       IS=IN+1;
       GOTO LESEN;
```

```
    SUB:ON CONVERSION BEGIN;JJ=INDEX(LO,'#')+1;
        N=II-1;
        PUT DATA(N) SKIP;
        IF N=0 THEN GOTO #5;
        GOTO AUSW;
        END;

        GET STRING(LO) LIST((T(II),U(II),X(II),Y(II) DO II=1 TO 100));
           AUSW:GET LIST(W,FF);
             IMAX=4;
DO I=1 BY 1 TO IMAX;
GET LIST(AB(I));
GET LIST(AA(I));
GET LIST(EO(I));
GET LIST(S(I));
GET LIST(ZP(0,I));
GET LIST(NS(I));
GET LIST(RAU(I));
GET LIST(STA(I));
DO J=1 BY 1 TO NS(I);
GET LIST(ZS(I,J));
GET LIST(CS(I,J));
END;
GET LIST(KORR(I));
END;

                DO II=1 TO N;
                IF T(II)=0 THEN T(II)=0.0001;
                U(II)=U(II)/T(II)-RAU(1);
                X(II)=X(II)/T(II)-RAU(2);
                Y(II)=Y(II)/T(II)-RAU(3);
                T(II)=(II-1)*W;

                CP(0,1)=U(II)/STA(1)*CS(1,1);
                CP(0,2)=X(II)/STA(2)*CS(2,1);
                CP(0,3)=Y(II)/STA(3)*CS(3,1);
                CP(0,1)=CP(0,1)*KORR(1);
                CP(0,2)=CP(0,2)*KORR(2);
                CP(0,3)=CP(0,3)*KORR(3);
                CP(0,4)=0.97-(CP(0,1)+CP(0,2)+CP(0,3));
                CP(0,4)=CP(0,4)/KORR(4);

                CP(0,1)=U(II)/(STA(1)*FF)*CS(1,1);
                CP(0,2)=X(II)/(STA(2)*FF)*CS(2,1);
                CP(0,3)=Y(II)/(STA(3)*FF)*CS(3,1);
                IF CP(0,4)<0.0001 THEN CP(0,4)=0.0001;


/* KORREKTUR VON MIKROSONDEN-MESSUNGEN*/;



/* UNTERPROGRAMM FUER ABSORPTIONSKOEFFIZIENTEN*/;
DECLARE MRO ENTRY(FLOAT,FIXED BINARY(31))RETURNS(FLOAT);
MRO:PROCEDURE(L,ZB)FLOAT;
DECLARE $RTURN FLOAT,L FLOAT,ZB FIXED BINARY(31);
DECLARE(LBK,LBL1,LBL2,LBL3,LBM1,LBM2,LBM3,LBM4,LBM5,Z,MRO1,MRO2)FLOAT;
Z=LOG(ZB);
```

```
LBK=2.064E3/EXP(2.17E0*Z);
LBL1=6.206E4/EXP(2.56E0*Z);
LBL2=8.086E4/EXP(2.606E0*Z);
LBL3=6.620E4/EXP(2.54E0*Z);
LBM1=2.735E6/EXP(3.10E0*Z);
LBM2=4.812E6/EXP(3.21E0*Z);
LBM3=1.493E6/EXP(2.91E0*Z);
LBM4=3.716E6/EXP(3.08E0*Z);
LBM5=2.717E6/EXP(3.00E0*Z);
IF L<=LBK THEN
DO ;
$RTURN=1.33E-2*EXP(2.75E0*LOG(ZB*L));
GOTO MO;
END;
IF L<=LBL3 THEN
MRO1=1.28E-4*EXP(3.0E0*LOG(EXP(1.1E0*Z)*L))+0.66E0*(L*EXP(1.1E0*Z))-18.
0E0;
ELSE GOTO M1;
IF L<=LBL1 THEN
DO ;
$RTURN=MRO1;
GOTO MO;
END;ELSE
IF L<=LBL2 THEN
DO ;
$RTURN=MRO1*0.8E0;
GOTO MO;
END;ELSE
DO ;
$RTURN=MRO1*0.6E0;
GOTO MO;
END;
M1:IF L<=LBM5 THEN
MRO2=6.7E-4*EXP(2.28E0*LOG(EXP(1.2E0*Z)*L))-0.2E0*(L*EXP(1.2E0*Z));
ELSE DO ;
$RTURN=7.132E-5*EXP(2.225E0*LOG(L*EXP(1.3E0*Z)));
GOTO MO;
END;
IF L<=LBM1 THEN
DO ;
$RTURN=MRO2;
GOTO MO;
END;ELSE
IF L<=LBM2 THEN
DO ;
$RTURN=0.932E0*MRO2;
OOTO MO;
END;ELSE
IF L<=LBM3 THEN
DO ;
$RTURN=0.784E0*MRO2;
GOTO MO;
END;ELSE
IF L<=LBM4 THEN
DO ;
$RTURN=0.712E0*MRO2;
GOTO MO;
END;ELSE
DO ;
```

```
$RTURN=0.675E0*MRO2;
GOTO MO;
END;
MO:;
RETURN($RTURN);
END;


DECLARE SYSPRINT FILE OUTPUT ENV(F(132));
OPEN FILE(SYSPRINT)PRINT PAGESIZE(65);
OPEN FILE(SYSPRINT);
COSEC=1.26E0;
START:
IF IMAX=111 THEN
GOTO STOP;


/* UNTERPROGAMM FUER ABSORPTION*/;
DECLARE FSX ENTRY(FIXED BINARY(31),FIXED BINARY(31),FLOAT,,,,FLOAT,
FLOAT);
FSX:PROCEDURE(IMAX,I,SIG,AI,ZI,KI,LA,/*RESULT*/FX);
DECLARE (IMAX,I)FIXED BINARY(31),(SIG,LA,FX)FLOAT,(KI(*,*),AI(*))FLOAT,
ZI(*,*)FIXED BINARY(31);
DECLARE(X,H)FLOAT;
DECLARE J FIXED BINARY(31);
X,H=0.0E0;
DO J=1 BY 1 TO IMAX;
X=X+KI(I,J)*MRO((LA),(ZI(I,J)));
H=H+KI(I,J)*AI(ZI(I,J))/(1F0*(ZI(I,J)*ZI(I,J)));
END;
H=1.2E0*H;
FX=(1.0E0+SIG*X)*(1.0E0+(H/(1.0F0+H))*X*SIG);
END;


/* UNTERPROGRAMM FUER ORDNUNGSZAHLEFFEKT*/;
DECLARE FRS ENTRY(FIXED BINARY(31),FIXED BINARY(31),FLOAT,FLOAT,,,,
FLOAT);
FRS:PROCEDURE(IMAX,I,EO,EX,ZI,AI,KI,/*RESULT*/RS);
DECLARE (IMAX,I)FIXED BINARY(31),(EO,EX,RS)FLOAT,(AI(*),KI(*,*))FLOAT,
ZI(*,*)FIXED BINARY(31);
DECLARE J FIXED BINARY(31);
DECLARE(Z1,Z2,Z3,Z4,A2,B2,C2,D2,E2,W1,W2,W3,ZW3,W4,R,S1,A,B,C,ARG1,ARG2
,P)FLOAT;
DECLARE(RI(1:IMAX))FLOAT;
DECLARE LI ENTRY(FLOAT)RETURNS(FLOAT);
LI:PROCEDURE(Z)FLOAT;
DECLARE $RTURN FLOAT,Z FLOAT;
DECLARE(ZW1,ZW2,NUM,FAK,FAKT,FAKTK)FLOAT;
ZW1=0.57722E0+LOG(ABS(LOG(Z)));
FAKT,FAKTK=LOG(Z);
NUM,FAK=1.0E0;
ITE:ZW2=(1.0E0/NUM)*(FAKT/FAK);
ZW1=ZW2+ZW1;
FAKT=FAKT*FAKTK;
NUM=NUM+1.0E0;
FAK=FAK*NUM;
IF ZW2>1E-6*ZW1 THEN
GOTO ITE;
```

```
$RTURN=ZW1;
RETURN($RTURN);
END;
W1=EX/E0;
W2=W1*W1;
W3=W1*W2;
W4=W1*W3;
DO J=1 BY 1 TO IMAX;
Z1=ZI(I,J);
Z2=Z1*Z1;
Z3=Z2*Z1;
Z4=Z3*Z1;
A2=1.0088E2-7.6070E-1*Z1-3.5702E-3*Z2+1.6329E-4*Z3-9.6521E-7*Z4;
B2=-6.1134E-1+6.0271E-1*Z1+1.6222E-2*Z2-4.5936E-4*Z3+2.5267E-6*Z4;
C2=-9.1447E-1+2.9326E0*Z1-1.7636E-1*Z2+2.8558E-3*Z3-1.3294E-5*Z4;
D2=-7.0753E-1-4.6355E0*Z1+2.9116E-1*Z2-4.6797E-3*Z3+2.1597E-5*Z4;
E2=1.3735E0+1.9015E0*Z1-1.2703E-1*Z2+2.1144E-3*Z3-9.8423E-6*Z4;
RI(J)=A2+B2*W1+C2*W2+D2*W3+E2*W4;
END;
R,A,B=0.0E0;
DO J=1 BY 1 TO IMAX;
R=R+KI(I,J)*RI(J);
ZW3=KI(I,J)*ZI(I,J)/AI(ZI(I,J));
A=A+ZW3;
B=B+ZW3*LOG(11.5E0*ZI(I,J));
END;
S1=(E0-EX)/A;
C=EXP(B/A);
P=1166.0E0;
ARG1=P*EX/C;
ARG2=P*E0/C;
S1=S1-(C/(P*A))*LOG(ARG1)*(LI((ARG2))-LI((ARG1)));
RS=R*S1;
END;


/* UNTERPROGRAMM FUER KONTINUIERLICHE FLUORESZENZ*/;
DECLARE FPHI ENTRY(FIXED BINARY(31),FIXED BINARY(31),FIXED BINARY(31),
FIXED BINARY(31),,,,FLOAT,FLOAT,FLOAT,FLOAT,FLOAT);
FPHI:PROCEDURE(A,IMAX,I,S,ZI,AI,KI,EX,LA,LX,E0,/*RESULT*/PHI);
DECLARE (A,IMAX,I,S)FIXED BINARY(31),ZI(*,*)FIXED BINARY(31),(AI(*),KI(
*,*))FLOAT,(EX,LA,LX,E0,PHI)FLOAT;
DECLARE(MYALF,MYAK,G,W0,ETA,ZQU)FLOAT;
DECLARE J FIXED BINARY(31);
DECLARE((KONF,KONRA)(1:2))FLOAT;
DECLARE FETA ENTRY(FLOAT,FLOAT,FLOAT);
FETA:PROCEDURE(W0,G,/*RESULT*/ETA);
DECLARE (W0,G,ETA)FLOAT;
DECLARE DURCH FIXED BINARY(31);
DECLARE(A,B,B13,B23,C,WU,W,W2,W3,I1,I3,I4,ZW1,ZW2,I,I0,IU)FLOAT;
A=G/(W0*W0*W0);
B=1.0E0/A;
C=(1.0E0/(W0-1.0E0-LOG(W0)))*B;
B13=EXP((1.0E0/3.0E0)*LOG(B));
B23=EXP((2.0E0/3.0E0)*LOG(B));
WU=SQRT(3.0E0);
W=1.0E0;
DURCH=1;
RE:W2=W*W;
```

```
W3=W2*W;
I1=LOG(1.0E0+A*W3)*(0.5E0*(1.0E0/W2)-(1.0E0/3.0E0)*(1.0E0/W3));
I3=(-1.0E0/(3.0E0*B))*LOG(W3/(B+W3));
ZW1=B13+W;
ZW1=ZW1*ZW1;
ZW2=B23-B13*W+W2;
ZW1=LOG(ZW1/ZW2);
ZW2=ATAN((2.0E0*W-B13)/(B13*WU));
ZW2=(1.0E0/(B23*WU))*ZW2;
I4=1.5E0*((1.0E0/(6.0E0*B23))*ZW1+ZW2);
I=I1-I3-I4;
IF DURCH=1 THEN
DO ;
IO=I;
DURCH=2;
W=WO;
GOTO RE;
END;
IU=I;
ETA=C*(IO-IU);
END;
IF S=3 THEN
DO ;
PHI=1.0E0;
GOTO ENDE;
END;
MYALF,MYAK,ZQU=0.0E0;
DO J=1 BY 1 TO IMAX;
MYALF=MYALF+KI(I,J)*MRO((LA),(ZI(I,J)));
MYAK=MYAK+KI(I,J)*MRO((LX),(ZI(I,J)));
ZQU=ZQU+KI(I,J)*ZI(I,J);
END;
G=COSEC*MYALF/MYAK;
WO=EX/EO;
CALL FETA(WO,G,ETA);
KONF(1)=4.34E-6;
KONF(2)=3.13E-6;
KONRA(1)=0.924E0-0.00144E0*ZI(I,A);
KONRA(2)=0.548E0-0.00231E0*ZI(I,A);
PHI=KONF(S)*AI(ZI(I,A))*ZQU*EX*(MRO((LX),(ZI(I,A)))/MYAK)*KONRA(S)*ETA;
ENDE:;
END;


/* UNTERPROGRAMM FUER CHARAKTERISTISCHE FLUORESZENZ*/;
DECLARE FGAM ENTRY(FIXED BINARY(31),FIXED BINARY(31),FIXED BINARY(31),
FIXED BINARY(31),FIXED BINARY(31),,,,FLOAT,FLOAT,FLOAT,FLOAT,FLOAT,
FLOAT);
FGAM:PROCEDURE(I,A,B,IMAX,FALL,Z,AI,KI,EXA,EXB,EO,LA,LB,/*RESULT*/GAM)
;
DECLARE (I,A,B,IMAX,FALL)FIXED BINARY(31),Z(*,*)FIXED BINARY(31),(AI(*)
,KI(*,*))FLOAT,(EXA,EXB,EO,LA,LB,GAM)FLOAT;
DECLARE(Z4,OM,U,MYA,MYB,X,Y,ZW,SIG)FLOAT;
DECLARE K FIXED BINARY(31);
DECLARE((KONP,KONA,KONRA)(1:4))FLOAT;
SIG=1.23E7/EXP(2.56E0*LOG(EO));
KONP(1),KONP(2)=0.5E0;
KONP(3)=0.12E0;
KONP(4)=2.1E0;
```

```
KONA(1),KONA(3)=1.06E6;
KONA(2),KONA(4)=1.02E8;
KONRA(1),KONRA(4)=0.924E0-0.00144E0*Z(I,A);
KONRA(2),KONRA(3)=0.548E0-0.00231E0*Z(I,A);
Z4=Z(I,B)*Z(I,B);
Z4=Z4*Z4;
OM=Z4/(Z4+KONA(FALL));
U=((E0/EXB)-1.0E0)/((E0/EXA)-1.0E0);
MYA,MYB=0.0E0;
DO K=1 BY 1 TO IMAX;
MYA=MYA+KI(I,K)*MRO((LA),(Z(I,K)));
MYB=MYB+KI(I,K)*MRO((LB),(Z(I,K)));
END;
X=COSEC*MYA/MYB;
Y=SIG/MYB;
ZW=LOG(1.0E0+X)/X+LOG(1.0E0+Y)/Y;
GAM=KONP(FALL)*KI(I,B)*KONRA(FALL)*OM*(AI(Z(I,A))/AI(Z(I,B)))*EXP(1.67E
0*LOG(U))*ZW*(MRO((LB),(Z(I,A)))/MYB);
END;



CON=12.39644E0;
DO I=1 BY 1 TO IMAX;
IF S(I)=1 THEN
DO ;
L(I)=1.840E3/EXP(2.105E0*LOG(ZP(0,I)));
LX(I)=2.064E3/EXP(2.17E0*LOG(ZP(0,I)));
EX(I)=CON/LX(I);
END;
IF S(I)=2 THEN
DO ;
L(I)=3.070E4/EXP(2.31E0*LOG(ZP(0,I)));
LX(I)=6.620E4/EXP(2.54E0*LOG(ZP(0,I)));
EX(I)=CON/LX(I);
END;
IF S(I)=3 THEN
DO ;
L(I)=7.450E5/EXP(2.68E0*LOG(ZP(0,I)));
LX(I)=2.717E6/EXP(3.00E0*LOG(ZP(0,I)));
EX(I)=CON/LX(I);
END;
IF S(I)¬=0 THEN
DO ;
LL(I)=CON/E0(I);
SIG(I)=(COSEC/2.39E5)*(EXP(1.5E0*LOG(E0(I)))-EXP(1.5E0*LOG(EX(I))));
END;
END;


/* KORREKTUR FUER STANDARD*/;
DO I=1 BY 1 TO IMAX;
KS(I)=1.0E0;
IF S(I)=0 THEN
GOTO ENDES;
CALL FSX(NS(I),I,SIG(I),AI,ZS,CS,L(I),/*RESULT*/FX);
CALL FRS(NS(I),I,E0(I),EX(I),ZS,AI,CS,/*RESULT*/RS);
CALL FPHI(1,NS(I),I,S(I),ZS,AI,CS,EX(I),L(I),LX(I),E0(I),/*RESULT*/PHI)
;
```

```
FL=1.0E0;
IF S(I)=3 THEN
GOTO FLENDS;
DO J=1 BY 1 TO NS(I);
LB=1.840E3/EXP(2.105E0*LOG(ZS(I,J)));
EXB=CON*EXP(2.17E0*LOG(ZS(I,J)))/2.064E3;
IF EXB<EO(I)&LB<LX(I) THEN
DO ;
IF S(I)=1 THEN
FALL=1;
IF S(I)=2 THEN
FALL=3;
CALL FGAM(I,1,J,NS(I),FALL,ZS,AI,CS,EX(I),EXB,EO(I),L(I),LB,/*RESULT*/G
AM);
FL=FL*(1.0E0+GAM);
END;
LB=3.070E4/EXP(2.31E0*LOG(ZS(I,J)));
EXB=CON*EXP(2.54E0*LOG(ZS(I,J)))/6.620E4;
IF EXB<EO(I)&LB<LX(I) THEN
DO ;
IF S(I)=1 THEN
FALL=4;
IF S(I)=2 THEN
FALL=2;
CALL FGAM(I,1,J,NS(I),FALL,ZS,AI,CS,EX(I),EXB,EO(I),L(I),LB,/*RESULT*/G
AM);
FL=FL*(1.0E0+GAM);
END;
END;
FLENDS:KSFX(I)=1.0E0/FX;
KSRS(I)=RS;
KSGAM(I)=FL;
KSPHI(I)=(1.0E0+PHI);
KS(I)=RS*(1+PHI)*FL/FX;
ENDES:;
END;
IT=0;


/* KORREKTUR FUER PROBE*/;
ANFANG:IT=IT+1;
DO I=1 BY 1 TO IMAX;
KP(I)=1.0E0;
IF S(I)=0 THEN
GOTO ENDEP;
CALL FSX(IMAX,0,SIG(I),AI,ZP,CP,L(I),/*RESULT*/FX);
CALL FRS(IMAX,0,EO(I),EX(I),ZP,AI,CP,/*RESULT*/RS);
CALL FPHI(I,IMAX,0,S(I),ZP,AI,CP,EX(I),L(I),LX(I),EO(I),/*RESULT*/PHI);
FL=1.0E0;
IF S(I)=3 THEN
GOTO FLENDP;
DO J=1 BY 1 TO IMAX;
LB=1.840E3/EXP(2.105E0*LOG(ZP(0,J)));
EXB=CON*EXP(2.17E0*LOG(ZP(0,J)))/2.064E3;
IF EXB<EO(I)&LB<LX(I) THEN
DO ;
IF S(I)=1 THEN
FALL=1;
IF S(I)=2 THEN
```

```
FALL=3;
CALL FGAM(0,I,J,IMAX,FALL,ZP,AI,CP,EX(I),EXB,EO(I),L(I),LB,/*RESULT*/GA
M);
FL=FL*(1.0E0+GAM);
END;
LB=3.070E4/EXP(2.31E0*LOG(ZP(0,J)));
EXB=CON*EXP(2.54E0*LOG(ZP(0,J)))/6.620E4;
IF EXB<EO(I)&LB<LX(I) THEN
DO ;
IF S(I)=1 THEN
FALL=4;
IF S(I)=2 THEN
FALL=2;
CALL FGAM(0,I,J,IMAX,FALL,ZP,AI,CP,EX(I),EXB,EO(I),L(I),LB,/*RESULT*/GA
M);
FL=FL*(1.0E0+GAM);
END;
END;
FLENDP:KP(I)=RS*(1+PHI)*FL/FX;
KPFX(I)=1.0E0/FX;
KPRS(I)=RS;
KPGAM(I)=FL;
KPPHI(I)=(1.0E0+PHI);
KFFX(I)=KSFX(I)/KPFX(I);
KFRS(I)=KSRS(I)/KPRS(I);
KFGAM(I)=KSGAM(I)/KPGAM(I);
KFPHI(I)=KSPHI(I)/KPPHI(I);
ENDEP:KF(I)=KS(I)/KP(I);
END;


/* AUSDRUCKEN DER  ERGEBNISSE*/;
SUM=0.0E0;
IF IT=1 THEN
DO ;
DO I=1 BY 1 TO IMAX;
CPO(I)=CP(0,I);
CP(0,I)=CPO(I)*KF(I);
SUM=SUM+CP(0,I);
END;
GOTO ANFANG;
END;
IF IT=11 THEN
GOTO DRUCK;
NUM=0;
DO I=1 BY 1 TO IMAX;
IF ABS(CP(0,I)/KF(I)-CPO(I))>1.0E-2*CPO(I) THEN
CP(0,I)=CPO(I)*KF(I);
ELSE NUM=NUM+1;
END;
IF NUM<IMAX THEN
GOTO ANFANG;
DRUCK:PUT FILE(SYSPRINT)SKIP(1);
         PUT DATA (CP(0,1),CP(0,2),CP(0,3),CP(0,4));
IMAX=111;
GOTO START;
STOP:PUT FILE(SYSPRINT) SKIP(1);

                DO I=1 TO 4;
```

```
            IF CP(0,I)>0.70 THEN CP(0,I)=0.70;
            IF CP(0,I)<0.0001 THEN CP(0,I)=0.0001;
            END;

            U(II)=CP(0,1)*AA(1);
            X(II)=CP(0,2)*AA(2);
            Y(II)=CP(0,3)*AA(3);
     END;


            Y(1)=Y(2); U(1)=U(2); X(1)=X(2);
            CALL KURVE (T,U,N,102);
            CALL KURVE (T,X,N,103);
            CALL KURVE (T,Y,N,104);

         #1:DO I=1 TO 3;
            Q=(8E0+0.5E0*I)/11*100E0;
            BA(2)=12/14.5*T(N);
            BA(1)=11/14.5*T(N);
            BB(1)=Q;
            BB(2)=Q;
            I=101+I;
            CALL KURVE (BA,BB,2,I);
            I=I-101;
            END;

  #2:CALL BILD ('14.5,11,,,,,,100');
     CALL #SYMBOL(0,-1.6,0.3,'ELEMENTVERTEILUNG AM KORNRAND',
              0,29);
     CALL #SYMBOL(9.5,-1.3,0.3,'LAENGE (MM/1000)',0,16);
     CALL #SYMBOL(-1.0,2.1,0.3,
    'SI-,CA-KONZENTRATION (PROZENT)',90,30);
     CALL #SYMBOL(-1.6,2.1,0.3,
    'K-,NA-KONZENTRATION (PROMILLE)',90,30);

         #3:DO I=1 TO 3;
           QQ=( 7.9+0.5E0*I);
     CALL #SYMBOL(13,QQ,.3,AB(I),0,2);
            END;

   #4:LO=SUBSTR(LO,JJ);
   GOTO SUB;
     #5:CALL #CILEND;

ENDE:END PROC;
```

Programm IX: Auswerteprogramm für Thermogravimetrieuntersuchungen mit anschließendem Plotprogramm

```
 PROC:PROC OPTIONS(MAIN);
      DCL #CILIN ENTRY(FLOAT,FLOAT,FLOAT),
          KURVE ENTRY ((*)FLOAT,(*)FLOAT,BIN FIXED(31),BIN FIXED(31)),
          BILD ENTRY(CHAR(*)),
          #PLOT ENTRY(FLOAT,FLOAT,BIN FIXED(31)),
          #SYMBOL ENTRY(FLOAT,FLOAT,FLOAT,,FLOAT,BIN FIXED(31)),
          #NUMBER ENTRY(FLOAT,FLOAT,FLOAT,FLOAT,FLOAT,BIN FIXED(31)),
          #CILEND ENTRY;
      CALL #CILIN(35,.4E0,0);

      DCL (MXX)FLOAT;
      DCL(I,N,Z,IQ,J)BIN FIXED(31);
       DCL (BA,BB)(2);
      DCL(R,T,SSSSS) CHAR(30);
      DCL(RR)(4) CHAR(30);
      DCL(X,Y)(100)FLOAT;
      DCL Z$ CHAR(1), B$ BIT(8);
      DCL(A,B)(4)FLOAT;
       DCL TAB CHAR (256) INIT(
'  "#$%&''() +, ./0123456789:;<=>?  "#$%&''()*+,-./0123456789:;<=>?
$%&''()*+,-./0123456789:;<=>?  "#$%&''()*+,-./0123456789:;<=>?
                            "#$%&''()*+,-./0123456789:;<=>?@ABCDEFGHIJKLMN
OPQRSTUVWXYZ _#?$                                                     '),
           BAND RECORD ENV(U(3800))INPUT UNBUFFERED;
      DCL 1 STRX BASED (POI),
          2  IN,
          2 LO CHAR(INN REFER(IN)),
          LOO CHAR(3800) VAR;

      ON ENDFILE(BAND) GOTO WE;
      INN=31000;
      ALLOCATE STRX;

       IN=0;
       IS=1;
LESEN:READ FILE(BAND)INTO(LOO);
       CALL TRNSLT(LOO,TAB);
       PUT LIST(LOO) SKIP;
       IT=LENGTH(LOO);
       IN=IN+IT;
       SUBSTR(LO,IS,IT)=LOO;
       IS=IN+1;
       GOTO LESEN;

  WE:GET LIST (IQ);
       GET LIST (R,T);
      Z=0;
 SUB:Z=Z+1;
       GET LIST (G,RR(Z));
       ON CONVERSION BEGIN;JJ=INDEX(LO,'#')+1;
      Z$=ONCHAR;   B$=UNSPEC(Z$);      PUT EDIT(B$)(SKIP,B(8));
       N=I-1;
       PUT DATA(N) SKIP;
       IF N=0 THEN GOTO #5;
       GOTO AUSW;
       END;

       GET STRING(LO) LIST((X(I),Y(I) DO I=1 TO 100));

AUSW:C=Y(1);
      AT=X(1);
```

```
    ET=X(N);
    DT=ET-AT;
     PUT DATA (X,Y);
    DO I=1 TO N;
    X(I)=100E0+(X(I)-AT)*800E0/DT;
    IF Y(I)>C THEN Y(I)=C;
    IF Y(I)<Y(N) THEN Y(I)=Y(N);
    Y(I)=(C-Y(I))*.40E0/G;
    PUT DATA (X(I),Y(I)) SKIP;
    END;
    Z=Z+100;
    CALL KURVE (X,Y,N,Z);
    Z=Z-100;
    B(Z)=Y(N);
    LO=SUBSTR(LO,JJ);
    IF Z=IQ THEN GOTO #3;
    GOTO SUB;

#3:IF Z<4 THEN B(4)=0.00001;
    MXX=MAX(B(1),B(2),B(3),B(4));
    PUT DATA (MXX) SKIP;
    IF Z<4 THEN GOTO #1;
              DO I=1 TO 4;
              Q=MXX*(10.5E0+I*0.5E0)/13E0;
              BA(1)=1/22*800E0+100E0;
              BA(2)=2/22*800E0+100E0;
              BB(1)=Q;
              BB(2)=Q;
              I=100+I;
              CALL KURVE (BA,BB,2,I);
              I=I-100;
              END;
              GOTO #2;
         #1:  DO I=1 TO 3;
              Q=MXX*(9.5E0+I*0.5E0)/13E0;
              BA(1)=1/22*800E0+100E0;
              BA(2)=2/22*800E0+100E0;
              BB(1)=Q;
              BB(2)=Q;
              I=100+I;
              CALL KURVE (BA,BB,2,I);
              I=I-100;
              END;
#2:CALL BILD ('22,13,');
    CALL #SYMBOL(0,-1.6,0.4,'THERMOGRAVIMETRIE',0,17);
    CALL #SYMBOL(15.2,-1.3,0.3,'TEMPERATUR (GRAD CELS.)',0,23);
    CALL #SYMBOL(8,-1.5,0.3,'FLINT',0,5);
    CALL #SYMBOL(9.8,-1.6,0.3,R,0,30);
    CALL #SYMBOL(8,-2.0,0.3,T,0,30);
    CALL #SYMBOL(-1.0,5.6,0.3,'GEWICHTSABNAHME (PROMILLE)',90,26);
    IF Z<4 THEN GOTO #6;
              DO I=1 TO 4;
             QQ=(9.4E0+I*0.5E0);
              SSSSS=RR(I);
              CALL #SYMBOL(3,QQ,.3,SSSSS,0,30);
              END;
              GOTO #7;
         #6:  DO I=1 TO 3;
             QQ=(9.4E0+I*0.5E0);
```

```
                  SSSSS=RR(I);
                  CALL #SYMBOL(3.QQ..3,SSSSS,0,30);
                  END;
  #7:GOTO   WE;
  #5:CALL #CILEND;
ENDE:END PROC;
```

6. Zusammenfassung

Zwischen den kieselsäurehaltigen Sanden und den Alkalien kommt es im Beton zu einer Reaktion, die ein Quellen der Kieselsäurekörner und damit ein Treiben des Betons verursacht.
Dieser als Alkalikieselsäurereaktion bezeichnete Vorgang findet an allen Kieselsäuremineralien mit gestörtem Kristallgitter statt. Vom Grad und von der Art der Störungen hängt es ab, wie stark die Reaktion tatsächlich abläuft. Am kristallinen Quarz wird die Reaktion vorwiegend an äußeren Oberflächen, beim sehr stark gestörten Opal auch an inneren Oberflächen und Grenzflächen einsetzen.
Jede Kieselsäuregrenzfläche ist unter Normalbedingungen mit Hydroxylgruppen abgesättigt. Durch Messung des IR-Spektrums konnte gezeigt werden, daß die Menge an vorhandenen Silanolgruppen in einem Kieselsäuremineral ein Maß für den Grad der Gitterstörungen ist.
Im Anschluß an eine Darlegung des Standes der Forschung über die Alkali-Kieselsäure-Reaktion und die durch sie verursachten Treiberscheinungen in Beton wird in dieser Arbeit auf physikalisch-chemischer Grundlage eine Modellvorstellung über den Ablauf der Alkali-Kieselsäure-Reaktion und die sie beeinflussenden wesentlichen Parameter entwickelt. Modellrechnungen wurden für die Probleme der Diffusion der reagierenden Substanzen, des Ionenaustausches und der Quellung unter Einsatz eigens entwickelter Rechenprogramme durchgeführt. Im anschließenden experimentellen Teil wird über das mit modernen analytischen Techniken zur Bestätigung der entwickelten Modellvorstellungen durchgeführte umfangreiche Versuchsprogramm berichtet.
Durch Ionenaustauschmessungen mit den Radioisotopen Na-22 und Ca-45 wurde nachgewiesen, daß die Silanolgruppen H^+-Ionen gegen angebotene Kationen austauschen. Die Diffusion der Ionen Na^+, K^+ und Ca^{++} aus dem Zementstein zum Reaktionsort in das Innere der Kieselsäurekörner steuert den gesamten Austauschprozess. In den kristallinen Quarz diffundieren nur wenige Kationen, wogegen beim Flint mit seinen vielen inneren Grenzflächen ein großer Effekt beobachtet wird.

Die Alkalien Kalium, Natrium und das Erdalkali Kalzium unterscheiden sich grundsätzlich in der Diffusionskinetik und in den bei der Reaktion mit der Kieselsäure gebildeten Endprodukten. Während die solvatisierten Alkaliionen schneller diffundieren und die gebildeten Alkalisilikathydrate hydrolysieren, wandert das Kalziumion langsamer und bildet stabile Silikathydrate.
Das Quellen von Kieselsäurekörnern mit Gitterstörungen wird durch Wasseraufnahme des Kornes verursacht, was durch thermogravimetrische Untersuchungen bestätigt wurde. Es quellen die entstandenen Hydrosilikate, wobei ein hoher Anteil an Gitterstörungen den Effekt noch verstärkt, sowohl weil ein quantitativ größerer Umsatz erfolgt, als auch weil das Gitter gegen die auftretenden mechanischen Kräfte weniger Widerstand bietet.
Eine wesentliche Rolle spielen bei der Gesamtreaktion die Ca^{++}-Ionen. Die gebildeten Kalziumsilikate entziehen den Alkalisilikaten Wasser. Die entstehenden Kalziumhydrosilikate wirken aber auch als Diffusionsbarriere für aus dem Korninnern rückdiffundierende Ionen, die bei der Quellung und der Hydrolyse der Alkalihydrosilikate entstehen. Daneben liefert das im Zementstein latent vorhandene $Ca(OH)_2$ den Hauptanteil an Hydroxylionen, die für das Fortschreiten der Alkalikieselsäurereaktion verantwortlich sind und die das Aufbrechen des Gitters bewirken.
Kalziumsilikathydrate bilden sich vorwiegend an Kornoberflächen, während die Alkalireaktion bevorzugt an inneren Korngrenzflächen abläuft.
Mit Hilfe von Elektronenmikrountersuchungen konnte festgestellt werden, daß an äußeren SiO_2-Oberflächen von gestörten Kieselsäuren zuerst Alkaliionen austauschen und danach Ca^{++}-Ionen mit den entstandenen Alkalihydrosilikaten reagieren.
Die beschriebenen Reaktionsmechanismen der Alkalikieselsäurereaktion wurden im experimentellen Teil dieser Arbeit durch Versuche mit Flint (Westfriesland), Borosilikatglas und Quarz bestätigt.

Forschungsberichte des Landes Nordrhein-Westfalen

Herausgegeben im Auftrage des Ministerpräsidenten Heinz Kühn
vom Minister für Wissenschaft und Forschung Johannes Rau

Sachgruppenverzeichnis

Acetylen · Schweißtechnik
Acetylene · Welding gracitice
Acétylène · Technique du soudage
Acetileno · Técnica de la soldadura
Ацетилен и техника сварки

Arbeitswissenschaft
Labor science
Science du travail
Trabajo científico
Вопросы трудового процесса

Bau · Steine · Erden
Constructure · Construction material · Soilresearch
Construction · Matériaux de construction · Recherche souterraine
La construcción · Materiales de construcción · Reconocimiento del suelo
Строительство и строительные материалы

Bergbau
Mining
Exploitation des mines
Minería
Горное дело

Biologie
Biology
Biologie
Biologia
Биология

Chemie
Chemistry
Chimie
Quimica
Химия

Druck · Farbe · Papier Photographie
Printing · Color · Paper · Photography
Imprimerie · Couleur · Papier · Photographie
Artes gráficas · Color · Papel · Fotografía
Типография · Краски · Бумага · Фотография

Eisenverarbeitende Industrie
Metal working industry
Industrie du fer
Industria del hierro
Металлообработывающая промышленность

Elektrotechnik · Optik
Electrotechnology · Optics
Electrotechnique · Optique
Electrotécnica · Optica
Электротехника и оптика

Energiewirtschaft
Power economy
Energie
Energía
Энергетическое хозяйство

Fahrzeugbau · Gasmotoren
Vehicle construction · Engines
Construction de véhicules · Moteurs
Construcción de vehículos · Motores
Производство транспортных средств

Fertigung
Fabrication
Fabrication
Fabricación
Производство

Funktechnik · Astronomie
Radio engineering · Astronomy
Radiotechnique · Astronomie
Radiotécnica · Astronomía
Радиотехника и астрономия

GPSR Compliance

The European Union's (EU) General Product Safety Regulation (GPSR) is a set of rules that requires consumer products to be safe and our obligations to ensure this.

If you have any concerns about our products, you can contact us on ProductSafety@springernature.com

In case Publisher is established outside the EU, the EU authorized representative is:

Springer Nature Customer Service Center GmbH
Europaplatz 3
69115 Heidelberg, Germany

Batch number: 10584556

Printed by Printforce, the Netherlands